Entraînements électriques à vitesse *variable*

Volume 1

Rappels d'électrotechnique et de mécanique
Les procédés de variation de vitesse
Jean Bonal

Préface

Jean-Marie Caro,
Administrateur - Directeur Général de Prométhée

Lavoisier TEC & DOC
LONDRES PARIS NEW YORK

11, rue Lavoisier
F 75384 Paris cedex 08

ISBN : 2-7430-0138-0

Table des matières

Première partie
Les moteurs électriques

Préface

Les entraînements à vitesse variable, qui permettent d'optimiser les processus industriels tout en réduisant l'énergie et la matière consommées, connaissent un essor constant. Cet essor est la fois quantitatif, par le nombre et la puissance unitaire des équipements, et qualitatif, par la précision, la souplesse et la fiabilité de ces équipements.
L'évolution dans le domaine des entraînements électriques à vitesse variable est particulièrement rapide. Elle est rendue possible par les progrès en matière de composants semiconducteurs et par la généralisation des emplois de l'informatique industrielle. Cette évolution rend indispensable la mise à jour des connaissances.

La Société PROMÉTHÉE, filiale du groupe Schneider, est le partenaire de l'EDF pour la promotion des matériels et systèmes permettant une utilisation rationnelle de l'énergie électrique. Ce partenariat avec EDF a été l'élément de motivation pour faire profiter l'ensemble des ingénieurs et techniciens supérieurs, ayant à définir, à concevoir ou à utiliser des entraînements électriques à vitesse variable, de l'expérience acquise dans ce domaine par notre Société. C'est le but de cette série d'ouvrages.

La rédaction de cette synthèse des connaissances actuelles sur les entraînements électriques à vitesse variable a été confiée à *Jean BONAL*, Directeur de la Promotion Industrielle de notre Société. Il bénéficie de l'expérience acquise par les membres de notre Société en matière d'applications de la vitesse variable aux industries et services les plus divers. Pour l'assister dans la rédaction des ouvrages prévus et en assurer la cohésion, j'ai demandé à Monsieur *Guy SÉGUIER*, Professeur émérite de l'Université de Lille, de bien vouloir lui apporter son concours, ses compétences et ses connaissances dans le domaine du Génie Électrique.

La difficulté de la vitesse variable vient de la *pluridisciplinarité* des connaissances qu'elle nécessite. L'étude des entraînements relève tout à la fois de la mécanique, de l'électrotechnique, de l'électronique de puissance, de l'automatique et de l'informatique. Il n'est pas possible de dissocier ces différentes disciplines : la commande d'un convertisseur statique dépend de la structure de celui-ci, structure choisie en fonction du moteur utilisé, moteur choisi en fonction de la charge à entraîner.
Les diverses disciplines sont développées dans les traités correspondants destinés aux étudiants de l'enseignement supérieur en formation initiale ou continue. Il n'est pas dans la vocation de Prométhée d'ajouter une série de traités supplémentaires venant s'ajouter à ceux déjà existants.

Le but que nous visons est de faire une synthèse *utilitaire* (on pourrait dire utilitariste, si le mot n'était pas péjoratif) des résultats scientifiques strictement nécessaires à la compréhension des divers aspects des entraînements électriques à vitesse variable, puis de montrer l'application de ces résultats aux problèmes spécifiques de ces entraînements.

Les rappels seront très brefs et sembleront un peu "brutaux" aux spécialistes de la discipline concernée. Mais les rappels de mécanique sont destinés aux non-mécaniciens, ceux d'électrotechnique aux non-électrotechniciens,...

Ce travail sur les entraînements électriques à vitesse variable est présenté en *trois volumes*.

- Le premier est consacré aux rappels d'électrotechnique et de mécanique et à la présentation du procédé de variation de vitesse le mieux adapté à chaque domaine d'applications.
- Le second, débutant par des rappels d'électronique de puissance et d'automatique, sera consacré à la partie puissance et à la partie commande des variateurs électroniques de vitesse.
- Le troisième, revenant sur des questions laissées volontairement de côté dans les deux précédents, traitera des interactions variateur de vitesse- moteur-charge et des interactions variateur-réseau.

Après une introduction sur les intérêts que présente la vitesse variable, ce *premier volume* est divisé en deux parties.

La première est consacrée aux *moteurs électriques*. Pour chaque type de moteur, après une présentation très brève du principe et des caractéristiques externes, l'accent sera mis sur les procédés qui permettent d'en faire varier la vitesse. La présentation du principe et la modélisation de la machine sont simplifiées à l'extrême, ces points seront repris dans le volume trois car une modélisation plus réaliste est nécessaire pour étudier les interactions moteur- charge et moteur-convertisseur.

La seconde partie est consacrée aux *charges entraînées*. Pour les principales applications, on montre comment déterminer le couple demandé au moteur et la puissance nominale de celui-ci. Les aspects moment d'inertie et vibrations qui tiennent une grande place dans le choix d'un type d'entraînement seront présentés. On insistera plus particulièrement sur les turbomachines, pompes et ventilateurs, vu l'importance de l'énergie consommée par ces charges et l'économie d'énergie que leur entraînement à vitesse variable permet de réaliser.

La conclusion qui termine ce volume montre, pour chaque grand domaine d'applications, le type d'entraînement électrique le mieux adapté et comment en définir le cahier des charges.

Les ouvrages de cette série, rédigés par des professionnels désirant faire profiter de leur expérience d'autres professionnels, ne sauraient être considérés comme des traités d'enseignement traditionnels – bien que les enseignants puissent y trouver de nombreux renseignements pratiques susceptibles d'enrichir leurs cours.

Ces ouvrages sont destinés aux praticiens de la vitesse variable. Ils sont accessibles à tous ceux qui ont reçu les connaissances en physique et en mathématiques servant de base à tous les cycles d'études scientifiques ou techniques supérieures. Les rappels sont d'ailleurs destinés à leur remémorer les notions de base qu'ils auraient pu oublier.

Nous espérons que ces ouvrages répondront à l'objectif qui a guidé toute leur rédaction : être un instrument de travail utile et facilement utilisable.

Jean-Marie CARO
Administrateur – Directeur Général de Prométhée

Introduction

LES ENTRAÎNEMENTS ÉLECTRIQUES DANS L'INDUSTRIE. INTÉRÊTS ÉCONOMIQUES ET TECHNIQUES DE LA VITESSE VARIABLE.

Avant d'entreprendre l'étude des entraînements électriques à vitesse variable, il convient de rappeler l'importance de la place que tient la production de force motrice dans la consommation d'énergie électrique, puis de montrer tous les avantages qu'on peut tirer de la production de cette force à vitesse variable.

PLACE DE LA FORCE MOTRICE DANS LA CONSOMMATION ÉLECTRIQUE

Dans les pays industrialisés, les moteurs électriques constituent le groupe principal des utilisateurs de l'énergie électrique.

En France, environ 40 % de cette énergie est consommée dans l'industrie et les 2/3 de cette consommation correspondent à la production de force motrice. Il convient d'y ajouter la consommation des moteurs de la traction ferroviaire et surtout celle de la multitude des petits moteurs des secteurs tertiaire et résidentiel.

La très large suprématie de l'énergie électrique dans la production de force motrice découle de l'aptitude des réseaux électriques à véhiculer, simultanément et par le même canal, de l'énergie et de l'information. Il en découle que la force motrice d'origine électrique se caractérise par

- sa souplesse d'utilisation,
- sa précision dans l'exécution des consignes (de couple, accélération, vitesse ou position),
- ses performances énergétiques,
- son taux de disponibilité élevé,
- ses coûts de maintenance réduits et programmables,
- sa faculté d'adaptation aux évolutions des processus industriels, ce qui peut être un avantage notable lorsqu'une industrie cherche à minimiser ses nuisances environnementales (bruit, pollution de l'air, de l'eau. . .)

Il est intéressant de noter quelle est l'importance en nombre et en puissance unitaire des moteurs électriques. A titre d'exemple, le tableau suivant donne la répartition, estimée par le GIMELEC pour une année donnée, de la production française de moteurs alternatifs triphasés. Pour chaque gamme de puissance P, ce tableau donne le pourcentage de moteurs construits et le pourcentage de la puissance totale qu'ils sont à même de développer.

Puissance	% de moteurs	% de puissance
P < 0,75 KW	~ 40 %	~ 3 %
0,75 < P < 7,5 KW	~ 55 %	~ 35 %
7,5 < P < 75 KW	~ 4 %	~ 20 %
75 < P < 750 KW	~ 0,5 %	~ 18 %
750 KW < P	~ 0,05 %	~ 24 %

On pourrait dresser un tableau analogue pour les moteurs à courant continu. Pour les moteurs monophasés de faible puissance utilisés dans les secteurs tertiaires et domestiques, la production annuelle est de plusieurs millions d'unités.

Pour le seul secteur industriel on estime que les moteurs de moins de 4 KW représentent 80 % du parc en nombre, mais seulement 10 % en consommation.

Or moins de 20 % des moteurs du secteur industriel en France sont équipés de variateurs électroniques de vitesse.

Et pourtant ! Seule la variation de vitesse permet d'exploiter les remarquables possibilités des moteurs électriques, de ne consommer que l'énergie nécessaire à la production de force motrice.

Il y a là un gaspillage de performances et d'énergie qu'il convient de résorber.

STRUCTURE GÉNÉRALE DES ENTRAÎNEMENTS ÉLECTRIQUES À VITESSE VARIABLE

D'une manière générale, un entraînement électrique à vitesse variable est formé (figure 0.1)

- d'un convertisseur électronique de puissance,
- d'un moteur électrique,
- de la charge mécanique entraînée,
- d'un équipement de commande.

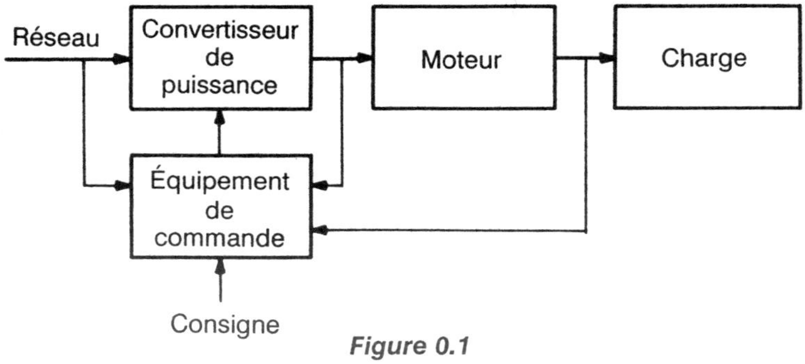

Figure 0.1

– Le convertisseur statique, alimenté par le réseau industriel, transforme la présentation de l'énergie électrique pour lui donner la forme désirée (tension, courant, fréquence).

La mise au point de composants semiconducteurs performants et l'amélioration de la maîtrise de leur fonctionnement ont permis de réaliser des convertisseurs délivrant, avec un excellent rendement et un faible temps de réponse, des signaux qu'on ne pouvait obtenir auparavant, tout au moins au niveau de puissance désiré.

– Le moteur convertit l'énergie électrique en énergie mécanique fournie à la charge entraînée.

On utilise depuis longtemps le moteur à courant continu qui se prête bien à la variation de vitesse, mais qui voit son utilisation limitée par des contraintes technologiques et environnementales liées à la présence du collecteur.

L'évolution des semiconducteurs permet maintenant la réalisation de convertisseurs électroniques de fréquence qu'on associe à des moteurs à courant alternatif, synchrones ou asynchrones, pour réaliser des entraînements à vitesse variable.

– L'équipement de commande élabore les signaux de commande des semiconducteurs du convertisseur, à partir des consignes de pilotage du process et des mesures de tension, courant, vitesse, couple, accélération,... fournies par les divers capteurs placés à l'entrée et à la sortie du convertisseur et sur l'arbre du moteur.

Les progrès en matière de microinformatique ont joué un grand rôle dans l'évolution des variateurs de vitesse en permettant d'améliorer les performances et de réduire le nombre de capteurs nécessaires.

DOMAINES D'APPLICATIONS DES ENTRAÎNEMENTS ÉLECTRIQUES À VITESSE VARIABLE

Tous les secteurs industriels utilisant de la force motrice sont susceptibles d'utiliser des entraînements électriques à vitesse variable. Toutefois il est encore d'usage de distinguer deux grands groupes d'applications.

– *Le premier groupe* est constitué par les applications où la vitesse variable est apparue dès l'origine comme une *condition intrinsèque de fonctionnement du procédé*.

A titre d'exemples, on peut citer

- la traction électrique,
- les entraînements de laminoirs et de leurs auxiliaires,
- les entraînements d'extrudeuses,
- les entraînements de fours à ciment,

....

et d'une manière générale les lignes ou sectionnelles de la métallurgie, du textile, du caoutchouc, du papier,

- les machines outils,
- la robotique,
- la manutention...

– Le *second groupe* est presque intégralement constitué par les entraînements de *turbomachines* réceptrices (pompes, ventilateurs, soufflantes, compresseurs).

Ce domaine d'applications est resté jusqu'à une date récente très attaché à des solutions traditionnelles, du type vannage ou laminage, peu économes en énergie. Le réglage du débit s'y opère par accroissement de la difficulté d'écoulement du flux liquide ou gazeux.

Ce domaine d'applications est très important ; il représente près des 2/3 de la consommation de l'énergie électrique par les moteurs du secteur industriel.

Or, vu leur caractéristique couple-vitesse, les turbomachines constituent l'un des groupes de charges mécaniques dont la variation de la vitesse d'entraînement par un moteur électrique est la plus facile à réaliser. Dans la quasi totalité des cas, le moteur asynchrone peut être utilisé.

INTÉRÊT ÉCONOMIQUE DES ENTRAÎNEMENTS ÉLECTRIQUES À VITESSE VARIABLE

Dans un variateur électronique de vitesse, on ne fait pas varier la vitesse par action sur les *pertes d'énergie* dans le circuit électrique d'alimentation ou dans le moteur ou dans la charge, mais on *modifie la présentation de l'énergie* fournie au moteur pour que celui-ci donne, avec la minimum de pertes, les caractéristiques mécaniques désirées, la vitesse par exemple.

Pour montrer le gain en énergie consommée, prenons l'*exemple* simple d'une pompe entraînée à vitesse constante dont on fait varier le débit par une vanne de régulation.

Le groupe moto-pompe est caractérisé par la courbe C_1 (figure 0.2) donnant, en fonction du débit Q la hauteur manométrique totale H pour un fluide donné. Le point de fonctionnement est donné par l'intersection de C_1 avec la caractéristique C_2 du système qui indique la perte totale de charge en fonction du débit pour le circuit du fluide.

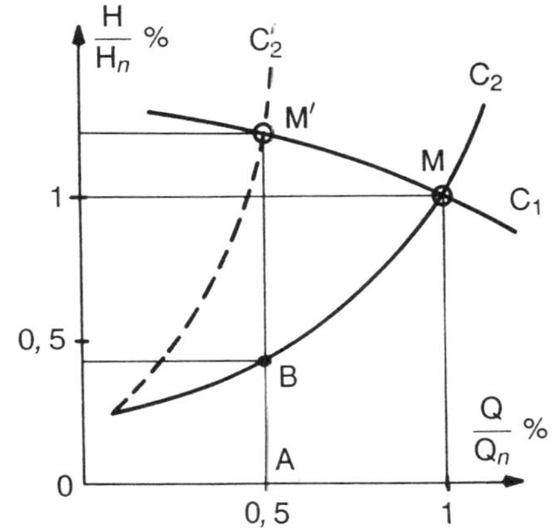

Figure 0.2

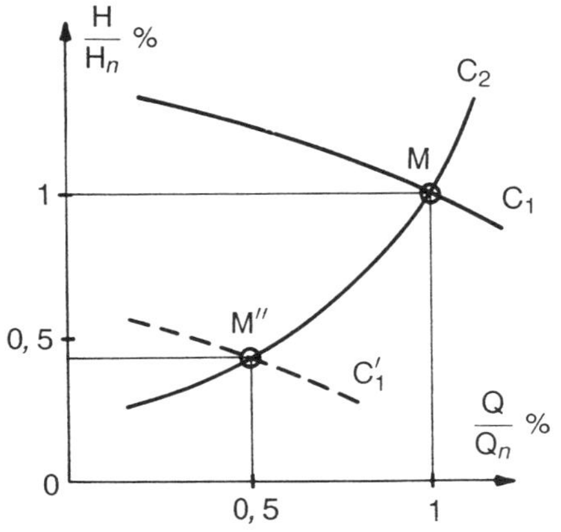

Figure 0.3

Si la pompe est bien adaptée au système et au fluide, lorsque la vanne est complètement ouverte, l'intersection M correspond au point nominal (débit nominal Q_n, hauteur nominale H_n).

Si on veut réduire le débit, on augmente les pertes de charge par action sur la fermeture de la vanne, passant de la courbe C_2 à la courbe C'_2. Le point de fonctionnement passe en M′ ; la fraction BM′/AM′ de la puissance fournie par la pompe est dépensée en pertes par vannage.

Si on supprime la vanne de régulation et si on alimente le moteur par un variateur de vitesse, pour réduire le débit il suffit de diminuer la vitesse par action sur l'alimentation du moteur. On passe (figure 0.3) pour le groupe moto-pompe de la caractéristique C_1 à la caractéristique C_1' : toutes les pertes dues au vannage de la solution précédente sont supprimées.

Pour une installation moyenne, le temps de retour du passage de la solution réglage par laminage à la solution variateur électronique de vitesse, c'est-à-dire le rapport du coût d'investissement sur le coût de l'énergie électrique économisée, est de quelques années. Après, il ne reste ... que les économies d'énergie et les autres avantages de la vitesse variable qui ne sont pas marginaux.

AUTRES AVANTAGES DE LA VITESSE VARIABLE

Les avantages des entraînements électriques à vitesse variable ne résident pas seulement dans les économies d'énergie qui, d'ailleurs, ne concernent pas toutes les applications. En fonction de l'application considérée, l'un ou l'autre ou plusieurs des avantages que nous allons énumérer (la liste n'est pas exhaustive) peuvent être déterminants.

• En ce qui concerne *le réseau d'alimentation*, les principaux avantages sont :

– *la suppression des fortes surintensités* du courant appelé par le moteur au démarrage. Si l'on branche directement un moteur asynchrone sur le réseau, le courant de démarrage peut être de 4 à 6 fois le courant nominal I_n (jusqu'à 10 fois pour les petites unités). Avec un variateur électronique de vitesse, on démarre avec un courant de l'ordre de $0,3\ I_n$ les charges dont le couple croît comme le carré de la vitesse (pompes, ventilateurs), avec un courant n'excédant pas $1,5\ I_n$ pour les charges à couple constant;

– *la diminution de la puissance du système d'alimentation* qui, dans le cas du démarrage direct des moteurs, doit être déterminée pour tenir compte des appels de courant et des chutes de tensions qu'ils provoquent.

• En ce qui concerne le *moteur*, le principal avantage est *l'allongement de sa durée de vie*.

– La durée de vie d'un moteur est en partie limitée par son nombre de démarrages. En effet, les démarrages directs sur le réseau provoquent des échauffements importants dans le rotor du moteur, qui conduisent à des dilatations différentielles des parties constitutives du rotor. A terme, ces dilatations et les fortes contraintes magnétiques au démarrage conduisent à la détérioration du moteur. C'est pour cette raison que la fréquence des démarrages des moteurs alimentés en direct est limitée par exemple à deux démarrages par jour dans le cas de très grosses unités.

Au contraire, les entraînements électriques à vitesse variable permettent des démarrages à courant limité avec des temps d'accélération contrôlés. Il n'y a plus de limitation à la fréquence de démarrage des moteurs. Par ailleurs, l'absence de surcouples transitoires tend à augmenter la durée de vie des coupleurs et des dents d'engrenage.

– Les moteurs à vitesse variable fonctionnent souvent au-dessous de leur vitesse nominale ; or lorsqu'on diminue la vitesse, on augmente la durée de vie des roulements. Ceci est particulièrement net dans le cas de petits entraînements utilisant des roulements à billes, dont la durée de vie est inversement proportionnelle à la puissance 1,6 de la vitesse. Si, par exemple, la durée de vie d'un roulement est de 60 000 heures à 20 000 tr/min, elle passe à 180 000 heures lorsqu'on diminue la vitesse à 10 000 tr/min.

– Dans un moteur fonctionnant à puissance réduite, les échauffements sont eux aussi réduits. Or la durée de vie d'un isolement double chaque fois que la température diminue d'environ 10° C.

– On peut noter aussi que le convertisseur isole le moteur du réseau, ce qui a pour effet de lui éviter un certain nombre d'inconvénients, tels que le déséquilibre des tensions qui provoque des échauffements et des couples parasites.

• C'est évidemment au niveau de la *charge entraînée* que se situent les principaux avantages des entraînements à vitesse variable.

– *Les démarrages* s'effectuent sans à-coup de couple, à couple ou à accélération constante. Le bruit, les vibrations de l'équipement entraîné et les contraintes anormales auxquelles il est soumis lors du démarrage du moteur directement sur le réseau sont supprimés.

L'intérêt que présente pour le réseau, pour le moteur et pour la charge, le contrôle du démarrage par un convertisseur statique est tel qu'on peut être amené à utiliser un convertisseur uniquement pour le démarrage ; en fonctionnement normal, le moteur est alors directement relié au réseau.

Les avantages au démarrage se retrouvent au freinage et lors de tous les changements de régime.

– Le contrôle du couple dans le équipements à vitesse variable permet de s'affranchir de certains défauts du réseau, les *creux de tension* par exemple.

Avec un moteur directement relié au réseau, un creux de tension peut entraîner une importante chute de vitesse. Le retour à la tension normale trouve le moteur à une vitesse où son couple est faible, il y a risque de décrochage et arrêt du processus, avec les pertes considérables que cela peut provoquer dans certains cas.

Avec un équipement à vitesse variable, le couple du moteur est contrôlé tant pendant le creux de la tension que lors du retour de celle-ci à la valeur normale.

– Mais c'est surtout la *souplesse, la flexibilité, la précision et la rapidité* des régulations que permettent les entraînements à vitesse variable qui constituent leur principal avantage.

Cela se traduit par un accroissement de la productivité, moins de matière première perdue, augmentation des vitesses de réalisation, passage d'un process discontinu à un process continu. . .

La qualité de la régulation facilite l'automatisation d'un ensemble et son adaptation aux évolutions d'un processus industriel.

• D'autres avantages, propres à chaque domaine d'applications, pourraient être indiqués.

Notons simplement la réduction du coût et du temps de dépannage. Il est plus facile de changer une carte dans un variateur électronique fait d'un ensemble de modules embrochables que de changer une vanne.

Il convient toutefois de signaler trois petits inconvénients des équipements avec variateur électronique de vitesse.

– Il faut déclasser légérement le moteur car le courant qui lui est fourni n'est pas parfaitement lissé, s'il s'agit d'un moteur à courant continu, n'est pas parfaitement sinusoïdal, s'il s'agit d'un moteur à courant alternatif.

– Le convertisseur prend au réseau des courants non sinusoïdaux et se comporte comme un générateur de courants harmoniques.

– Le convertisseur est formé de semiconducteurs qui ferment ou ouvrent des circuits très vite créant des variations rapides de courant ou de tension. De ce fait, il peut perturber son environnement par les ondes électromagnétiques rayonnées.

Mais les constructeurs de variateurs de vitesse savent bien maîtriser ces perturbations conduites ou rayonnées et des normes précises leur imposent les maxima tolérés.

PREMIÈRE PARTIE

LES MOTEURS ÉLECTRIQUES

CHAPITRE 1

Rappel de quelques définitions et relations

1. LES INDUCTANCES

1.1. INDUCTION, CHAMP ET FLUX MAGNÉTIQUES

• *L'induction* $\overrightarrow{B}$ caractérise l'effet produit en un point par des aimants ou des bobines parcourues par des courants.

C'est un vecteur. Sa direction et son sens sont ceux que prend une aiguille aimantée placée en ce point. Sa valeur (unité : le tesla, T) est proportionnelle au couple qui s'exerce sur cette aiguille si on l'écarte de sa position d'équilibre.

• L'induction est égale au produit du *champ* $\overrightarrow{H}$, créé en ce point par les aimants ou les bobines, par la *perméabilité* du milieu où se trouve ce point

$$\overrightarrow{B} = \mu \overrightarrow{H} \quad \text{(unité de champ : l'ampère par mètre, A/m).}$$

La perméabilité de l'air et de la plupart des matériaux est très peu différente de celle μ_0 du vide

$$\mu_0 = 4\pi \cdot 10^{-7}.$$

Seuls les matériaux ferromagnétiques ont une perméabilité beaucoup plus élevée et d'ailleurs variable (voir la remarque).

• Le *flux* d'induction élémentaire $d\varphi$ à travers un élément de surface dS est donné par

$$d\varphi = \overrightarrow{B} \cdot \overrightarrow{dS} \quad \text{(unité de flux : le wéber, Wb).}$$

Ce flux est donc le produit de l'induction au point qu'entoure cette surface par la valeur de celle-ci et par le cosinus de l'angle que fait le vecteur induction avec la normale positive de cet élément de surface.

Le flux à travers une surface est la somme des flux à travers les éléments de celle-ci

$$\varphi = \int_S \overrightarrow{B} \cdot \overrightarrow{dS}.$$

• On appelle *ligne de champ* une courbe qui en tout point est tangente au vecteur champ. On appelle *surface équipotentielle* une surface qui en tout point est normale au champ.

Le flux est conservatif. Donc

- toutes les lignes de champ se referment sur elles-mêmes,
- le flux total à travers toute surface fermée est nul.

Pour visualiser l'effet d'un aimant ou d'une bobine parcourue par un courant, on trace tout ou partie de quelques lignes de champ typiques.

• *Remarque*. Pour un matériau ferromagnétique, la relation entre B et H est compliquée.

Si on applique un champ croissant à un matériau qui n'a jamais été "aimanté", l'induction varie suivant la courbe de première aimantation (courbe OA, sur la figure 1.1).

Si H diminue, B est plus fort que lorsque H augmentait.

Si on fait varier plusieurs fois H entre H_{max} et $-H_{max}$, le point de coordonnées (H, B) décrit un cycle fermé appelé cycle d'*hystérésis* (A C D E F G A).

Quoiqu'il en soit, à moins de le soumettre à des champs très, très forts, le fer a une perméabilité B/H beaucoup plus grande que celle de l'air.

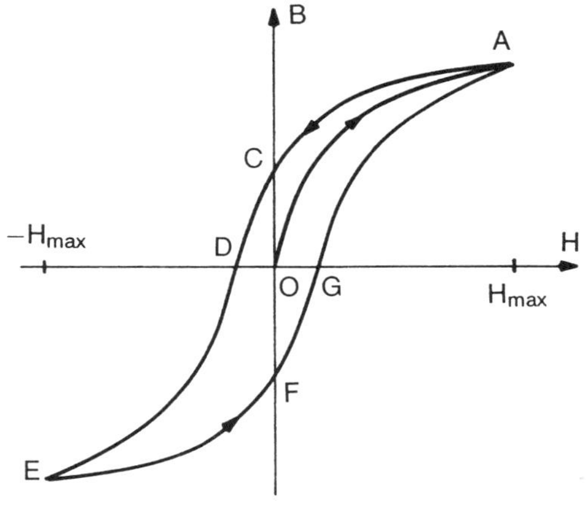

Figure 1.1

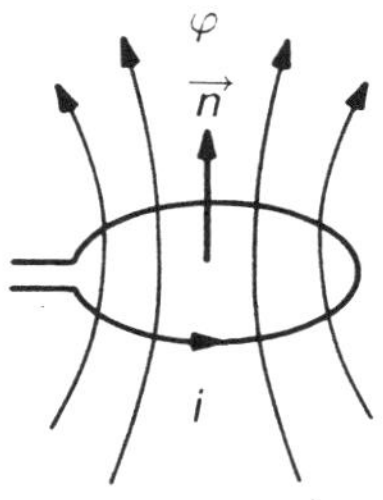

Figure 1.2

1.2 INDUCTANCES PROPRES ET MUTUELLES

• Une spire parcourue par un courant i crée à travers elle-même un flux positif φ. Le sens de la normale positive $\overrightarrow{n}$ à la surface de la spire est lié au sens positif adopté pour ce courant (figure 1.2) : règle du tire-bouchon.

Le flux total ϕ à travers une bobine est la somme des flux à travers ses n spires.

– Si une bobine B_1 parcourue par un courant i_1 agit loin de tout matériau ferromagnétique, il y a proportionnalité entre le flux total ϕ_1 qu'elle crée à travers elle-même et le courant i_1. Le rapport ϕ_1/i_1 est appelé *inductance propre* (ou self inductance) L_1 de cette bobine.

$$L_1 = \frac{\phi_1}{i_1} \quad \text{(unité : le henry, H).}$$

– Si une autre bobine B_2 est traversée par une partie du flux créé par B_1, on appelle *mutuelle inductance* M_{12} des bobines B_1 et B_2 le quotient par le courant i_1 du flux total ϕ_{12} qu'il crée à travers l'ensemble des spires de B_2.

$$M_{12} = \frac{\phi_{12}}{i_1}.$$

• Les inductances mutuelles sont *réciproques*. La bobine B_2 parcourue par un courant i_2 crée un flux ϕ_2 à travers elle-même (son inductance propre L_2 est égale à ϕ_2/i_2) et un flux ϕ_{21} à travers la bobine B_1.

$$M_{21} = \frac{\phi_{21}}{i_2} = M_{12}.$$

• Pour caractériser le couplage entre deux bobines B_1 et B_2 on utilise soit leur *coefficient de couplage* k, soit leur *coefficient de dispersion* σ

$$k = \frac{M_{12}}{\sqrt{L_1 L_2}} \quad ; \quad \sigma = 1 - \frac{M_{12}^2}{L_1 L_2} = 1 - k^2. \tag{1.1}$$

Plus deux bobines sont couplées, plus k est voisin de 1 et plus σ est voisin de zéro.

1.3 THÉORÈME D'AMPÈRE. CIRCUIT MAGNÉTIQUE

• *Théorème d'Ampère* : La circulation du vecteur $\overrightarrow{H}$ le long d'un trajet fermé Γ est égale à la somme algébrique des courants des spires qu'il traverse (le courant dans une spire est compté comme positif si le trajet la traverse dans le sens de sa normale positive, voir figure 1.2)

$$\int_\Gamma \overrightarrow{H} \cdot \overrightarrow{d\ell} = \Sigma i.$$

D'ordinaire, le trajet suivi est celui d'une ligne de champ :

$$\int_\Gamma H \cdot d\ell = \Sigma i. \tag{1.2}$$

• Le flux est le plus souvent canalisé par un *circuit magnétique* en matériaux ferromagnétiques.

La figure 1.3 montre par exemple la canalisation du flux φ traversant dans le sens positif les bobines B_1 et B_2 de n_1 et n_2 spires parcourues par les courants i_1 et i_2. Le circuit magnétique est formé de trois éléments M, N, P de sections S_M, S_N et S_P.

La longueur de la ligne de champ moyenne dans les trois éléments est ℓ_M, ℓ_N, ℓ_P. Le théorème d'Ampère appliqué à cette ligne moyenne donne

$$\begin{aligned} n_1 i_1 + n_2 i_2 &= H_M \ell_M + H_N \ell_N + H_P \ell_P \\ &= \frac{B_M}{\mu_M}\ell_M + \frac{B_N}{\mu_N}\ell_N + \frac{B_P}{\mu_P}\ell_P \\ &= \frac{\ell_M}{\mu_M S_M}\varphi + \frac{\ell_N}{\mu_N S_N}\varphi + \frac{\ell_P}{\mu_P S_P}\varphi. \end{aligned}$$

Par analogie avec la loi d'Ohm des circuits électriques, on écrit

$$\mathcal{E}_1 + \mathcal{E}_2 = (\mathcal{R}_1 + \mathcal{R}_2 + \mathcal{R}_3)\,\varphi$$

en désignant par

$\mathcal{E}$ la *force magnétomotrice* $n\,i$ d'une bobine,

$\mathcal{R}$ la *réluctance* $\dfrac{\ell}{\mu S}$ d'un élément du circuit magnétique

(la *perméance* $\mathcal{P}$ d'un élément est l'inverse $\mu S/\ell$ de sa réluctance).

On dit que la somme des f.m.m. comptée en ampères-tours est égale à la somme des chutes de potentiel magnétique.

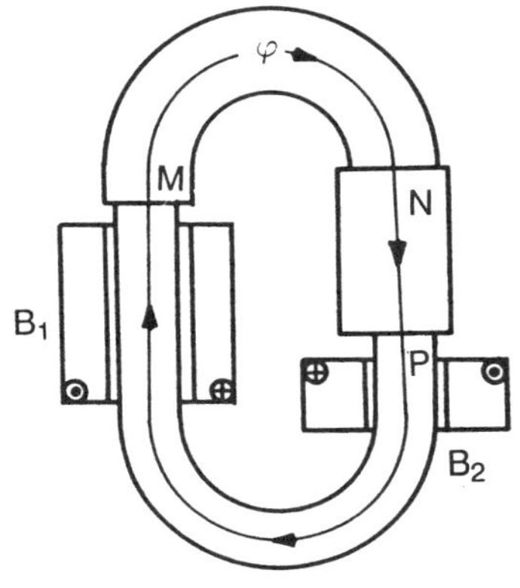

Figure 1.3

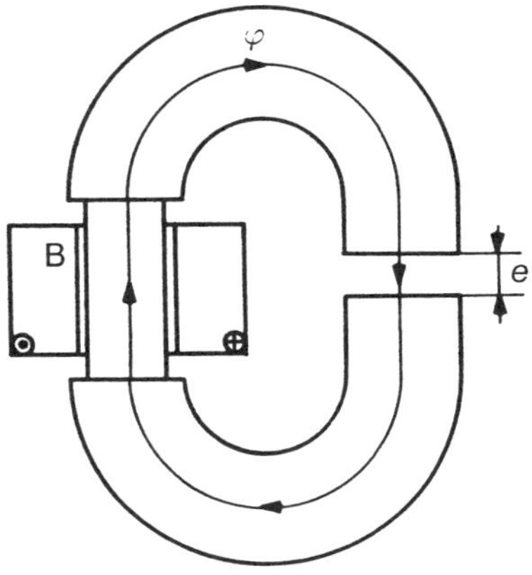

Figure 1.4

Plus généralement, on écrit

- le long de tout circuit magnétique fermé, $\Sigma\,\mathcal{E} = \Sigma\,\mathcal{R}\,\varphi$
- à chaque nœud, $\Sigma\,\varphi = 0$.

• Dans les machines électriques, le circuit magnétique comporte nécessairement un intervalle sans fer, *l'entrefer*.

Soit (figure 1.4) une bobine B de n tours parcourus par un courant i dont le circuit magnétique comporte k éléments en fer ayant chacun une réluctance $\mathcal{R}_k$ et un entrefer d'épaisseur e et de surface S_e. Le théorème d'Ampère donne

$$n\,i = (\Sigma_k\,\mathcal{R}_k + \mathcal{R}_e)\,\varphi \qquad (1.3)$$

avec $\mathcal{R}_e$, égal à $e/\mu_0\,S_e$, réluctance de l'entrefer.

Si le circuit magnétique n'est pas saturé, c'est-à-dire si l'induction dans les divers éléments en fer n'est pas très forte, leur perméabilité μ_k est tellement plus grande que μ_0 que, bien que e soit petit devant les divers ℓ_k, la somme des réluctances de ces éléments est négligeable devant $\mathcal{R}_e$.

$$n\,i \simeq \mathcal{R}_e\,\varphi\,.$$

La chute de potentiel magnétique dans le fer est négligeable, les surfaces situées de part et d'autre de l'entrefer sont des équipotentielles. Toute la f.m.m. $n\,i$ est appliquée à l'entrefer.

Le flux total à travers la bobine ϕ égal à $n\,\varphi$, est alors proportionnel à i et on peut définir *l'inductance* L *de la bobine*.

Puisque $n\,i = \dfrac{e}{\mu_0\,S_e}\,\varphi$

$$L = \frac{\phi}{i} = \frac{n\,\varphi}{i} = n^2\,\frac{\mu_0\,S_e}{e}\,.$$

1.4 LOI DE LENZ. ÉNERGIE STOCKÉE DANS UN CHAMP MAGNÉTIQUE

• *Loi de Lenz* : La variation du flux φ à travers une spire engendre dans celle-ci une *force électromotrice* e qui, en utilisant pour e la même convention de signe que pour le courant (voir figure 1.2), est donnée par

$$e = -\frac{d\varphi}{dt}\,. \tag{1.4}$$

La variation de flux peut être due

- soit au déplacement de la spire,
- soit à sa déformation,
- soit à la variation du champ magnétique dans lequel elle se trouve.

Pour un bobinage, la f.e.m. est due à la variation du flux total (voir Remarque)

$$e = -\frac{d\phi}{dt}\,.$$

• Si on applique une tension u à une bobine de résistance r, la loi d'Ohm donne

$$u - \frac{d\phi}{dt} = r\,i\,.$$

Si la bobine est d'inductance constante, $\phi = L\,i$:

$$u = r\,i + L\,\frac{di}{dt}\,.$$

L'énergie fournie en un temps dt, soit

$$u\,i\,dt = r\,i^2\,dt + L\,i\,di$$

est en partie dissipée en pertes Joules ($r\,i^2\,dt$), en partie emmagasinée dans le champ magnétique créé par la bobine ($L\,i\,di$).

L'énergie stockée dans le champ quand le courant va de zéro à i est

$$W = \int_0^i L\,i\,di = \frac{1}{2}\,L\,i^2. \tag{1.4}$$

• En généralisant à un ensemble de n bobinages couplés, on obtient

$$\begin{aligned} W = \frac{1}{2}\,\big(&L_1\,i_1^2 + M_{12}\,i_1\,i_2 + M_{13}\,i_1\,i_3 + \cdots + M_{1n}\,i_1\,i_n \\ &+ M_{21}\,i_2\,i_1 + L_2\,i_2^2 + M_{23}\,i_2\,i_3 + \cdots + M_{2n}\,i_2\,i_n \\ &+ \ldots\ldots\ldots\ldots\ldots\ldots\ldots\ldots\ldots\ldots \\ &+ M_{n1}\,i_n\,i_1 + M_{n2}\,i_n\,i_2 + M_{n3}\,i_n\,i_3 + \cdots + L_n\,i_n^2\big) \end{aligned}$$

sous forme matricielle, on écrit

$$W = \frac{1}{2}\,[i]_t\,[L]\,[i] \tag{1.5}$$

$$\text{avec} \quad [i] = \begin{bmatrix} i_1 \\ i_2 \\ \dots \\ i_n \end{bmatrix} \quad \text{et} \quad [\mathrm{L}] = \begin{bmatrix} \mathrm{L}_1 & \mathrm{M}_{12} & \dots & \mathrm{M}_{1n} \\ \mathrm{M}_{21} & \mathrm{L}_2 & \dots & \mathrm{M}_{2n} \\ \dots & \dots & \dots & \dots \\ \mathrm{M}_{n1} & \mathrm{M}_{n2} & \dots & \mathrm{L}_n \end{bmatrix}.$$

• *Remarque.* Pour calculer la *f.e.m. engendrée dans un conducteur* dans le cas très simple d'un conducteur rectiligne de longueur utile L se déplaçant à la vitesse $\vec{v}$ dans un champ d'induction $\vec{B}$, il suffit d'imaginer une spire dont le conducteur fait partie (figure 1.5).

Si L, $\vec{v}$ et $\vec{B}$ sont perpendiculaires deux à deux, un déplacement dx du conducteur augmente le flux à travers la spire de $d\varphi = \mathrm{B\,L}\,dx = \mathrm{B\,L}v\,dt$.

$e = -\,d\varphi/dt$ donne la valeur de la f.e.m.

$$e = \mathrm{B\,L}v\ ; \tag{1.6}$$

sa direction est celle indiquée sur la figure

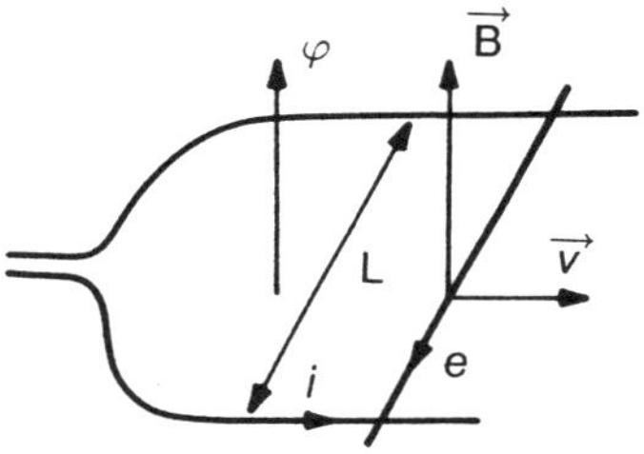

Figure 1.5

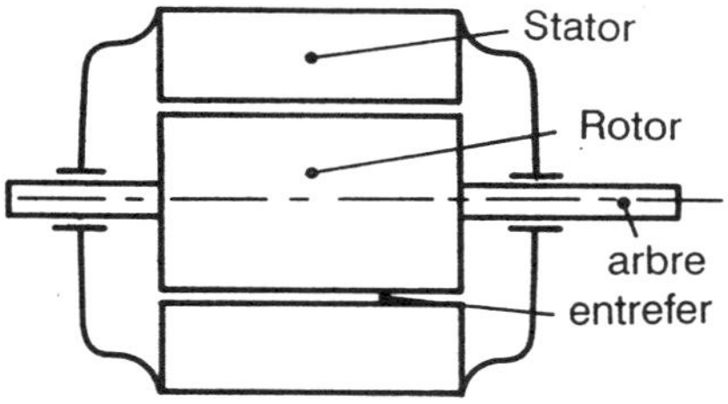

Figure 1.6

2. LES MOTEURS ÉLECTRIQUES

2.1. DISPOSITION GÉNÉRALE

• Un moteur électrique est essentiellement formé d'un stator et d'un rotor (figure 1.6).

Stator et rotor sont en matériaux ferromagnétiques,

- pour que le flux produit par les bobinages ou les aimants soit aussi grand que possible,
- pour que le flux interne à la machine ne sorte pas de celle-ci.

C'est pour cela qu'on appelle entrefer l'intervalle entre stator et rotor maintenu par l'intermédiaire des paliers.

• La plupart des machines sont *électromagnétiques* : le couple est produit par action d'un flux sur un courant. Le stator et le rotor portent un bobinage ; dans certains cas l'un des deux bobinages peut être remplacé par des aimants.

Dans les machines à *réluctance variable*, seul le stator porte un bobinage. Le couple est dû à l'attraction magnétique entre bossages du stator et du rotor.

• *Remarque*. La partie (stator ou rotor ou les deux) du circuit magnétique soumise à une induction alternative est le siège de pertes par hystérésis et par courants induits (appelés courants de Foucault).

Pour réduire ces *pertes dans le fer*, on forme cette partie par empilage de tôles au silicium (réduction des pertes par hystérésis) minces et isolées entre elles (réduction des pertes par courants de Foucault).

2.2. LE POINT DE FONCTIONNEMENT

Surtout pour les machines de moyenne ou forte puissance, les variations de vitesse et de couple correspondent à des constantes de temps beaucoup plus grandes que celles qui régissent les variations des courants et des tensions du moteur. C'est encore plus net pour les équipements à vitesse variable où l'on supprime les à-coups de couple.

Aussi en ce qui concerne les relations entre le moteur et sa charge on peut considérer qu'on est toujours en *régime permanent*, un régime transitoire étant considéré comme une succession de régimes permanents.

2.2.1. Fixation du point de fonctionnement

– La caractéristique mécanique d'un moteur alimenté à tension et fréquence constantes est la courbe donnant, pour les divers fonctionnements possibles, le couple moteur développé C_m en fonction de la vitesse N.

La caractéristique mécanique de la charge entraînée donne son couple résistant C_r en fonction de la vitesse d'entraînement.

La vitesse et le couple sont donnés par le point d'intersection des deux caractéristiques (figure 1.7).

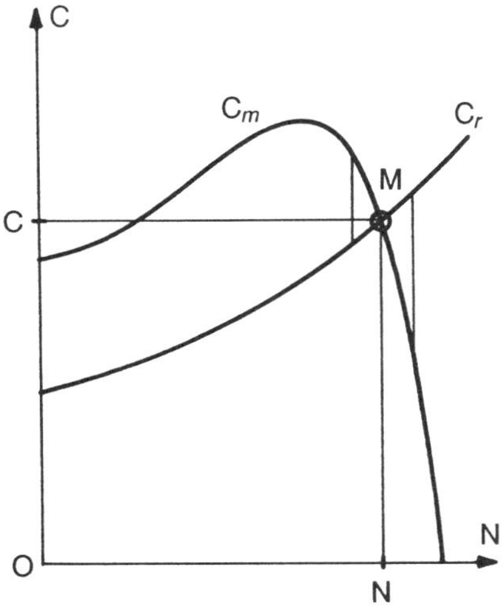

Figure 1.7

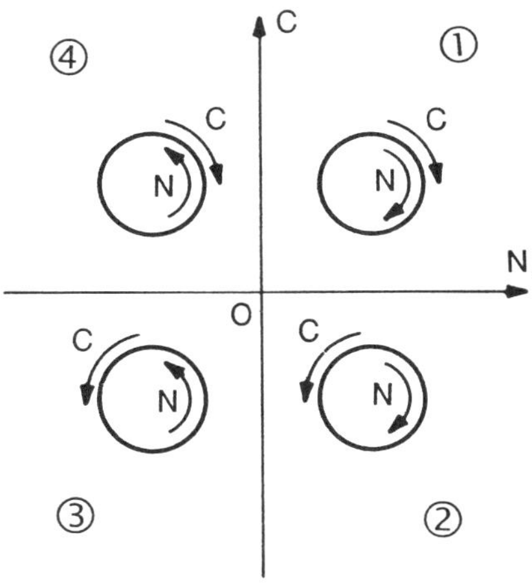

Figure 1.8

A vitesse nulle, C_m doit être plus grand que C_r pour que le groupe démarre. La montée en vitesse dépend de l'inertie du groupe et du couple d'accélération $C_m - C_r$. La vitesse se stabilise quand $C_m - C_r$ égale zéro, donc au point d'intersection des deux caractéristiques.

– Un point de fonctionnement est stable si tout écart accidentel de vitesse dû à une perturbation tend à se résorber dès que celle-ci disparaît.

Le point M de la figure 1.7 est *stable*. Si N augmente, C_m est inférieur à C_r : le groupe ralentit. Si N diminue, C_m est supérieur à C_r : le groupe accélère.

La condition de stabilité d'un point est qu'autour de celui-ci on ait

$$\frac{\delta}{\delta N}(C_m - C_r) < 0 .$$

2.2.2. Les quatre quadrants

La principale indication à donner pour caractériser un entraînement électrique à vitesse variable est celle du nombre de quadrants du plan couple-vitesse dans lesquels le moteur peut fonctionner.

Les axes de couple et de vitesse délimitent 4 quadrants (figure 1.8).

– Dans le quadrant 1, le couple du *moteur* C et sa vitesse sont positifs : la machine fonctionne en moteur tournant dans le sens direct.

– Dans le quadrant 2, N est positif mais C négatif : la puissance, proportionnelle au produit NC s'est inversée. La machine fonctionne maintenant en génératrice recevant de la puissance mécanique de ce qui était la charge et transformant cette puissance en puissance électrique renvoyée au réseau d'alimentation. C'est le *freinage par récupération* d'énergie, avec rotation dans le sens direct.

– Dans le quadrant 3, N et C sont de même signe, tous deux négatifs. La machine fonctionne en *moteur* tournant dans le sens inverse.

– Dans le quadrant 4, N est négatif et C positif : la machine tournant dans le sens inverse fonctionne en génératrice donc assurant un *freinage par récupération*.

Pour tout ensemble convertisseur-moteur, on indique s'il est à 1 quadrant (quadrant 1) ou à 2 (quadrants 1 et 2, parfois 1 et 4) ou à 4 quadrants.

2.3 LE CALCUL DU COUPLE

• La méthode générale, valable aussi bien en régime permanent qu'en régime transitoire est celle de la *variation des inductances*.

Pour qu'il y ait couple, il faut que les inductances propres ou mutuelles – ou du moins certaines d'entre elles – soient fonctions de la position relative du rotor par rapport au stator. On indique cette position par l'écart angulaire θ que fait un rayon passant par un point fixe du rotor avec un rayon passant par un point fixe du stator.

– Dans le cas le plus simple d'une machine à un seul enroulement, si L est l'inductance de celui-ci, r sa résistance, u la tension qui lui est appliquée et i le courant qui le traverse, l'équation des tensions s'écrit :

$$u - \frac{d\phi}{dt} = ri \quad \text{ou} \quad u = ri + \frac{d}{dt}Li \quad \text{ou} \quad u = ri + L\frac{di}{dt} + i\frac{dL}{dt} .$$

La puissance instantanée p fournie à cet enroulement est

$$
\begin{aligned}
p = u\,i &= r\,i^2 + i\,\mathrm{L}\,\frac{di}{dt} + i^2\,\frac{d\mathrm{L}}{dt} \\
&= r\,i^2 + i\,\mathrm{L}\,\frac{di}{dt} + \frac{1}{2}\,i^2\,\frac{d\mathrm{L}}{dt} + \frac{1}{2}\,i^2\,\frac{d\mathrm{L}}{dt} \\
&= r\,i^2 + \frac{d}{dt}\left(\frac{1}{2}\,\mathrm{L}\,i^2\right) + \frac{1}{2}\,i^2\,\frac{d\mathrm{L}}{d\theta}\,\frac{d\theta}{dt} \\
&= r\,i^2 + \frac{d}{dt}\left(\frac{1}{2}\,\mathrm{L}\,i^2\right) + \frac{1}{2}\,i^2\,\frac{d\mathrm{L}}{d\theta}\,\Omega,
\end{aligned}
$$

en désignant par Ω la vitesse angulaire $d\theta/dt$ du rotor.

La puissance p :

- est en partie dépensée en pertes Joule
- sert en partie à faire varier l'énergie stockée dans le champ magnétique
- est transformée, pour le reste, en puissance mécanique.

D'où le couple :

$$
\mathrm{C} = \frac{1}{2}\,i^2\,\frac{d\mathrm{L}}{d\theta}\,. \tag{1.7}
$$

Dans le cas général d'une machine à plusieurs enroulements au stator et au rotor, le couple est donné par

$$
\begin{aligned}
\mathrm{C} = \frac{1}{2}\,\frac{d}{d\theta}\,\big[&\mathrm{L}_1\,i_1^2 + \mathrm{M}_{12}\,i_1\,i_2 + \cdots + \mathrm{M}_{1n}\,i_1\,i_n \\
&+ \mathrm{M}_{21}\,i_2\,i_1 + \mathrm{L}_2\,i_2^2 + \cdots + \mathrm{M}_{2n}\,i_2\,i_n + \cdots \\
&+ \mathrm{M}_{n1}\,i_n\,i_1 + \mathrm{M}_{n2}\,i_n\,i_2 + \cdots + \mathrm{L}_n\,i_n^2\big]\,.
\end{aligned}
$$

ou sous forme matricielle, par

$$
\mathrm{C} = \frac{1}{2}\,[i]_t\left\{\frac{d}{d\theta}\,[\mathrm{L}]\right\}[i]\,. \tag{1.8}
$$

• Dans certains cas, il est plus commode de calculer le couple à partir de la *force s'exerçant sur un conducteur*.

On part de l'expression de la f.e.m. développée dans un conducteur (voir remarque § 2.4)

$$e = \mathrm{B}\,\mathrm{L}\,v.$$

Si on fait passer un courant i dans ce conducteur, on lui fournit une puissance

$$e\,i = \mathrm{B}\,i\,\mathrm{L}\,v.$$

Cette puissance est le produit de la force F s'exerçant sur ce conducteur multipliée par sa vitesse de déplacement v. Donc

$$
\mathrm{F} = e\,i/v = \mathrm{B}\,i\,\mathrm{L}. \tag{1.9}
$$

Cette force a la même direction et le même sens que la vitesse $\overrightarrow{v}$ sur la figure 1.5[(1)]

---

(1) *Les relations $e = B\,L\,v$ et $F = B\,i\,L$ sont d'un emploi beaucoup plus limité que les relations (1.4) et (1.8). De plus cet emploi est délicat car un conducteur n'existe jamais seul. On les emploiera dans les cas où il s'est avéré qu'elles conduisaient aux mêmes résultats que les relations (1.4) et (1.8), mais ... d'une façon plus rapide.*

• Enfin, pour certaines machines, on sait exprimer l'impédance d'entrée en fonction de la vitesse. On en déduit le courant et la puissance absorbés. En soustrayant de la puissance absorbée certaines pertes on obtient la puissance transformée en puissance mécanique et, puisqu'on a la vitesse, le couple.

3. LES GRANDEURS ALTERNATIVES MONOPHASÉES ET TRIPHASÉES

Les grandeurs périodiques, courants et/ou tensions, fournies par les convertisseurs statiques aux moteurs à courant alternatif qu'ils alimentent ont des formes d'ondes non sinusoïdales.

Ce n'est qu'en première approximation qu'on peut supposer sinusoïdales ces grandeurs. Il faut ensuite corriger les résultats obtenus pour tenir compte des harmoniques dont l'effet est souvent loin d'être négligeable.

3.1. GRANDEURS MONOPHASÉES SINUSOÏDALES

3.1.1. Expression. Représentation. Notation

• Un tension u, par exemple, est périodique si sa valeur instantanée a une expression $u(t)$ telle que

$$u(t) \equiv u(t + \mathrm{T}).$$

T est sa période ; f égal à $1/\mathrm{T}$ est sa fréquence.

Cette tension est sinusoïdale si elle a pour expression

$$u = \mathrm{U}_m \cos(\omega t + \varphi).$$

U_m désigne son amplitude.

ω sa pulsation égale à $2\pi f$ ou $2\pi/\mathrm{T}$.

$\omega t + \varphi$ sa phase instantanée, φ sa phase initiale.

• On caractérise une grandeur périodique, quelle qu'elle soit, par sa *valeur efficace* ; c'est la racine carrée de son carré moyen

$$\mathrm{U} = \sqrt{\frac{1}{\mathrm{T}} \int_0^{\mathrm{T}} u^2 \, \mathrm{d}t}\,. \qquad (1.10)$$

Pour une grandeur sinusoïdale,

$$\mathrm{U} = \mathrm{U}_m/\sqrt{2}\,.$$

• La valeur instantanée d'une grandeur sinusoïdale, u par exemple, est égale à la projection sur un axe Ox fixe d'un vecteur $\overrightarrow{\mathrm{OA}}$ ayant pour module U_m et tournant à la vitesse angulaire ω (figure 1.9.a).

Comme dans un même circuit, les diverses grandeurs alternatives ont la même pulsation, leurs vecteurs représentatifs tournent à la même vitesse, leurs écarts angulaires restent constants.

On peut immobiliser ces vecteurs à l'instant $t = 0$ où la grandeur prise comme origine des phases passe par son maximum.

D'autre part puisqu'on caractérise les grandeurs par leurs valeurs efficaces, on donne à chaque vecteur un module égal à la valeur efficace de la grandeur représentée.

Par exemple, si $u = U_m \cos(\omega t + \varphi)$

$i = I_m \cos \omega t$

on représente u et i par les vecteurs $\overrightarrow{OA'}$ et $\overrightarrow{OB'}$ de la figure 1.9.b qui ont pour module U et I.

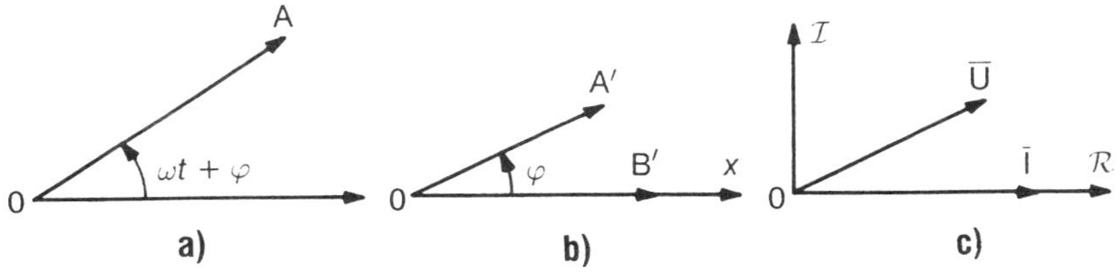

Figure 1.9

• *En notation complexe*, on caractérise une grandeur par les projections du vecteur représentatif sur l'axe réel $\mathcal{R}$, confondu avec O*x*, et sur l'axe imaginaire (figure 1.9.c).

u sera noté $\overline{U}$ tel que

$$\overline{U} = V(\cos\varphi + j\sin\varphi) = U e^{j\varphi}, \qquad \text{avec} \quad j = \sqrt{-1}.$$

(On souligne ou, ce qui est plus commode, on surligne U pour montrer que l'on tient compte non seulement de l'amplitude $U\sqrt{2}$ de cette tension mais aussi de sa phase φ).

• *Remarques*.

– Les propriétés des fonctions sinusoïdales sont bien connues.

$$\text{Si } i = i_1 + i_2 \quad , \quad \overline{I} = \overline{I}_1 + \overline{I}_2$$

$$\text{Si } u = u_1 - u_2 \quad , \quad \overline{U} = \overline{U}_1 - \overline{U}_2$$

$$\text{Si } x = \frac{di}{dt} \quad , \quad \overline{X} = j\omega\overline{I} = \omega\overline{I}e^{j\pi/2}$$

$$\text{Si } y = \int u\,dt \quad , \quad \overline{Y} = -j\frac{\overline{U}}{\omega} = \frac{\overline{U}}{\omega}e^{-j\pi/2}.$$

– Si u est la tension appliquée à un circuit et i le courant qui y circule, le rapport

$$\overline{Z} = \frac{\overline{U}}{\overline{I}}$$

est appelé *impédance complexe*.

Par exemple, pour un circuit RLC, l'équation des tensions

$$u = \mathrm{R}i + \mathrm{L}\frac{\mathrm{d}i}{\mathrm{d}t} + \frac{1}{\mathrm{C}}\int i\,\mathrm{d}t$$

s'écrit, en notation complexe,

$$\overline{\mathrm{U}} = \mathrm{R}\bar{\mathrm{I}} + j\mathrm{L}\omega\bar{\mathrm{I}} - \frac{j}{\mathrm{C}\omega}\bar{\mathrm{I}}$$

$$\overline{\mathrm{Z}} = \mathrm{R} + j\left(\mathrm{L}\omega - \frac{1}{\mathrm{C}\omega}\right).$$

3.1.2. Puissances. Facteur de puissance

• La puissance instantanée p fournie par une source de tension u qui débite un courant i est

$$p = ui.$$

Si u et i sont pédiodiques, on appelle *puissance active* P (ou puissance, tout court) la valeur moyenne de p

$$\mathrm{P} = \frac{1}{\mathrm{T}}\int_0^{\mathrm{T}} ui\,\mathrm{d}t. \qquad (1.11)$$

p et P s'expriment en watts (W).

On appelle *puissance apparente* S (unité : le volt-ampère, VA) le produit des valeurs efficaces de u et de i

$$\mathrm{S} = \mathrm{UI}. \qquad (1.12)$$

Le quotient de P par S est le *facteur de puissance*

$$\lambda = \mathrm{P}/\mathrm{S}. \qquad (1.13)$$

• *En sinusoïdal*, si $u = \mathrm{U}\sqrt{2}\cos\omega t$

$i = \mathrm{I}\sqrt{2}\cos(\omega t - \varphi)$

$$p = ui = \mathrm{UI}\cos\varphi + \mathrm{UI}\cos(2\omega t - \varphi).$$

Donc $\mathrm{P} = \mathrm{UI}\cos\varphi$

et $\lambda = \cos\varphi$.

On définit une puissance, appellée *puissance réactive* Q (unité le volt-ampère réactif, VAR) telle que

$$\mathrm{Q} = \mathrm{UI}\sin\varphi$$

Donc $\mathrm{S} = \sqrt{\mathrm{P}^2 + \mathrm{Q}^2}$.

• *Remarques*

– La puissance réactive traduit l'échange de puissance à valeur moyenne nulle entre la source et une inductance ou une capacité ou tout ce qui dans un récepteur fait que le courant n'est pas en phase avec la tension ($\varphi \neq 0$).

Par convention on dit qu'un récepteur absorbe une puissance réactive Q positive quand le courant i qu'il absorbe est déphasé en arrière de la tension u qui lui est appliquée (récepteur du type inductif). Dans le cas contraire, on dit qu'il crée de la puissance réactive (récepteur du type capacitif).

– La puissance active est conservative : c'est-à-dire que les puissances actives s'ajoutent ou se soustraient algébriquement. La puissance réactive est aussi conservative.

La conservation des P et des Q est très commode pour l'étude des circuits maillés.

– En monophasé, sinusoïdal ou non, la puissance instantanée fluctue autour de sa valeur moyenne.

En sinusoïdal par exemple, on a vu que p était donné par :

$$p = \mathrm{U\,I}\cos\varphi + \mathrm{U\,I}\cos(2\omega t - \varphi) = \mathrm{P} + \mathrm{U\,I}\cos(2\omega t - \varphi).$$

On appelle *puissance fluctuante* le terme $\mathrm{U\,I}\cos(2\omega t - \varphi)$.

La figure 1.10 montre en sinusoïdal, les formes d'ondes de u, de i et de p dans le cas d'un récepteur inductif.

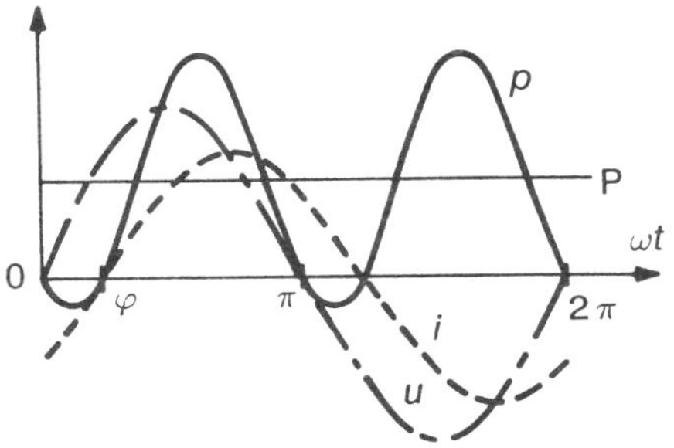

Figure 1.10

La puissance fluctuante est très gênante lorsque le récepteur est un moteur : celui-ci fournit une puissance constante à la charge entraînée si sa vitesse ne fluctue pas, alors qu'il reçoit une puissance électrique qui fluctue. Cela entraîne des vibrations et du bruit à une fréquence double de celle de la tension d'alimentation.

3.2. GRANDEURS MONOPHASÉES ALTERNATIVES NON SINUSOÏDALES

Les grandeurs alternatives à la sortie des convertisseurs ont presque toujours une valeur moyenne nulle mais ne sont pas sinusoïdales.

Les expressions générales de la valeur efficace, des puissances active et apparente, du facteur de puissance, définies au paragraphe précédent pour une grandeur périodique quelconque, leur sont applicables

$$\mathrm{U} = \sqrt{\frac{1}{\mathrm{T}}\int_0^{\mathrm{T}} u^2\,dt} \quad ; \quad \mathrm{I} = \sqrt{\frac{1}{\mathrm{T}}\int_0^{\mathrm{T}} i^2\,dt} \quad ; \quad \mathrm{P} = \frac{1}{\mathrm{T}}\int_0^{\mathrm{T}} u\,i\,dt \quad ;$$

$$\mathrm{S} = \mathrm{U\,I} \quad ; \quad \lambda = \frac{\mathrm{P}}{\mathrm{S}}.$$

3.2.1. Harmoniques

– Une grandeur alternative, de période T, de valeur moyenne nulle, est la somme de son fondamental et de ses harmoniques.

Le développement en série de Fourier de la tension u, par exemple, s'écrit :

$$u = U_{1m} \cos(\omega t + \psi_1) + U_{2m} \cos(2\omega t + \psi_2) + \cdots + U_{nm} \cos(n\omega t + \psi_n) + \cdots$$

U_{1m} est l'amplitude du fondamental de pulsation ω égale à $2\pi/T$

U_{nm} est l'amplitude de l'harmonique de rang n, de pulsation $n\omega$.

Pour calculer $U_{1m}, U_{2m}, \ldots, U_{nm}, \ldots$, il est commode d'écrire

$$u = A_1 \cos \omega t + B_1 \sin \omega t + \cdots + A_n \cos n\omega t + B_n \sin n\omega t \ldots$$

$$A_n = \frac{2}{T}\int_0^T u \cos n\omega t \, dt \quad ; \quad B_n = \frac{2}{T}\int_0^T u \sin n\omega t \, dt \quad ;$$

$$U_{nm} = \sqrt{A_n^2 + B_n^2}.$$

– La *valeur efficace* d'une grandeur période est la somme quadratique des valeurs efficaces des termes de son développement en série

$$U = \sqrt{\frac{1}{T}\int_0^T u^2 \, dt} = \sqrt{U_1^2 + U_2^2 + U_3^2 + \cdots + U_n^2 + \cdots} \tag{1.14}$$

La somme quadratique des harmoniques, données par

$$\left(\sum_{n=2}^{\infty} U_n^2\right)^{1/2} = \sqrt{U_2^2 + U_3^2 + \cdots + U_n^2 + \cdots},$$

est d'après (1.14), égale à $\sqrt{U^2 - U_1^2}$.

On caractérise la distorsion due aux harmoniques par le *taux d'harmoniques* : c'est le quotient de la somme quadratique des harmoniques par le fondamental

$$\tau_u = \frac{\left(\sum_{n=2}^{\infty} U_n^2\right)^{1/2}}{U_1} = \frac{\sqrt{U^2 - U_1}}{U_1}. \tag{1.15}$$

Remarque. Le plus souvent les grandeurs alternatives non sinusoïdales ont une alternance négative qui reproduit, au signe près, leur alternance positive

$$u\left(t + \frac{T}{2}\right) = -u(t).$$

Alors tous les harmoniques de rang pair ont une valeur nulle.

3.2.2. Puissances. Facteur de puissance

– Si $u = U_{1m} \cos(\omega t + \psi_1) + U_{2m} \cos(2\omega t + \psi_2) + \cdots + U_{nm} \cos(n\omega t + \psi_n) + \cdots$

$i = I_{1m} \cos(\omega t + \psi_1 - \varphi_1) + I_{2m} \cos(2\omega t + \psi_2 - \varphi_2) + \cdots$

$+i = I_{nm} \cos(n\omega t + \psi_n - \varphi_n) + \cdots$

la puissance (active) P a pour valeur :

$$P = \frac{1}{T}\int_0^T u\, i \, dt = U_1 I_1 \cos\varphi_1 + U_2 I_2 \cos\varphi_2 + \cdots + U_n I_n \cos\varphi_n + \cdots \tag{1.16}$$

La puissance active est la somme des puissances actives du fondamental et des divers harmoniques.

On peut appliquer cette conservation des puissances, appliquée aux termes successifs du développement en série, à la puissance réactive et définir la puissance réactive totale par

$$Q = U_1 I_1 \sin\varphi_1 + U_2 I_2 \sin\varphi_2 + \cdots + U_n I_n \sin\varphi_n + \cdots$$

Mais les termes de pulsations différentes ne sont pas découplés dans l'expression de la puissance apparente

$$S = U\,I = \left[(U_1^2 + U_2^2 + \cdots + U_n^2 + \cdots)\,(I_1^2 + I_2^2 + \cdots + I_n^2 + \cdots)\right]^{1/2}.$$

– *Si l'une des deux grandeurs*, u ou i, *est sinusoïdale*, la puissance est due au seul fondamental.

Si u est sinusoïdal, par exemple,

$$U = U_1 \quad ; \quad I = \sqrt{I_1^2 + I_2^2 + \cdots + I_n^2}$$

$$P = U_1\, I_1 \cos \varphi_1 \,.$$

La puissance apparente, $S = U\,I$, peut alors s'écrire

$$S = U\left[I_1^2 + \textstyle\sum_{n=2}^{\infty} I_n^2\right]^{1/2} = U\left(I_1^2 + \tau_i^2\, I_1^2\right)^{1/2}$$

$$S = U_1\, I_1 \sqrt{1 + \tau_i^2},$$

en désignant par τ_i le taux d'harmoniques du courant.

Le facteur de puissance λ devient

$$\lambda = \frac{P}{S} = \frac{1}{\sqrt{1 + \tau_i^2}} \cos \varphi_1 = F \times f_d \,. \qquad (1.17)$$

On dit que le facteur de puissance λ est le produit du facteur de forme ou facteur de distorsion F, égal à $1\big/\sqrt{1 + \tau_i^2}$, et du facteur de déplacement du fondamental f_d, égal à $\cos \varphi_1$.

3.3. GRANDEURS TRIPHASÉES SINUSOÏDALES ÉQUILIBRÉES

Trois grandeurs alternatives de même nature et de même fréquence forment un système triphasé équilibré si elles sont identiques à un ou deux tiers de leur période T près.

On repère les trois phases par les indices 1, 2, 3 ou A, B, C ou R, S, T ou U, V, W. Ici nous utiliserons A, B, C, réservant les chiffres au repérage des harmoniques au paragraphe 3.5.

Les systèmes triphasés normaux sont directs, c'est-à-dire que la phase B retarde de T/3 sur la phase A, la phase C de T/3 sur la phase B et la phase A de T/3 sur la phase C.

Pour un système triphasé équilibré de courants sinusoïdaux par exemple, on écrit donc

$$i_A = I\sqrt{2} \cos \omega t$$

$$i_B = I\sqrt{2} \cos (\omega t - 2\pi/3)$$

$$i_C = I\sqrt{2} \cos (\omega t - 4\pi/3).$$

Un tel système présente la *propriété très importante* d'avoir une *somme instantanée nulle*

$$\cos \omega t + \cos(\omega t - 2\pi/3) + \cos(\omega t - 4\pi/3) = 0.$$

Donc

$$i_A + i_B + i_C = 0$$

ou, en notation complexe

$$\bar{I}_A + \bar{I}_B + \bar{I}_C = 0.$$

3.3.1. Les tensions et les courants

• ***Tensions***

Si un générateur ou un récepteur est couplé en *étoile*, c'est-à-dire si on donne un point commun (le point neutre N) aux trois phases (figure 1.11.a) on voit apparaître deux types de tensions :

– les tension *simples*, entre phases et neutre, v_A, v_B, v_C

– les tensions *composées*, entre phases successives, u_{BA}, u_{CB}, u_{AC}.

Les tensions composées sont des différences de tensions simples

$$\bar{U}_{BA} = \bar{V}_A - \bar{V}_B \quad ; \quad \bar{U}_{CB} = \bar{V}_B - \bar{V}_C \quad ; \quad \bar{U}_{AC} = \bar{V}_C - \bar{V}_A .$$

Si on groupe en étoile les vecteurs représentant les tensions simples (figure 1.11.b), les tensions composées sont représentées par les côtés du triangle ayant les mêmes sommets que l'étoile.

D'où la relation entre tensions composées et tensions simples :

$$U = \sqrt{3}\,V \qquad (1.18)$$

et, si on tient compte des arguments,

$$\bar{U}_{BA} = \sqrt{3}\,\bar{V}_A\, e^{j\pi/6}.$$

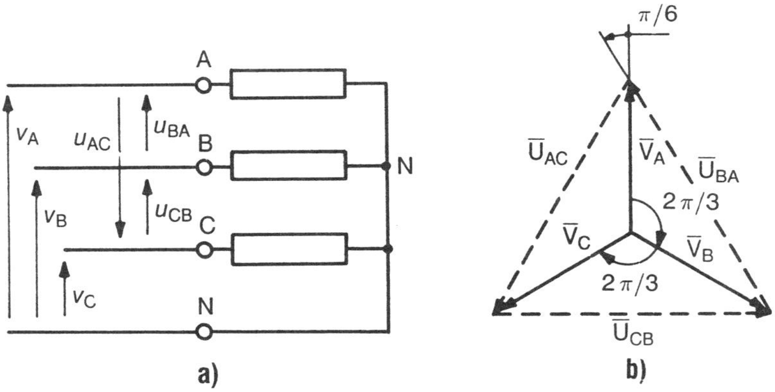

Figure 1.11

• ***Courants***

Si les trois phases d'un générateur ou d'un récepteur sont couplées en *triangle* (figure 1.12.b), on voit apparaître deux types de courants :

– les courants *polygonaux* à l'intérieur du triangle, j_{AB}, j_{BC}, j_{CA},

– les courants *en ligne*, i_A, i_B, i_C.

Les courants en ligne sont des différences de courants polygonaux

$$\bar{I}_A = \bar{J}_{AB} - \bar{J}_{CA} \quad ; \quad \bar{I}_B = \bar{J}_{BC} - \bar{J}_{AB} \quad ; \quad \bar{I}_C = \bar{J}_{CA} - \bar{J}_{BC} .$$

Si on groupe en étoile les vecteurs représentant les courants polygonaux (figure 1.12.b), les courants en ligne sont représentés par les côtés du triangle de mêmes sommets que l'étoile.

D'où la relation entre courants en ligne et courants polygonaux

$$I = \sqrt{3}\,J \qquad (1.19)$$

et, si on tient compte des arguments,

$$\bar{I}_A = \sqrt{3}\,\bar{J}_{AB}\,e^{-j\pi/6}.$$

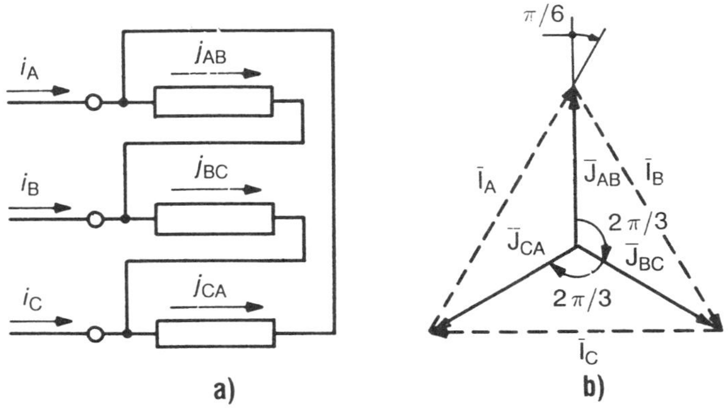

Figure 1.12

- ***Déphasage***

On caractérise un régime par les valeurs

- de la tension simple V
- du courant en ligne I
- du déphasage φ des courants en ligne par rapport aux tensions simples correspondantes (de $\bar{I}_A$ par rapport à $\bar{V}_A$, de $\bar{I}_B$ par rapport à $\bar{V}_B$, de $\bar{I}_C$ par rapport à $\bar{V}_C$).

On pourrait le caractériser par U (égal à $\sqrt{3}$V), par J (égal à $I/\sqrt{3}$) et par φ. Le déphasage entre courants polygonaux et tensions composées est le même qu'entre courants en ligne et tensions simples

$$\bar{J}_{AB} = \frac{\bar{I}_A}{\sqrt{3}}\,e^{+j\pi/6} \quad ; \quad \bar{U}_{BA} = \sqrt{3}\,\bar{V}_A\,e^{+j\pi/6}.$$

3.3.2. Étude des circuits. Schéma monophasé équivalent

L'étude des circuits triphasés en régime équilibré sinusoïdal repose sur le fait suivant : *les points neutres – réels ou fictifs – sont équipotentiels.*

– Prenons le cas le plus simple (figure 1.13.a) d'un générateur en étoile débitant sur trois impédances $\bar{Z}_Y$ couplées en étoile .

Si on réunit les deux points neutres N′ et N par un conducteur neutre, il passe dans ce conducteur $\bar{I}_A + \bar{I}_B + \bar{I}_C$ c'est-à-dire, en régime équilibré, un courant nul. C'est que N′ et N sont équipotentiels. Si on supprime le conducteur neutre cela ne change rien.

Puisque N et N′ sont équipotentiels

$$\bar{I}_A = \bar{V}_A/\bar{Z}_Y \quad ; \quad \bar{I}_B = \bar{V}_B/\bar{Z}_Y \quad ; \quad \bar{I}_C = \bar{V}_C/\bar{Z}_Y .$$

On écrit

$$\bar{I} = \bar{V}/\bar{Z}_Y$$

sans avoir à préciser de quelle phase il s'agit, puisqu'à $2\pi/3$ ou $4\pi/3$ près c'est la même chose dans les trois phases. On utilise le schéma monophasé de la figure 1.13.d.

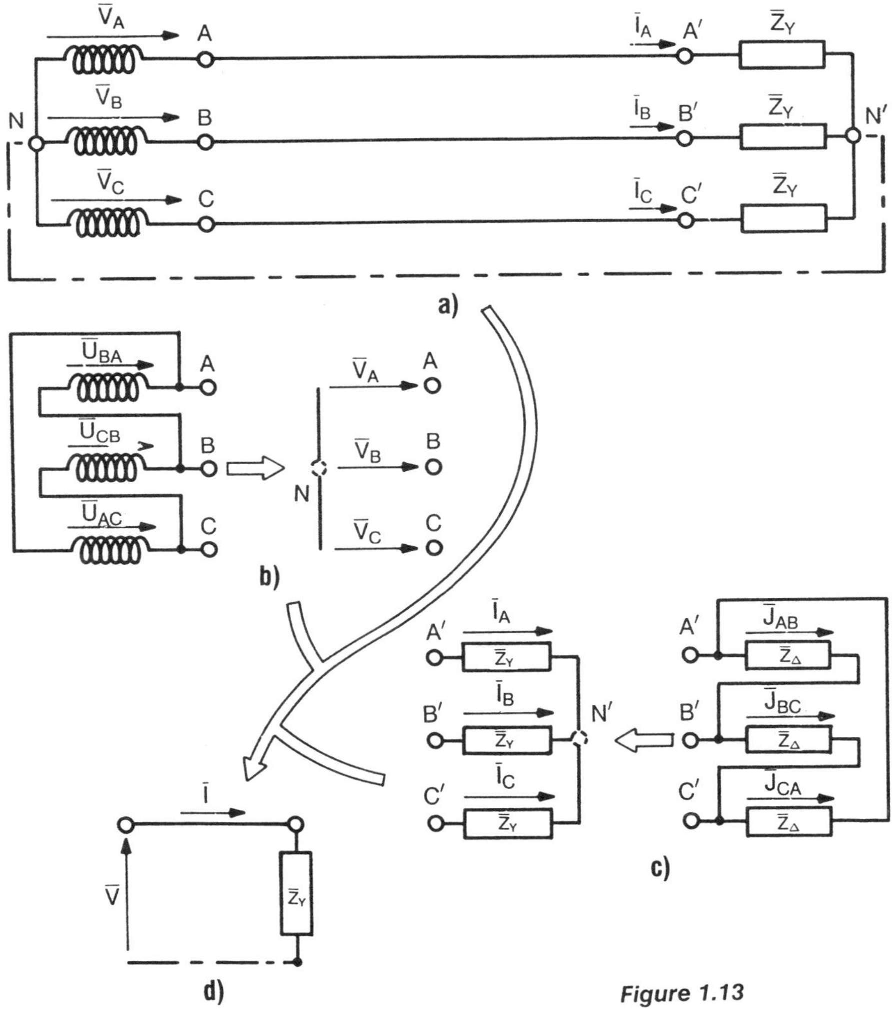

Figure 1.13

– Si le générateur est en triangle (figure 1.13.b) on peut lui substituer le générateur en étoile donnant entre les bornes les mêmes tensions. Les points N′ et N (fictif) étant équipotentiels, on retrouve le schéma équivalent de la figure 2.13.d.

– Si le récepteur est en triangle (figure 1.13.c) on peut lui substituer le récepteur en étoile équivalent

$$\bar{Z}_Y = \bar{Z}_\Delta/3$$

et on retombe sur le schéma monophasé de la figure 1.13.d.

3.3.3. Impédances cycliques ou effectives

En réalité, les trois phases de tous les éléments de circuits triphasés (générateurs, lignes, transformateurs, moteurs ...) sont couplées.

Mais si ces éléments sont de *construction symétrique*, on peut encore étudier une seule phase, comme si les autres n'existaient pas, à l'aide du schéma monophasé équivalent.

Prenons l'exemple simple d'un récepteur résistant et inductif dont les trois phases sont couplées magnétiquement (figure 1.14).

Les équations des tensions des trois phases sont

$$\begin{cases} \overline{V}_A = R_A \overline{I}_A + j\, L_A\, \omega\, \overline{I}_A + j\, M_{AB}\, \omega\, \overline{I}_B + j\, M_{CA}\, \omega\, \overline{I}_C \\ \overline{V}_B = R_B \overline{I}_B + j\, L_B\, \omega\, \overline{I}_B + j\, M_{AB}\, \omega\, \overline{I}_A + j\, M_{BC}\, \omega\, \overline{I}_C \\ \overline{V}_C = R_C \overline{I}_C + j\, L_C\, \omega\, \overline{I}_C + j\, M_{CA}\, \omega\, \overline{I}_A + j\, M_{BC}\, \omega\, \overline{I}_C\,. \end{cases}$$

Si les trois phases sont de construction symétrique

$$R_A = R_B = R_C = R \quad ; \quad L_A = L_B = L_C = L \quad ;$$

$$M_{AB} = M_{BC} = M_{CA} = M$$

et les équations des tensions deviennent

$$\begin{cases} \overline{V}_A = (R + j\, L\omega)\, \overline{I}_A + j\, M\omega\, \left(\overline{I}_B + \overline{I}_C\right) \\ \overline{V}_B = (R + j\, L\omega)\, \overline{I}_B + j\, M\omega\, \left(\overline{I}_C + \overline{I}_A\right) \\ \overline{V}_C = (R + j\, L\omega)\, \overline{I}_C + j\, M\omega\, \left(\overline{I}_A + \overline{I}_B\right). \end{cases}$$

En ajoutant membre à membre ces équations, on obtient

$$\overline{V}_A + \overline{V}_B + \overline{V}_C = (R + j\, L\omega + 2j\, M\omega)\, \left(\overline{I}_A + \overline{I}_B + \overline{I}_C\right)$$

ce qui montre que, si $\overline{V}_A$, $\overline{V}_B$, $\overline{V}_C$ forment un système équilibré donc de somme nulle, la somme des courants $\overline{I}_A + \overline{I}_B + \overline{I}_C$ est nulle.

En remplaçant $\overline{I}_B + \overline{I}_C$ par $-\overline{I}_A$, $\overline{I}_C + \overline{I}_A$ par $-\overline{I}_B$, $\overline{I}_A + \overline{I}_B$ par $-\overline{I}_C$, les équations des tensions deviennent

$$\begin{cases} \overline{V}_A = (R + j\, L\omega - j\, M\omega)\, \overline{I}_A \\ \overline{V}_B = (R + j\, L\omega - j\, M\omega)\, \overline{I}_B \\ \overline{V}_C = (R + j\, L\omega - j\, M\omega)\, \overline{I}_C\,. \end{cases}$$

Sans préciser de quelle phase il s'agit, on écrira

$$\overline{V} = (R + j\, \mathcal{L}\omega)\, \overline{I} \quad \text{ou} \quad \overline{V} = \overline{Z}\, \overline{I}$$

et on tracera le schéma monophasé équivalent de la figure 1.14

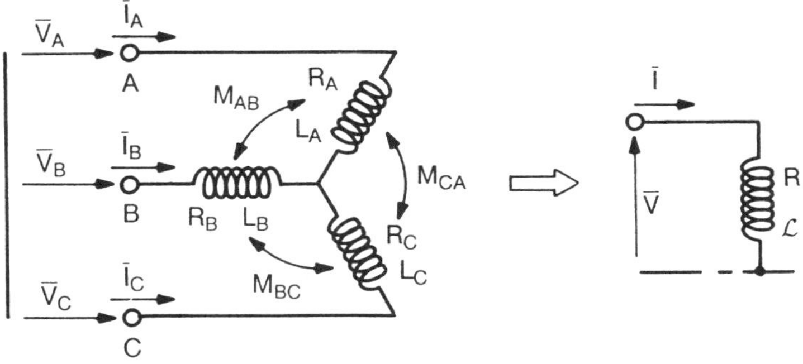

Figure 1.14

$\mathcal{L}\omega$ est la réactance cyclique, $\overline{Z}$ l'impédance cyclique de ce récepteur.

En triphasé, quand on ne précise pas le contraire, les inductances, capacités, réactances, impédances, admittances qu'on indique sont des grandeurs cycliques (ou effectives car ce sont elles qu'on utilise ... effectivement).

3.3.4. Puissances

• La puissance instantanée p est la somme des puissances instantanées des trois phases

$$p = v_A i_A + v_B i_B + v_C i_C .$$

En régime sinusoïdal équilibré, la tension, le courant et le déphasage ont les mêmes valeurs pour les trois phases

$$\begin{aligned} p = {} & V\sqrt{2}\cos\omega t \, I\sqrt{2}\cos(\omega t - \varphi) \\ & + V\sqrt{2}\cos(\omega t - 2\pi/3)\, I\sqrt{2}\cos(\omega t - \varphi - 2\pi/3) \\ & + V\sqrt{2}\cos(\omega t - 4\pi/3)\, I\sqrt{2}\cos(\omega t - \varphi - 4\pi/3) \end{aligned}$$

$$\begin{aligned} p = {} & VI\cos\varphi + VI\cos(2\omega t - \varphi) \\ & + VI\cos\varphi + VI\cos(2\omega t - \varphi - 4\pi/3) \\ & + VI\cos\varphi + VI\cos(2\omega t - \varphi - 8\pi/3) \end{aligned}$$

$$p = 3VI\cos\varphi = P. \tag{1.20}$$

En triphasé équilibré, la puissance active P, valeur moyenne de p, est égale à la puissance instantanée : il n'y a *pas de puissance fluctuante*.

Le bruit et les vibrations des machines dus à la puissance fluctuante en monophasé disparaissent. Dès qu'une machine triphasée fait du bruit ou vibre à une fréquence double de celle de la source qui l'alimente on sait qu'il y a un défaut interne ou un déséquilibre dans son alimentation : les protections doivent intervenir[(1)].

• La puissance réactive et la puissance apparente ont pour valeurs

$$Q = 3VI\sin\varphi \quad ; \quad S = 3VI. \tag{1.21}$$

Souvent on exprime P, Q et S en fonction de la tension composée U, car c'est cette tension qu'on indique pour caractériser un réseau ou un appareil,

$$\left.\begin{aligned} P &= \sqrt{3}\,UI\cos\varphi \\ Q &= \sqrt{3}\,UI\sin\varphi \\ S &= \sqrt{3}\,UI. \end{aligned}\right\} \tag{1.22}$$

Mais il ne faut pas oublier que φ est le déphasage des courants en ligne par rapport aux tensions simples correspondantes.

3.4. GRANDEURS TRIPHASÉES SINUSOÏDALES DÉSÉQUILIBRÉES

Les trois courants des trois phases sont déséquilibrés quand leurs écarts de phase diffèrent de $2\pi/3$ et $4\pi/3$ ou quand leurs valeurs efficaces sont différentes.

---

(1) *Pour compenser le déséquilibre dû à un récepteur monophasé ou triphasé déséquilibré branché sur un réseau triphasé, par des inductances et des capacités convenablement branchées on annule la puissance fluctuante.*

On ne peut, du moins pour les machines tournantes, écrire les équations liant les tensions à ces trois courants car on ne sait quelles impédances utiliser.

On considère le système déséquilibré comme la superposition de trois systèmes équilibrés. Pour ceux-ci les impédances peuvent être calculées ou mesurées.

3.4.1. Les composantes symétriques

On désigne par *a l'opérateur rotation* en triphasé : multipliant un vecteur il n'en change pas le module mais le fait tourner de $2\pi/3$ dans le sens trigonométrique

$$a = e^{j\,2\pi/3}, \quad \text{donc} \quad a^2 = e^{j\,4\pi/3} \quad ; \quad a^3 = e^{j\,2\pi} = 1 \quad ; \quad a^4 = a \ldots$$

$$1 + a + a^2 = 0.$$

• Soit un système déséquilibré de courants sinusoïdaux $\bar{I}_A$, $\bar{I}_B$, $\bar{I}_C$. On écrit

$$\left.\begin{aligned} \bar{I}_A &= \bar{I}_d + \bar{I}_i + \bar{I}_0 \\ \bar{I}_B &= a^2\bar{I}_d + a\,\bar{I}_i + \bar{I}_0 \\ \bar{I}_C &= a\,\bar{I}_d + a^2\bar{I}_i + \bar{I}_0 \end{aligned}\right\} \qquad (1.23)$$

Cela revient à substituer au système réel trois systèmes

- un système équilibré *direct* : $\bar{I}_d$, $a^2\,\bar{I}_d$, $a\,\bar{I}_d$
- un système équilibré *inverse* : $\bar{I}_i$, $a\,\bar{I}_i + a^2\,\bar{I}_i$
- un système *homopolaire* : $\bar{I}_0$, $\bar{I}_0$, $\bar{I}_0$.

Le système direct est celui qu'on avait pour les systèmes équilibrés.

Le système inverse est, comme le système direct, un système de somme nulle mais les vecteurs relatifs aux trois phases sont déphasés de $2\pi/3$ et $4\pi/3$ dans le sens trigonométrique et non plus dans le sens horaire.

Le système homopolaire est un système de somme triple ; pour qu'il puisse exister dans les courants il faut qu'il y ait un conducteur neutre dans lequel il passe $3\,\bar{I}_0$.

On appelle $\bar{I}_d$, $\bar{I}_i$, $\bar{I}_0$, les composantes ou coordonnées symétriques du système réel.

• Les composantes sont définies à partir des grandeurs réelles par la transformation de Fortescue :

$$\left.\begin{aligned} \bar{I}_d &= \frac{1}{3}\left(\bar{I}_A + a\,\bar{I}_B + a^2\,\bar{I}_C\right) \\ \bar{I}_i &= \frac{1}{3}\left(\bar{I}_A + a^2\,\bar{I}_B + a\,\bar{I}_C\right) \\ \bar{I}_0 &= \frac{1}{3}\left(\bar{I}_A + \bar{I}_B + \bar{I}_C\right) \end{aligned}\right\} \qquad (1.24)$$

• *Remarque*

Si, sur un réseau triphasé, on branche un récepteur monophasé entre phase et neutre, le courant $\bar{I}$ qu'il absorbe, tel que $\bar{I}_A = \bar{I}$, $\bar{I}_B = 0$, $\bar{I}_C = 0$, a pour composantes symétriques :

$$\bar{I}_d = \bar{I}_i = \bar{I}_0 = \frac{\bar{I}}{3}.$$

Si on branche ce récepteur entre deux phases $(\bar{I} = \bar{I}_A = -\bar{I}_B \; ; \; \bar{I}_C = 0)$, les composantes symétriques deviennent :

$$\bar{I}_d = \frac{\bar{I}}{\sqrt{3}} e^{-j\,\pi/6} \quad ; \quad \bar{I}_i = \frac{\bar{I}}{\sqrt{3}} e^{+j\,\pi/6} \quad ; \quad \bar{I}_0 = 0.$$

3.4.2 Effets sur les moteurs des composantes inverse et homopolaire

On étudie le fonctionnement des machines triphasées en régime équilibré donc sous l'effet d'un système direct. On superpose ensuite, s'il y a lieu, les effets des systèmes inverse et homopolaire.

– Le système inverse crée un flux tournant en sens inverse de celui du flux créé par le système direct. Il crée un couple antagoniste : il augmente les pertes et diminue le couple total. La réactance que lui présentent les phases du moteur est nettement plus faible que celle (ou celles) présentée(s) à la composante directe, de l'ordre de 5 fois moins.

– Les moteurs triphasés n'ont généralement que trois bornes, il n'y a pas de borne de neutre. Il ne peut normalement pas y avoir de courant homopolaire dans les enroulements. Pour qu'il y ait courant homopolaire il faut qu'il y ait un défaut à la masse, que celle-ci soit reliée à la terre et qu'un autre point du réseau soit relié à la terre pour que le circuit du courant homopolaire puisse se refermer.

La composante homopolaire ne crée pas de couple. L'impédance que lui présentent les phases des machines tournantes est encore plus faible que celle relative à la composante inverse.

3.5. GRANDEURS TRIPHASÉES ÉQUILIBRÉES NON SINUSOÏDALES

D'ordinaire les trois tensions ou les trois courants fournis par un convertisseur au moteur triphasé qu'il alimente sont équilibrés, c'est-à-dire identiques à un ou deux tiers de leur période près, mais ils ne sont pas sinusoïdaux.

A l'effet du fondamental s'ajoutent ceux, toujours nuisibles, des harmoniques.

3.5.1. Classification des harmoniques

Soient v_A, v_B, v_C par exemple les tensions simples équilibrées non sinusoïdales appliquées aux trois bornes d'entrée d'un moteur

$$v_B(\omega t) = v_A(\omega t - 2\pi/3) \quad ; \quad v_C(\omega t) = v_A(\omega t - 4\pi/3).$$

Les développements en série de Fourier de ces trois tensions s'écrivent :

$$\begin{aligned} v_A = \; & V_{1m} \cos(\omega t + \psi_1) + V_{2m} \cos(2\omega t + \psi_2) + \cdots \\ & + V_{nm} \cos(n\omega t + \psi_n) + \cdots \\ v_B = \; & V_{1m} \cos(\omega t - 2\pi/3 + \psi_1) + V_{2m} \cos\left[2(\omega t - 2\pi/3) + \psi_2\right] + \cdots \\ & + V_{nm} \cos\left[n(\omega t - 2\pi/3) + \psi_n\right) + \cdots \\ v_C = \; & V_{1m} \cos(\omega t - 4\pi/3 + \psi_1) + V_{2m} \cos\left[2(\omega t - 4\pi/3) + \psi_2\right] + \cdots \\ & + V_{nm} \cos\left[n(\omega t - 4\pi/3) + \psi_n\right] + \cdots \end{aligned}$$

Si l'on considère les trois termes de même pulsation de ces trois tensions, on voit que

– les harmoniques de rang n égal à $3k+1$, déphasés entre eux de

$$(3k+1)\frac{2\pi}{3} \quad \text{et} \quad (3k+1)\frac{4\pi}{3}, \quad \text{soit} \ \frac{2\pi}{3} \ \text{et} \ \frac{4\pi}{3},$$

forment des systèmes équilibrés directs;

– les harmoniques de rang n égal à $3k-1$, déphasés entre eux de

$$(3k-1)\frac{2\pi}{3} \quad \text{et} \quad (3k-1)\frac{4\pi}{3}, \quad \text{soit} \ -\frac{2\pi}{3} \ \text{et} \ -\frac{4\pi}{3},$$

forment des systèmes équilibrés inverses;

– les harmoniques de rang n égal à $3k$ sont en phase et forment des systèmes homopolaires.

3.5.2. Effets de l'harmonique 3

Comme on l'a déjà signalé, la présence d'harmoniques de rang pair est très rare. Les harmoniques qu'on peut trouver sont les harmoniques 3, 5, 7, 9, 11 ...

On verra (chapitre 3, § 1.4.1) que dans les moteurs les harmoniques de rang $3k \pm 1$ créent des flux tournant dans le sens direct ou dans le sens inverse avec une vitesse proportionnelle à leur pulsation $n\omega$. L'inductance cyclique que leur présentent les enroulements est faible mais, à cause de leur pulsation, la réactance croît avec leur rang.

Reste le cas des harmoniques de rang $3k$, et notamment celui de l'harmonique 3, qui forment des systèmes homopolaires.

Les moteurs triphasés n'ayant pas de neutre relié au réseau, le convertisseur qui les alimente ne peut créer de courant harmonique 3 dans les enroulements.

– Quand les enroulements reliés au réseau sont couplés en *étoile*, (figure 1.15.a), si les tensions simples d'alimentation contiennent des harmoniques 3 et/ou si les f.e.m. induites dans ces enroulements par les flux de la machine contiennent des harmoniques 3, le point neutre des enroulements présente par rapport à celui du réseau une tension de pulsation 3ω.

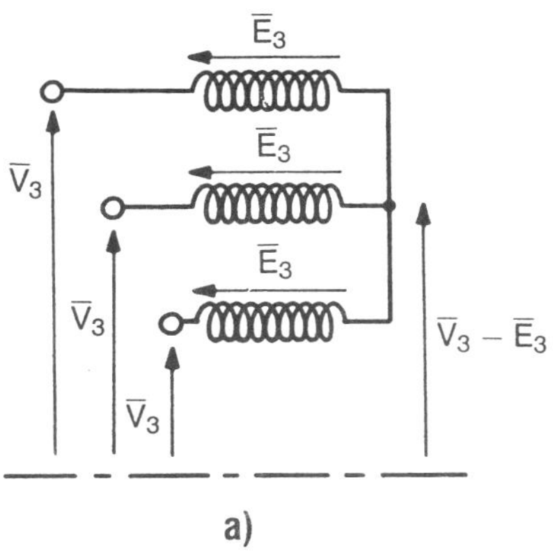

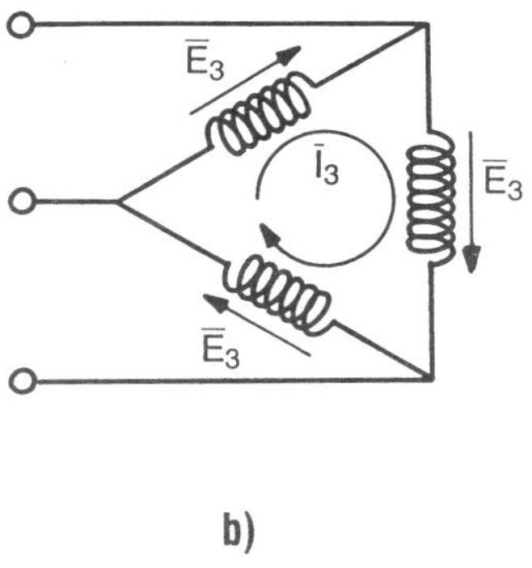

Figure 1.15

– Quand les enroulements sont couplés en *triangle* (figure 1.15.b) si les flux de la machine y induisent des f.e.m. de pulsation 3ω, ces f.e.m. étant en phase pour les trois phases font circuler dans le triangle un courant de même pulsation qui crée une chute de tension égale à la somme des trois f.e.m. L'impédance pour un courant homopolaire de pulsation 3ω est assez faible ; ce courant peut provoquer une surintensité importante.

Remarque. Si les grandeurs appliquées au moteur sont non sinusoïdales et déséquilibrées, il faut décomposer chaque groupe des trois termes de même pulsation en un système direct, un système inverse et un système homopolaire, puis superposer l'ensemble des effets.

CHAPITRE 2

Le moteur à courant continu

1. CONSTRUCTION. PRINCIPE

1.1. DISPOSITION GÉNÉRALE

• Un moteur à courant continu est formé (figure 2.1)
d'un stator ou inducteur
d'un rotor ou induit.

Le stator porte le bobinage qui crée le flux dans le circuit magnétique formé par le fer du stator et par le fer du rotor séparés par l'entrefer.

Le rotor porte à sa surface le bobinage appelé enroulement de l'induit car c'est en lui que sont induites les forces électromotrices.

Le bobinage de l'induit est alimenté par un commutateur mécanique formé par le *collecteur* sur lequel appuient des *balais*. Le collecteur est monté sur le même arbre que l'induit et relié au bobinage de celui-ci. Les balais fixes sont reliés aux bornes de l'induit.

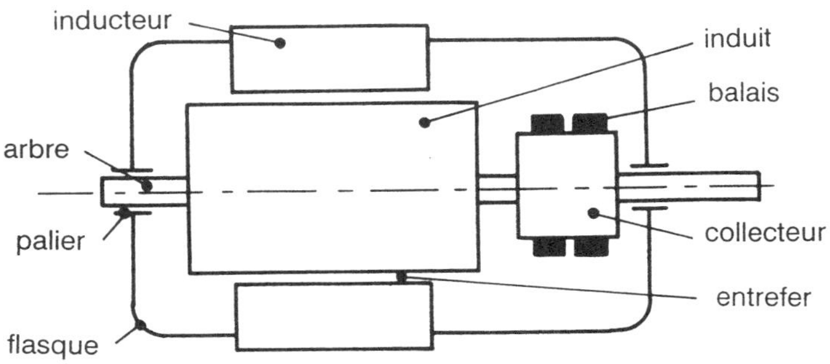

Figure 2.1

• L'ensemble balais-collecteur alimente les conducteurs de l'induit de telle façon que *le courant y passe dans un sens quand ils sont sous un pôle Nord, en sens inverse quand ils sont sous un pôle Sud*.

La figure 2.2 schématise la coupe perpendiculaire à l'arbre d'un moteur à quatre pôles. On a représenté les lignes moyennes de champ du flux inducteur. On a supposé les conducteurs de l'induit placés à la périphérie de celui-ci, alors qu'en réalité ils sont groupés par paquets et placés dans des encoches.

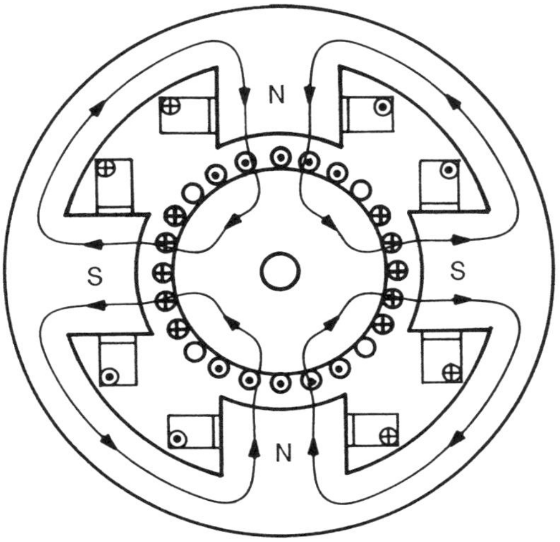

Figure 2.2

1.2. L'INDUCTEUR. LE CIRCUIT MAGNÉTIQUE

Sur la figure 2.3 on a représenté le huitième du circuit magnétique d'une machine à 4 pôles.

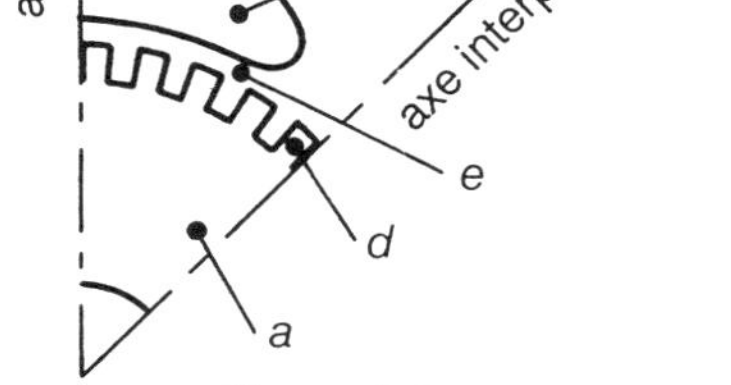

Figure 2.3

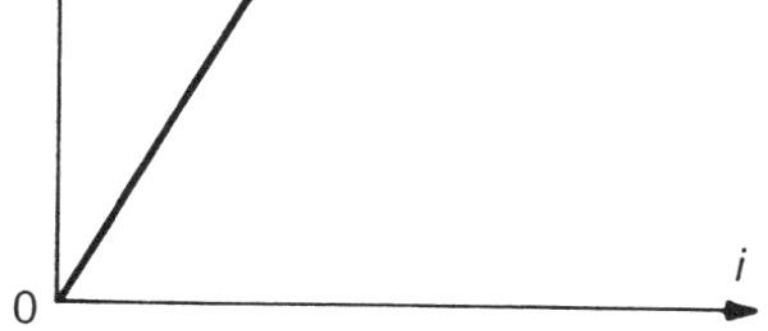

Figure 2.4

- Le circuit magnétique comporte

  - les pôles principaux autour desquels sont placées les bobines inductrices ou d'excitation. Au niveau de l'entrefer les pôles sont élargis pour augmenter la surface de passage du flux dans l'entrefer. Aussi distingue- t-on deux parties dans un pôle :

    le noyau polaire, *n*

    la pièce ou épanouissement polaire, *p.p.*

- la culasse c qui ferme le circuit magnétique et assure le retour des lignes de champ; elle sert de support aux pôles. Lorsqu'elle est en fer massif, elle constitue l'enveloppe extérieure de la machine portant les pattes de fixation, la boite à bornes, les fixations des flasques ...

- l'entrefer, e

- le fer rotorique formé par un empilage de disques de tôle magnétique découpées avant empilage pour obtenir la succession des dents et d'encoches (qui contiennent le bobinage de l'induit), le passage de l'arbre, les canaux de ventilation dans le cas où la ventilation est axiale. Dans le fer rotorique on distingue :
  la denture, d
  l'anneau d'induit, a.

• La partie rotorique du circuit magnétique est forcément feuilletée car l'induction en chacun de ses points est alternative : dans un sens quand ce point est sous un pôle Nord, elle est en sens inverse quand il est sous un pôle Sud. La fréquence de l'induction rotorique, comme celle des courants dans l'induit est

$$f_r = p\,\mathrm{N} \qquad (2.1)$$

avec p, nombre de paires de pôles,
N, vitesse de rotation en tours par seconde.

Les pôles sont eux aussi d'ordinaire feuilletés car le défilement des dents face aux pièces polaires y crée une pulsation de l'induction.

La culasse est généralement en acier massif pour les machines de faible ou moyenne puissance. Par contre on utilise des tôles pour les moteurs de forte puissance, quand ils doivent répondre à des demandes de variations rapides de vitesse et couple, et pour tous les moteurs quand ils sont alimentés par un convertisseur statique délivrant une tension ou un courant fortement distordu.

• Le théorème d'Ampère permet de déterminer la relation entre le flux ϕ par pôle et le courant i dans le bobinage inducteur (figure 2.4).

Pour les faibles valeurs de ϕ donc de l'induction dans tous les éléments du circuit magnétique, l'entrefer consomme la quasi-totalité de la f.m.m. des bobines d'excitation : le début 0A de la courbe $\phi(i)$ est une droite. Puis certains éléments, la denture notamment, commencent à se saturer, c'est le coude de saturation, AB. Quand la courbe est nettement différente de la droite 0X prolongeant la partie initiale de la caractéristique, on est en régime saturé (BC).

1.3. L'INDUIT ET LE COLLECTEUR

1.3.1. La distribution du courant par le collecteur

– Le *bobinage de l'induit* est formé de bobines d'un ou plusieurs tours, appelées d'ordinaire sections. Les deux côtés d'une section sont placés dans deux encoches dont l'écart est égal à la distance entre deux pôles inducteurs afin que, quand les conducteurs de l'un des côtés sont sous un pôle Nord, les conducteurs de l'autre soient forcément sous un pôle Sud.

Les sections sont connectées en série et la fin de la dernière est réunie au début de la première pour que l'enroulement soit sans point singulier, c'est-à- dire sans début ni fin.

Pour que cela soit possible, il faut que dans chaque encoche il y ait deux côtés de sections, l'un en haut, l'autre en bas.

A chaque passage d'une section à l'autre, on fait une liaison à une lame de collecteur.

– *Le collecteur* est un cylindre formé par une succession de lames de cuivre isolées les unes des autres par un isolant à base de mica.

Pour montrer le rôle de l'ensemble balais-collecteur, on a représenté (figure 2.5) le déroulement du rotor et du collecteur (supposé avoir le même diamètre) coupés par un demi-plan passant par l'axe de la machine. Les deux traits parallèle voisins correspondent aux deux côtés de sections situés dans la même encoche. On a hachuré la projection sur le rotor des pièces polaires de l'inducteur.

Il s'agit d'une machine à 16 encoches, 16 lames de collecteur, 4 lignes de balais et 4 pôles. On a supposé que les sections étaient d'un seul tour.

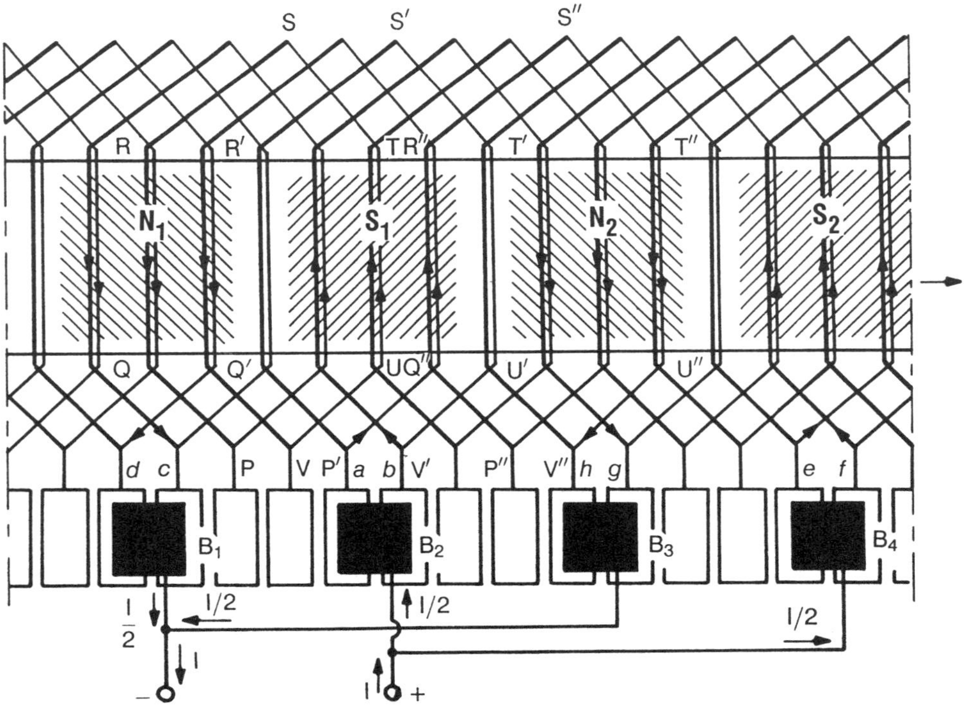

Figure 2.5

Le courant *I* fourni à l'induit entre par les balais B_2 et B_4, en ressort par les balais B_1 et B_3. A l'intérieur de l'induit, il se partage entre 4 voies : à l'instant représenté, l'une va de *a* à *c,* l'autre *b* à *h,* la troisième de *e* à *g* et la quatrième de *f* à *d*.

On vérifie que le courant est bien dans un sens pour les conducteurs situés sous les pôles Nord, en sens inverse pour ceux situés sous les pôles Sud.

Le courant dans une section, PQRSTUV par exemple, circule dans un certain sens. Quand cette section occupera la place qu'occupe actuellement la section $P''Q''R''S''T''U''V''$, elle sera passée dans la voie suivante et le courant y circulera en sens inverse. Entre deux, elle sera dans la position où se trouve en ce moment la section $P'Q'R'S'T'U'V'$ qui est mise en court-circuit par le balai B_2 : autrement dit, elle sera en *communication*.

La fréquence des courants dans les conducteurs de l'induit est égale au nombre de leurs passages sous un pôle Nord par seconde

$$f_r = p\,N. \tag{2.1}$$

1.3.2. La réaction d'induit

– Le bobinage de l'induit parcouru par le courant dans celui-ci crée un flux appelé flux de réaction d'induit. Les lignes de champ de ce flux (figure 2.6) traversent les pièces polaires de l'inducteur perpendiculairement à leurs axes : on dit que cette réaction d'induit est transversale.

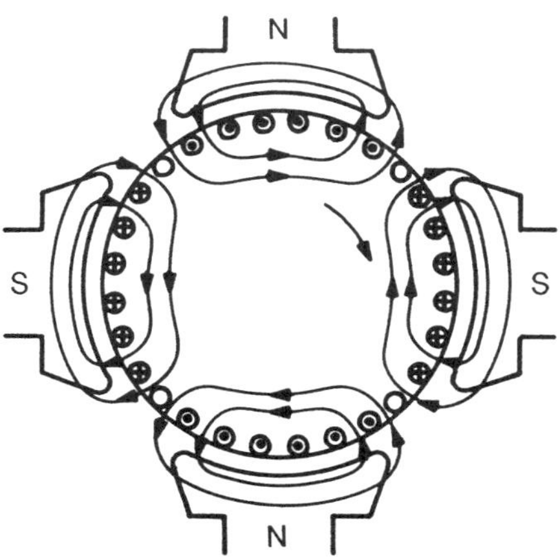

Figure 2.6

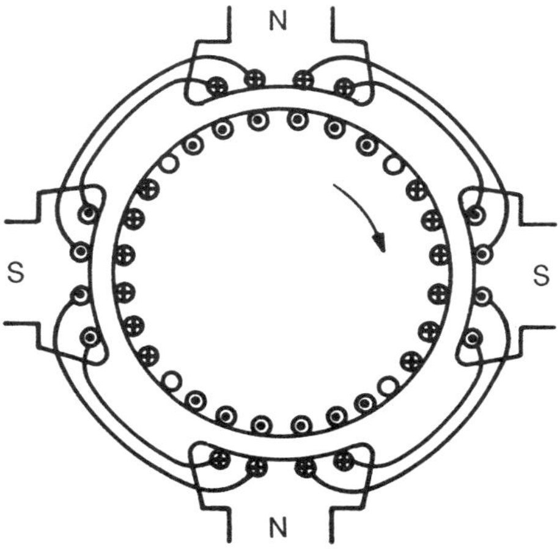

Figure 2.7

– La réaction d'induit est gênante car

- en saturant une partie des pièces polaires, elle diminue un peu le flux créé par les bobines inductrices ;
- en créant un flux dans la zone où se trouvent les côtés des sections en commutation, elle rend plus difficile celle-ci ;
- surtout, elle correspond à l'existence d'une inductance du bobinage de l'induit, inductance qui s'oppose aux rapides variations du courant dans ce bobinage.

– Aussi la plupart des moteurs de moyenne et forte puissance surtout s'ils doivent avoir un couple rapidement variable, sont-ils muni d'*un enroulement de compensation* (sous-entendu, de la réaction d'induit).

Cet enroulement (figure 2.7) est logé dans des encoches pratiquées dans les pièces polaires des pôles principaux. Leur bobinage est parcouru par le même courant que l'induit et crée une f.m.m. égale et opposée à celle créée par l'induit face aux pièces polaires.

1.3.3. Le commutation

La commutation d'une section du bobinage de l'induit est son passage d'une voie à la suivante. Pendant ce passage, la section est mise en court-circuit par une ligne de balais et le courant qui la traverse doit s'inverser.

Cette inversion n'est pas facile car la section est inductive et son inductance s'oppose à la variation du courant, a fortiori à son inversion. Si celle-ci n'est pas terminée à la fin de la commutation, il y a des étincelles au collecteur entre les lames de collecteur qui quittent les balais et ces derniers.

– On utilise des *balais en graphite* car

- le graphite s'use beaucoup plus vite que le cuivre (il est plus facile de remplacer les balais que de réusiner le collecteur) ;
- la chute de tension au contact balai-cuivre n'est pas négligeable et varie avec la densité de courant au contact, ce qui a un effet bénéfique sur la commutation ;
- l'arc entre le cuivre et le graphite a une résistance négative : les étincelles ont tendance à s'éteindre naturellement.

– Mais cela n'est suffisant que pour les petites machines, surtout si elles sont destinées à avoir une faible durée de vie. Aussi presque tous les moteurs sont munis de *pôles auxiliaires (de commutation)*.

Ces pôles sont placés entre les pôles principaux, donc en face des côtés des sections en commutation. Destinés à n'agir que sur celles-ci, ils sont beaucoup moins larges que les pôles principaux.

Leurs enroulements sont parcourus par le même courant que l'induit. Leurs f.m.m. sont calculées

- pour compenser la partie de la réaction d'induit non compensée par l'enroulement de compensation,
- pour générer dans les sections mises en court-circuit par les balais une f.e.m. qui assure l'inversion du courant.

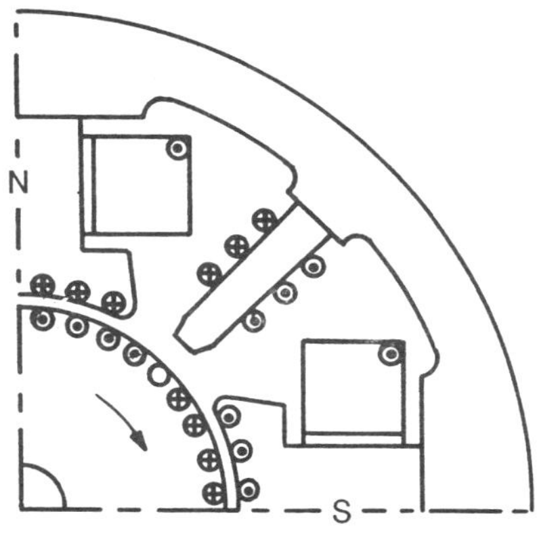

Figure 2.8

Finalement, au stator de la majorité des moteurs, on trouve (figure 2.8), en plus du bobinage inducteur parcouru par le courant d'excitation, l'enroulement de compensation et celui des pôles auxiliaires parcourus par le courant de l'induit.

2. PRINCIPALES RELATIONS

On désigne par

- n le nombre de conducteurs de l'induit,
- $2p$ le nombre de pôles,
- $2a$ le nombre de voies en parallèle dans l'induit,
- ϕ le flux inducteur par pôle,
- U la tension aux bornes du circuit de l'induit,
- I le courant absorbé par l'induit,
- R la résistance totale du circuit de l'induit (induit, contacts balais-collecteur, enroulement de compensation, enroulement des pôles auxiliaires),
- N la vitesse de relation en tours par seconde.

Dans les schémas électriques, on représente l'induit par un cercle sur lequel appuient deux rectangles noirs (figure 2.9) pour montrer qu'il s'agit d'un enroulement fermé sur lui-même alimenté par des contacts glissants. L'inducteur est représenté par une bobine.

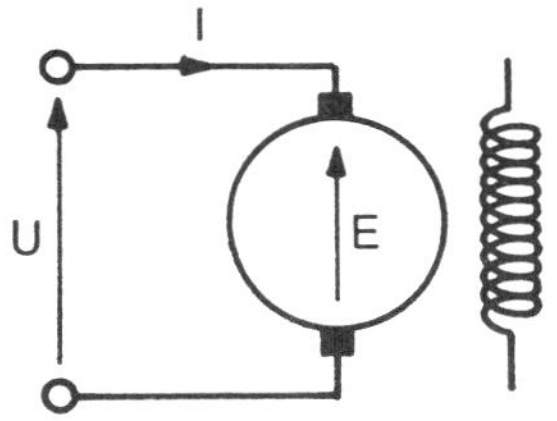

Figure 2.9

2.1. FORCE ÉLECTROMOTRICE. ÉQUATION DES TENSIONS. VITESSE

2.1.1. Force électromotrice

Puisqu'il compte n conducteurs, le bobinage de l'induit est formé de $n/2$ spires.

– Une spire est traversée par ϕ dans un sens quand son axe est confondu avec celui d'un pôle Nord, par ϕ en sens inverse quand son axe est confondu avec celui d'un pôle Sud. Le déplacement d'une spire de $1/2p$ tours entraîne une variation de 2ϕ du flux qui la traverse.

La somme des valeurs absolues des f.e.m. engendrées dans les $n/2$ spires tournant à la vitesse N est

$$\frac{n}{2}\,\frac{2\phi}{\dfrac{1}{2p\mathrm{N}}} = 2pn\mathrm{N}\phi.$$

– Dans chacune des $2a$ voies allant d'un balai “moins” à un balai “plus” on ne trouve que des f.e.m. de même signe.

Reprenons la figure 2.5 et considérons les spires de la voie allant du balai B_3 au balai B_2. La normale positive aux spires de la section $V''U''T''S''P''$ est dirigée du rotor vers le stator ; le flux venant d'un pôle Nord, c'est-à-dire allant du stator au rotor, est donc négatif, celui d'un pôle Sud est positif. Les spires de la voie allant de B_3 à B_2 ou de h à b sont traversées par une partie du flux du pôle S_1 et une partie de celui du pôle N_2. Quand le rotor se déplace dans le sens indiqué, à travers ces spires le flux positif dû à S_1 diminue, le flux négatif dû à N_2 augmente. La f.e.m. $(-\mathrm{d}\varphi/\mathrm{d}t)$ engendrée dans ces spires est positive.

Il en est de même pour les autres voies. En allant de B_1 à B_2, de B_1 à B_4, B_3 à B_2, et de B_3 à B_4, on trouve toutes les f.e.m. dans le sens positif.

La f.e.m. E entre les bornes de l'induit est la somme des f.e.m. engendrées dans l'ensemble des spires $(2pn\mathrm{N}\phi)$ divisée par le nombre de voies en parallèle $(2a)$. Donc

$$\boxed{\mathrm{E} = \frac{p}{a} n \mathrm{N} \phi} \qquad (2.2)$$

Remarques

– L'étude des diverses façons de réaliser un bobinage à courant continu montre que le rapport p/a n'est pas forcément égal à l'unité.

– Comme pour toutes les machines électromagnétiques $(e = -\mathrm{d}\varphi/\mathrm{d}t)$ la *force électromotrice est proportionnelle*
à la vitesse
et au flux.

– Le moteur étant un récepteur, la f.e.m. dans les divers conducteurs de l'induit est dirigée en sens inverse du courant qui les traverse.

– Les f.e.m. engendrés au rotor sont alternatives,de fréquence f_r égale à $p\mathrm{N}$. L'ensemble balais-collecteur joue le rôle d'un redresseur.

– La machine à courant continu a été, à ses débuts, utilisée en génératrice. En génératrice, le sens du courant dans les conducteurs est le même que celui des f.e.m. qui y sont engendrées : le collecteur permet de ramasser tous les courants de même signe, d'où son nom.

2.1.2. Équation des tensions. Vitesse

• En régime établi, l'énergie emmagasinée dans le champ magnétique de l'induit est constante ; toute la puissance UI fournie au circuit de l'induit est
soit transformée en pertes Joule RI^2
soit transformée en puissance mécanique.

Or la force électromotrice d'un appareil est le quotient par le courant de la puissance qu'il transforme de la forme mécanique à la forme électrique ou inversement.

On a donc

$$\mathrm{UI} = \mathrm{RI}^2 + \mathrm{EI}.$$

D'où l'*équation des tensions* :

$$\boxed{\mathrm{U} = \mathrm{E} + \mathrm{RI}} \qquad (2.3)$$

• *La vitesse* de rotation est donnée par l'équation (2.2)

$$N = \frac{E}{\frac{p}{a} n \phi} \tag{2.4}$$

ou, compte tenu de (2.3),

$$\boxed{N = \frac{U - RI}{\frac{p}{a} n \phi}} \tag{2.5}$$

La vitesse est proportionnelle à la f.e.m. E, qui en fonctionnement normal diffère peu de la tension U. Elle est inversement proportionnelle au flux.

2.2 COUPLE. RENDEMENT. RÉVERSIBILITÉ

2.2.1. Couple électromagnétique. Couple utile

• *Le couple électromagnétique* C est celui qui est dû à l'interaction stator-rotor; il est égal à la puissance transformée EI divisée par la vitesse angulaire de rotation $2\pi N$.

$$\boxed{C = \frac{EI}{2\pi N} = \frac{1}{2\pi} \frac{p}{a} n \phi I} \tag{2.6}$$

Le couple C est proportionnel
au flux inducteur
et au courant dans l'induit.

• *Le couple utile* C_u, c'est-à-dire le couple que le moteur transmet par son arbre à la charge entraînée, est un peu plus faible que C car le rotor se freine un peu lui-même.

Cette diminution de couple est due

- aux pertes mécaniques p_m : pertes par frottements aux paliers, aux contacts balais-collecteur, pertes par ventilation,
- aux pertes dans le fer du rotor p_f soumis à une induction alternative de fréquence pN : pertes par hystérésis et pertes par courants de Foucault

$$\boxed{C_u = C - \frac{p_m + p_f}{2\pi N}} \tag{2.6}$$

2.2.2. Rendement

Le rendement η est le quotient de la puissance utile (mécanique) par la puissance absorbée (électrique). La première est inférieure à la seconde à cause des pertes.

Les pertes du moteur à courant continu sont

- les pertes par excitation p_{exc} : c'est la puissance fournie au circuit d'excitation
- les pertes Joule dans l'induit p_{JI} égales à RI^2
- les pertes dans le fer p_f

- les pertes mécaniques p_m

$$\eta = \frac{UI - RI^2 - p_m - p_f}{UI + p_{exc}}.$$

2.2.3. Réversibilité

Comme toutes les machines électromagnétiques, le moteur à courant continu est réversible. Si on lui fournit de la puissance sur son arbre au lieu d'en prendre, il débite de la puissance électrique au lieu d'en consommer : il fonctionne alors en *générateur*.

L'inversion du sens d'écoulement de la puissance ne change pas le signe de la f.e.m., puisque celle-ci ne dépend que du flux inducteur et du sens de rotation.

C'est le *signe du courant* qui lui est inversé : au lieu d'être absorbé, il est débité. Avec les conventions de signe de la figure 2.9, le courant est négatif.

Les relations (2.2), (2.3), (2.4), (2.5) et (2.6) établies pour le fonctionnement en moteur sont utilisables pour la marche en générateur, à condition de tenir compte du fait que le courant I est alors négatif.

Le couple électromagnétique C est maintenant négatif, il s'agit d'un couple de freinage. Pour avoir le couple mécanique que l'on doit fournir à la machine, il faut ajouter à C le couple correspondant aux pertes mécaniques et dans le fer. Le rendement du générateur a pour expression

$$\eta = \frac{UI}{UI + RI^2 + p_m + p_f + p_{exc}}.$$

2.3. REMARQUES SUR LA QUALIFICATION DES CARACTÉRISTIQUES MÉCANIQUES

- Avant l'emploi des variateurs électroniques de vitesse, on alimentait les moteurs à courant continu sous une tension U constante. A l'arrêt ($E = 0$), on ne pouvait appliquer brutalement à l'induit la tension U : on mettait en série avec l'induit un rhéostat de démarrage Rh_d et on l'éliminait au fur et à mesure de la montée en vitesse. Le démarrage fini, si on voulait augmenter la vitesse on diminuait le flux inducteur par action sur le rhéostat d'excitation rh.

Suivant la façon de brancher le circuit inducteur par rapport au circuit de l'induit on distinguait trois types de moteurs :

1° le moteur à excitation *shunt* (ou parallèle) (figure 2.10.a) : l'inducteur est monté en parallèle avec l'induit. A valeur donnée du rhéostat d'excitation, la vitesse diminue peu quand le couple augmente;

2° le moteur à excitation *série* (figure 2.10.b) où inducteur et induit son montés en série. A valeur donnée du rhéostat d'excitation, la caractéristique C (N) a une allure d'hyperbole, la vitesse diminuant beaucoup quand le couple augmente;

3° le moteur à excitation *compound* (ou composée) (figure 2.10.c) qui est un moteur où sur les pôles inducteurs on a ajouté à l'enroulement shunt quelques spires série pour que la vitesse diminue sensiblement quand le couple augmente.

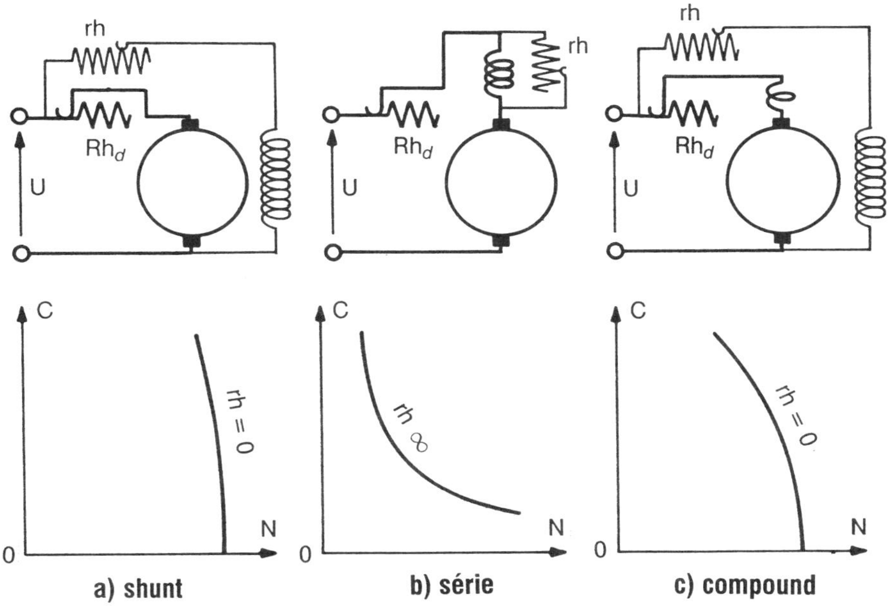

Figure 2.10

• Les qualificatifs shunt, série, compound sont restés. On les utilise pour indiquer l'allure des caractéristiques mécaniques naturelles (c'est-à-dire quand on ne touche pas au réglage de la vitesse) des moteurs, qu'ils soient électriques ou non.

3. LA VARIATION DE VITESSE DU MOTEUR A EXCITATION INDÉPENDANTE

Le moteur à courant continu est très bien adapté au fonctionnement à vitesse variable. Son principal défaut réside dans le collecteur qui constitue l'élément limitatif lorsqu'on souhaite travailler dans des conditions spéciales où les paramètres courant-tension-couple s'éloignent des domaines ordinaires d'utilisation des machines électriques (haute tension et/ou fort courant, grande vitesse de rotation, ambiance explosive...)

– La relation (2.5) montre qu'on peut faire varier la vitesse par action
sur la tension aux bornes de l'induit U,
ou sur le flux inducteur ϕ.

Par le flux, qui a forcément une valeur maximale limitée, on ne peut obtenir, en régime permanent, de faibles valeurs de la vitesse. D'autre part pour augmenter la vitesse, on diminue le flux donc, à courant dans l'induit donné, le couple que le moteur peut développer (relation (2.6)).

Aussi pour faire varier la vitesse agit-on par *variation de la tension* U appliquée à l'induit. L'action sur le flux n'est utilisée que pour étendre la gamme des vitesses réalisables.

– La plupart des moteurs à courant continu sont alimentés en excitation indépendante, c'est-à-dire que le variateur de vitesse comporte deux sources, l'une de faible puissance pour alimenter l'inducteur, l'autre de forte puissance pour alimenter l'induit.

3.1. FONCTIONNEMENT "A COUPLE CONSTANT"

Dans la zone où on fait varier la vitesse par la tension U, on maintient le *flux* ϕ *constant*, en faisant passer dans l'inducteur le courant d'excitation nominal (courant tolérable en régime permanent sans échauffement anormal).

Alors on peut développer, à valeur nominale I_n du courant dans l'induit, le couple électromagnétique nominal C_n à toutes le vitesses. D'où le qualificatif de "à couple constant" donné à ce mode de fonctionnement. (En réalité, comme on l'a vu (chapitre 1, § 2.2.1) le couple du moteur lui est imposé par la charge entraînée).

3.1.1. Les caractéristiques à flux constant

– Des caractéristiques électriques traduisant l'équation des tensions

$$E = U - RI$$

on passe directement aux courbes donnant la vitesse N en fonction du couple C.

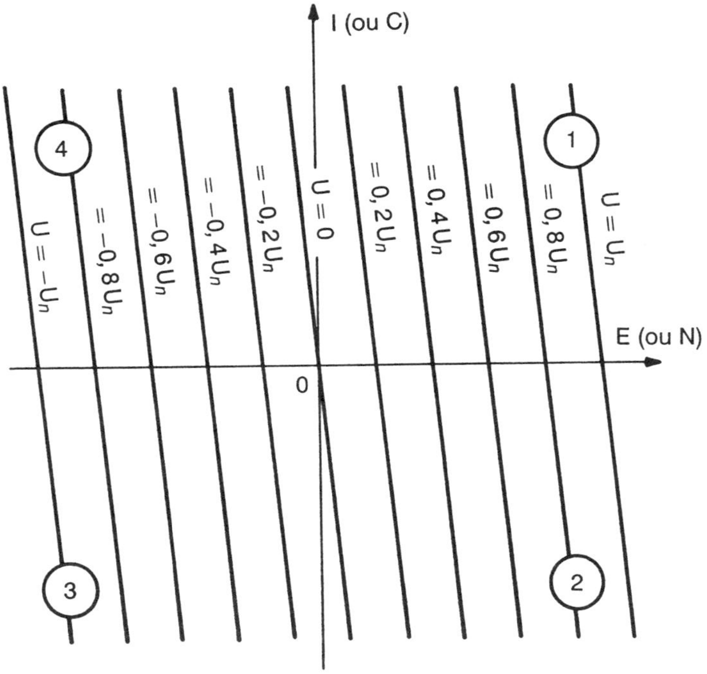

Figure 2.11

En effet, puisque $\frac{p}{a} n \phi$ est constant,

N, égal à $\frac{E}{\frac{p}{a} n \phi}$, est proportionnel à E

C, égal à $\frac{1}{2\pi} \frac{p}{a} n \phi I$, est proportionnel à I.

Puisque la tension U aux bornes de l'induit peut être inversée, que le courant I peut l'être également, le moteur peut fonctionner dans les *quatre quadrants du plan couple-vitesse* (figure 2.11).

– Pour caractériser le moteur, on indique
sa tension nominale U_n,
son courant nominal I_n,
sa vitesse nominale N_n.

La tension et le courant nominaux sont les valeurs de U et de I que la machine peut supporter en régime permanent sans échauffement anormal et avec une bonne commutation au collecteur.

La tension nominale est aussi la valeur maximale de la tension que peut fournir le convertisseur qui alimente la machine.

Pendant les démarrages et les freinages rapides, si le convertisseur peut le débiter, on tolère dans l'induit un courant I_{max} supérieur à I_n pour avoir un couple, C_{max}, supérieur au couple nominal C_n.

La vitesse nominale N_n est celle qui correspond à U_n et I_n. On doit indiquer aussi la vitesse maximale N_{max} que le moteur peut mécaniquement supporter.

– Si le moteur peut peut fonctionner dans les quatre quadrants du plan couple-vitesse,

- les quadrants à utiliser dépendent de l'application à laquelle est destiné l'entraînement
- les quadrants utilisables sont déterminés par les réversibilités du convertisseur qui alimente le moteur :
  quadrant 1 : convertisseur réversible ni en courant, ni en tension,
  quadrant 1 et 2 : convertisseur réversible en courant,
  quadrant 1 et 4 : convertisseur réversible en tension,
  quadrant 1, 2, 3 et 4 : convertisseur réversible en courant et tension.

3.1.2. Fonctionnement dans le quadrant 1

La courbe $N(C_r)$ donne la caractéristique mécanique de la charge entraînée (figure 2.12).(1)

• *Pour réaliser un démarrage rapide* et une montée jusqu'à la vitesse désirée N_1 :
- on part avec la tension U_d qui donne à l'arrêt un courant I égal à I_{max} et un couple C égal à C_{max},
- puis on augmente U au fur et à mesure que N croît pour maintenir I égal à I_{max} (c'est la boucle de courant, que comporte tout variateur de vitesse, qui assure cette montée de la tension sur la "butée" courant)

(1) *Pour le tracé de cette figure et des suivantes, on confond le couple électromagnétique C du moteur avec son couple utile C_u. Il convient donc d'ajouter au couple résistant C_r de la charge, la perte de couple $(p_m + p_f)/2\pi N$ interne au moteur.*

- quand on approche de la vitesse de consigne N_1, la boucle de vitesse du variateur commande la montée en tension pour qu'on arrive au point de fonctionnement M_1 avec une accélération négligeable (sinon on dépasserait la vitesse de consigne).

Le point de fonctionnement décrit le trajet ABM_1.

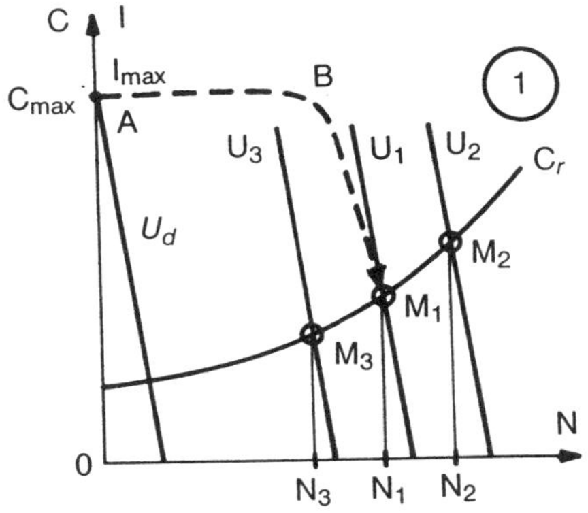

Figure 2.12

- *Pour changer de vitesse*, il suffit de faire varier la tension U. Pour passer de N_1 à N_2 ou à N_3, il faut faire varier U de U_1 à U_2 ou à U_3.

3.1.3. Fonctionnement dans les quadrants 1 et 2

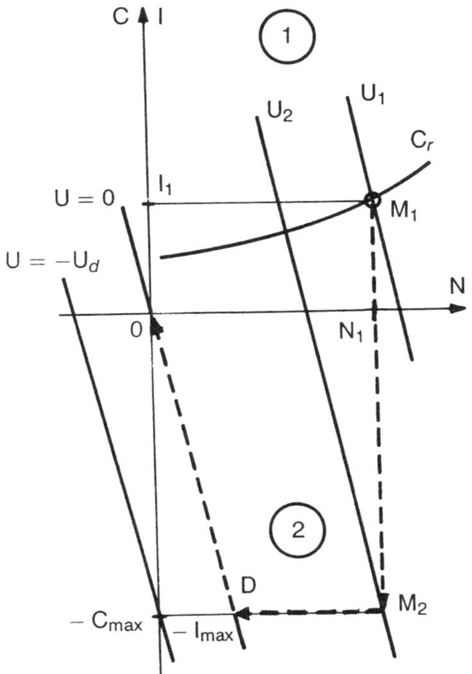

Figure 2.13

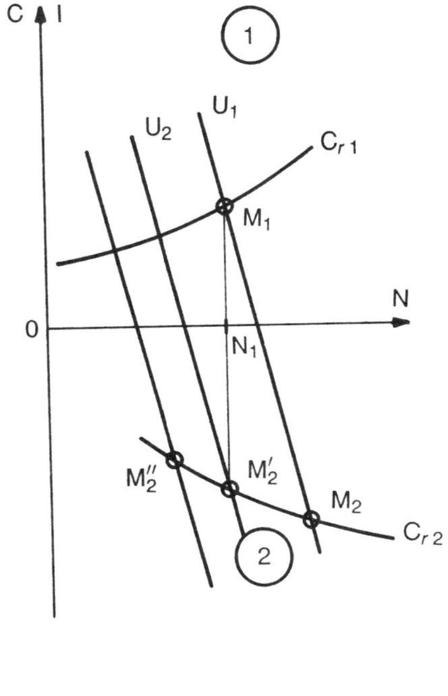

Figure 2.14

• *Pour freiner et arrêter rapidement* une charge qui était entraînée à la vitesse N_1 (figure 2.13), on abaisse rapidement la tension de U_1 à U_2, faisant passer le courant de I_1 à $-I_{max}$. Puis on réduit plus lentement la tension au fur et à mesure que la vitesse diminue, en maintenant I égal à $-I_{max}$.

Le couple de freinage est égal à $C_r + C_{max}$. La machine fonctionne en générateur débitant $U\,I_{max}$; elle renvoie donc vers le réseau une partie de l'énergie prise à la charge freinée : c'est un *freinage par récupération*.

Le convertisseur doit être réversible en courant. S'il n'est pas réversible en tension, on ne peut freiner à couple maximum jusqu'à l'arrêt : aux basses vitesses le point de fonctionnement se déplace sur la caractéristique $U = 0$. Le trajet du point de fonctionnement est M_1M_2DO.

Pour maintenir un couple de freinage égal et C_{max} jusqu'à l'arrêt, il faudrait pouvoir inverser la tension et l'amener à $-U_d$. Mais c'est d'ordinaire inutile car l'énergie restant dans le groupe moteur- charge à la vitesse correspondant au point D est très faible.

• Si, par intervalles, le couple de la charge entraînée s'inverse tendant à emballer le groupe moteur-charge, le moteur se met à fonctionner en génératrice et freine le groupe, c'est le *freinage "à vitesse constante"* (figure 2.14).

C'est le cas en traction électrique quand un convoi descend une pente : au lieu d'être résistante [caractéristique $N(C_{r1})$], la charge devient entraînante [caractéristique $N(C_{r2})$]. Si on ne modifie pas la tension U, le point de fonctionnement passe de M_1 à M_2 : on a un freinage par récupération. Si on juge la vitesse N_2 excessive, on peut ramener la vitesse à la valeur N_1 en abaissant U de U_1 à U_2, ou la réduire encore en abaissant encore la tension (passage du point M_2' au point M_2'').

3.1.4. Fonctionnement dans les quadrants 1 et 4

En levage, le couple résistant C_r de la charge à soulever est constant (figure 2.15).

- Pour lever la charge on augmente la tension U jusqu'à la valeur U_d nécessaire pour la décoller (point A). Puis on augmente la vitesse d'ordinaire à accélération progressivement croissante puis décroissante, en augmentant la tension jusqu'à la valeur U_1 qui donne la vitesse de montée N_1 désirée (trajet ABM_1). Quand on approche du point haut, on diminue la tension progressivement pour arriver au point haut à vitesse nulle (trajet M_1 D A). La tension U_d permet d'immobiliser la charge soulevée.

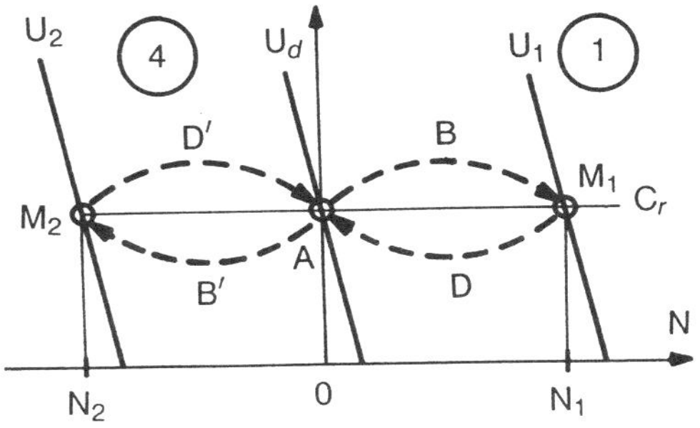

Figure 2.15

- Pour descendre la charge, on abaisse la tension pour accroître progressivement la vitesse de descente (passage de U_d à U_2, trajet $AB'M_2$). A l'approche du point bas, on ralentit la descente pour arrêter à vitesse nulle (passage de U_2 à U_d, trajet M_2 D'A).

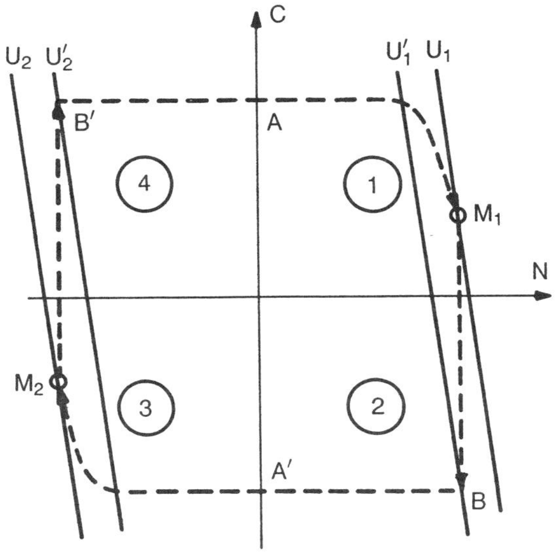

Figure 2.16

3.1.5. Fonctionnement dans les quadrants 1, 2, 3 et 4

Pour certaines applications, les laminoirs réversibles par exemple, on doit faire travailler le moteur dans les deux sens de rotation et passer rapidement d'un sens à l'autre en freinant par récupération.

Le moteur ayant été démarré (trajet AM_1 du point de fonctionnement sur la figure 2.16) et ayant travaillé au point M_1 sous la tension positive U_1 ,

- on passe au couple de freinage maximum en abaissant très rapidement la tension de U_1 à U_1' (trajet M_1B)
- puis on freine le moteur, on l'arrête et on le démarre en sens inverse par inversion de la tension en maintenant le couple à $-C_{max}$, grâce à la butée courant (trajet $BA'M_2$).

De même, après une phase de travail au point M_2 sous la tension négative U_2, on inverse le plus rapidement possible le couple en augmentant la tension de U_2 à U_2' (passage de M_2 à B′). Puis, à courant constant et égal à I_{max}, on freine le moteur et on le démarre en sens inverse (trajet $B'AM_1$).

3.1.6. Remarque sur le freinage rhéostatique

Quand le convertisseur alimentant le moteur n'est pas réversible en courant, pour freiner électriquement on branche l'induit sur une résistance Rh (figure 2.17). Entraînée par la charge qu'elle freine, la machine fonctionne en générateur.

Le courant I est alors négatif.

De

$$E + RI = \frac{p}{a} n N \phi + RI = -Rh\,I$$

on déduit

$$N = \frac{-(R + Rh)\,I}{\frac{p}{a} n \phi}.$$

D'où les caractéristiques N (I) tracées pour diverses valeurs de Rh. Par action sur la valeur de cette résistance, dans laquelle on dissipe l'énergie prise à la charge freinée, on peut faire

- du freinage à "vitesse constante" (points M_1, M_2, M_3)
- du freinage à couple constant (points M_4, M_5, M_6) en vue d'un arrêt rapide. Dans ce cas on est limité au point M_7 qui correspond à la mise en court-circuit de l'induit.

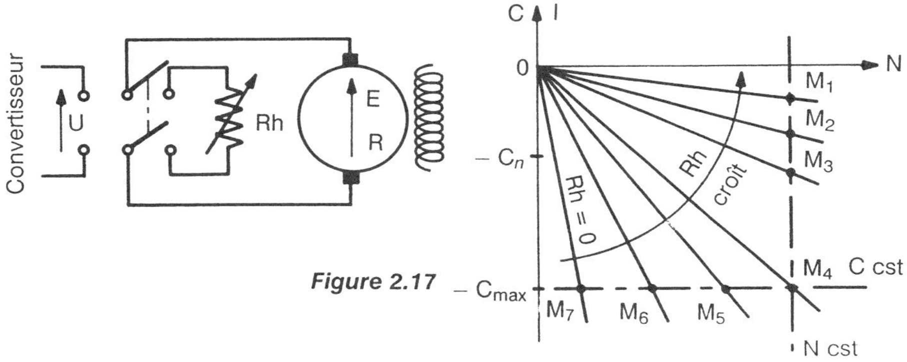

Figure 2.17

Dans certains cas, il faut prévoir le freinage rhéostatique en secours pour le cas où le freinage par récupération ne peut fonctionner ; c'est le cas, par exemple, d'un engin de traction lorsqu'il y a coupure de l'alimentation de la caténaire.

3.2. FONCTIONNEMENT "À PUISSANCE CONSTANTE"

Quand la tension U a atteint sa valeur maximale U_n, si on veut étendre la gamme des vitesses possibles, on diminue le flux inducteur ϕ. Mais cela se fait au détriment du couple que le moteur peut développer à courant dans l'induit I donné.

Les relations (2.5) et (2.6) sont toujours utilisables. Mais maintenant U est constant et égal à U_n, c'est ϕ qui varie :

$$N = \frac{U_n - RI}{\frac{p}{a} n \phi} \qquad C = \frac{1}{2\pi} \frac{p}{a} n \phi I.$$

A courant I donné, la puissance transformée, soit

$$2\pi N C = U_n I - R I^2$$

est constante. D'où le nom de marche "à puissance constante" donné à ce mode de fonctionnement.

3.2.1. Caractéristiques

La figure 2.18 donne, pour un sens de rotation, quelques caractéristiques C (N) obtenues par variation du flux.

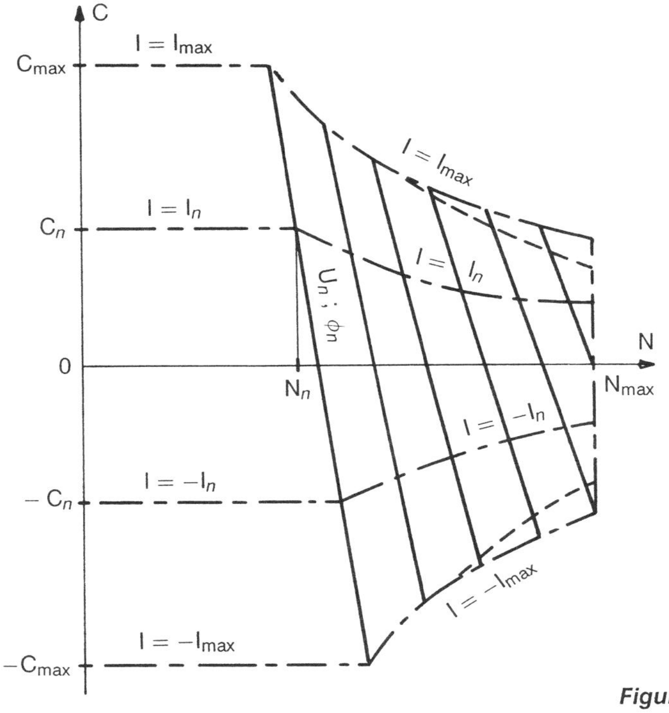

Figure 2.18

On a tracé les courbes limites correspondant à $I = \pm I_n$ à $I = \pm I_{max}$.

Les caractéristiques $C(N)$ sont toujours du type "shunt" mais plus le flux diminue plus leur pente est réduite. En effet, en éliminant I entre les relations (2.5) et (2.6) on obtient

$$N = \frac{U_n}{\frac{p}{a} n \phi} - R \frac{C}{\frac{1}{2\pi}\left(\frac{p}{a} n \phi^2\right)}.$$

Du fait des problèmes de commutation, la vitesse maximale dépasse rarement 2 à 3 fois la vitesse nominale. Le rapport N_{max}/N_n est souvent appelé "coefficient de souplesse".

Toujours à cause de la commutation, il faut réduire le courant maximum tolérable de façon transitoire aux vitesses élevées, ce qui entraîne une réduction supplémentaire du couple (tracés en traits interrompus sur la figure 2.18).

Remarque. La zone de fonctionnement comprise entre l'axe des couples et la caractéristique correspondant à la tension nominale et au flux nominal est celle où on fait varier la vitesse par action sur la tension.

Quand on alimentait le moteur sous tension constante on ne pouvait situer le point de fonctionnement en régime permanent dans cette zone. Pour la traverser rapidement

- au démarrage, on mettait un rhéostat en série avec l'induit
- pour freiner, on faisait du freinage rhéostatique.

3.2.2. Utilisations

La plupart des charges opposent au moteur un couple qui croît avec la vitesse, la possibilité d'augmenter celle-ci en réduisant le couple que peut développer le moteur est alors sans intérêt.

Il existe toutefois des applications où l'on demande au moteur deux types de fonctionnement, dont l'un à grande vitesse et faible couple, et d'autres où le couple à fournir décroît avec la vitesse.

Parmi ces applications on peut citer

– les servomécanismes des machines-outils : il faut fournir un couple important pour déplacer l'outil de coupe ; mais le moteur est pratiquement à vide lors du repositionnement de l'outil ;

– les entraînements de laminoirs : il faut développer un couple élevé pour écraser les brames lors des premières passes ; en fin de laminage, le produit est aminci, le couple résistant plus faible, mais on doit augmenter la vitesse de défilement pour réduire le temps de travail ;

– les bobineuses : lorsque la bobine a un faible diamètre, le couple est faible et la vitesse est grande. Au fur et à mesure que la bobine grossit et que son diamètre augmente, la vitesse diminue et le couple nécessaire s'accroît.

4. LA VARIATION DE VITESSE DU MOTEUR À EXCITATION SÉRIE

Dans un moteur à excitation série l'inducteur est parcouru par le même courant I que l'induit.

Mais les possibilités actuelles de l'électronique de puissance permettent d'obtenir les caractéristiques du moteur série avec un moteur à excitation séparée : il suffit de faire varier le courant d'excitation pour le rendre proportionnel au courant dans l'induit.

4.1. CARACTÉRISTIQUES ET FONCTIONNEMENT DANS LE PREMIER QUADRANT

4.1.1. Caractéristiques sans shuntage de l'inducteur

On peut utiliser les relations générales, à condition de remplacer R par $R + R'$, si R' désigne la résistance de l'inducteur, et de tenir compte du fait que ϕ varie en fonction de I suivant une caractéristique telle celle de la figure 2.4

$$N = \frac{U - (R + R')\,I}{\frac{p}{a}\,n\,\phi} \quad ; \qquad C = \frac{1}{2\pi}\,\frac{p}{a}\,n\,\phi\,I.$$

– *Le couple* ne dépend que du courant I. Pour les faibles valeurs de I, tant que le circuit magnétique n'est pas saturé, ϕ est proportionnel à I et le couple à I^2. Au fur et à mesure que le circuit magnétique se sature, ϕ croît moins vite et tend à varier peu, le couple croît moins vite que I^2 et tend à ne croître que proportionnellement à I. La caractéristique C (I) a un début parabolique et tend vers une variation linéaire (figure 2.19).

– *La vitesse* dépend de U et de I.

Quand U est fort (voisin de U_n) et I faible, le terme $(R + R')\,I$ est petit devant U et la vitesse est sensiblement proportionnellle à U/ϕ. Puisque ϕ est alors proportionnel à I, la partie correspondante des courbes N (I) est voisine d'une hyperbole.

Quand U est fort et que I devient important, la vitesse diminue moins vite quand I croît à cause de la saturation du circuit magnétique.

Au fur et à mesure que la tension U diminue, le terme $(R + R')\,I$ est de moins en moins négligeable devant U.

D'où l'allure des caractéristiques N (I) tracées pour quelques valeurs de U sur la figure 2.19.

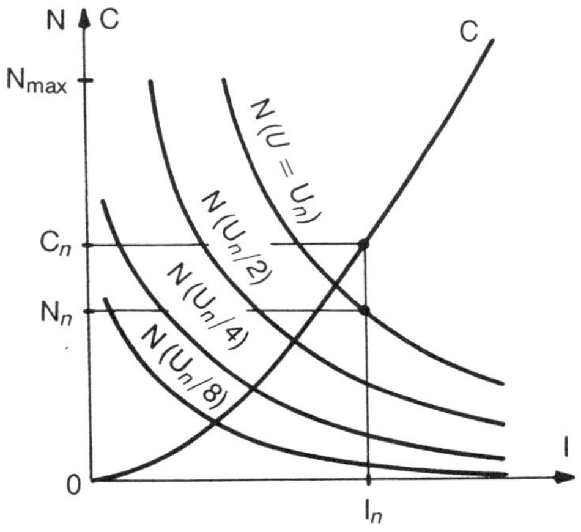

Figure 2.19

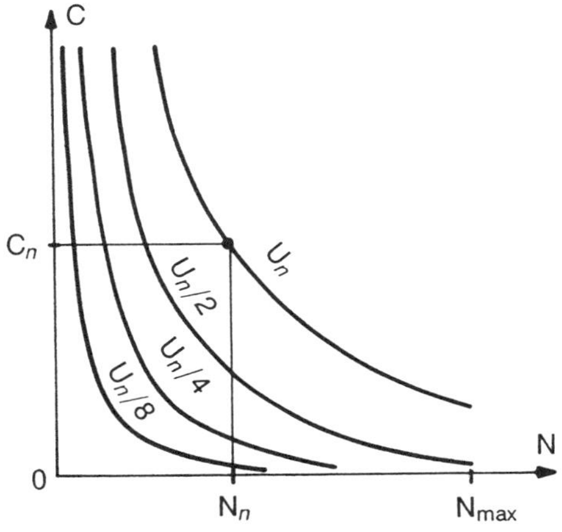

Figure 2.20

– Des caractéristiques C (I) et N (I) on passe aux caractéristiques mécaniques N (C) pour diverses valeurs de U (figure 2.20).

A tension constante, la vitesse diminue fortement quand le couple demandé au moteur augmente. Celui-ci présente naturellement une certaine *autorégulation de la puissance*.

Si on néglige la chute ohmique (U = E) et la saturation ($\phi = k\,I$), on a

$$U = \frac{p}{a} n \, N \, k \, I$$

$$I = \frac{U}{\frac{p}{a} n \, k \, N}.$$

et en multipliant par U,

$$U I = \frac{1}{\frac{p}{a} n \, k} \frac{U^2}{N}.$$

A tension d'alimentation U donnée, la *puissance* absorbée (et la puissance utile, si on suppose le rendement constant) *varie comme l'inverse de la vitesse*.

4.1.2. Shuntage de l'inducteur

On peut étendre un peu la zone des fonctionnements possibles. Quand U a atteint sa valeur maximale U_n, on shunte l'inducteur : à courant I donné, la vitesse augmente mais le couple diminue. On obtient ainsi des caractéristiques telles celles représentées à l'intérieur du triangle curviligne DGH de la figure 2.21.

La partie DG, à tension et courant nominaux, correspond à un fonctionnement avec shuntage "à puissance constante".

Les courbes telles DH, CK sont des caractéristiques dites "naturelles" : le courant dans l'inducteur est égal à courant dans l'induit ou lui est proportionnel.

D'ordinaire, on s'impose de ne pas diminuer trop le rapport courant dans l'inducteur/courant dans l'induit : la caractéristique CK correspond au fonctionnement "à champ minimal".

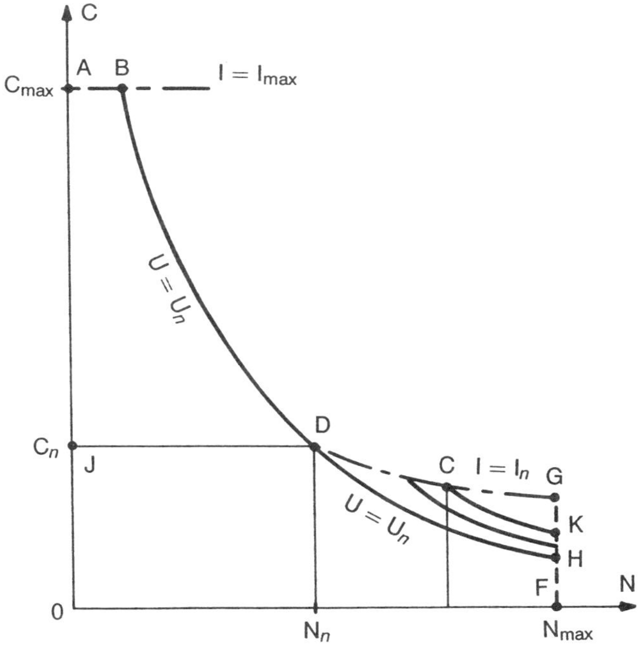

Figure 2.21

La figure 2.21 montre la délimitation des zones de fonctionnement. Si BDH est la caractéristique de fonctionnement à tension nominale U_n sans shuntage de l'inducteur, le moteur peut fonctionner

- en régime permanent, dans la zone OFHDJO sans shuntage de l'inducteur, dans la zone DHKCD avec shuntage,
- en surcharge transitoirement tolérable dans la zone JDBA.

4.1.3. Remarques sur l'intérêt du moteur série

• Si, pour le courant nominal I_n, le circuit magnétique n'est pas saturé, en admettant au démarrage un courant I_{max} nettement supérieur à I_n le *couple de démarrage*, qui est proportionnel au produit ϕI, est très important. C'est l'une des supériorités du moteur série sur le moteur à excitation indépendante. L'autre supériorité – déjà signalée – est son "autorégulation de puissance".

Le moteur série s'impose dans les applications où il faut disposer d'un couple de démarrage très fort, pouvoir développer des couples très différents suivant les circonstances et travailler à puissance constante sur de larges plages de vitesse. C'est le cas de la traction électrique.

• *Dans les applications en traction*, on distingue souvent trois zones types de fonctionnement (figure 2.22) :

- une première zone à flux constant et égal au flux nominal, où on règle la vitesse par la tension d'alimentation de l'induit. C'est une zone de fonctionnement transitoire où c'est l'électronique d'alimentation de l'induit qui définit les limites. Le courant de démarrage est de 1,5 à 2 fois le courant nominal. Cette zone est limitée par la courbe AB,
- une zone à puissance constante ou sensiblement constante où on maintient U à sa valeur nominale et on fait varier le champ. Cette zone est limitée par la courbe BC.
- une zone limitée par CK où le moteur évolue sur la "caractéristique naturelle" à champ minimal.

A l'intérieur du domaine OFKCBAO, on peut adopter plusieurs stratégies ; la meilleure est celle qui permet d'optimiser l'énergie consommée.

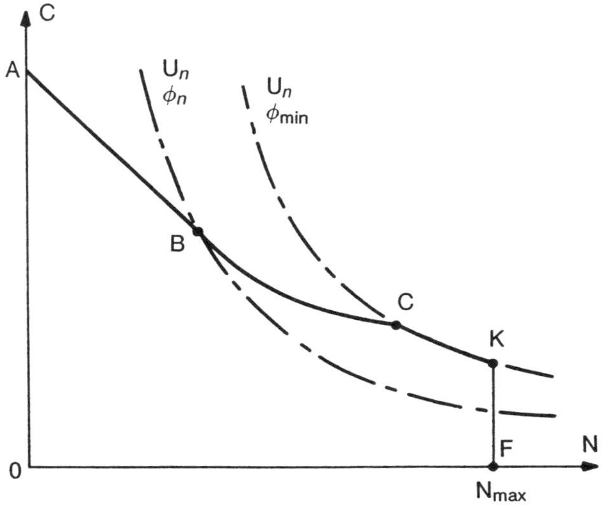

Figure 2.22

A noter que, lorsque la machine est alimentée à partir d'une source monophasée par un redresseur, on branche en permanence aux bornes de l'inducteur une résistance. Celle-ci offre un chemin de moindre impédance aux courants harmoniques dus à l'ondulation de la tension redressée. Ceci explique que le champ maximal nominal lors de l'alimentation en alternatif ait une valeur sensiblement inférieure à celle qu'il a lorsque la machine est alimentée en continu.

4.2. FONCTIONNEMENT DANS LES AUTRES QUADRANTS

Le moteur série se prête beaucoup moins bien que celui à excitation indépendante au passage de la marche en moteur proprement dit à la marche en génératrice correspondant au freinage électrique.

En effet

- l'inversion du couple, qui est proportionnel à ϕ I où ϕ est créé par I, ne peut être obtenue par la simple inversion du courant. Elle nécessite le changement des connexions entre l'induit et l'inducteur.
- la génératrice à excitation série a une f.e.m., proportionnelle à N ϕ, qui croît donc avec le courant à vitesse donnée. Elle ne se comporte pas comme une source de tension. D'autre part elle ne peut s'amorcer qu'à partir du magnétisme rémanent.

Le freinage par récupération est possible mais, outre le risque de non amorçage, il pose des problèmes de stabilité. Aussi pour assurer le freinage du moteur à caractéristique série on le transforme en génératrice à excitation indépendante et on retrouve toutes les possibilités et toute la souplesse vues au paragraphe 3.

De même pour inverser le sens de rotation du moteur où induit et inducteur sont réellement en série, il faut modifier les connexions entre l'induit et l'inducteur.

4.3. REMARQUES SUR LE MOTEUR SÉRIE ALIMENTÉ EN ALTERNATIF

Un moteur à collecteur dont les enroulements d'induit et d'inducteur sont en série peut en principe être alimenté aussi bien en courant alternatif qu'en courant continu.

En alternatif, le flux et le courant s'inversent en même temps, le couple instantané conserve toujours le même signe.

Si on néglige la saturation, le courant de la forme

$$i = \mathrm{I}_m \cos \omega t$$

crée un flux de la forme

$$\varphi = k\, \mathrm{I}_m \cos \omega t$$

et un couple instantané

$$c = k'\, \varphi\, i = k'\, k\, \mathrm{I}_m^2 \cos^2 \omega t = \frac{k\, k'\, \mathrm{I}_m^2}{2}(1 + \cos 2\omega t)\,.$$

Au couple moyen $k\, k'\, \mathrm{I}_m^2/2$ s'ajoute inévitablement un couple pulsatoire, de fréquence double de celle du réseau d'alimentation, cause de vibrations et de bruit.

• Les moteurs série destinés à être alimentés en alternatif ont toutefois une conception différente de celle des moteurs destinés à être alimentés en continu :
– puisque le flux inducteur est alternatif, le circuit magnétique du stator doit être réalisé, comme celui du rotor, par un empilage de tôles magnétiques.
– surtout il faut tenir compte de la plus grande difficulté de la commutation : dans les sections mises en court-circuit par les balais, le flux alternatif induit une f.e.m. alternative comme dans le secondaire d'un transformateur. Cette f.e.m. dite "de transformation" ou "statique" est proportionnelle à la fréquence d'alimentation, elle s'ajoute aux effets de la réactance des sections pour rendre encore plus difficile la commutation.

• Des moteurs série à collecteur alimentés en courant alternatif de grande puissance – jusqu'à 1 000 kW – équipent encore de nos jours les engins de traction des réseaux ferrés des pays germaniques alimentés en 15 kV à la fréquence de 16 Hz 2/3. Leur nombre devrait décroître progressivement au fur et à mesure de la mise en service d'entraînements à vitesse variable utilisant des moteurs à induction ou des moteurs synchrones autopilotés.

Mais le moteur série à collecteur alimenté en alternatif a encore un bel avenir dans le domaine des faibles puissances où on l'appelle souvent "moteur universel". Il s'agit alors surtout d'applications en électroménager et en petit outillage électrique portatif, domaines où les puissances sont généralement inférieures au kilowatt et et les temps d'utilisation faibles (durée de vie de 1 000 à 1 500 heures par exemple).

Le moteur série est très bien adapté à ce type d'applications :

- il a un très fort couple de démarrage
- les pertes mécaniques et dans le fer rotorique relativement fortes limitent la vitesse à vide,
- quand le couple demandé au moteur augmente il ralentit beaucoup, ce qui est aisément perceptible au son qu'il émet et incite l'utilisateur à réduire le couple demandé.

Ces petits moteurs sont souvent livrés avec un variateur électronique de vitesse : il s'agit du plus simple des variateurs, le gradateur formé par un triac et sa commande.

Quand ce moteur ne peut être découplé de la charge, il est facile d'obtenir plusieurs vitesses de fonctionnement. On met en série avec lui des résistances : plus elles sont fortes, plus la chute de tension qu'elles provoquent est élevée, plus la tension aux bornes du moteur et sa vitesse sont réduites, le rendement aussi.

CHAPITRE 3

Le moteur synchrone

1. BREF RAPPEL SUR LES CHAMPS TOURNANTS

Pour expliquer le fonctionnement des machines à courant alternatif triphasé, il faut montrer comment l'enroulement fixe du stator crée une force magnétomotrice tournante.

Ce rappel concerne aussi bien les moteurs synchrones, qui font l'objet de ce chapitre, que les moteurs asynchrones, qui seront vus au chapitre suivant.

1.1. LE BOBINAGE

Les diverses machines à courant alternatif triphasé ont toutes le même type de stator ; elles diffèrent par le rotor.

Le circuit magnétique du stator est formé de disques de tôles encochées sur la partie interne. Leur empilage fait apparaître des encoches parallèle à l'axe de la machine : c'est dans ces encoches qu'on met le bobinage.

Le bobinage est caractérisé :

- par le nombre de pôles $2p$,
- par le nombre d'encoches par pôle et par phase m.

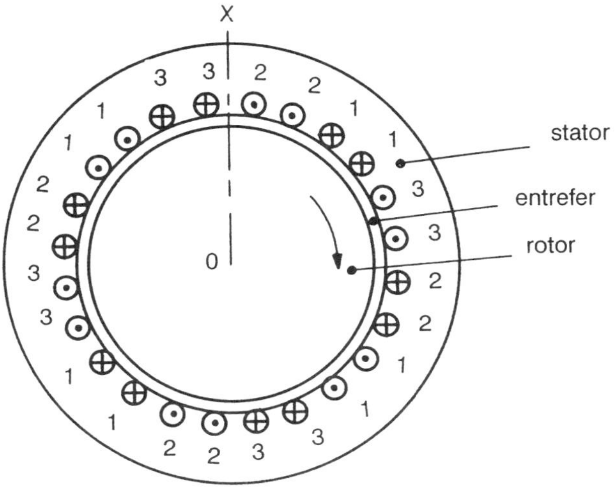

Figure 3.1

La figure 3.1 schématise la coupe perpendiculaire à l'arbre d'une machine à 4 pôles et à m égal à 2. On a indiqué à côté du conducteur, représentant l'ensemble des conducteurs logés dans chaque encoche, à quelle phase il appartient et dans quel sens on le parcourt en allant de l'entrée vers la sortie de la phase.

Sur la figure 3.2, on a étalé la surface interne du stator après avoir coupé celui-ci par un demi-plan OX passant par l'axe. On a représenté les côtés des sections par de simples traits :

continus pour la phase 1,
interrompus pour la phase 2,
mixtes pour la phase 3.

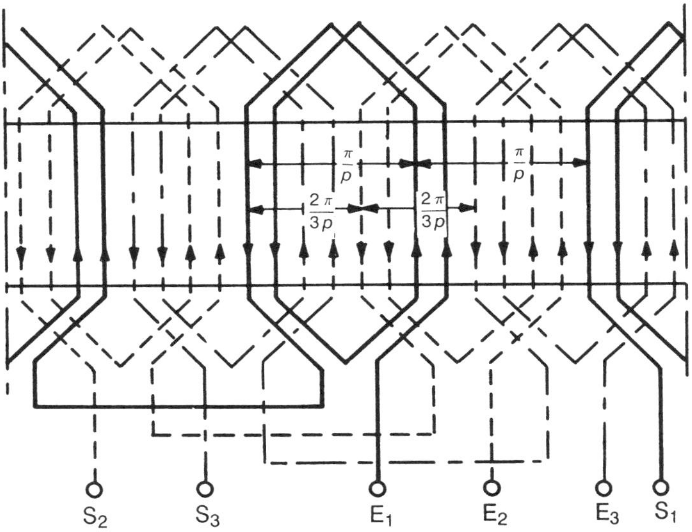

Figure 3.2

On a supposé que les sections étaient d'un seul tour et montré le trajet suivi pour chacune des phases lorsqu'on va de l'entrée (E) vers la sortie (S).

L'écart angulaire entre les deux côtés d'une même section est égal à π/p. Le bobinage de chaque phase se reproduit identiquement à lui-même tous les $2\pi/p$. Les trois phases sont identiques à $2\pi/3p$ ou $4\pi/3p$ près.

1.2. FORCE MAGNÉTOMOTRICE DUE A UNE SEULE PHASE

• Considérons d'abord une seule phase, formée d'une seule section par paire de pôles ($m = 1$), section de n tours parcourue par le courant i dans le sens indiqué (figure 3.3).

Toutes les lignes de champ traversent ni ampères-tours. Si on suppose la perméabilité du fer beaucoup plus grande que celle de l'air, la totalité de cette f.m.m. est consacrée à la traversée de l'entrefer une fois dans un sens, l'autre fois dans l'autre.

Si on repère un point M de l'entrefer par l'écart angulaire θ que fait le rayon passant par M avec l'axe d'une section de la phase 1, la courbe donnant la f.m.m. appliquée à l'entrefer $\mathcal{E}$ en fonction de θ est formée de créneaux rectangulaires.

$$\mathcal{E} = +\frac{ni}{2} \qquad \text{pour} \qquad -\frac{\pi}{2p} < \theta < \frac{\pi}{2p}$$

$$\mathcal{E} = -\frac{ni}{2} \qquad \text{pour} \qquad \frac{\pi}{2p} < \theta < \frac{3\pi}{2p} \cdots$$

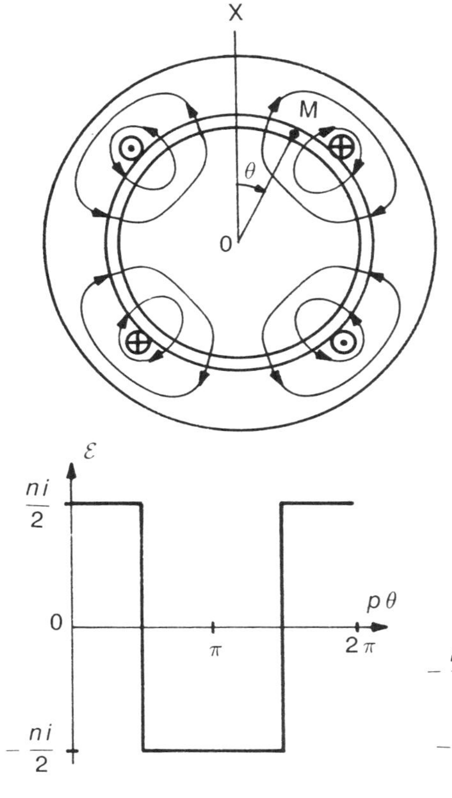

Figure 3.3 (m = 1)

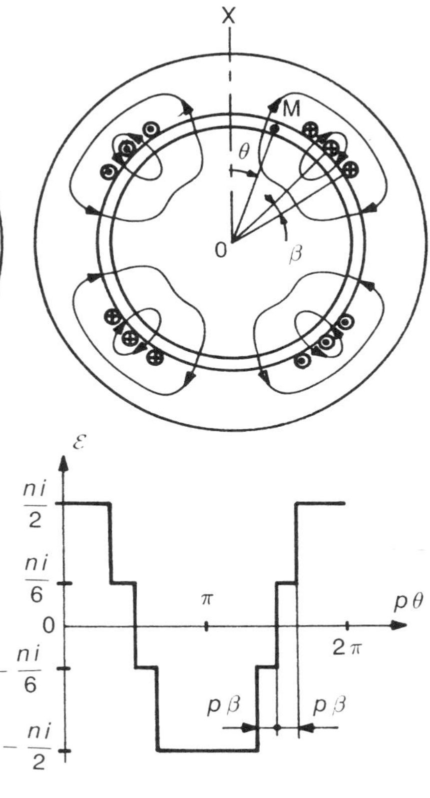

Figure 3.4 (m = 3)

Le développement en série de cette fonction périodique de $p\theta$ s'écrit :

$$\mathcal{E} = \frac{ni}{2}\,\frac{4}{\pi}\left(\cos p\theta - \frac{1}{3}\cos 3p\theta + \frac{1}{5}\cos 5p\theta - \cdots \pm \frac{1}{h}\cos hp\theta \mp \cdots\right).$$

• Si maintenant on répartit les n spires de la section correspondant à une paire de pôles en 3 sections de $n/2$ tours chacune de même ouverture mais décalées entre elles de β, en désignant par β l'écart entre encoches voisines, on voit (figure 3.4) :

- que certaines lignes de champ traversent les n spires
- mais d'autres seulement $n/3$.

La courbe donnant la f.m.m. $\mathcal{E}$ appliquée à la traversée de l'entrefer est formée de paliers d'amplitude $\pm ni/2$ et de paliers d'amplitude $\pm ni/6$.

La comparaison avec la courbe $\mathcal{E}\ (p\theta)$ de la figure 3.3 montre que la f.m.m. a une allure plus proche de la sinusoïde mais que globalement elle est un peu diminuée.

Quand m est supérieur à 1, la f.m.m. totale est la somme des m f.m.m. dues aux m sections élémentaires comptant chacune n/m spires et décalées entre elles de la distance séparant deux encoches.

Si on prend comme origine des angles l'axe de la première des m sections, la f.m.m. totale est donnée par

$$\begin{aligned}\mathcal{E} = \frac{1}{m}\,\frac{ni}{2}\,\frac{4}{\pi}\Big\{ & \cos p\theta - \frac{1}{3}\cos 3p\theta + \cdots \pm \frac{1}{h}\cos hp\theta \mp \cdots \\ & + \cos p\,(\theta-\beta) - \frac{1}{3}\cos 3p\,(\theta-\beta) + \cdots \pm \frac{1}{h}\cos hp\,(\theta-\beta) \mp \cdots \\ & + \cos p\,(\theta-2\beta) - \frac{1}{3}\cos 3p\,(\theta-2\beta) + \cdots \pm \mathrm{l}\,\frac{1}{h}\cos hp\,(\theta-2\beta) \mp \cdots \\ & + \cdots\cdots\cdots\cdots\cdots\cdots\cdots\cdots\cdots\cdots \\ & + \cos p\left[\theta-(m-1)\beta\right] - \cdots \pm \frac{1}{h}\cos p\left[\theta-(m-1)\beta\right] \mp \cdots\end{aligned}$$

La série limitée formée de m sinusoïdes de même longueur d'onde décalées deux à deux d'un angle α a une somme bien connue : c'est une sinusoïde de même longueur d'onde et d'amplitude égale à $\sin(m\alpha/2)/\sin(\alpha/2)$ fois celle de chacun des termes.

Ici, en reprenant le milieu d'une alternance de la f.m.m. résultante comme origine des angles, on aura

$$\mathcal{E} = \frac{ni}{2}\,\frac{4}{\pi}\left[k_1\cos p\theta - \frac{k_3}{3}\cos 3p\theta + \frac{k_5}{5}\cos 5p\theta - \cdots \pm \frac{k_h}{h}\cos hp\theta \mp \cdots\right] \tag{3.1}$$

avec

$$k_1 = \frac{\sin\dfrac{mp\beta}{2}}{m\sin\dfrac{p\beta}{2}} \quad ; \quad k_h = \frac{\sin\dfrac{mhp\beta}{2}}{m\sin\dfrac{hp\beta}{2}}. \tag{3.2}$$

Ces coefficients de réduction, k_1 pour le fondamental, k_h pour l'harmonique h, sont appelés *coefficients de bobinage*. Présentés ici pour l'addition de fonctions sinusoïdales de l'espace régulièrement décalées, on peut les utiliser pour l'addition de fonctions sinusoïdales du temps régulièrement déphasées, comme on le fera par la suite à plusieurs reprises.

• Le coefficient de bobinage est plus faible pour les harmoniques que pour le fondamental : l'augmentation de m rend donc plus proche de la sinusoïde la f.m.m. appliquée à l'entrefer par chaque phase.

En triphasé puisqu'on a $3.2p.m$ encoches, $p\beta = 2\pi/6m$,

$$k_1 = \frac{\sin\dfrac{\pi}{6}}{m\sin\dfrac{\pi}{6m}} \quad ; \quad k_h = \frac{\sin\dfrac{h\pi}{6}}{m\sin\dfrac{h\pi}{6m}}. \tag{3.3}$$

Pour $m = 3$, par exemple, $k_1 = 0,960$, $k_3 = 0,666$, $k_5 = 0,217\ldots$

Par suite, en première approximation, on ne tiendra compte que du fondamental de l'onde de répartition de la f.m.m.

Si $i = I_m \cos \omega t$, on prendra

$$\mathcal{E} = k_1 \, 2 \, \frac{n \, I_m}{\pi} \cos p\theta \cos \omega t. \tag{3.4}$$

On a une onde de f.m.m. à répartition sinusoïdale d'amplitude variant sinusoïdalement en fonction du temps.

• *Remarque*. Pour pouvoir partager en deux parts égales les ampères-tours enlacés par une ligne de champ, il faut que les deux traversées de l'entrefer par celle-ci aient la même longueur. C'est le cas des machines à entrefer constant ; c'est aussi le cas le plus souvent pour les machines dont le rotor présente des parties saillantes.

1.3. FORCE MAGNÉTOMOTRICE DUE AUX TROIS PHASES

• Les enroulements des trois phases sont alimentés par des courants que l'on suppose sinusoïdaux et formant un système équilibré

$$i_1 = I_m \cos \omega t$$

$$i_2 = I_m \cos (\omega t - 2\pi/3)$$

$$i_3 = I_m \cos (\omega t - 4\pi/3).$$

Les enroulements des trois phases étant identiques à leur décalage de $2\pi/3p$ ou $4\pi/3p$ près, si un point M de l'entrefer est à une distance angulaire θ de l'axe de l'enroulement de la phase 1, il est à une distance $\theta - 2\pi/3p$ de l'axe de la phase 2, à une distance $\theta - 4\pi/3p$ de l'axe de la phase 3.

Si on suppose que chaque phase crée une f.m.m. à répartition sinusoïdale, les trois phases créent au point M :

$$\mathcal{E}_1 = k_1 \frac{2n \, I_m}{\pi} \cos p\theta \cos \omega t$$

$$\mathcal{E}_2 = k_1 \frac{2n \, I_m}{\pi} \cos p \left(\theta - \frac{2\pi}{3p}\right) \cos \left(\omega t - \frac{2\pi}{3}\right)$$

$$\mathcal{E}_3 = k_1 \frac{2n \, I_m}{\pi} \cos p \left(\theta - \frac{4\pi}{3p}\right) \cos \left(\omega t - \frac{4\pi}{3}\right).$$

– Ces f.m.m. sont appliquées aux traversées d'entrefer. Si on néglige la saturation du fer, les surfaces du stator et du rotor sont des équipotentielles au point de vue magnétique, les lignes de champ dans l'entrefer sont normales à ces surfaces et leur tracé est le même quel que soit le bobinage qui les crée. La f.m.m. résultante $\mathcal{E}$ est donc la somme algébrique des f.m.m. créées par les trois phases au point de l'entrefer considéré.

$$\begin{aligned}\mathcal{E} = \mathcal{E}_1 + \mathcal{E}_2 + \mathcal{E}_3 = \frac{1}{2} k_1 \frac{2n \, I_m}{\pi} \Big[& \cos (\omega t + p\theta) + \cos (\omega t - p\theta) \\ & + \cos \left(\omega t + p\theta - \frac{4\pi}{3}\right) + \cos (\omega t - p\theta) \\ & + \cos \left(\omega t + p\theta - \frac{8\pi}{3}\right) + \cos (\omega t - p\theta) \Big]\end{aligned}$$

$$\boxed{\mathcal{E} = \frac{3}{2} k_1 \frac{2n\,\mathrm{I}_m}{\pi} \cos(\omega t - p\theta)} \tag{3.5}$$

- L'expression de $\mathcal{E}$ est celle d'une onde de f.m.m. :
  - d'amplitude constante,
  - qui *TOURNE* à une vitesse angulaire Ω, égale à la pulsation des courants divisée par p,

$$\boxed{\Omega = \frac{\omega}{p}} \tag{3.6}$$

En effet

- à l'instant $t = 0$,

$$\mathcal{E} = \frac{3}{2} k_1 \frac{2n\,\mathrm{I}_m}{\pi} \cos p\theta.$$

C'est l'expression d'une onde sinusoïdale dont les maxima se trouvent aux points de position angulaire :

$$\theta = 0 \quad ; \quad \theta = \frac{2\pi}{p} \quad ; \quad \theta = 2\frac{2\pi}{p} \quad ; \quad \ldots\ \theta = (p-1)\frac{2\pi}{p}$$

- à l'instant $t = \Delta t$

$$\mathcal{E} = \frac{3}{2} k_1 \frac{2n\,\mathrm{I}_m}{\pi} \cos(\omega\,\Delta t - p\theta).$$

C'est l'expression d'une onde sinusoïdale dont l'amplitude est la même que précédemment, mais les maxima se trouvent maintenant en

$$\theta = \frac{\omega}{p}\Delta t \quad ; \quad \theta = \frac{2\pi}{p} + \frac{\omega}{p}\Delta t \quad ; \quad \ldots,\ \theta = (p-1)\frac{2\pi}{p} + \frac{\omega}{p}\Delta t$$

on voit bien que la vitesse angulaire est égale à ω/p. En un tiers de période l'onde a avancé de $2\pi/3p$.

On remarque que *les maxima sont dans les axes des bobines d'une phase quand le courant dans celle-ci est maximum.*

La figure 3.5 montre pour $2p = 4$ par exemple, les f.m.m. créées le long de l'entrefer par les trois phases aux instants $t = 0$, $t = \mathrm{T}/3$, $t = \mathrm{T}/6$ et la f.m.m. résultante à ces trois instants.

- *Remarques*

1° L'onde de f.m.m. $\mathcal{E}$ de la figure 3.5 est dite tétrapolaire. Elle produit dans l'entrefer le même effet que quatre pôles, 2 Nord et 2 Sud alternés, créés par des bobines alimentées en courant continu et tournant à la vitesse angulaire Ω.

D'une façon générale, un enroulement triphasé à $2p$ pôles crée dans l'entrefer une onde de f.m.m, formée de p alternances positives et p négatives, qui équivaut à p pôles Nord et p pôles Sud tournant à la vitesse ω/p.

On voit qu'il est possible d'établir une *équivalence* entre les courants alternatifs d'un enroulement triphasé fixe et le courant continu d'un enroulement tournant.

2° Lorsqu'un enroulement statorique à $2p$ pôles est alimenté par des courants de fréquence f (ou de pulsation ω égale à $2\pi f$), on appelle *vitesse synchrone* la vitesse

$$\Omega = \omega/p \ ; \quad \text{en radians/seconde}$$

$$\text{ou} \quad N = f/p \ ; \quad \text{en tours/seconde.}$$

On appelle *machine synchrone* une machine qui tourne exactement à la vitesse synchrone ; les machines qui tournent à une autre vitesse sont dites *asynchrones*.

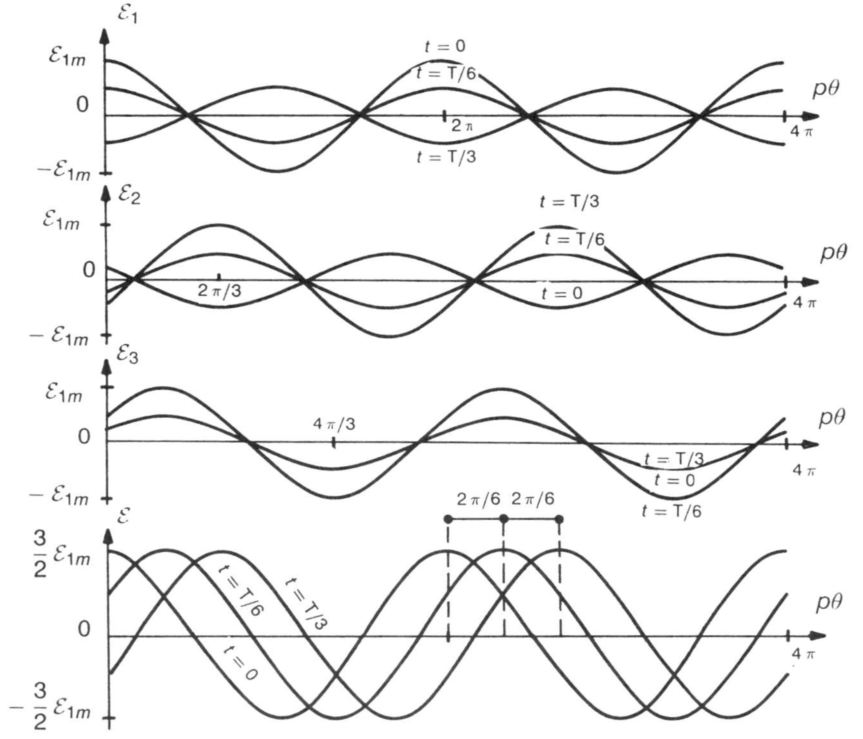

Figure 3.5

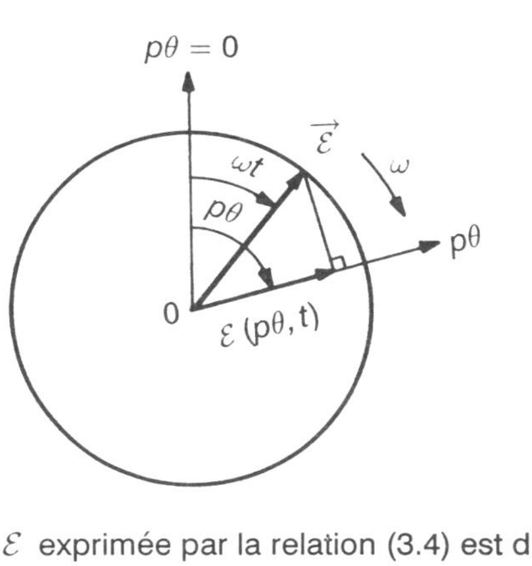

Figure 3.6

3° La f.m.m. $\mathcal{E}$ exprimée par la relation (3.4) est dite *f.m.m. circulaire*.

On peut en effet la représenter (figure 3.6) par un vecteur de module $3\,k_1\,n\,I_m/\pi$ tournant à la vitesse angulaire ω.

La projection de ce vecteur sur la direction $p\theta$ d'un point quelconque de l'entrefer à un instant t quelconque donne la f.m.m. en ce point à cet instant.

En effet :

$$\mathcal{E}\,(p\theta,\, t) = \frac{3\,k_1\,n\,I_m}{\pi}\cos\,(p\theta - \omega t).$$

L'extrémité du vecteur $\overrightarrow{\mathcal{E}}$ représentant $\mathcal{E}$ décrit un cercle, d'où le nom donné à cette f.m.m.

1.4. AUTRES F.M.M. TOURNANTES

1.4.1. Forces magnétomotrices tournantes harmoniques

Même si le stator est de construction *symétrique*, c'est-à-dire si les trois phases sont identiques à $2\pi/3p$ et $4\pi/3$ près, et si les courants sont *équilibrés*, c'est-à-dire identiques à un ou deux tiers de leur période près, les harmoniques d'espace et de courant créent des f.m.m. parasites. On les calcule comme on l'a fait au paragraphe précédent lorsqu'on n'a tenu compte que des fondamentaux.

– *Les harmoniques d'espace* sont dus au fait que la répartition spatiale de la f.m.m. créée par chaque phase n'est pas sinusoïdale (voir la relation (3.1)).

En supposant encore les courants sinusoïdaux, on voit que

- les harmoniques de rang $h = 2k + 1$ (k entier positif) des trois phases créent une f.m.m. tournant dans le sens direct (c'est-à-dire dans le même sens que celle due au fondamental) à la vitesse
$$\Omega_h = \frac{\omega}{ph} = \frac{\Omega}{h}$$
- les harmoniques de rang $h = 3k - 1$ créent une f.m.m. tournant en sens inverse à la vitesse Ω_h ;
- les harmoniques de rang $h = 3k$ ont un effet résultant nul.

– *Les harmoniques de courant* sont dus au fait que les courants fournis aux enroulements statoriques ne sont pas sinusoïdaux ; ces harmoniques ont une importance relative notable lorsque la machine est alimentée par un convertisseur statique, ce qui est le cas des entraînements à vitesse variable.

En supposant que la f.m.m. due à chaque phase est à répartition spatiale sinusoïdale, on voit que

- les harmoniques de courant de rang $n = 3k + 1$ des trois phases créent une f.m.m. tournant dans le sens direct à la vitesse
$$\Omega_n = \frac{n\,\omega}{p} = n\,\Omega$$
- les harmoniques de courant de rang $n = 3k - 1$ créent une f.m.m. tournant en sens inverse à la vitesse Ω_n ;
- les harmoniques de rang $n = 3k$ ont un effet résultant nul.

– S'il y a *des harmoniques d'espace et des harmoniques de courant*, en ajoutant pour les trois phases les effets de l'harmonique n du courant sur l'harmonique h de la répartition, on trouve que

- si $n = 3k + h,$ on a une f.m.m. tournant dans le sens direct à la vitesse
$$\Omega_{nh} = \frac{n\,\omega}{p\,h} = \frac{n}{h}\,\Omega.$$

- Si $n = 3k - h$, on a une f.m.m. tournant dans le sens inverse à la vitesse $n\Omega/h$.
- Si on a à la fois $n = 3k + h$ et $n = 3(k+1) - h$, on a une f.m.m. pulsante d'axe fixe. C'est le cas pour $n = 3$ et $h = 3$.
- Si n est différent de $3k \pm h$, la f.m.m. résultante est nulle.

1.4.2. Forces magnétomotrices tournantes elliptiques

Lorsque le stator n'est plus de construction symétrique ou lorsque les courants sont déséquilibrés, si l'on suppose encore sinusoïdale la répartition de la f.m.m. due à chaque phase et sinusoïdale la forme d'onde des courants, la f.m.m. tournante est elliptique, c'est-à-dire que l'extrémité du vecteur représentatif $\vec{\mathcal{E}}$ décrit non plus un cercle mais une ellipse (figure 3.7).

La f.m.m. est la résultante de deux f.m.m. circulaires : l'une, représentée par $\vec{\mathcal{E}}_d$, tourne dans le sens direct à la vitesse ω/p ; l'autre, représentée par $\vec{\mathcal{E}}_i$, tourne à la même vitesse mais en sens inverse.

L'onde de f.m.m. est encore une sinusoïde présentant p maxima et p minima, mais

- si sa vitesse moyenne reste égale à ω/p, sa vitesse instantanée fluctue autour de cette valeur moyenne,
- son amplitude fluctue.

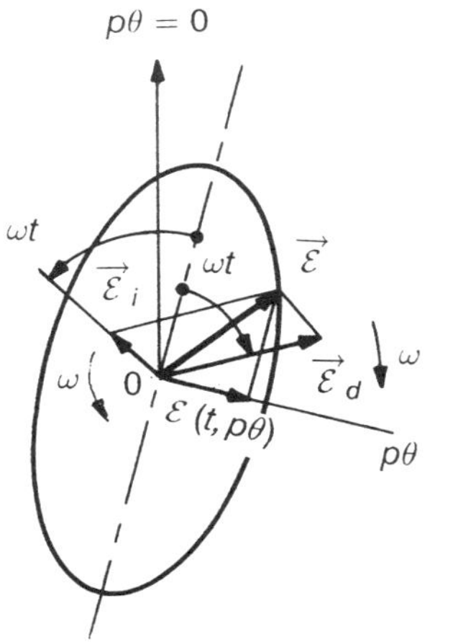

Figure 3.7

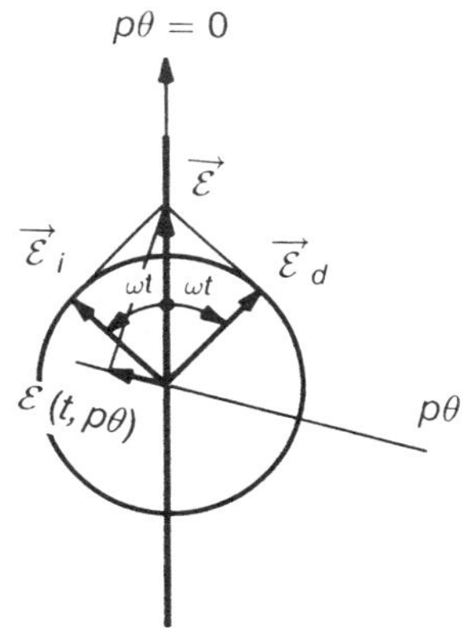

Figure 3.8

1.4.3. Cas de l'enroulement monophasé

L'enroulement monophasé constitue la limite du déséquilibre puisqu'il n'y a de courant que dans la phase existante !

La f.m.m., donnée par la relation (3.3), est de la forme

$$\mathcal{E} = \mathcal{E}_m \cos p\theta \cos \omega t \,;$$

c'est une f.m.m. pulsante d'axe fixe.

On peut écrire :

$$\mathcal{E} = \mathcal{E}_d + \mathcal{E}_i$$

avec

$$\mathcal{E}_d = \frac{1}{2}\,\mathcal{E}_m \cos(\omega t - p\theta)$$

$$\mathcal{E}_i = \frac{1}{2}\,\mathcal{E}_m \cos(\omega t + p\theta)$$

c'est-à-dire considérer $\mathcal{E}$ comme la résultante de deux f.m.m. tournantes, de même amplitude constante et égale à $\mathcal{E}_m/2$

- l'une $\mathcal{E}_d$ tournant dans le sens direct à la vitesse ω/p,
- l'autre $\mathcal{E}_i$ tournant à la même vitesse mais en sens inverse.

Dans ce cas, l'ellipse se réduit à un segment de droite (figure 3.8) car c'est toujours dans l'axe de l'enroulement que la f.m.m. est maximale.

(L'étude des machines monophasées est toujours plus compliquée que celle des machines triphasées du même type.)

2. CONSTRUCTION, PRINCIPE DU MOTEUR SYNCHRONE

2.1. CONSTRUCTION

Le moteur synchrone se compose d'un stator et d'un rotor.

- *Le stator* est construit comme nous l'avons décrit au début de ce chapitre. En tôles feuilletées, il porte un bobinage, presque toujours triphasé, à $2p$ pôles, alimenté en alternatif. Il constitue *l'induit*, c'est-à-dire que c'est dans son bobinage que sont induites les f.e.m. Le flux que créent ses courants est donc le flux de réaction d'induit.

- *Le rotor* porte les bobines d'excitation parcourues par du courant continu qui créent p pôles Nord et p pôles Sud intercalés. Le rotor constitue *l'inducteur* ; son flux en balayant les enroulements statoriques y induit des f.e.m. alternatives.

2.1.1. Les deux types de rotor

Il existe deux types de rotors :

- ***Rotors à pôles saillants***

L'inducteur peut être analogue à celui des machines à courant continu, à part qu'il est à l'intérieur du stator et qu'il tourne.

Les bobines inductrices (figure 3.9) sont montées autour des noyaux polaires. Les épanouissements polaires ont un profil tel que l'entrefer augmente lorsqu'on s'éloigne de l'axe des pôles, ceci afin de rendre plus sinusoïdales les f.e.m. induites au stator.

Les noyaux et pièces polaires peuvent être massifs ou feuilletés. Ils sont fixés par queues d'aronde ou par clefs sur la jante qui assure le retour du flux.

- ***Rotors (à pôles) lisses***

Le bobinage est logé dans des encoches fraisées dans la masse du rotor et fermées par des clavettes en acier amagnétique (figure 3.10).

Les têtes de bobines inductrices sont maintenues en place par des frettes en acier amagnétique. Ces frettes sont soumises à de fortes contraintes dues à la pression qu'exercent sur elles les têtes de bobines sous l'effet de la force centrifuge.

Puisque l'entrefer est maintenant d'épaisseur constante, c'est par la répartition des encoches et/ou leur remplissage qu'on essaye de rendre voisine de la sinusoïde l'induction créée dans l'entrefer.

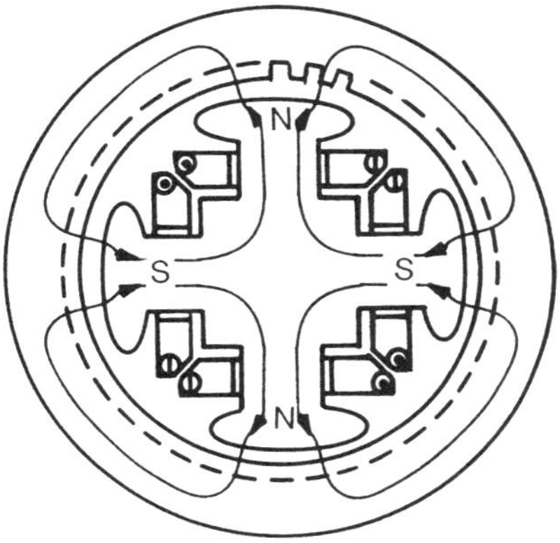

Figure 3.9 (2 p = 4)

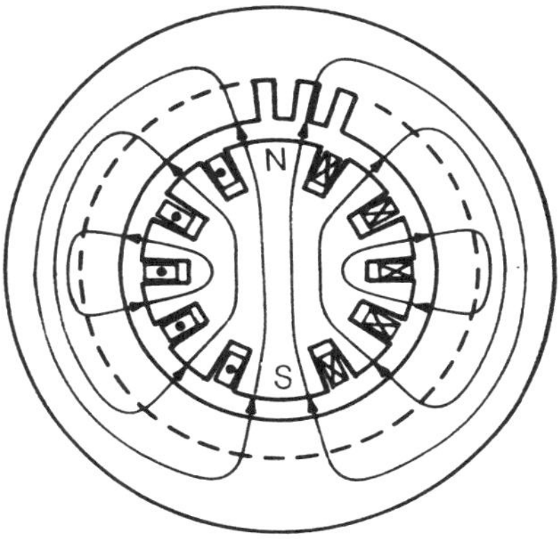

Figure 3.10 (2 p = 2)

- Les machines à rotor lisse sont généralement utilisées pour fonctionner à vitesse élevée. De ce fait, le rotor de ces machine subit des contraintes élevées dues à la force centrifuge ; on peut limiter les effets de celle-ci en diminuant le diamètre du rotor.

A puissance donnée, la diminution du diamètre D entraîne la nécessité d'augmenter la longueur utile L du rotor. (On démontre qu'à induction dans l'entrefer et à densité, en ampères × conducteurs/mètre, du courant dans l'induit données, le couple est proportionnel à D^2L). Mais la stabilité dynamique de la ligne d'arbre et sa sensibilité aux phénomènes de vibration (vitesses critiques, fréquences de résonance) dépendent de la longueur L du rotor.

Pour les machines de forte puissance, le calcul du rotor est un problème délicat et, en fait, la conception de l'ensemble de la machine dépend essentiellement de celle de son rotor.

Dans le rotor, les contraintes mécaniques et les températures de fonctionnement sont élevées, ce qui entraîne une forte sollicitation des isolants du circuit inducteur. Il en résulte que la tension d'alimentation de celui-ci ne dépasse pas, en pratique, quelques centaines de volts.

D'autre part l'épaisseur de l'entrefer des machines à rotor lisse de forte puissance est, en général, plus élevé que celui des autres machines ; il peut atteindre plusieurs millimètres.

En règle générale, on utilise :

- *un rotor massif à pôles lisses* pour les moteurs de grande puissance et/ou à grande vitesse (vitesse nominale supérieure à 3 000 tr/min)

- *un rotor massif à pôles saillants* pour les machines de forte puissance (supérieure ou égale au Mégawatt) et à faible nombre de pôles (4 ou 6)
- *un rotor feuilleté à pôles saillants* pour les moteurs de puissance inférieure ou ayant un grand nombre de pôles.

2.1.2. Le système d'excitation

Contrairement aux machines synchrones fonctionnant en alternateur ou en moteur tournant à vitesse constante, dans le cas de moteurs tournant à vitesse variable on utilise rarement la génération du courant d'excitation par une machine auxiliaire montée sur le même arbre que le moteur.

D'ordinaire les bobines inductrices sont alimentées par un redresseur statique lui-même alimenté par le réseau. Le redresseur débite dans l'inducteur par un système à contacts glissants balais-bagues.

(Pour ne pas le confondre avec les courants statoriques, on désignera par J le courant continu d'excitation.)

Remarque. Le rotor des machines à pôles saillants ont le plus souvent leur rotor muni d'un enroulement *amortisseur*. Celui-ci se compose de barres de cuivre logées dans des encoches situées dans les épanouissements polaires. Les barres d'un même pôle ont leurs extrémités réunies par des segments de cercle en cuivre qui les court-circuitent. Dans la grande majorité des cas, les segments propres à chaque pôle sont réunis entre eux pour former deux cercles complets réalisant ainsi avec les barres une cage d'écureuil complète analogue à celle d'un moteur asynchrone à cage.

L'amortisseur, qui constitue un circuit en court-circuit, s'oppose aux variations rapides du flux. Il amortit les oscillations du rotor lors des phénomènes transitoires et facilite les régimes de fonctionnement asymétriques.

Dans les machines à rotor lisse la partie massive du rotor, les dents et les clavettes fermant les encoches jouent le rôle d'amortisseur.

L'amortisseur en s'opposant à la variation rapide du flux qui le traverse réduit les effets des f.m.m. harmoniques créées par le stator qui tournent à une vitesse autre que celle du rotor.

2.2. PRINCIPE

L'enroulement statorique à $2p$ pôles, alimenté par des courants de fréquence f, crée une f.m.m. tournant à la vitesse synchrone $N = f/p$ ou $\Omega = \omega/p$. Cette f.m.m. courrespond à $2p$ pôles *n* et *s* (figure 3.11).

Ces $2p$ pôles tirent les $2p$ pôles N et S créés au rotor par le courant d'excitation et l'entraînent à la vitesse synchrone

Sur la figure 3.11, on a schématisé par des flèches en traits interrompus l'attraction ou la répulsion exercée par les pôles du stator sur ceux du rotor.

A noter qu'un pôle Nord de l'induit tel que nous l'avons défini dans l'étude des f.m.m. tournantes correspond à des lignes de champ allant dans l'entrefer du rotor vers le stator. Vu du rotor, il apparaît comme un pôle Sud.

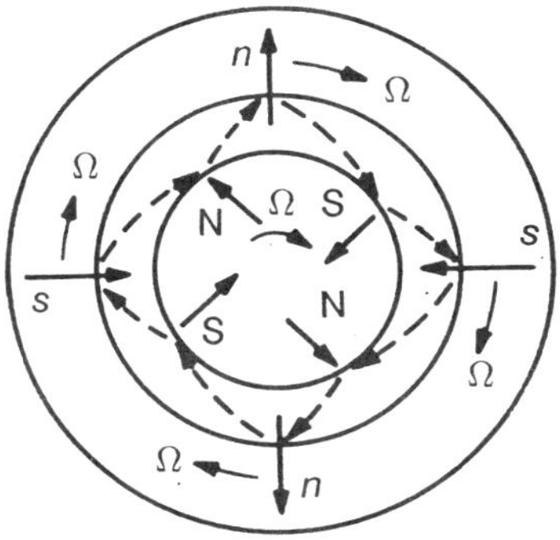

Figure 3.11

Cette figure montre :

- que le rotor tourne dans un sens tel que les pôles du rotor soient en arrière des pôles du stator qui les tirent. (Lorsque la machine fonctionne en générateur c'est l'inverse ; les pôles du rotor sont freinés par ceux du stator.)
- que pour qu'il y ait couple, il faut que les axes des deux jeux de pôles ne soient pas alignés : la réaction d'induit doit avoir une composante transversale ;
- que pour inverser le sens de rotation du rotor il suffit d'inverser celui de la f.m.m. tournante statorique en permutant deux phases.

3. DIAGRAMMES. PRINCIPALES RELATIONS

La machine synchrone entraînée à vitesse constante est utilisée pour la production d'énergie électrique, on l'appelle alors alternateur. Elle est aussi utilisée en moteur synchrone alimenté directement par le réseau et tournant donc à une vitesse constante.

Le moteur synchrone alimenté à fréquence constante

- présente l'avantage sur les autres moteurs à courant alternatif de pouvoir fonctionner avec un facteur de puissance égal à l'unité ou même de pouvoir créer de la puissance réactive ;
- soulève des difficultés pour son "accrochage" au réseau, c'est-à-dire pour l'amener de l'arrêt jusqu'à la vitesse synchrone.

L'étude du moteur synchrone à vitesse variable se doit de différer notablement de l'étude classique des machines synchrones à fréquence constante car *pour faire varier la vitesse il faut nécessairement faire varier la fréquence d'alimentation* :

- la possibilité de créer de la puissance réactive ne peut être exploitée car le moteur est alimenté par un convertisseur statique qui est lui- même, le plus souvent, alimenté en continu à partir du réseau à travers un redresseur.
- la difficulté de l'accrochage est supprimée car la vitesse est accrue par augmentation progressive de la fréquence d'alimentation. (On peut d'ailleurs noter que certains moteurs synchrones destinés à fonctionner directement reliés au réseau sont "lancés" en moteurs à vitesse variable à l'aide d'un onduleur qui par accroissement de leur fréquence d'alimentation les amène progressivement de l'arrêt à leur vitesse normale ; ils sont alors "basculés" de l'onduleur sur le réseau).

L'étude du moteur synchrone à vitesse variable ressemble beaucoup à celle *du moteur à courant continu*. Celui-ci est une machine synchrone puisque la fréquence des courants dans l'induit est rigoureusement égale à pN ; l'ensemble balais-collecteur jour le rôle d'un commutateur commandé par la vitesse de rotation.

Aussi avons-nous adopté une présentation de l'étude du moteur synchrone voisine de celle du moteur à courant continu.

Toutefois, comme les grandeurs d'entrée, courants et tensions sont alternatives et non plus continues, les relations générales découlent de *diagrammes vectoriels* liant les vecteurs représentatifs des grandeurs alternatives.

Pour cette étude simplifiée,

- nous supposerons *sinusoïdales* toutes les grandeurs alternatives fonction du temps : tensions aux bornes, courants dans les enroulements, f.e.m. induites dans ceux-ci ;
- cette hypothèse sur les f.e.m. revient à supposer *sinusoïdale* la répartition spatiale des flux créés dans l'entrefer par l'inducteur et par l'induit ;
- nous négligerons la saturation afin de pouvoir définir des inductances ;
- nous supposerons la machine *bipolaire* ($p = 1$) afin que les mêmes angles indiquent les *décalages* entre les fonctions sinusoïdales de l'espace et les *déphasages* entre les fonctions sinusoïdales du temps qui en résultent.

3.1. FORCE ÉLECTROMOTRICE CRÉÉE PAR LE FLUX INDUCTEUR

• On considère (figure 3.12) une spire d'une section de l'induit. Le sens positif du flux est lié à celui adopté pour le courant dans l'étude des f.m.m. Le flux est donc compté comme positif lorsqu'il va du rotor vers le stator (voir figure 1.2).

Si l'induction B_J créée dans l'entrefer par le courant inducteur J est à répartition sinusoïdale, en prenant l'axe du pôle Nord comme origine des angles on a :

$$B_J = B_{Jm} \cos \theta.$$

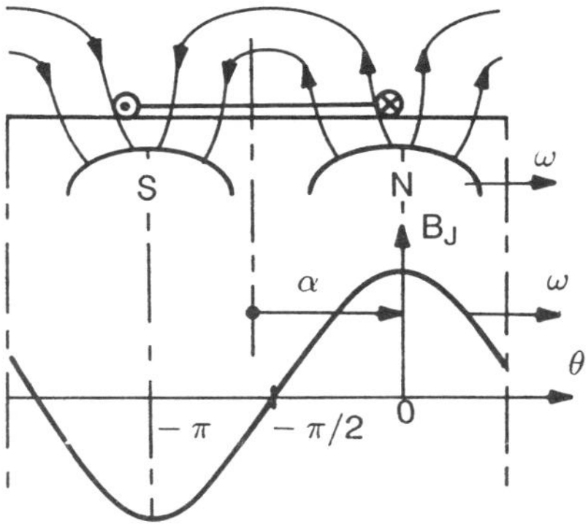

Figure 3.12

Si α est l'écart angulaire entre l'axe de ce pôle et l'axe de la spire, en désignant par D et L le diamètre interne et la longueur utile du stator, le flux à travers la spire est

$$\varphi = \int_{-\alpha-\frac{\pi}{2}}^{-\alpha+\frac{\pi}{2}} \mathrm{B}_{\mathrm{J}m} \cos\theta\, \mathrm{L}\,\frac{\mathrm{D}}{2}\,\mathrm{d}\theta = \mathrm{D\,L\,B}_{\mathrm{J}m} \cos\alpha.$$

Si ϕ_J est le flux par pôle,

$$\phi_\mathrm{J} = \frac{\pi\,\mathrm{D\,L}}{2}\,\mathrm{B}_{\mathrm{J\ moy}} = \frac{\pi}{2}\,\mathrm{D\,L}\,\frac{2}{\pi}\,\mathrm{B}_{\mathrm{J}m} = \mathrm{D\,L\,B}_{\mathrm{J}m}.$$

D'où le flux à travers la spire

$$\varphi = \phi_\mathrm{J} \cos\alpha \quad \text{(résultat prévisible au vu de la figure 3.12),}$$

ou, puisque $\alpha = \omega t$,

$$\varphi = \phi_\mathrm{J} \cos\omega t.$$

La f.e.m. induite dans cette spire, comptée en sens inverse du courant puisqu'on étudie un récepteur, est

$$\frac{\mathrm{d}\varphi}{\mathrm{d}t} = \phi_\mathrm{J}\,\omega \cos\left(\omega t + \frac{\pi}{2}\right).$$

• Si l'enroulement d'une phase est formé de n spires, la f.e.m. totale e_J est n fois celle calculée pour une spire. Il faut toutefois tenir compte du coefficient de bobinage k_1 ; si ces spires sont réparties dans m paires d'encoches voisines, ce coefficient est donné par la relation (3.3) :

$$e_\mathrm{J} = k_1\, n\, \phi_\mathrm{J}\, \omega \cos\left(\omega t + \frac{\pi}{2}\right).$$

On peut mettre en évidence la fréquence f égale à $\omega/2\pi$, ou la vitesse N, ici égale à f puisque p égale 1,

$$e_\mathrm{J} = 2\pi\, k_1\, n\, \mathrm{N}\, \phi_\mathrm{J} \cos\left(\omega t + \frac{\pi}{2}\right). \tag{3.7}$$

– La f.e.m. due à l'inducteur, souvent appelée "*tension d'excitation*", a pour valeur efficace

$$\boxed{\mathrm{E}_\mathrm{J} = \pi\sqrt{2}\, k_1\, n\, \mathrm{N}\, \phi_\mathrm{J}} \tag{3.8}$$

Comme pour le moteur à courant continu et toutes les machines électromagnétiques d'ailleurs, elle est proportionnelle à la vitesse et au flux.

– La relation (3.7) permet de repérer sa phase ; puisque on a pris $\omega t = \alpha$, cette f.e.m. est maximum pour $\alpha = -\pi/2$.

La f.e.m. induite par ϕ_J dans une phase est maximum quand *un pôle Nord est face au premier côté* de son enroulement (on compte dans le sens où un pôle N en tournant passe d'abord face au premier côté puis face au second).

• *Remarque*. Puisqu'on néglige la saturation, le flux inducteur ϕ_J est proportionnel au courant d'excitation J et on peut calculer le coefficient de proportionnalité

$$\phi_\mathrm{J} = k_\mathrm{J}\,\mathrm{J}.$$

– Pour un moteur à rotor lisse, si n' est le nombre total de spires de celui-ci, la figure 3.10 montre que seules les lignes de champ passant dans l'axe des pôles inducteurs enlacent $n'\,\mathrm{J}$ ampères-tours.

En désignant par e l'épaisseur constante de l'entrefer, on a

$$B_{Jm} = \frac{n' J}{2e}.$$

Dès que la machine est de quelque puissance, par la répartition des encoches rotoriques et leur remplissage on obtient une onde d'induction très proche de la sinusoïde. Le flux par pôle est alors donné, comme on l'a vu, par

$$\phi_J = D L B_{Jm}.$$

Donc $$\phi_J = \frac{n'}{2e} D L J$$

et $$k_J = \frac{n' D L}{2e}. \qquad (3.9)$$

– Pour un moteur à pôles saillants toutes les lignes de champ du flux inducteur enlacent la totalité des n J ampères-tours des bobines inductrices des deux pôles. Mais l'épaisseur de l'entrefer varie. Si e_{min} est son épaisseur dans l'axe des pôles, on a

$$B_{Jm} = \frac{n' J}{2 e_{min}}.$$

Par variation de e, il n'est pas possible de rendre la courbe $B(\theta)$ très voisine d'une sinusoïde car on ne peut contrôler efficacement sa forme dans l'intervalle entre les épanouissements polaires. Normalement il faut calculer le fondamental de cette onde d'induction et sa relation avec B_{Jm}. Ce n'est qu'en première approximation qu'on peut prendre

$$k_J = \frac{n' D L}{2 e_{min}}.$$

– A noter que k_J n'est pas l'inductance de l'inducteur. C'est le quotient par J du flux maximum à travers une spire de l'induit et non de la somme des flux à travers les spires de l'inducteur.

3.2. MOTEUR A ROTOR LISSE. DIAGRAMME. COUPLE

3.2.1. Réaction d'induit

• Pour repérer la *position* l'une par rapport à l'autre *des deux forces magnétomotrices tournantes*, celle $\mathcal{E}_I$ créée par les courants de l'induit et celle $\mathcal{E}_J$ créée par le courant d'excitation, on utilise deux remarques faites précédemment :

- le maximum de l'onde $\mathcal{E}_I(\theta)$ due aux courants de l'induit est dans l'axe d'une phase quand le courant dans celle-ci est maximum ;
- la f.e.m. e_J induite par l'inducteur dans une phase est maximale quand le pôle Nord est face à son premier côté.

On désigne par ψ le *déphasage du courant dans une phase en avant de la f.e.m. induite dans celle-ci par l'inducteur*. Ce déphasage correspond à une avance dans le temps égale à ψ/ω.

Comme les deux f.m.m. tournent à la même vitesse, pour un régime de fonctionnement donné leur position relative repérée à un instant reste toujours la même.

On considère l'instant où le courant est maximum dans la phase représentée (figure 3.13) ; il y a alors un pôle Nord de réaction d'induit dans son axe. La f.e.m.

e_J induite par l'inducteur dans cette phase n'est pas encore maximale, elle ne le sera que ψ/ω plus tard : le pôle Nord de l'inducteur est encore à la distance angulaire ψ du premier côté de la phase. Le pôle N est donc décalé de $\pi/2$ (écart entre le premier côté et l'axe) plus ψ en arrière de n.

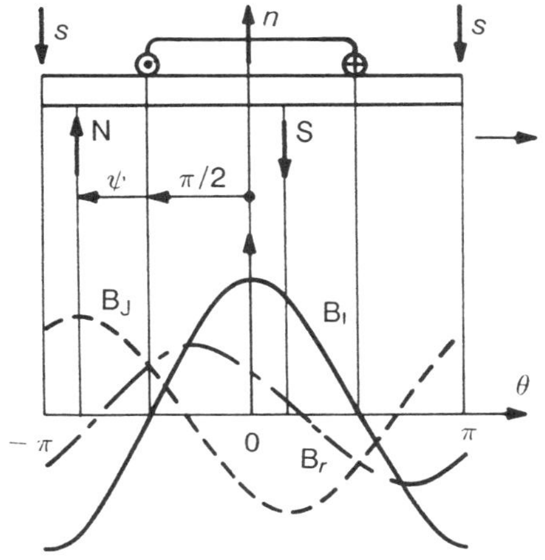

Figure 3.13

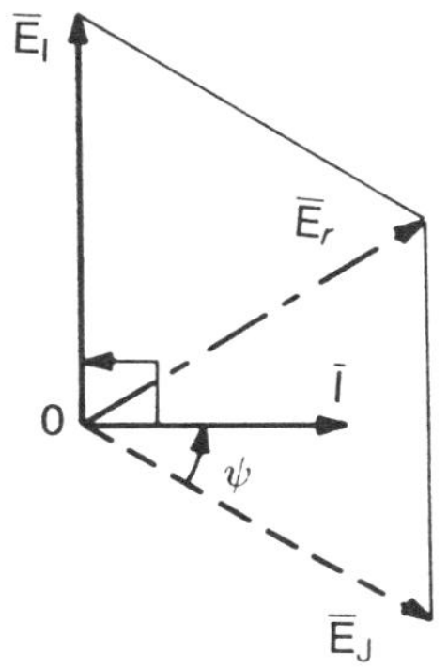

Figure 3.14

• La f.m.m. créée dans l'entrefer par l'induit est, en prenant comme origine des angles l'axe de la phase considérée et l'instant où le courant dans celle-ci est maximum comme origine des temps,

$$\mathcal{E} = \mathcal{E}_{Im} \cos \omega t \cos \theta.$$

Puisque l'épaisseur e de l'entrefer est constante, l'induction créée dans celui-ci par l'induit est

$$B_I = \frac{1}{e} \mathcal{E}_{Im} \cos \omega t \cos \theta.$$

Le flux à travers une spire de la phase considérée a pour expression :

$$\varphi = \int_{-\frac{\pi}{2}}^{+\frac{\pi}{2}} \frac{1}{e} \mathcal{E}_{Im} \cos \omega t \cos \theta \, L \frac{D}{2} \, d\theta = \frac{1}{e} \mathcal{E}_{Im} \, D \, L \cos \omega t.$$

En la comptant en sens inverse du courant, la f.e.m. induite dans cette spire est donnée par

$$\frac{d\varphi}{dt} = \frac{1}{e} \mathcal{E}_{Im} \, D \, L \omega \cos\left(\omega t + \frac{\pi}{2}\right).$$

D'où, compte tenu du coefficient de bobinage k_1, la f.e.m. induite dans l'ensemble des n spires de cette phase :

$$e_I = k_1 n \frac{1}{e} \mathcal{E}_{Im} \, D \, L \omega \cos\left(\omega t + \frac{\pi}{2}\right).$$

La relation (3.5) donne

$$\mathcal{E}_{Im} = \frac{3}{2} k_1 \frac{2 n I_m}{\pi}$$

et la f.e.m. e_I peut s'écrire

$$e_I = \frac{3}{\pi} k_1^2 n^2 I_m \frac{L D}{e} \omega \cos\left(\omega t + \frac{\pi}{2}\right). \tag{3.10}$$

Cette f.e.m.

- a pour valeur efficace

$$\boxed{E_I = \frac{3}{\pi} k_1^2 n^2 \frac{LD}{e} \omega I} \tag{3.11}$$

- déphasée de $\pi/2$ en avant du courant, elle est donc déphasée de $\psi + \pi/2$ en avant de la f.e.m. due à l'inducteur.

La figure 3.14 donne le diagramme vectoriel représentant le courant dans une phase et les f.e.m. qui y sont induites.

- ***Remarques***

1° L'induction *réelle* dans l'entrefer B_r résulte des f.m.m. créées par l'inducteur et par l'induit. Puisqu'on néglige la saturation, l'induction résultante en un point est la somme algébrique des inductions B_J et B_I. Si $B_J(\theta)$ et $B_I(\theta)$ sont des sinusoïdes, $B_r(\theta)$ est aussi une sinusoïde ; on a représenté les trois ondes d'induction au bas de la figure 3.13. Si on représente $B_J(\theta)$ et $B_I(\theta)$ par des vecteur décalés entre eux de $\psi + \pi/2$, le vecteur résultant représente l'induction résultante.

De même la *f.e.m. réelle* ou *résultante* e_r engendrée dans une phase de l'induit par le flux réel dans l'entrefer est la somme des f.e.m. engendrées par le flux inducteur et le flux de réaction d'induit. Si ces deux f.e.m. sont des fonctions sinusoïdales du temps, $e_r(t)$ est la somme algébrique des $e_J(t)$ et $e_I(t)$. Si on représente ces deux dernières par des vecteurs, leur somme vectorielle donne le vecteur représentant la f.e.m. résultante. C'est ce qu'on a fait sur la figure 3.14.

2° La relation (3.10) donne *l'inductance (cyclique) propre* $\mathcal{L}$ des phases du stator. Dans une phase parcourue par $I_m \cos \omega t$ les phases du stator créent une f.e.m.

$$\mathcal{L}\frac{di}{dt} = \mathcal{L}\omega I_m \cos\left(\omega t + \frac{\pi}{2}\right)$$

or cette f.e.m. est égale à

$$\frac{3}{2} k_1^2 n^2 \frac{LD}{e} \omega I_m \cos\left(\omega t + \frac{\pi}{2}\right).$$

Donc

$$\mathcal{L} = \frac{3}{2} k_1^2 n^2 \frac{LD}{e}. \tag{3.12}$$

Toutefois $\mathcal{L}$ ne donne pas la totalité de l'inductance cyclique propre des phases statoriques. En effet celles-ci créent en plus du flux traversant l'entrefer, des flux de fuites, c'est-à-dire ne traversant pas celui-ci. Ces flux de fuites sont localisés à l'intérieur des encoches et entre sommets de dents statoriques voisines (flux de fuites d'encoches) et dans la zone où les conducteurs sont situés hors des encoches (flux de fuites des têtes de bobines). L'inductance (cyclique) de fuites ℓ qui rend compte de celles-ci est relativement faible, de l'ordre du dixième de $\mathcal{L}$.

A l'inductance totale $(\mathcal{L}+\ell)$ correspond, à la pulsation ω, la *réactance synchrone*

$$X = (\mathcal{L} + \ell)\,\omega. \tag{3.13}$$

Cette réactance est celle qui intervient dans l'étude des régimes établis, c'est-à-dire des fonctionnements pour lesquels l'onde d'induction résultante dans l'entrefer a une amplitude constante et tourne exactement à la vitesse synchrone.

Pour les régimes transitoires, on utilise les réactances transitoires et subtransitoires qui tiennent compte de l'opposition de l'inducteur et de l'amortisseur aux variations des flux qui les traversent.

3.2.2. Schéma équivalent. Diagramme à réactance synchrone

• Sachant comment rendre compte des effets des flux de l'inducteur et de l'induit, on peut tracer le diagramme vectoriel des tensions.

Si v est la tension simple appliquée à une phase, R la résistance de celle-ci, i le courant qu'elle absorbe, e_J et e_I les f.e.m. qui y sont induites par l'inducteur et par l'induit (comptées en sens inverse de i), le schéma de la figure 3.15.a montre que toutes ces grandeurs sont liées par

$$v = \mathrm{R}i + e_I + e_J = \mathrm{R}i + \frac{\mathrm{X}}{\omega}\frac{\mathrm{d}i}{\mathrm{d}t} + e_J\,.$$

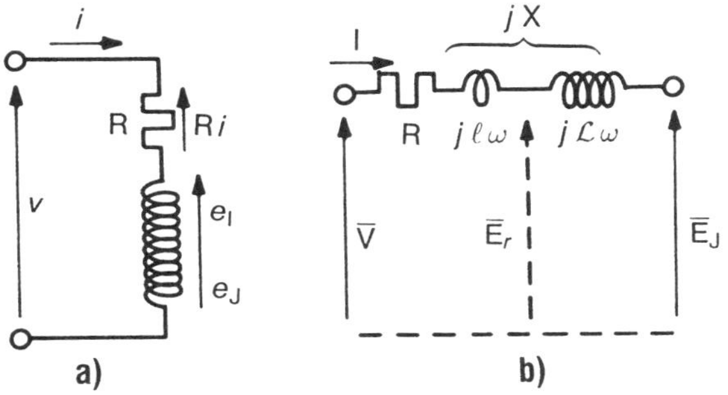

Figure 3.15

Puisque v, i et e_J sont des grandeurs sinusoïdales, en notation complexe l'équation des tensions s'écrit

$$\boxed{\overline{\mathrm{V}} = \mathrm{R}\overline{\mathrm{I}} + j\mathrm{X}\overline{\mathrm{I}} + \overline{\mathrm{E}}_J} \qquad (3.14)$$

elle correspond au schéma monophasé équivalent de la figure 3.15.b.

Cette équation des tensions est celle de tout récepteur actif à courant alternatif sinusoïdal, dans la mesure où on admet que l'impédance interne, $\mathrm{R} + j\mathrm{X}$, de ce récepteur est constante.

L'équation des tensions ainsi présentée a la même forme que celle $(\mathrm{U} = \mathrm{R}\,\mathrm{I} + \mathrm{E})$ du moteur à courant continu.

Si on sépare la réactance synchrone X en ses deux éléments, $\ell\omega$ et $\mathcal{L}\omega$, on fait apparaître la f.e.m. résultante $\overline{\mathrm{E}}_r$

$$\overline{\mathrm{E}}_r = \overline{\mathrm{V}} - (\mathrm{R} + j\,\ell\omega)\,\overline{\mathrm{I}} = j\,\mathcal{L}\omega\,\overline{\mathrm{I}} + \overline{\mathrm{E}}_J\,. \qquad (3.15)$$

• Pour tracer le diagramme vectoriel correspondant à l'équation (3.14) il est commode de partir du régime aux bornes du moteur (tension V, courant I, déphasage φ de $\overline{\mathrm{I}}$ par rapport à $\overline{\mathrm{V}}$).

$$\overline{\mathrm{E}}_J = \overline{\mathrm{V}} - \mathrm{R}\overline{\mathrm{I}} - j\mathrm{X}\overline{\mathrm{I}}\,.$$

La figure 3.16 donne les diagrammes vectoriels tracés pour les mêmes valeurs de V et de $\mathrm{I}\cos\varphi$ (donc de la puissance P égale à $3\mathrm{V}\,\mathrm{I}\cos\varphi$)

a) lorsque $\overline{\mathrm{I}}$ est déphasé en arrière de $\overline{\mathrm{V}}$, le moteur se comportant en récepteur résistant et inductif,

b) lorsque $\overline{\mathrm{I}}$ est en phase avec $\overline{\mathrm{V}}$, le moteur se comportant en récepteur résistant,

c) lorsque $\bar{I}$ est déphasé en avant de $\bar{V}$, le moteur se comportant en récepteur résistant et capacitif.

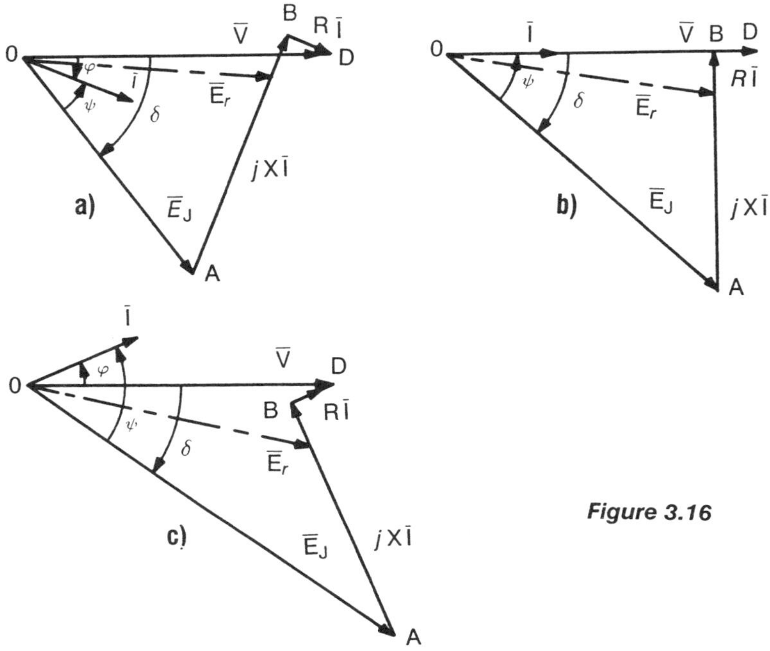

Figure 3.16

– Sur ces tracés on a indiqué,

φ le déphasage de $\bar{I}$ sur $\bar{V}$

ψ le déphasage de $\bar{I}$ en avant de $\bar{E}_J$

δ le déphasage de $\bar{E}_J$ en arrière de $\bar{V}$.

– L'angle δ est appelé *angle interne*. Si le courant I était nul, $\bar{E}_J$ serait en phase avec $\bar{V}$. Plus la puissance développée par le moteur croît, plus I croît et plus $\bar{E}_J$ est déphasé en arrière de $\bar{V}$. Comme la phase de $\bar{E}_J$ est liée à la position des pôles inducteurs, l'angle δ traduit le décalage relatif du rotor par rapport à sa position lorsque le moteur est à vide. Plus le couple de la charge à entraîner croît, plus le rotor est freiné, plus il est décalé en arrière.

– Les trois tracés de la figure 3.16 montrent que la nature apparente du moteur du point de vue réactif est une question d'excitation.

A puissance P donnée, il fonctionne à cos φ égal à 1 (figure 3.16.b) si

$$E_J = \sqrt{(V - RI)^2 + (XI)^2}$$

$$= \sqrt{\left(V - R\frac{P}{3V}\right)^2 + \left(X\frac{P}{3V}\right)^2}.$$

Si E_J est plus petit que cette valeur, le moteur est "*sous- excité*", il absorbe de la puissance réactive (figure 3.16.a).

Si E_J est supérieur à cette valeur, le moteur est "*surexcité*", il crée de la puissance réactive (figure 3.16.c).

3.2.3. Puissances. Couples

• Les puissances et couples du moteur synchrone sont définis comme ceux du moteur à courant continu.

La puissance fournie au moteur est la somme

- de la puissance fournie à l'inducteur, p_{exc}
- de la puissance fournie à l'induit $P = 3VI \cos \varphi$.

En soustrayant de P les pertes Joule dans l'induit on obtient la puissance mécanique P′ qui représente la part d'énergie électrique convertie en puissance mécanique

$$P' = P - p_{JI} = 3VI \cos \varphi - 3RI^2.$$

D'où le couple électromagnétique

$$C = \frac{P'}{\Omega} = \frac{3VI \cos \varphi - 3RI^2}{\omega / p}. \qquad (3.16)$$

Le couple utile transmis à la charge entraînée est égal à C diminué de la consommation de couple dans le moteur lui-même à cause des pertes mécaniques et dans le fer

$$C_u = C - \frac{p_m + p_f}{\omega / p}.$$

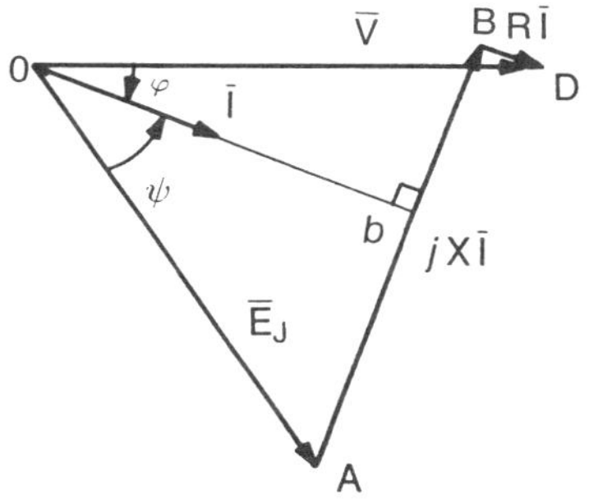

Figure 3.17

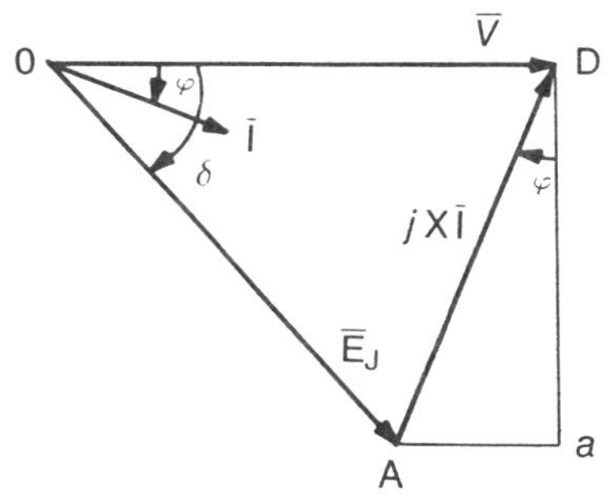

Figure 3.18

• Une *première expression du couple* électromagnétique part de la remarque suivante :

P′ est égal à $3I(V \cos \varphi - RI)$, or $V \cos \varphi - RI$ est donné (figure 3.17) par le segment *0b*, qui est d'autre part égal à $E_J \cos \psi$.

Donc $$C = \frac{3IE_J \cos \psi}{\Omega}.$$

Pour montrer que E_J est proportionnel à la vitesse et, si on néglige la saturation, au courant d'excitation J, on pose

$$E_J = k_J \Omega J. \qquad (3.17)$$

ce qui donne

$$\boxed{C = 3k_J IJ \cos \psi} \qquad (3.18)$$

Le couple est proportionnel au courant I dans l'induit, au courant J dans l'inducteur J et au cosinus de l'angle ψ. A valeurs données des courants I et J, le couple est maximum pour ψ nul, donc lorsque le pôle Nord de l'induit est à égale distance des pôles Nord et Sud de l'inducteur (voir figure 3.13), c'est-à-dire lorsque la réaction d'induit est *transversale*.

Cette expression du couple est commode pour l'étude de la variation de vitesse du moteur synchrone lorsqu'on *commande les courants* fournis par le convertisseur au moteur.

Si on maintient ψ constant, au voisinage de son optimum, et si le courant d'excitation est constant, *le couple est proportionnel au courant* I dans l'induit.

– *La tension* V aux bornes de l'induit se déduit de la projection du contour OABD (figure 3.16) sur $\overline{V}$:

$$V = E_J \cos(\psi + \varphi) + X I \sin\varphi + R I \cos\varphi$$

(en comptant φ comme positif lorsque le courant est déphasé en arrière de la tension)

ou, en mettant en évidence la vitesse de rotation

$$V = k_J J \Omega \cos(\psi + \varphi) + (\mathcal{L} + \ell) p \Omega I \sin\varphi + R I \cos\varphi$$

$$V = \Omega \left[k_J J \cos(\psi + \varphi) + p(\mathcal{L} + \ell) I \sin\varphi\right] + R I \cos\varphi. \quad (3.19)$$

Si en plus de J et de ψ on veut maintenir φ constant ; la tension V doit

- augmenter avec la vitesse et cela d'autant plus que I est plus important, si φ est positif
- augmenter avec la vitesse mais d'autant moins que I est plus important si φ est négatif.

Le terme $R I \cos\varphi$ de la relation (3.19) est relativement négligeable sauf aux très basses vitesses.

On peut tracer des courbes donnant V en fonction du courant I ou, si ψ est constant, du couple pour diverses valeurs de Ω ou de la fréquence d'alimentation, à ψ, J et φ constants.

– Le fonctionnement à J et ψ constant est ce qu'on a appelé la marche "*à couple constant*" pour le moteur à courant continu : le couple que le moteur peut développer sans que le courant I dépasse sa valeur nominale I_n est le même à toutes les vitesses.

Quand la tension V a atteint sa valeur maximale, si on veut étendre la zone des vitesses possibles, on peut diminuer le courant d'excitation J et passer à la marche "*à puissance constante*".

• Une *autre expression du couple* électromagnétique s'obtient en projetant le diagramme vectoriel des tensions sur une perpendiculaire au vecteur $\overline{V}$ (figure 3.18).

Si on néglige, en première approximation, R I devient V, E_J et X I, l'égalité des projections de $\overline{E}_J$ et de $jX\overline{I}$ donne

$$a D = E_J \sin\delta = X I \cos\varphi.$$

D'où $$P = 3 V I \cos\varphi = 3 \frac{V E_J}{X} \sin\delta$$

et, P′ étant confondu avec P,

$$\boxed{C = \frac{1}{\Omega} \frac{V E_J}{X} \sin\delta} \quad (3.20)$$

Si on maintient J constant, cette expression montre que le couple, donné par

$$C = \frac{1}{\Omega}\,\frac{V k_J J \Omega}{(\mathcal{L} + \ell)\,\omega}\,\sin\delta = \frac{k_J J}{\mathcal{L} + \ell}\,\frac{V}{\omega}\,\sin\delta,$$

est proportionnel à V/ω et au sinus de l'angle interne δ.

– Cette expression du couple est intéressante lorsqu'on commande le moteur "*à flux dans l'entrefer constant*", c'est-à-dire lorsqu'on fait varier la valeur des tensions appliquées au moteur en même temps que leur fréquence pour maintenir constant le rapport V/ω.

En principe, le flux dans l'entrefer créant la f.e.m. E_r, c'est E_r/ω qu'il faudrait maintenir constant.

$$\overline{E}_r = \overline{V} - R\overline{I} - j\,\ell\,\omega\,\overline{I}.$$

Mais $\ell\omega I$ est faible devant E_r et V. De même RI est relativement faible sauf aux très basses vitesses où il cesse d'être négligeable devant E_r qui est proportionnel à la vitesse.

On peut donc considérer que la constance de V/ω assure la constance du flux résultant dans l'entrefer, sauf aux très basses vitesses où il faut augmenter un peu V pour tenir compte du terme RI.

– A valeurs données de J et de V/ω, le diagramme vectoriel simplifié de la figure 3.18 permet de suivre les variations du courant I et de l'angle interne δ quand le couple demandé au moteur varie (figure 3.19).

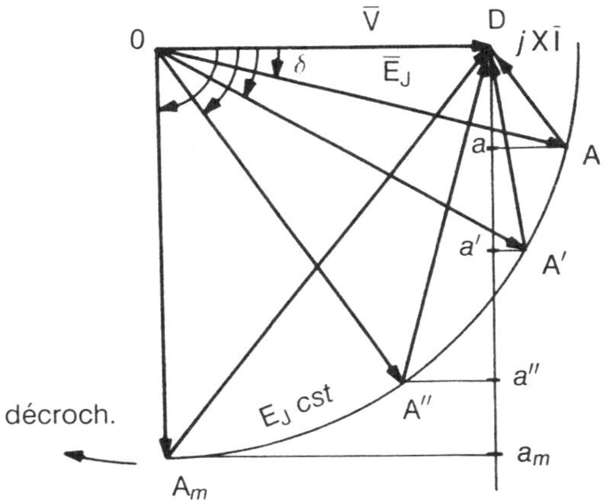

Figure 3.19

Pourvu que la fréquence soit suffisante pour que RI puisse être négligé, la même figure peut être utilisée quel que soit ω.

En effet OD, OA, AD et X étant proportionnels à ω, le courant I, égal à AD/X, est proportionnel à AD quel que soit ω.

Le couple, égal à $3pVI\cos\varphi/\omega$, peut être lu en aD

$$C = \frac{3pV}{X\omega}\,aD$$

quel que soit ω, puisque V, aD, V et ... ω sont proportionnels à ω.

Quand le couple demandé au moteur croît,

- le segment représentatif du couple augmente, passant de aD à a'D, à a''D ...

- l'extrémité du vecteur $\overrightarrow{E}_J$ se déplace sur le cercle d'égal E_J, passant de A à A′, à A″ ...
- le courant I proportionnel à AD augmente devenant A′D, A″D, ...
- l'angle interne δ augmente : les pôles du rotor sont de plus en plus décalés en arrière des pôles statoriques qui doivent les tirer de plus en plus fort.

Il existe *un couple maximum*, correspondant à a_m D au-delà duquel le moteur décroche. Si on lui demande un couple plus fort, il ne peut le fournir, l'angle δ continue à croître, le courant I à augmenter alors que le couple du moteur diminue.

Le couple maximum correspond à δ égal à $\pi/2$, donc d'après la relation (3.20),

$$C_m = \frac{1}{\Omega}\frac{V E_J}{X} \tag{3.21}$$

la valeur correspondante du courant est très importante

$$(I)_{C_m} = \frac{\sqrt{V^2 + E_J^2}}{X}. \tag{3.22}$$

3.3. MOTEUR À PÔLES SAILLANTS. DIAGRAMME. COUPLE

3.3.1. Réaction d'induit

L'angle ψ, déphasage du courant $\bar{I}$ dans une phase en avant de la f.e.m. $\bar{E}_J$ induite dans celle-ci par le seul flux inducteur, permet encore de placer les pôles de l'inducteur par rapport aux pôles de réaction d'induit.

Les premiers sont encore décalés de $\pi/2 + \psi$ en arrière des seconds.

- Mais l'entrefer étant d'épaisseur variable, le flux produit par la f.m.m. de réaction d'induit dépend de la position des pôles de cette f.m.m. par rapport aux pôles de l'inducteur.

Examinons les deux cas limites.

a) $\psi = \pi/2$: réaction longitudinale

Si ψ égale $+\pi/2$, les pôles de l'inducteur sont en face des pôles de l'induit de nom contraire (figure 3.20.a).

Les lignes de champ du flux de réaction d'induit suivent le même trajet que celles du flux inducteur, mais en sens inverse : la réaction d'induit est directe ou *longitudinale*.

Pour $\psi = +\pi/2$ les deux f.m.m. sont directement en opposition ; la f.m.m. résultante, qui crée le flux résultant et la f.e.m. résultante E_r, correspond à leur différence. La réaction d'induit est démagnétisante.

Si ψ égale $-\pi/2$, les pôles de même nom du stator et du rotor sont en face : la réaction d'induit est longitudinale et magnétisante.

b) $\psi = 0$: réaction transversale

Si ψ est nul, les pôles de l'inducteur sont face aux milieux des intervalles séparant les pôles de l'induit (figure 3.20.b).

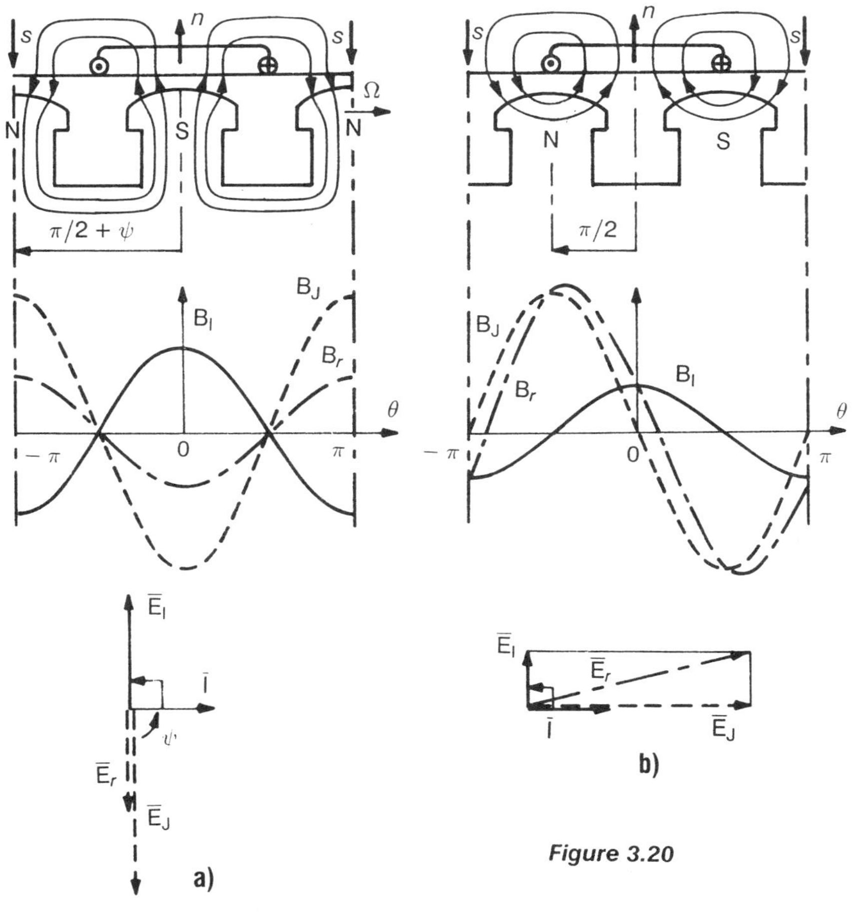

Figure 3.20

Les lignes de champ du flux de réaction d'induit traversent les pôles de l'inducteur perpendiculairement à leurs axes. La réaction d'induit est *transversale*.

• Le passage de l'onde de f.m.m. de l'induit $\mathcal{E}(\theta)$ à l'onde d'induction $B_I(\theta)$ qu'elle crée dans l'entrefer est moins aisé que pour le moteur à rotor lisse puisque l'épaisseur d'entrefer varie.

Si on prend comme origine des angles l'axe de la phase statorique considérée et comme origine des temps l'instant où le courant dans celle-ci est maximum, en supposant sinusoïdale l'onde de f.m.m. on a encore

$$\mathcal{E} = \mathcal{E}_{Im} \cos \omega t \cos \theta$$

et l'induction dans l'entrefer créée par la réaction d'induit est encore donnée par

$$B_I = \frac{1}{e} \mathcal{E}_{Im} \cos \omega t \cos \theta .$$

Mais e varie.

– *Dans le cas de la réaction longitudinale*, l'entrefer est minimum dans l'axe des pôles de réaction d'induit et l'induction B_I a un maximum égal à

$$B_{Im} = \frac{1}{e_{min}} \mathcal{E}_{Im} \cos \omega t.$$

L'entrefer s'élargissant au fur et à mesure que l'on s'écarte de l'axe des pôles, le fondamental de l'onde d'induction a pour expression

$$B_{I1} = k_e \frac{1}{e_{min}} \mathcal{E}_{Im} \cos \theta \cos \omega t.$$

Le coefficient k_e, qui dépend du profil de l'entrefer, est sensiblement inférieur à l'unité.

Un calcul analogue à celui effectué au paragraphe III.2.1, donne le flux fondamental à travers une spire, le fondamental de la f.e.m. induite dans une spire et celui de la f.e.m. induite dans la phase considérée.

Celui-ci a pour expression

$$e_I = \frac{3}{\pi} k_e k_1^2 n^2 I_m \frac{LD}{e_{min}} \omega \cos\left(\omega t + \frac{\pi}{2}\right).$$

Si on ne tient compte que des termes alternatifs de pulsation fondamentale ω, la f.e.m. due à l'induit

- a pour valeur efficace

$$E_I = \frac{3}{2} k_e k_1^2 n^2 \frac{LD}{e_{min}} \omega I \qquad (3.23)$$

- comptée en sens inverse du courant, elle est déphasée de $\pi/2$ en avant de celui-ci, donc de π en avant de la f.e.m. due à l'inducteur.

Sur la figure 3.20.a, on a tracé les ondes d'induction B_I due à $\mathcal{E}_I$, B_J due à J et leur résultante B_r en ne tenant compte que du fondamental de leur répartition. On a également tracé le diagramme vectoriel représentant $\overline{E}_J$, $\overline{E}_I$ et leur résultante $\overline{E}_r$.

– *Dans le cas de la réaction transversale*, les axes des pôles de réaction d'induit sont face aux intervalles entre épanouissements polaires de l'inducteur. L'onde d'induction $B_I(\theta)$ est très déformée présentant un creux au milieu de chaque alternance ; à f.m.m. de l'induit donnée, son fondamental est nettement plus faible que pour la réaction longitudinale

$$B_{I1} = k'_e \frac{1}{e_{min}} \mathcal{E}_{Im} \cos \theta \cos \omega t$$

avec k'_e de l'ordre de $0,5 k_e$.

Le fondamental de la f.e.m. induite dans une phase

- a pour valeur efficace

$$E_I = \frac{3}{\pi} k'_e k_1^2 n^2 \frac{LD}{e_{min}} \omega I \qquad (3.24)$$

- compté en sens inverse du courant, il s'est déphasé de $\pi/2$ en avant de celui-ci, donc de $\pi/2$ en avant de la f.e.m. créée par le flux inducteur.

On a tracé sur la figure 3.20.b les formes d'ondes des fondamentaux de $B_I(\theta)$, $B_J(\theta)$, $B_r(\theta)$ et le diagramme vectoriel montrant les phases relatives de $\overline{I}$, $\overline{E}_J$, $\overline{E}_I$, $\overline{E}_r$.

• *Si ψ est quelconque*, puisqu'on néglige la saturation, on peut décomposer le courant I en ses deux composantes I cos ψ (pour laquelle $\psi = 0$) et I sin ψ (pour laquelle $\psi = \pm\pi/2$) et superposer leurs effets.

La réaction d'induit est la somme :

– *de la réaction transversale* due à I cos ψ, qui produit une f.e.m. de valeur efficace

$$E_{It} = \frac{3}{2} k'_e k_1^2 n^2 \frac{LD}{e_{min}} \omega I \cos\psi \tag{3.26}$$

déphasée de $\pi/2$ en avant de $\overline{I \cos\psi}$;

– *de la réaction longitudinale* due à I sin ψ, qui produit une f.e.m. de valeur efficace

$$E_{I\ell} = \frac{3}{2} k_e k_1^2 n^2 \frac{LD}{e_{min}} \omega I \sin\psi \tag{3.25}$$

déphasée de $\pi/2$ en avant de $\overline{I \sin\psi}$.

Le diagramme vectoriel de la figure 3.21 montre, à partir de $\overline{E}_J$ et $\overline{I}$, le tracé de $\overline{E}_{It}$ et $\overline{E}_{I\ell}$ et de la f.e.m. résultante $\overline{E}_r$.

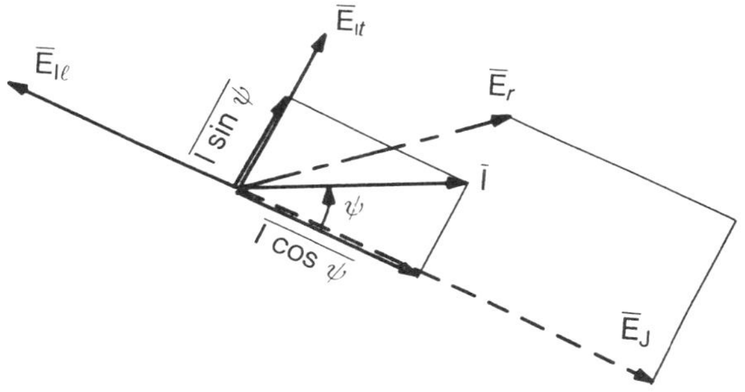

Figure 3.21

• Aux f.e.m. E_{It} et $E_{I\ell}$ engendrées dans l'induit par les courants dans ses enroulements correspondent les inductances cycliques propres

- suivant l'axe longitudinal

$$\mathcal{L}_\ell = \frac{E_{I\ell}}{\omega I \sin\psi} = \frac{3}{2} k_e k_1^2 n^2 \frac{LD}{e_{min}} \tag{3.27}$$

- suivant l'axe transversal

$$\mathcal{L}_t = \frac{3}{2} k'_e k_1^2 n^2 \frac{LD}{e_{min}}. \tag{3.28}$$

A ces inductances correspondant au flux de l'induit qui traverse l'entrefer, il faut ajouter l'inductance de fuites ℓ de l'induit. Celle-ci est faible devant $\mathcal{L}_\ell$ et $\mathcal{L}_t$ et peu différente pour les deux types de réaction d'induit.

Aux inductances totales correspondent, à la pulsation ω,

- *la réactance synchrone longitudinale*

$$X_\ell = (\mathcal{L}_\ell + \ell)\,\omega \tag{3.29}$$

- *la réactance synchrone transversale*[1]

$$X_t = (\mathcal{L}_t + \ell)\,\omega. \tag{3.30}$$

---

(1) *Les réactances X_ℓ et X_t ont les mêmes valeurs que les réactances synchrones d'axe direct X_d et d'axe en quadrature X_q utilisées dans l'étude du moteur synchrone par la transformation de Park. Si nous les avons affectées d'indices différents, c'est parce que X_d et X_q ont trait à des enroulements fictifs parcourus par des courant fictifs.*

3.3.2. Diagramme à réactances synchrones

On peut traduire l'équation des tensions

$$v = \mathrm{R}i + e_{l\ell} + e_{l\ell} + e_{\mathrm{J}}$$

par un diagramme vectoriel correspondant au schéma de la figure 3.22. a. Il est analogue à celui de la figure 3.15.b, si ce n'est que la réactance à prendre en considération est

X_ℓ ou $(\mathcal{L}_\ell + \ell)\,\omega$ pour la composante $\mathrm{I}\sin\psi$ du courant I,

X_t ou $(\mathcal{L}_t + \ell)\,\omega$ pour sa composante $\mathrm{I}\cos\psi$.

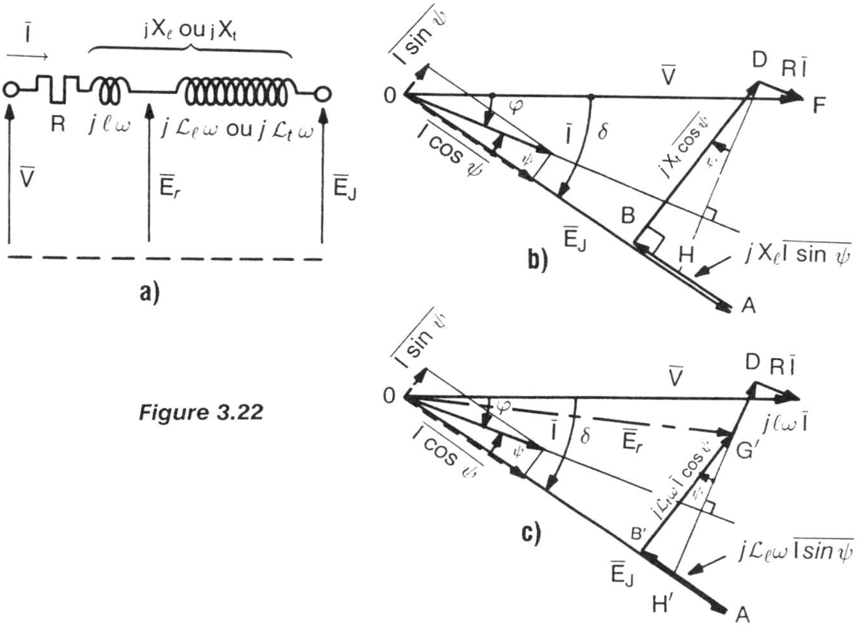

Figure 3.22

Le diagramme vectoriel (figure 3.23.b) traduit donc la relation

$$\overline{\mathrm{V}} = \mathrm{R}\overline{\mathrm{I}} + j\mathrm{X}_\ell\,\overline{\mathrm{I}\sin\psi} + j\mathrm{X}_t\,\overline{\mathrm{I}\cos\psi} + \overline{\mathrm{E}}_{\mathrm{J}} \qquad (3.31)$$

Comme pour le diagramme à une seule réactance synchrone, il est commode de partir du régime aux bornes (V, I, φ).

On porte $-\mathrm{R}\overline{\mathrm{I}}$ en $\overline{\mathrm{FD}}$, puis perpendiculaire à $\overline{\mathrm{I}}$, $-j\mathrm{X}_t\overline{\mathrm{I}}$ en $\overline{\mathrm{DH}}$; $\overline{\mathrm{OH}}$ donne la direction de $\overline{\mathrm{E}}_{\mathrm{J}}$ donc l'angle ψ. La perpendiculaire abaissée de D sur $\overline{\mathrm{OH}}$ donne $-j\mathrm{X}_t\,\overline{\mathrm{I}\cos\psi}$ en $\overline{\mathrm{DB}}$ et $\overline{\mathrm{E}}_{\mathrm{J}} + j\mathrm{X}_\ell\,\overline{\mathrm{I}\sin\psi}$ en $\overline{\mathrm{OB}}$. En soustrayant $j\mathrm{X}_\ell\,\overline{\mathrm{I}\sin\psi}$ égal à $\overline{\mathrm{BA}}$ on obtient en $\overline{\mathrm{OA}}$ la f.e.m. $\overline{\mathrm{E}}_{\mathrm{J}}$.

On vérifie que $\overline{\mathrm{BD}}$ est bien perpendiculaire à $\overline{\mathrm{E}}_{\mathrm{J}}$ et égal à $\mathrm{X}_t\,\mathrm{I}\cos\psi$.

– Par le courant d'excitation J on peut faire varier la phase φ du courant absorbé par le moteur.

Le diagramme de la figure 3.22.b correspond à un fonctionnement sous-excité.

A valeur donnée de $\mathrm{I}\cos\varphi$, si on augmente J, l'angle φ diminue, s'annule (fonctionnement à $\cos\varphi$ égal à 1) puis s'inverse (fonctionnement en surexcité).

– Si l'on veut mettre en évidence la f.e.m. résultante E_r créée par le flux résultant dans l'entrefer, on construit le diagramme (figure 3.22.c) représentatif de l'équation

$$\overline{V} = R\overline{I} + j\,\ell\omega\overline{I} + j\,\mathcal{L}_\ell\,\omega\,\overline{I\sin\psi} + j\,\mathcal{L}_t\,\omega\,\overline{I\cos\psi} + \overline{E}_J\,. \qquad (3.32)$$

On procède comme précédemment. On porte $-R\overline{I}$ en $\overline{FD}$, $-j\,\ell\omega\overline{I}$ en $\overline{DG'}$, d'où $\overline{E}_r$ en $\overline{OG'}$. De G′ on porte $-j\,\mathcal{L}_t\,\omega\,\overline{I}$ en $\overline{G'H'}$; $\overline{OH'}$ donne la direction de $\overline{E}_J$ donc l'angle ψ. La perpendiculaire abaissée de G′ sur $\overline{OH'}$ donne $-j\,\mathcal{L}_t\,\omega\,\overline{I\cos\psi}$ en $\overline{G'B'}$ et $\overline{E}_J + j\,\mathcal{L}_\ell\,\omega\,\overline{I\sin\psi}$ en $\overline{OB'}$. En ajoutant $-j\,X_\ell\,\omega\,\overline{I\sin\psi}$ à $\overline{OB'}$ on obtient $\overline{E}_J$ en $\overline{OA}$.

3.3.3. Expressions du couple

Le couple électromagnétique C est toujours donné par

$$C = \frac{P'}{\Omega} = \frac{3\,V\,I\cos\varphi - 3\,R\,I^2}{\omega/p}\,. \qquad (3.16)$$

• L'expression, commode pour l'étude du moteur alimenté par un convertisseur, qui impose la phase ψ du courant par rapport à la f.e.m. de l'inducteur, utilise le fait (figure 3.23) que si b est le pied de la perpendiculaire abaissée de O sur HD, on a

$$Ob = V\cos\varphi - R\,I = (E_J - X_\ell\,I\sin\psi)\cos\psi + X_t\,I\cos\psi\sin\psi.$$

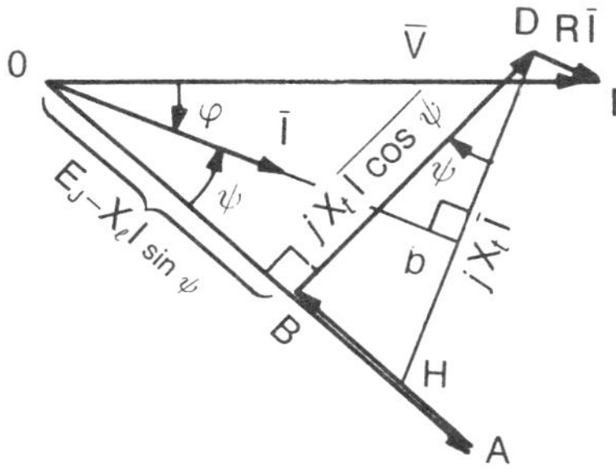

Figure 3.23

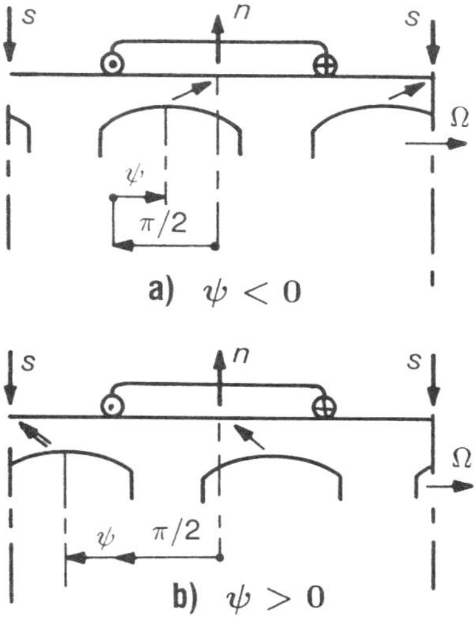

Figure 3.24

Donc $V\cos\varphi - R\,I = E_J\cos\psi - (X_\ell - X_t)\,I\sin\psi\cos\psi.$

En remplaçant E_J par $k_J\,\Omega\,J$ et en reportant dans (3.16) on obtient :

$$\boxed{C = 3\,k_J\,I\,J\cos\psi - \frac{3}{2}\,\frac{X_\ell - X_t}{\Omega}\,I^2\sin 2\psi} \qquad (3.33)$$

– Au couple électromagnétique normal, $3 k_J \, I \, J \cos \psi$, dû à l'action du flux rotorique sur les courants statoriques s'ajoute un "*couple de réluctance*" dû à la différence entre X_ℓ et X_t, c'est-à-dire à la saillance du rotor.

Même en l'absence de courant inducteur, les pôles de réaction d'induit attirent les pièces polaires voisines pour essayer de rendre maximum le flux créé par l'induit.

Le couple de réluctance est proportionnel au carré du courant dans l'induit et à $-\sin 2\psi$, c'est-à-dire qu'il est positif si ψ est compris entre 0 et $-\pi/2$ (figure 2.24.a), négatif si ψ est compris entre 0 et $\pi/2$ (figure 2.24.b).

Le couple de réluctance est utilisé dans les machines à réluctance où on s'efforce de rendre aussi fort que possible l'effet de saillance, c'est-à-dire l'écart entre X_ℓ et X_t. Le rotor est alors entraîné à la vitesse synchrone par le champ tournant statorique.

Dans les moteurs synchrones commandés à angle ψ constant et voisin de son optimum ($\psi = 0$), le couple de réluctance est négligeable et on rejoint les conclusions formulées au paragraphe III 2.3 au vu de la relation (3.18).

– Au fur et à mesure que la vitesse croît, la tension V à fournir au moteur augmente.

$$V \simeq \sqrt{(E_J - X_\ell \, I \sin \psi)^2 + (X_t \, I \cos \psi)^2}, \quad \text{en négligeant } R\,I,$$

ou, si ψ est voisin de zéro,

$$V \simeq \sqrt{E_J^2 + (X_t \, I)^2},$$

relation où E_J et X_t sont proportionnels.

Quand la tension V fournie par le convertisseur a atteint son maximum, on peut étendre la gamme de vitesse en diminuant J, c'est-à-dire en passant de la marche "à couple constant" à la marche "à puissance constante".

• Une autre expression du couple, plus commode pour l'étude du moteur synchrone alimenté "à flux constant", s'obtient en négligeant R I (figure 3.25).

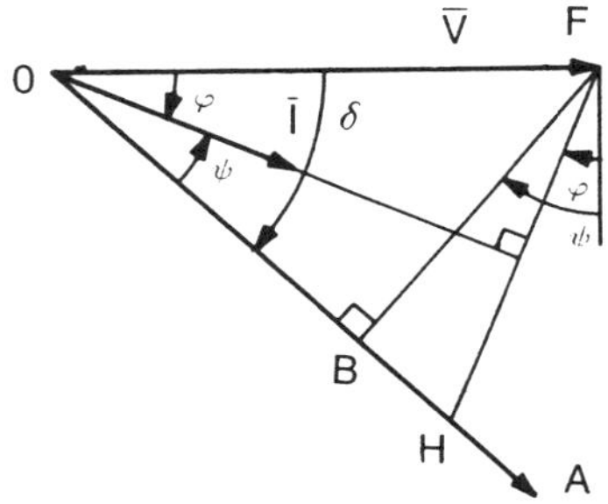

Figure 3.25

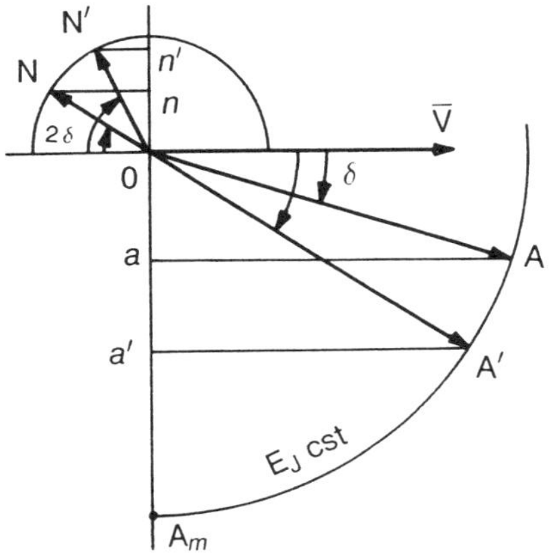

Figure 3.26

On remarque que FB égale à la fois $V \sin\delta$ et $X_t I \cos\psi$, que OA égale à la fois E_J et $V\cos\delta + X_\ell I \sin\psi$.

On en déduit

$$\cos\psi = \frac{V\sin\delta}{X_t I} \qquad \text{et} \qquad \sin\psi = \frac{E_J - V\cos\delta}{X_\ell I}.$$

Puisque φ, compté positivement lorsqu'il s'agit d'un retard de $\overline{I}$ sur $\overline{V}$, est égal à $\delta - \psi$

$$\begin{aligned}\cos\varphi &= \sin\psi \sin\delta + \cos\psi\cos\delta \\ &= \frac{(E_J - V\cos\delta)\sin\delta}{X_\ell I} + \frac{V\sin\delta\cos\delta}{X_t I} \\ &= \frac{E_J}{X_\ell I}\sin\delta + \frac{V}{2I}\left(\frac{1}{X_t} - \frac{1}{X_\ell}\right)\sin 2\delta.\end{aligned}$$

D'où le couple C

$$\boxed{C = \frac{3VI\cos\varphi}{\Omega} = \frac{3VE_J}{X_\ell\Omega}\sin\delta + \frac{3V^2}{2\Omega}\left(\frac{1}{X_t} - \frac{1}{X_\ell}\right)\sin 2\delta} \qquad (3.34)$$

Le couple est encore la somme de deux termes

- le premier dû à l'action du flux de l'inducteur sur les courants de l'induit
- le second dû à la saillance du rotor qui rend X_t inférieur à X_ℓ.

Le premier est supérieur au second, même pour les faibles valeurs de δ, si la condition

$$E_J > V\left(\frac{X_\ell}{X_t} - 1\right)$$

est remplie, ce qui est toujours le cas en pratique.

– *Le courant* absorbé par le moteur se déduit de

$$X_t I\cos\psi = V\sin\delta \quad ; \quad X_\ell I\sin\psi = E_J - V\cos\delta$$

ce qui donne

$$I = \frac{1}{X_t}\sqrt{(V\sin\delta)^2 + \left(\frac{X_t}{X_\ell}\right)^2(E_J - V\cos\delta)^2}. \qquad (3.35)$$

A valeurs données de réactances, de V et de E_J, le courant I croît sans cesse quand δ va de 0 à $\pi/2$ puisque $\sin\delta$ augmente et $\cos\delta$ diminue.

La valeur de I passe

$$\text{de} \quad \frac{E_J - V}{X_\ell}, \quad \text{quand } \delta = 0,$$

$$\text{à} \quad \frac{E_J}{X_\ell}\sqrt{1 + \left(\frac{V}{E_J}\frac{X_\ell}{X_t}\right)^2}, \quad \text{quand } \delta = \frac{\pi}{2}.$$

– Si on commande le moteur "*à flux constant*", c'est-à-dire dans la mesure où RI est négligeable devant V, à V/ω constant et si le courant d'excitation J est constant,

V, E_J, X_ℓ, X_t, Ω sont proportionnels à la fréquence.

L'examen des relations (3.34) et (3.35) montre qu'alors le couple et le courant sont indépendants de la fréquence f. Les caractéristiques $C(\delta)$ et $I(\delta)$ tracées pour une valeur de f sont valables quel que soit f.

– Pour montrer comment C varie avec δ on peut tracer (figure 3.26) un diagramme analogue à celui de la figure 3.29, mais il faut tenir compte du deuxième terme de l'expression du couple.

Quand δ varie, l'extrémité du vecteur représentant $\overline{E}_J$ se déplace sur un cercle. Sa projection sur l'axe vertical donne en O*a* le couple correspondant au premier terme.

Il faut ajouter un second cercle dont le rayon, à l'échelle où on a représenté E_J est égal à $(V/2)(X_\ell/X_t - 1)$. Le vecteur $\overrightarrow{ON}$, faisant un angle 2δ avec l'horizontale donne en O*n* le couple correspondant au second terme.

Le couple total est représenté par *na*.

Quand δ croît, le couple augmente, *na* devenant *n'a'*. Pour δ égal à $\pi/2$, le couple est représenté par OA_m. Si δ continue à croître, alors que le courant continue à augmenter, le couple diminue : le moteur décroche.

A courant d'excitation constant et à V/ω constant, il y a donc un *couple maximum*.

4. LA VARIATION DE VITESSE DU MOTEUR SYNCHRONE

Le moteur synchrone permet avec des convertisseurs statiques simples d'obtenir des performances très voisines de celles du moteur à courant continu (qui est un moteur synchrone avec un ensemble balais-collecteur qui joue le rôle d'un commutateur de courant).

Pour faire varier la vitesse du moteur synchrone, il faut faire varier la fréquence de ses tensions et courants d'entrée. D'ordinaire l'énergie est fournie par le réseau industriel à tension et fréquence fixes, il faut donc utiliser un convertisseur.

On peut employer un cycloconvertisseur (voir chapitre 4, § 5.1.1) qui est un changeur direct de fréquence, lorsqu'on veut faire fonctionner le moteur à des fréquences nettement inférieures à celle du réseau.

Le plus souvent on utilise deux convertisseurs en cascade : un redresseur alimenté par le réseau fournit du continu ; le continu est transformé en alternatif à fréquence variable par un onduleur. Celui-ci peut être

un onduleur-commutateur de courant
un onduleur de tension.

4.1. LE MOTEUR SYNCHRONE AUTOPILOTÉ

Bien que beaucoup de variateurs de vitesse avec moteurs à courant alternatif, synchrone ou asynchrone, utilisent un capteur indiquant la position du rotor et intervenant dans la commande des semiconducteurs de l'onduleur, on réserve d'ordinaire la qualificatif d'*autopiloté* au moteur synchrone alimenté par un *onduleur de courant autocommuté*.

Cette solution est intéressante pour la réalisation d'entraînements de forte ou très forte puissance.

L'équipement comprend (figure 3.27)

- un redresseur qui délivre une tension redressée u_d de valeur moyenne U_d ;
- une inductance de lissage L qui permet d'avoir un courant i_d peu ondulé malgré l'ondulation de la tension redressée d'une part et celle de la tension à l'entrée du redresseur d'autre part ;
- un onduleur de courant formé de six thyristors, Th_1, Th_2, Th_3, Th'_1, Th'_2, Th'_3. Un thyristor est un semiconducteur dont la fermeture est commandée par la gâchette, mais dont l'ouverture ne peut être obtenue que par l'annulation du courant qui le traverse sous l'effet du circuit dans lequel il est inséré ;
- le moteur, avec v_1, v_2, v_3 les tensions appliquées aux trois phases statoriques et i_1, i_2, i_3 les courants qu'elles absorbent ;
- le capteur de position solidaire du rotor, qui assure l'autopilotage du moteur en commandant la fermeture des semiconducteurs de l'onduleur aux instants convenables.

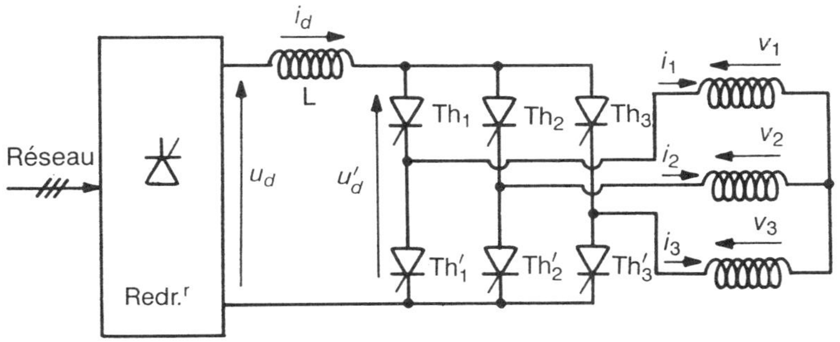

Figure 3.27

4.1.1. L'autopilotage

– Chacun des thyristors Th_1, Th_2, Th_3 écoule le courant i_d pendant un tiers de la période T. De même pour Th'_1, Th'_2, Th'_3.

Ils sont fermés dans l'ordre suivant :

Th_1, Th'_3, Th_2, Th'_1, Th_3, Th'_2.

En supposant que le courant i_d est parfaitement lissé, donc constamment égal à sa valeur moyenne I_d, et que les transferts de I_d d'un thyristor à l'autre sont instantanés, on obtient la forme d'onde théorique des courants i_1, i_2, i_3 (figure 3.28).

Ces courants déterminent six intervalles par période T.

– En haut de la figure 3.29 on a schématisé un enroulement bipolaire à 2 encoches par pôle et par phase en indiquant à quelle phase appartiennent les côtés de sections et dans quel sens y passe le courant i_1, i_2 ou i_3 lorsqu'il est positif.

Puis on a indiqué dans quel sens passait le courant I_d dans les côtés de sections où il passe

a) pendant l'intervalle 6 $(-T/6 < t < 0)$:

$i_1 = 0$; $i_2 = -I_d$; $i_3 = I_d$

b) pendant l'intervalle 1 $(0 < t < T/6)$:

$i_1 = I_d$; $i_2 = -I_d$; $i_3 = 0$.

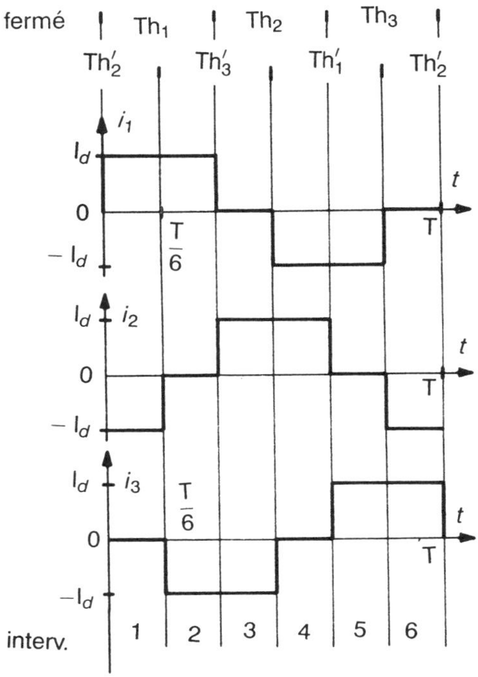

Figure 3.28

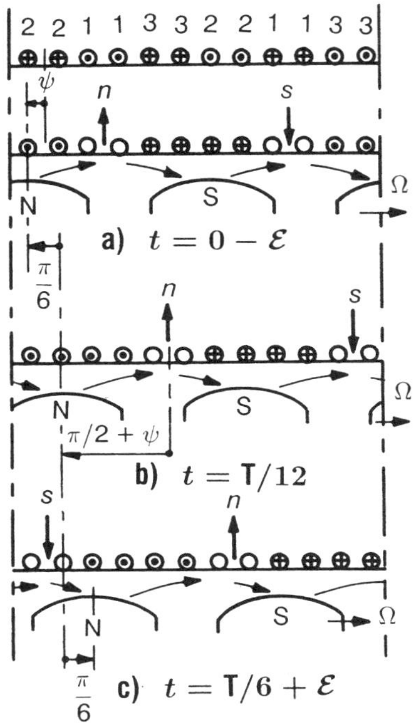

Figure 3.29

c) pendant l'intervalle 2 $(T/6 < t < T/3)$:
$i_1 = I_d$; $i_2 = 0$; $i_3 = -I_d$.

On voit que la f.m.m. de l'induit avance par bonds de 1/6 tour (1/6 p tour s'il y a 2 p pôles), un chaque sixième de période.

– Par la commande des thyristors, on passe d'un intervalle au suivant quand le rotor a avancé de 1/6 tour.

Pour être "en moyenne" dans la position optimale, c'est-à-dire dans celle pour laquelle à J et I donnés le couple est le plus fort, il faudrait que ψ égale à zéro au milieu de chacun des intervalles. Mais, comme on le verra au paragraphe suivant, pour que le moteur assure automatiquement les commutations, il faut donner une petite valeur positive à l'angle ψ.

Sur la figure 3.29.b, on a positionné les pôles de l'inducteur au milieu de l'intervalle 1 de façon à ce que le pôle Nord de réaction d'induit soit décalé de $\pi/2 + \psi$ en avant du pôle Nord de l'inducteur.

En T/12 le rotor a tourné de 1/12 tour, d'où la position du rotor au début de l'intervalle 1 (figure 3.29.a).

Au début de l'intervalle 2, le rotor aura tourné de 1/12 tour par rapport au milieu de l'intervalle 1 (figure 3.29.c).

– D'où la commande des interrupteurs.

On ferme Th_1 quand l'axe de N est à un angle ψ du deuxième côté de la phase 2.
On ferme Th'_3 quand l'axe de N est à un angle ψ du premier côté de la phase 1.
On ferme Th_2 quand l'axe de N est à un angle ψ du deuxième côté de la phase 3...

4.1.2. L'autocommutation

En électronique de puissance, la commutation est le transfert d'un courant d'une voie dans une autre grâce à l'ouverture du semiconducteur où il passait dans la première voie et la fermeture du semiconducteur qui lui permet de passer dans la seconde.

Le moteur synchrone alimenté par un onduleur de courant est d'ordinaire autocommuté, c'est-à-dire que la fermeture d'un thyristor assure automatiquement l'ouverture du thyristor du même groupe (Th_1, Th_2, Th_3 ou Th'_1, Th'_2, Th'_3) qui conduisait précédemment.

Ce transfert est très rapide; aussi avons-nous supposé en traçant les formes d'ondes des courants i_1, i_2, i_3 qu'il était instantané.

Pour étudier les commutations on ne peut utiliser le diagramme à réactance synchrone et le schéma équivalent correspondant, valables pour les fondamentaux des grandeurs alternatives. L'inductance qui intervient pour les variations très rapides est beaucoup plus faible, elle diffère peu de l'inductance de fuites ℓ.

Le schéma équivalent pour le transfert du courant I_d de la phase 3 à la phase 1 par exemple, est alors celui de la figure 3.30.a où e_{J1}, e_{J2}, e_{J3} sont les f.e.m. produites par le courant inducteur dans les trois phases.

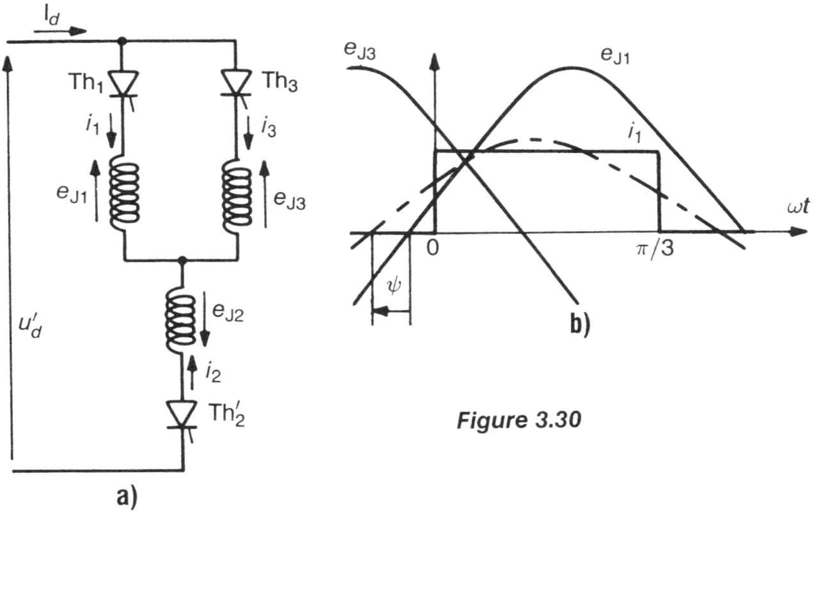

Figure 3.30

Sur la figure 3.30.b on a repris la forme d'onde théorique du courant i_1 et tracé en traits mixtes son fondamental; la f.e.m. e_{J1}, supposée sinusoïdale est déphasée de ψ en arrière de celui-ci; la f.e.m. e_{J3} est déphasée de $4\pi/3$ en arrière de e_{J1} ou de $2\pi/3$ en avant.

A l'instant $t = 0$ où on commande la fermeture de Th_1, e_{J3} est plus grand que e_{J1}. La différence $e_{J3} - e_{J1}$ fait circuler dans le circuit fermé formé par les phases 1 et 3 un courant qui diminue i_3 et augmente i_1 ; quand i_3 s'annule, Th_3 se bloque.

L'intervalle ψ/ω, où $e_{J3} - e_{J1}$ est positif, doit être suffisant pour permettre l'extinction du courant i_3 et maintenir ensuite la tension $e_{J1} - e_{J3}$ aux bornes de Th_3 négative pendant un temps suffisant pour permettre à Th_3 de recouvrer son pouvoir de blocage.

La nécessité de déphasage ψ du fondamental du courant sur la f.e.m. due à l'inducteur entraîne la présence d'une composante démagnétisante dans la réaction d'induit. Aussi dit-on que le moteur doit être *surexcité*.

Remarques :

1° Le temps ψ/ω doit être d'autant plus grand que le courant à commuter I_d est plus important et que les thyristors utilisés sont moins rapides, c'est-à-dire qu'ils ont un temps de recouvrement (d'ordinaire noté t_q) plus long. Mais à courant d'excitation donné, l'amplitude des f.e.m. est proportionnelle à la vitesse donc à la fréquence : à ψ donné la tension de "renversement" $e_{J3} - e_{J1}$ est donc elle aussi proportionnelle à la vitesse.

La commande peut tenir compte de ces divers facteurs et moduler la valeur donnée à ψ en fonction du courant I et de la fréquence.

2° On retrouve le phénomène qui était parfois utilisé autrefois pour améliorer la commutation du moteur à courant continu. Au lieu de mettre des pôles de commutation, on créait la tension de renversement du courant dans les sections en commutation en décalant les balais, ce qui donnait à la réaction d'induit une composante longitudinale démagnétisante.

4.1.3. Réversibilité

• L'un des gros avantages de l'alimentation du moteur synchrone par un onduleur de courant est que l'ensemble

réseau-redresseur-onduleur-machine

est *intrinsèquement réversible*. Le redresseur a la même structure que l'onduleur.

Quand la machine fonctionne en générateur (dans le cas de la machine synchrone, on dit en alternateur), le convertisseur auquel elle est reliée fonctionne en redresseur piloté par la machine : le courant I_d ne change pas de signe, c'est la valeur moyenne U'_d de la tension u'_d qui s'inverse. Le convertisseur relié au réseau fonctionne en onduleur piloté par le réseau. Celui-ci reçoit, aux pertes près, la puissance prise par la machine à la charge qu'elle freine.

Pour passer du quadrant 1 au quadrant 2 du plan couple-vitesse ou pour passer de la marche en moteur à la marche en alternateur, il faut inverser le couple. Pour cela, les relations (3.18) et (3.33) montrent qu'il faut inverser cos ψ, c'est-à-dire passer ψ d'une valeur faible à une valeur voisine de π.

Afin d'illustrer les deux fonctionnements, nous avons indiqué (figure 3.31) pour le moteur et pour l'alternateur

- le diagramme à réactance synchrone,
- les formes d'onde du courant i_1 et, déphasée de φ, celle de la tension v_1, puis, en retard d'un tiers ou deux tiers de période, celle de v_2 et v_3,
- à partir des thyristors fermés durant chacun des six intervalles constituant une période, la forme d'onde de la tension u'_d à l'entrée de l'onduleur de courant, en remarquant que cette tension est donnée par

$u'_d = v_1 - v_2$, quand Th_1 et Th'_2 conduisent,
$u'_d = v_1 - v_3$, quand Th_1 et Th'_3 conduisent,
$u'_d = v_2 - v_3$, quand Th_2 et Th'_3 conduisent . . .

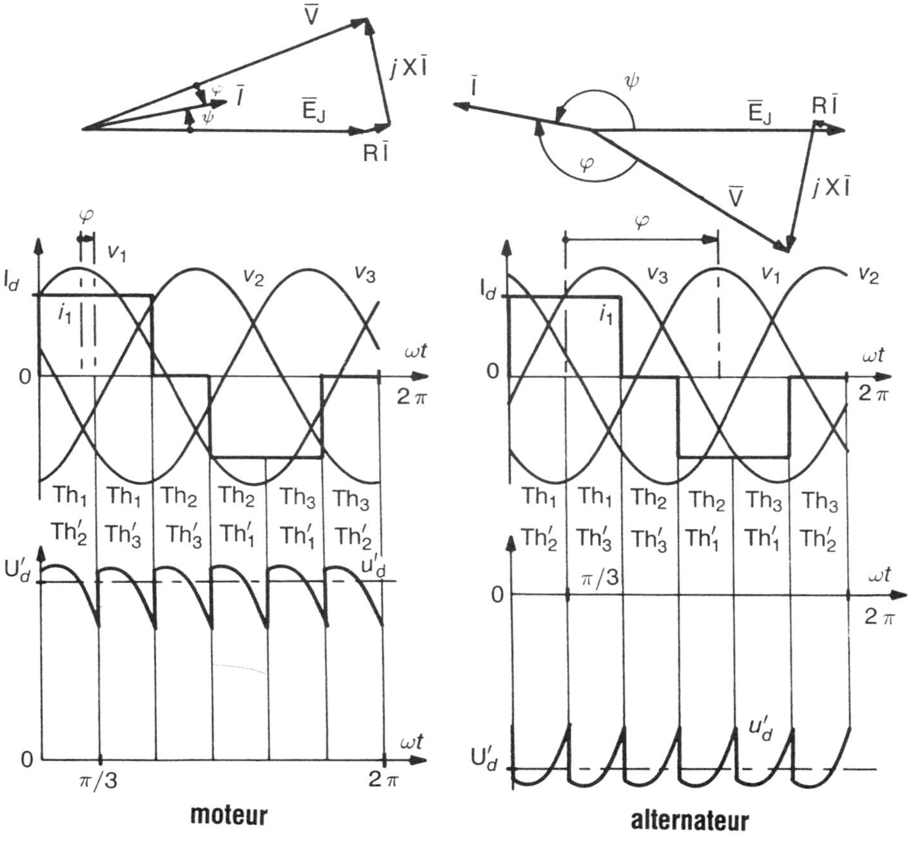

Figure 3.31

L'ensemble onduleur de courant-machine synchrone se comporte comme un moteur à courant continu :

- pour augmenter ou réduire la vitesse, par action sur la commande du redresseur relié au réseau, on augmente ou on réduit la tension U'_d à l'entrée de cet ensemble;
- pour inverser rapidement le couple, on fait passer l'angle ψ d'une valeur positive faible à une valeur peu inférieure à π ;
- lors des montées en vitesse ou lors des freinages rapides, la "butée" courant, qui impose à I_d de ne pas dépasser la valeur transitoirement tolérable, limite la vitesse de variation de U'_d .

Pour inverser le sens de rotation, il faut inverser l'ordre d'alimentation des phases statoriques.

4.1.4. Démarrage

A l'arrêt ou aux très basses vitesses, la f.e.m. due à l'inducteur est nulle ou trop faible pour assurer les commutations. Il faut prévoir quelque chose pour bloquer les semiconducteurs jusqu'à une vitesse qui est de l'ordre du dixième de la vitesse nominale.

• On peut *annuler le courant* i_d alimentant l'onduleur de courant à la fin de chacun des sixièmes de période des courants i_1, i_2, i_3. Le courant dans les deux interrupteurs passants s'annule. On rétablit le courant i_d en même temps qu'on ferme les "interrupteurs" correspondant au sixième de période suivant.

Pour cela on peut, par exemple, agir sur la commande du redresseur d'entrée (figure 3.32). Aux basses vitesses, la tension u_d qu'il délivre a une valeur moyenne faible ; elle est formée d'arcs de sinusoïdes (six par période des tensions du réseau) très éloignés des sommets de celles-ci. Si on omet de déclencher un des thyristors du redresseur, la sinusoïde en cours se prolonge et u_d devient nettement négatif entraînant l'annulation de i_d.

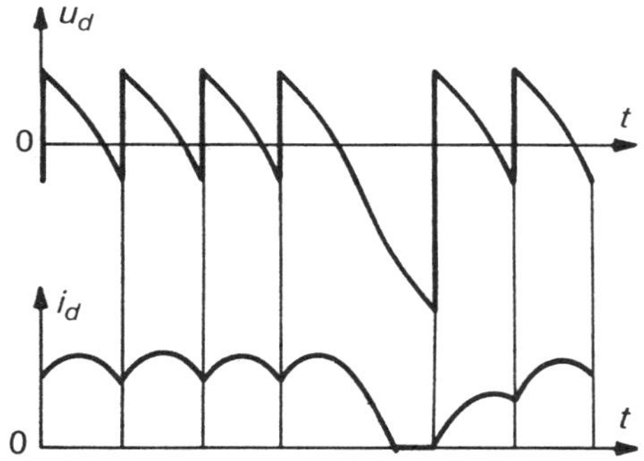

Figure 3.32

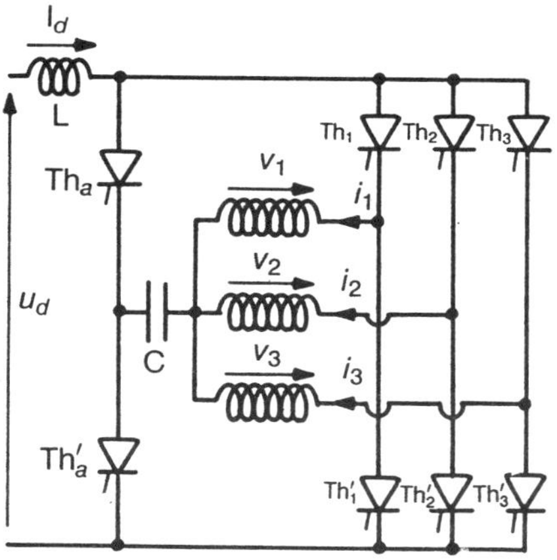

Figure 3.33

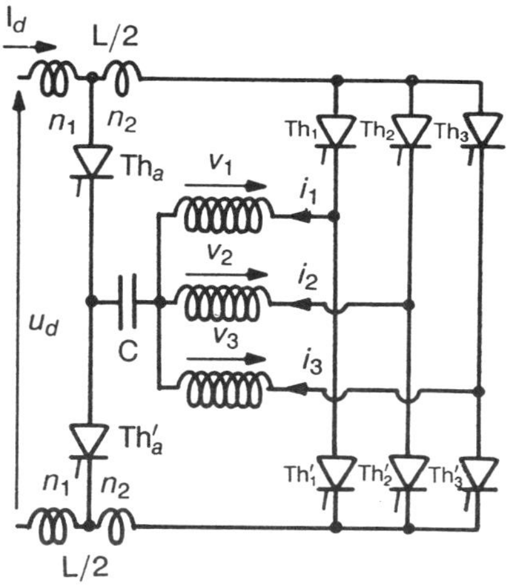

Figure 3.34

• Pour éviter les intervalles à couple nul correspondant à l'annulation de i_d, on fait d'ordinaire fonctionner l'onduleur de courant en "commutation forcée". Pour cela on ajoute un *circuit auxiliaire d'extinction* des thyristors de l'onduleur. Ce circuit n'intervenant qu'aux basses fréquences est plus simple que ceux qu'on utilise dans les onduleurs de courant à thyristors alimentant des moteurs asynchrones.

La figure 3.33 donne le schéma de principe du montage souvent adopté. A l'onduleur, proprement dit on a ajouté deux thyristors auxiliaires Th_a et Th'_a et un condensateur C monté entre le point neutre du moteur et le point commun aux deux thyristors auxiliaires.

– On peut, en simplifiant, expliquer ainsi la commutation du courant I_d de Th_3 à Th_1 :

- avant la commutation, Th_3 et Th'_2 conduisent : $i_3 = -i_2 = I_d$,
- on débloque Th_a : le courant i_2, toujours égal à $-I_d$, est fourni à la phase 2 du moteur par deux voies, l'une comportant Th_3 et la phase 3, l'autre Th_a et C. Le courant dans la première diminue, le courant dans la seconde augmente; quand ce dernier atteint la valeur I_d, le thyristor Th_3 s'éteint,
- on débloque alors Th_1, le courant I_d passe en partie par Th_a et C, en partie par Th_1 et la phase 1. Quand le courant i_1 dans cette phase atteint la valeur I_d, Th_a s'éteint, la commutation $Th_3 - Th_1$ est terminée.

– Si le montage de la figure 3.33 permet d'éviter l'annulation du couple lors des commutations, pour chacune de celles-ci le couple présente un creux.

On peut éviter celui-ci en divisant, comme l'indique la figure 3.34, l'inductance de lissage en deux parties, l'une sur le fil aller de I_d, l'autre sur le fil retour, et en divisant chacune de ces parties en deux parts comptant, l'une n_1 spires, l'autre n_2, couplées entre elles. Un choix convenable du rapport n_1/n_2 évite les creux de couple.

• Enfin, on peut utiliser des *semiconducteurs à fermeture et ouverture commandées*, des thyristors GTO par exemple. Il est alors normal de profiter de la possibilité de commande à l'ouverture des semiconducteurs dans toute la gamme des vitesses et de ne plus avoir recours à l'autocommutation. On peut alors fonctionner avec l'angle de commande optimal :

$\psi = 0$, pour la marche en moteur,

$\psi = \pi$, pour la marche en alternateur.

4.1.5. La pulsation du couple

Si on alimente le moteur par des courants tels ceux de la figure 3.29, la f.m.m. de l'induit avance par à-coups et le couple n'est pas constant, il présente une composante alternative dont la fréquence est égale à six fois celle des courants. Ce peut être gênant surtout aux très basses vitesses où le moteur semble avancer pas-à-pas.

Les courants contiennent des harmoniques 5 et 7 et la f.m.m. tournante (voir § I.4.1) contient, en plus de son fondamental tournant à la vitesse ω, des f.m.m. harmoniques, notamment une f.m.m. tournant à la vitesse 6ω.

– Dans les équipements de très forte puissance, on utilise le moteur synchrone "*double étoile*". Son stator porte deux enroulements décalés de $\pi/6$ (ou $\pi/6p$) qu'on alimente par deux onduleurs délivrant deux systèmes de courants déphasés entre eux de $\pi/6$. L'harmonique 6 du couple est supprimé, le premier harmonique restant est celui de rang 12 beaucoup moins important.

– Si on utilise des thyristors GTO, aux basses fréquences on peut travailler en *Modulation de Largeur d'Impulsions*. Au lieu de former chaque alternance de courants i_1, i_2, i_3 d'un seul créneau rectangulaire, on peut la former de plusieurs créneaux dont les largeurs sont déterminées en vue de repousser vers les hautes fréquences les harmoniques des courants. Au fur et à mesure que la fréquence augmente, on peut simplifier le découpage des alternances et, aux grandes vitesses, se limiter à un seul créneau par alternance.

4.2. ALIMENTATION DU MOTEUR SYNCHRONE PAR UN ONDULEUR DE TENSION

Pour les équipements de faible puissance on alimente le moteur synchrone par un onduleur de tension.

C'est la solution utilisée lorsqu'un seul onduleur alimente plusieurs moteurs devant tourner exactement à la même vitesse.

Souvent, en faible puissance, afin de supprimer tout contact glissant, on crée le flux inducteur à l'aide d'aimants permanents. On qualifie alors l'ensemble onduleur-machine de "moteur à commutation électronique" ou de "moteur à courant continu sans balais".

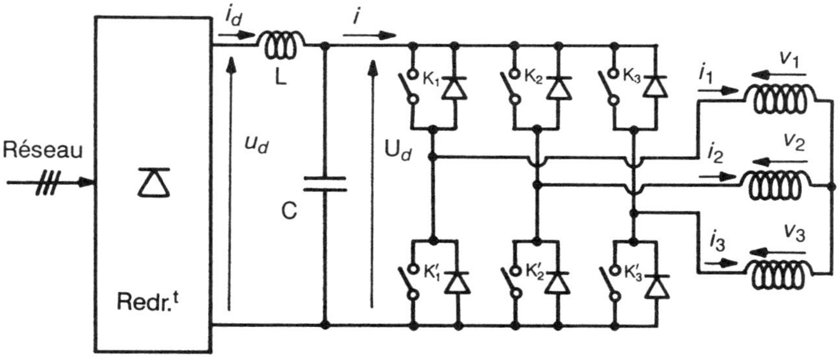

Figure 3.35

La figure 3.35 donne le schéma équivalent à l'équipement lorsqu'il est alimenté par le réseau industriel. On trouve successivement :

- un redresseur qui délivre une tension redressée u_d de valeur moyenne U_d ;
- un filtre composé d'une inductance L et d'une capacité C qui permet d'avoir une tension de même valeur moyenne que celle délivrée par le redresseur mais d'ondulation négligeable;

- un onduleur de tension formé de six "interrupteurs" K_1, K_2, K_3 et K'_1, K'_2, K'_3 constitués chacun d'un semiconducteur à fermeture et ouverture commandées (schématisé par un interrupteur mécanique) et d'une diode montée en parallèle inverse, car les "interrupteurs" doivent être réversibles en courant ;
- le moteur dont les phases absorbent les courants i_1, i_2, i_3 et ont à leurs bornes les tensions v_1, v_2, v_3.

4.2.1. Valeur et forme d'onde des tensions

• Les onduleurs utilisés sont à *Modulation de Largeur d'Impulsions*, ce qui leur permet, en plus de la variation de fréquence,
- de faire varier la valeur du fondamental des tensions de sortie, donc de faire varier V en fonction de la vitesse même à tension U_d constante ;
- de repousser vers les hautes fréquences les harmoniques des tensions de sortie. La réactance présentée par le moteur croissant avec le rang des harmoniques, on peut ainsi obtenir de courants i_1, i_2, i_3 pratiquement sinusoïdaux.

Les façons de déterminer les instants d'ouverture et de fermeture des interrupteurs seront indiquées dans le deuxième volume de cette série.

Nous nous limitons ici à reproduire le tableau permettant de déterminer, à partir de l'état des interrupteurs,
- les tensions de sortie v_1, v_2, v_3 en fonction de la tension d'entrée U_d,
- le courant d'entrée i en fonction des courants de sortie i_1, i_2, i_3.

Les interrupteurs montés en série sous la tension U_d doivent être complémentaires : quand K_1 est fermé, K'_1 doit être ouvert et inversement, de même pour K_2 et K'_2, pour K_3 et K'_3. Il suffit donc d'indiquer l'état ouvert (O) ou fermé (F) de K_1, K_2, K_3.

Les séquences d'ouverture et de fermeture des trois jeux d'interrupteurs, K_1 et K'_1, K_2 et K'_2, K_3 et K'_3 sont les mêmes à un tiers de période près afin que les fondamentaux de v_2 et v_3 soient déphasés de $2\pi/3$ et $4\pi/3$ en arrière de celui de v_1.

K_1	K_2	K_3	v_1	v_2	v_3	i
F	F	F	0	0	0	0
F	O	F	$U_d/3$	$-2\,U_d/3$	$U_d/3$	$-i_2$
F	F	O	$U_d/3$	$U_d/3$	$-2\,U_d/3$	$-i_3$
F	O	O	$2\,U_d/3$	$-U_d/3$	$-U_d/3$	i_1
O	F	F	$-2\,U_d/3$	$U_d/3$	$U_d/3$	$-i_1$
O	O	F	$-U_d/3$	$-U_d/3$	$2\,U_d/3$	i_3
O	F	O	$-U_d/3$	$2\,U_d/3$	$-U_d/3$	i_2
O	O	O	0	0	0	0

La figure 3.36 donne un exemple simple. En haut, on a représenté par des tirets les intervalles de fermeture de K_1, K_2, et K_3. On en a déduit la forme d'onde de la tension v_1 et son fondamental (en traits mixtes).

Pour la marche en moteur, en supposant les courants i_1, i_2, i_3 sinusoïdaux et déphasés de φ en arrière des tensions simples correspondantes, on a tracé la forme d'onde du courant i à l'aide du tableau précédent.

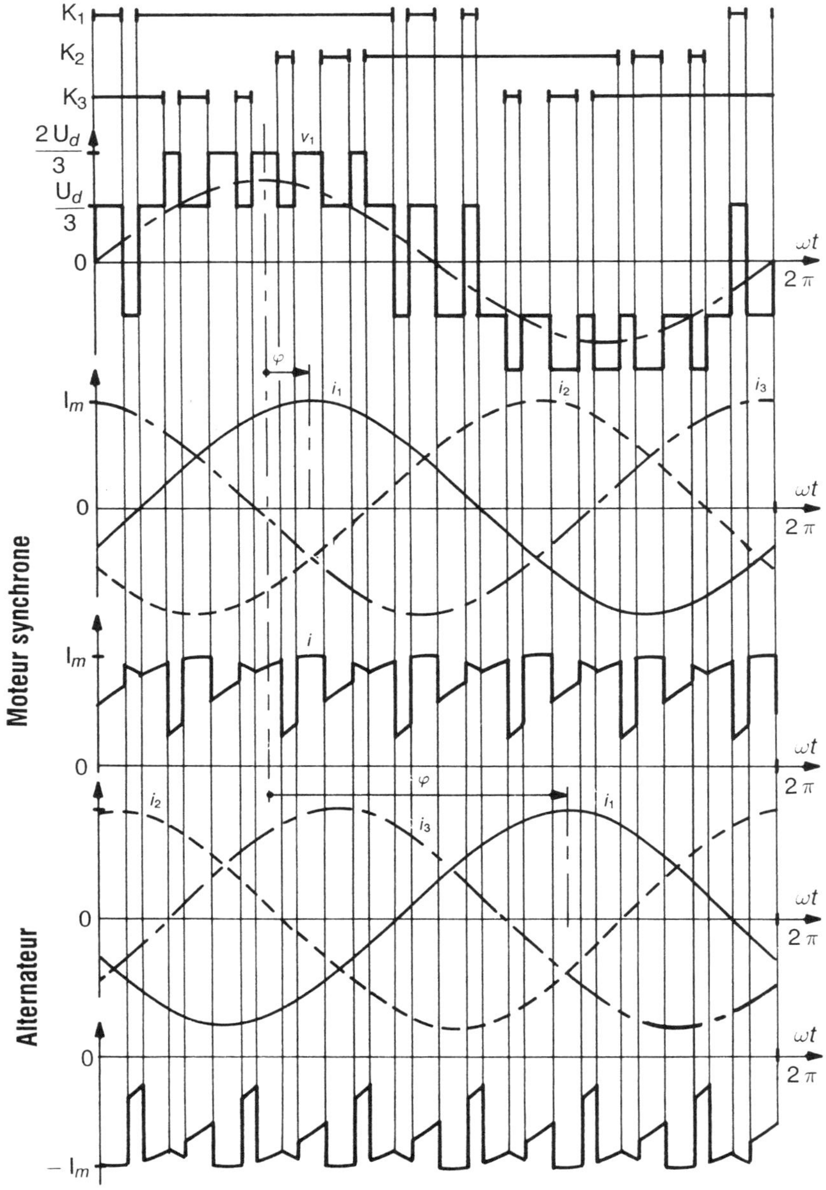

Figure 3.36

Le courant i_d fourni par le redresseur a la même valeur moyenne que i ; mais, grâce à l'inductance L, il est beaucoup moins ondulé.

• Le moteur est d'ordinaire commandé *"à flux constant"* (voir § 3.2.3 et 3.3.3), c'est-à-dire qu'on maintient constant le rapport tension/fréquence (sauf aux très basses fréquences où l'on doit tenir compte de la résistance).

Cela permet à la machine de pouvoir développer le même couple maximum à toutes les vitesses, d'absorber le même courant pour développer le même couple quelle que soit la vitesse.

La mesure du courant moyen à l'entrée du moteur permet de limiter la rapidité de variation de la fréquence lors des régimes transitoires.

Ce n'est que lorsqu'on veut des performances dynamiques exceptionnelles qu'il faut ajouter un capteur de position rotorique pour vérifier que l'angle interne δ ne sort pas de la limite de stabilité.

4.2.2. Réversibilité

Lorsque le moteur est entraîné par ce qui était précédemment sa charge, le couple s'inverse. Sur les figures 3.19 ou 3.26, le point de fonctionnement se déplace sur le cercle d'égal E_J dans la partie où δ est négatif. Le déphasage φ du courant $\bar{I}$ par rapport à la tension $\bar{V}$ devient supérieur à $\pi/2$.

Lors du freinage "à vitesse constante" ce passage de δ d'un sens à l'autre s'opère sans qu'il y ait à intervenir sur la commande.

Si on veut faire varier la vitesse de freinage ou arrêter rapidement on fait varier la fréquence et donc la tension.

MAIS, contrairement à ce qu'on avait pour l'onduleur de courant, l'inversion du couple n'entraîne pas celle de la tension d'entrée, elle entraîne l'inversion du courant d'entrée du convertisseur. En bas de la figure 3.36 on a tracé pour la marche en alternateur ($\varphi > \pi/2$) la forme d'onde du courant d'entrée i ; sa valeur moyenne est devenue négative.

Ce changement est favorable quand l'onduleur de tension est alimenté par une batterie d'accumulateurs, qui est une source continue non réversible en tension mais réversible en courant. La batterie se décharge lorsque la machine synchrone fonctionne en moteur, elle se charge quand la machine fonctionne en alternateur.

Au contraire, lorsque la machine est alimentée par un redresseur, ce changement est gênant. Le redresseur est une source continue réversible en tension mais pas en courant. Le problème de l'inversion du couple est le même que pour le moteur à courant continu à excitation indépendante ; les solutions sont d'ailleurs les mêmes.

Souvent pour les applications en faible puissance, on n'a pas à assurer un freinage par récupération et, si un freinage électrique est nécessaire, on peut se contenter d'un freinage rhéostatique. Pour cela, l'onduleur est séparé du redresseur et fonctionnant lui-même en redresseur débite sur un rhéostat.

C'est pour cette raison que sur le schéma de principe de la figure 3.35 nous avons indiqué que le redresseur d'entrée était à diodes. Un redresseur à thyristors seul ne permettrait pas l'inversion du couple.

La changement du sens de rotation de la machine récessite la permutation de l'ordre dans lequel ses phases statoriques sont alimentées.

CHAPITRE 4

Le moteur asynchrone

Le moteur asynchrone ou moteur d'induction est actuellement le moteur électrique dont l'usage est le plus répandu dans l'industrie. Son principal avantage réside dans l'absence de contacts électriques glissants, ce qui conduit à une structure simple et robuste facile à construire. Le domaine de puissance va de quelques watts à plusieurs mégawatts.

Relié directement au réseau industriel à tension et fréquence contantes, il tourne à une vitesse peu différente de la vitesse synchrone ; c'est lui qui est utilisé pour la réalisation de la quasi-totalité des entraînements électriques à vitesse "constante".

Mais le moteur asynchrone permet aussi la réalisation d'entraînements à vitesse variable et la place qu'il prend dans ce domaine ne cesse de croître.

Il y a un grand nombre de procédés possibles pour faire varier la vitesse de ce moteur et le recours à des systèmes sophistiqués n'est pas nécessaire dans nombre d'applications.

Cette multiplicité des procédés de variation de vitesse du moteur asynchrone rend délicate la présentation de ce chapitre qui leur est consacré.

Une présentation simple et rapide du fonctionnement en régime établi du moteur alimenté à tension et fréquence constantes permet de montrer les procédés de variation de vitesse où les régimes transitoires peuvent être considérés comme une succession de régimes permanents.

Mais nous serons amenés à revenir sur la théorie de la machine pour expliquer les procédés de commande utilisés lorsqu'on veut obtenir de meilleures performances dynamiques.

1. CONSTRUCTION. PRINCIPE. SCHÉMA MONOPHASÉ ÉQUIVALENT

1.1. CONSTRUCTION

• Le moteur asynchrone triphasé est formé d'un stator et d'un rotor séparés par un entrefer.

– *Le stator* est analogue à celui des machines synchrones. Il porte un bobinage triphasé relié à la source alimentant le moteur.

– *Le rotor* est cylindrique. Il est formé par un empilage de disques de tôles encochées sur leur périphérie. Dans les encoches, on place un bobinage polyphasé en court-circuit. Le bobinage rotorique n'est donc pas relié à une source; les courants rotoriques sont des courants induits, d'où le nom de moteur d'induction souvent donné au moteur asynchrone.

– *L'entrefer* est plus étroit que dans les autres machines car il n'y a pas d'inducteur. La création du flux dans l'entrefer nécessite la consommation d'une puissance réactive prise à la source alimentant le stator.

• Les enroulements statorique et rotorique doivent avoir le même nombre de pôles $2p$; ils peuvent avoir des nombres de phases différents.

– La plupart des moteurs asynchrones sont à *rotor à cage*. Dans chaque encoche rotorique on met une barre de cuivre ou d'aluminium. A chacune des deux extrémités du rotor les barres sont réunies par deux anneaux circulaires, d'où le nom de cage (d'écureuil).

Le courant passant dans une barre revient par la barre distante d'un angle égal à π/p. On peut donc considérer le rotor comme un enroulement polyphasé dont le nombre de phases est égal au nombre de paires de barres dans un angle égal à $2\pi/p$.

Quel que soit son nombre de phases on peut substituer au bobinage rotorique le bobinage triphasé équivalent, c'est-à-dire créant la même force magnétomotrice.

– Quelques moteurs sont à *rotor bobiné* ou *à bagues*. Dans les encoches rotoriques est placé un bobinage, d'ordinaire triphasé, dont les trois bornes sont reliées à trois bagues solidaires du rotor. Sur ces bagues appuient des balais fixes. Ceux-ci permettent d'accéder au bobinage pour en modifier les caractéristiques, pour y prélever ou y injecter de la puissance.

1.2. GLISSEMENT. FRÉQUENCE ROTORIQUE. ORIGINE DU COUPLE

1.2.1. Le glissement

L'enroulement statorique recevant des courants de fréquence f (ou de pulsation ω) crée un flux tournant à la vitesse synchrone

$$\mathrm{N} = \frac{f}{p} \quad ; \quad \Omega = \frac{\omega}{p}.$$

Ce flux balayant le bobinage rotorique y induit des courants. L'action du flux tournant sur les courants induits crée un couple. Le rotor tourne dans le même sens que le flux car, d'après la loi de Lenz, les courants induits tendent à s'opposer à la variation de flux qui leur a donné naissance.

Le rotor ne peut tourner aussi vite que le flux sinon le flux à travers ses enroulements serait constant, il n'y aurait plus de courant induit ni de couple.

Le rotor tourne à une vitesse N' (ou Ω') qui s'écarte d'autant plus de la vitesse synchrone que la charge qu'il entraîne demande un couple plus fort.

La perte relative de vitesse est appelée *glissement* g

$$\boxed{g = \frac{\mathrm{N} - \mathrm{N}'}{\mathrm{N}} = \frac{\Omega - \Omega'}{\Omega}} \tag{4.1}$$

1.2.2. Fréquence rotorique

Si le rotor était à l'arrêt, le flux tournant statorique ϕ_S balayerait l'enroulement rotorique à la vitesse Ω et y induirait des courants ayant la même pulsation ω, égale à Ω/p, que les courants statoriques.

Le rotor tournant à la vitesse Ω', ses enroulements sont balayés à la vitesse $\Omega - \Omega'$ par le flux ϕ_S. La pulsation des courants induits est

$$\omega_R = \omega \frac{\Omega - \Omega'}{\Omega} = g\,\omega\,.$$

La pulsation ou la fréquence des courants rotoriques varie avec le glissement

$$\omega_R = g\,\omega \quad ; \quad f_R = g\,f\,. \tag{4.2}$$

1.2.3. Flux rotorique. Couple

– L'enroulement rotorique, parcouru par des courants de pulsation $g\,\omega$, crée un flux ϕ_R tournant par rapport au rotor à la vitesse $g\,\omega/p$.

Sa vitesse par rapport au stator est égale à

$$\Omega' + \frac{g\,\omega}{p} = \Omega' + \frac{\Omega - \Omega'}{\Omega}\,\Omega = \Omega\,.$$

Le flux rotorique tourne donc à la *même vitesse* que le flux statorique.

– Comme pour la machine synchrone (voir figure 3.11), on peut illustrer l'origine du couple par les forces attractives et répulsives s'exerçant entre les deux jeux de pôles, celui correspondant à ϕ_S et celui correspondant à ϕ_R.

– En réalité, toujours comme pour la machine synchrone, le seul flux réel dans l'entrefer (on le désignera par ϕ_e) est celui résultant de la composition de ϕ_S et de ϕ_R.

1.3. ÉQUATIONS DES TENSIONS. SCHÉMAS ÉQUIVALENTS

1.3.1. Équation des tensions

On suppose que le moteur est triphasé au rotor comme au stator, que toutes les grandeurs alternatives sont sinusoïdales.

On désigne par

- r_1, ℓ_1, n_1 la résistance, l'inductance cyclique de fuites et le nombre de spires d'une phase du stator.
- r_2, ℓ_2, n_2 les mêmes grandeurs pour une phase du rotor.
- k_1 et k_2 les coefficients de bobinage des deux enroulements,
- V_1 et I_1 les valeurs efficaces de la tension simple et du courant statorique.
- I_2 la valeur efficace du courant rotorique.

On suppose le flux tournant résultant dans l'entrefer ϕ_e à répartition sinusoïdale.

• *Au stator*, le flux ϕ_e crée une f.e.m. E_1, de pulsation ω, qui avec les chutes de tension dans r_1 et ℓ_1 équilibre la tension appliquée. On peut la calculer comme on l'a fait pour E_J dans l'étude du moteur synchrone (chapitre 3, § 2.1)

$$E_1 = \pi \sqrt{2} k_1 n_1 N \phi_e .$$

L'équation des tensions d'une phase statorique s'écrit donc :

$$\overline{V}_1 = (r_1 + j \ell_1 \omega) \overline{I}_1 + \overline{E}_1 . \qquad (4.3)$$

• *Au rotor*, le flux ϕ_e crée une f.e.m. E_2, de pulsation $g\omega$, qui fait circuler I_2 dans le rotor. Elle a pour valeur :

$$E_2 = \pi \sqrt{2} k_2 n_2 g N \phi_e .$$

D'où l'équation des tensions d'une phase rotorique :

$$\overline{E}_2 = (r_2 + j \ell_2 g \omega) \overline{I}_2 .$$

Tous ces termes sont à la pulsation $g\omega$. Pour pouvoir les représenter sur le même diagramme vectoriel que les grandeurs statoriques et tracer pour le moteur un schéma équivalent, on ramène toutes les tensions rotoriques à la pulsation staorique, ce qui revient à les diviser par g et donne :

$$\frac{\overline{E}_2}{g} = \left(\frac{r_2}{g} + j \ell_2 \omega\right) \overline{I}_2 . \qquad (4.4)$$

1.3.2. Schémas équivalents

• Si l'on suppose que $\overline{E}_2/g$ est en phase avec $\overline{E}_1$, les équations (4.3) et (4.4) sont celles d'un transformateur (figure 4.1).

Son rapport de transformation :

$$\frac{E_1}{E_2/g} = \frac{k_1 n_1}{k_2 n_2}$$

est égal au rapport des nombres de tours corrigés pour tenir compte des coefficients de bobinage.

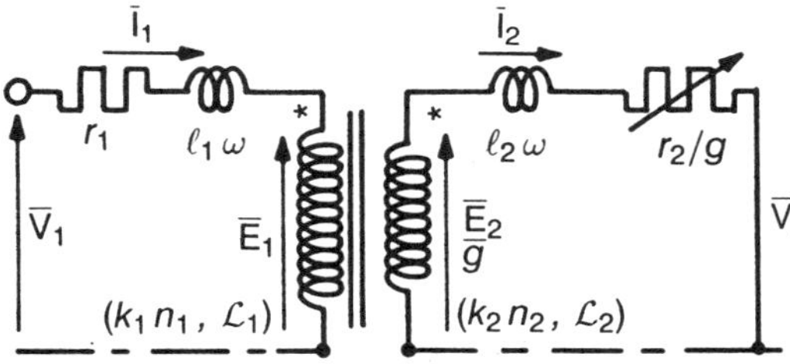

Figure 4.1

Ce transformateur présente les particularités d'avoir :

- son secondaire en court-circuit ($V_2 = 0$),
- une résistance secondaire, r_2/g, variant avec le glissement.

Ce transformateur est parfait, c'est-à-dire que le même flux traverse le primaire et le secondaire, puisqu'on a tenu compte des flux de fuites par ℓ_1 et ℓ_2. Mais il absorbe un courant magnétisant.

Si l'on néglige la saturation, les inductances cycliques des deux enroulements parfaitement couplés de ce schéma sont données par la relation établie pour l'enroulement statorique du moteur synchrone à entrefer constant [relation (3.12)].

$$\mathcal{L}_1 = \frac{3}{2} k_1^2 n_1^2 \frac{LD}{e} \quad ; \quad \mathcal{L}_2 = \frac{3}{2} k_2^2 n_2^2 \frac{LD}{e} .$$

• A condition de tenir compte des deux particularités du transformateur équivalent au moteur, on peut utiliser tous les schémas équivalents utilisés pour le transformateur statique.

La figure 4.2 donne le schéma avec transformateur idéal, sans fuites ni courant magnétisant. C'est la réactance magnétisante X_μ, égale à $\mathcal{L}_1 \omega$ $\left[\text{ou à } \mathcal{L}_2 \omega\right.$ ramené au stator, soit $\left.\mathcal{L}_2 \omega (k_1 n_1 / k_2 n_2)^2\right]$ qui rend compte de ce courant égal à $I_{1\mu}$ tel que :

$$\bar{I}_{1\mu} = \bar{I}_1 - \frac{k_2 n_2}{k_1 n_1} \bar{I}_2 = \bar{I}_1 - \bar{I}'_2 .$$

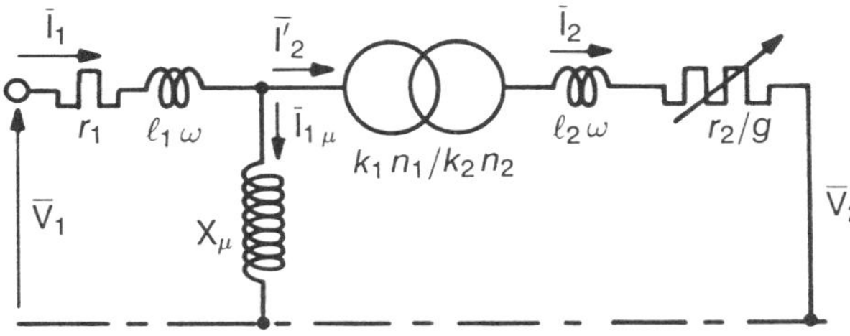

Figure 4.2

• On peut ramener l'impédance $j \ell_2 \omega + r_2/g$ du secondaire au primaire du transformateur idéal. La tension secondaire de celui- ci et donc sa tension primaire est alors nulle, d'où le schéma équivalent de la figure 4.3.

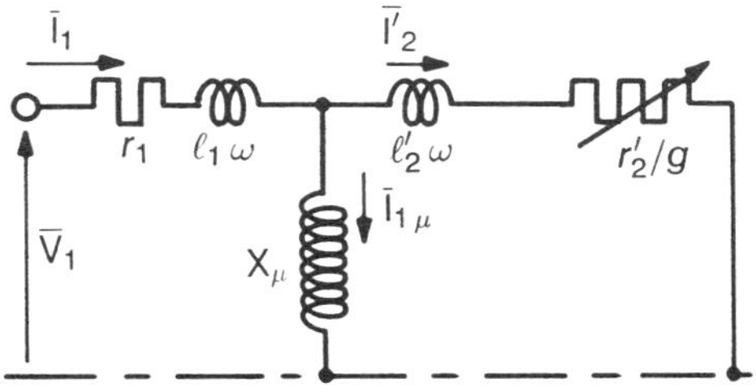

Figure 4.3

Dans ce schéma,

$$\ell'_2 \omega = \ell_2 \omega \left(\frac{k_1 n_1}{k_2 n_2}\right)^2 \quad ; \quad r'_2 = r_2 \left(\frac{k_1 n_1}{k_2 n_2}\right)^2 \quad ; \quad \bar{I}'_2 = \bar{I}_2 \frac{k_2 n_2}{k_1 n_1} . \qquad (4.6)$$

1.3.3. Transformation du schéma équivalent. Simplification

Le moteur asynchrone admet de nombreux schémas électriques équivalents. On demande simplement à ces schémas de laisser inchangée l'impédance d'entrée du moteur vue de ses bornes statoriques. Le choix de telle ou telle représentation est fait en fonction de l'application choisie.

• Si le schéma de la figure 4.3 est le plus classique, celui de la figure 4.4 facilite de nombreux calculs.

En désignant par X_1 et X'_2 la réactance totale du stator et celle du rotor ramenée au stator, soit :

$$X_1 = X_\mu + \ell_1 \omega \quad ; \quad X_2 = X_\mu + \ell_2 \omega \qquad (4.7)$$

les éléments intervenant dans ce schéma sont, outre r_1 la résistance du stator et X_1 sa réactance totale,

$$r_2'' = r_2' \left(\frac{X_1}{X_\mu}\right)^2 \quad ; \quad x_2'' = X_2' \left(\frac{X_1}{X_\mu}\right)^2 - X_1 . \tag{4.8}$$

Le courant $\bar{I}_2''$ est lié à $\bar{I}_2'$ par :

$$\bar{I}_2'' = \bar{I}_2' \frac{X_\mu}{X_1} .$$

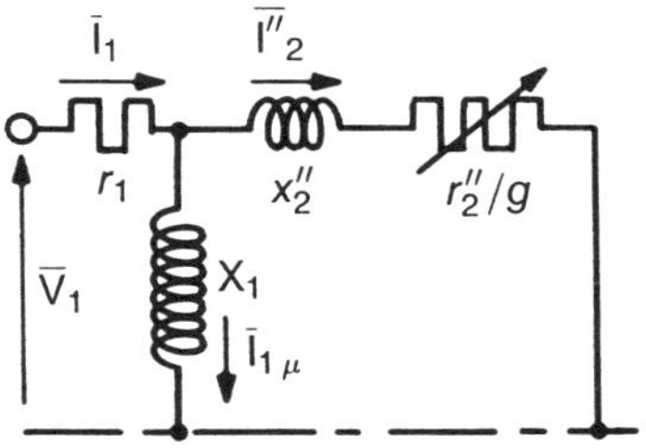

Figure 4.4

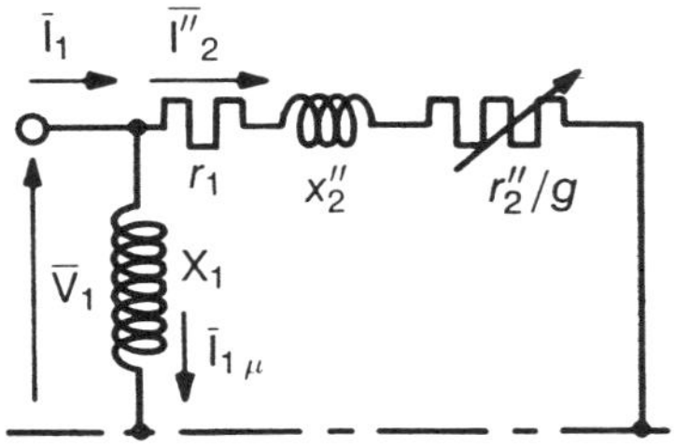

Figure 4.5

On vérifie que l'impédance vue de l'entrée correspondant aux schémas des figures 4.3 et 4.4 est la même, c'est-à-dire que compte tenu de (4.7) et (4.8) :

$$r_1 + j\,\ell\omega + \frac{j\,X_\mu\,(r_2'/g + j\,\ell_2'\,\omega)}{r_2'/g + j\,(X_\mu + \ell_2'\,\omega)} = r_1 + \frac{j\,X_1\,(r_2''/g + j\,x_2'')}{r_2''/g + j\,(X_1 + x_2'')} .$$

On peut, dès que la fréquence d'alimentation dépasse quelques Hertz, représenter le moteur par le schéma de la figure 4.5, en déplaçant la réactance X_1 de l'aval à l'amont de la résistance r_1 .

La tension aux bornes de X_1 , qui vaut $\bar{V}_1 - r_1\,\bar{I}_1$, est supposée égale $\bar{V}_1$; la tension aux bornes de $r_2''/g + j\,x_2''$, qui vaut $\bar{V}_1 - r_1\,(\bar{I}_2'' + \bar{I}_{1\,\mu})$, est supposée égale à $\bar{V}_1 - r_1\,\bar{I}_2''$.

L'erreur commise est d'autant plus faible que le moteur est de puissance plus élevée, c'est-à-dire que la chute de tension dans r_1 a une valeur relative plus faible.

Par la suite, nous désignerons par schéma approché celui de la figure 4.5, par opposition aux schémas plus exacts des figures 4.3 et 4.4.

1.3.4. Remarques sur les schémas équivalents

1° On peut tenir compte des pertes dans le fer de la partie statorique du circuit magnétique en ajoutant une résistance R_μ (de valeur très supérieure à X_μ) en parallèle avec $j\,X_\mu$ sur les schémas des figures 4.2 et 4.3, en parallèle avec $j\,X_1$ sur les schémas des figures 4.4 et 4.5.

Les pertes dans la partie rotorique du circuit magnétique équivalent à une augmentation de la résistance r_2 (ou r_2' ou r_2'') du bobinage du rotor.

2° Les schémas des figures 4.2 et 4.3 ont l'avantage de ne pas faire intervenir les inductances totales des enroulements dans les branches parcourues par les courants I_1 et I_2 (ou I_2') mais seulement leurs inductances de fuites. Les flux de fuites ont une grande partie de leur trajet dans l'air; les inductances ℓ_1 et ℓ_2 (ou ℓ'_2) sont peu affectées par la *saturation* du circuit magnétique.

Les schémas des figures 4.4 et 4.5 présentent pratiquement le même intérêt. En effet la réactance x''_2 égale à :

$$x''_2 = X'_2 \left(\frac{X_1}{X_\mu}\right)^2 - X_1 = (X_\mu + \ell'_2 \omega) \left(\frac{X_\mu + \ell_1 \omega}{X_\mu}\right)^2 - (X_\mu + \ell_2 \omega)$$

$$= \ell_1 \omega + \ell'_{2\omega} + \frac{\ell_1^2 \omega^2 + 2 \ell_1 \omega \ell'_2 \omega}{X_\mu} + \frac{\ell_1^2 \omega^2 \ell'_2 \omega}{X_\mu^2}$$

diffère peu de $\ell_1 \omega + \ell'_2 \omega$.

On peut tenir compte de la saturation au niveau du courant magnétisant $I_{1\mu}$ et de la réactance magnétisante X_μ.

3° Le *coefficient de dispersion* σ est une des principales caractéristiques du moteur.

Puisque les inductances cycliques totales du stator et du rotor sont $\mathcal{L}_1 + \ell_1$ et $\mathcal{L}_2 + \ell_2$, où $\mathcal{L}_1$ et $\mathcal{L}_2$ correspondent au couplage parfait,

$$\sigma = 1 - \frac{\mathcal{L}_1 \mathcal{L}_2}{(\mathcal{L}_1 + \ell_1)(\mathcal{L}_2 + \ell_2)}. \tag{4.9}$$

Si l'on introduit les coefficients de dispersion propres au stator et au rotor, soit :

$$\sigma_1 = \frac{\ell_1}{\mathcal{L}_1} \quad \text{et} \quad \sigma_2 = \frac{\ell_2}{\mathcal{L}_2}$$

σ s'écrit :

$$\sigma = 1 - \frac{1}{(1 + \sigma_1)(1 + \sigma_2)}.$$

En ramenant toutes les inductances au primaire et en passant des inductances aux réactances, la relation (4.9) devient :

$$\sigma = 1 - \frac{\mathcal{L}_1 \omega \mathcal{L}'_2 \omega}{(\mathcal{L}_1 \omega + \ell_1 \omega)(\mathcal{L}'_2 \omega + \ell'_2 \omega)} = 1 - \frac{X_\mu^2}{X_2 X'_2}$$

ou, en mettant en évidence x''_2,

$$\sigma = 1 - \frac{X_\mu^2}{X_1 (x''_2 + X_1) \dfrac{X_\mu^2}{X_1^2}}$$

$$\sigma = 1 - \frac{X_1}{X_1 + x''_2}. \tag{4.10}$$

La valeur de σ dépend de plusieurs paramètres constructifs du moteur : épaisseur d'entrefer, forme des encoches, nombre de pôles (donnant la longueur relative de la partie des sections située hors des encoches).

Normalement σ va de 0,05 pour les machines à faibles fuites à 0,20 pour celles à fortes fuites.

4° Pour le moteur alimenté à tension et fréquence nominales, le *courant magnétisant* $I_{1\mu}$ a une valeur relative élevée : de 20 à 40 % du courant statorique nominal. Cela est dû à la présence de l'entrefer. Dans les transformateurs ce courant est beaucoup plus faible, de l'ordre de 5 % du courant nominal.

Le courant magnétisant $I_{1\mu}$ diffère peu du courant I_{10} absorbé par le moteur à vide. Alors, en effet, le glissement est très faible, r'_2/g (ou r''_2/g) très grand et I'_2 (ou I''_2) négligeable devant $I_{1\mu}$.

5° L'emploi du transformateur équivalent explique que l'on appelle souvent *primaire* le bobinage du stator, *secondaire* celui du rotor et qu'on utilise les indices 1 et 2 pour les grandeurs correspondantes.

2. RELATIONS GÉNÉRALES

2.1. PUISSANCES ET PERTES

Le moteur absorbe une puissance active P_1 :

$$P_1 = 3\,V_1\,I_1\,\cos\varphi_1 .$$

En soustrayant de P_1 les pertes Joule dans l'enroulement statorique p_{JS} et les pertes dans le fer du stator p_{fS} on obtient la puissance qui traverse l'entrefer P'_1 :

$$P'_1 = P_1 - p_{JS} - p_{fS}, \quad \text{avec } p_{JS} = 3\,r_1\,I_1^2 .$$

Une partie de P'_1 est transformée en pertes Joule au rotor, le reste en puissance mécanique $P_{méc}$:

$$P_{méc} = P'_1 - p_{JR}, \quad \text{avec } p_{JR} = 3\,r_2\,I_2^2 = 3\,r'_2\,I'^2_2 .$$

En enlevant de $P_{méc}$ les pertes mécaniques p_m et les pertes dans le fer du rotor p_{fR}, on obtient la puissance utile P_u, c'est-à-dire la puissance fournie à la charge entraînée.

$$P_u = P_{méc} - p_m - p_{fR} .$$

La figure 4.6 montre l'écoulement de la puissance de la source électrique vers la charge mécanique.

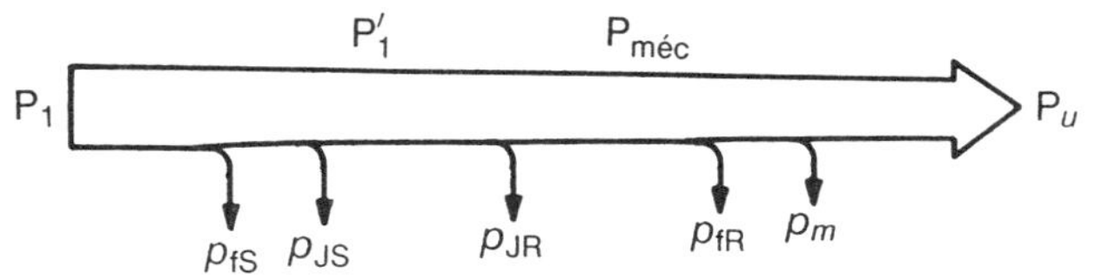

Figure 4.6

Remarques.

– Les pertes dans le fer du stator sont fonctions croissantes du flux balayant le stator et de la vitesse avec laquelle il le balaye. Si on néglige la chute de tension dans $r_1 + j\,\ell_1\,\omega$, le flux est proportionnel à V_1/f, sa vitesse est proportionnelle à f.

Les pertes dans le fer du rotor sont fonctions des mêmes facteurs. Le flux balayant le rotor diffère peu de celui balayant le stator mais la fréquence rotorique est $g\,f$ et non f. Pour le moteur alimenté en sinusoïdal et les fonctionnements normaux, le glissement est faible et p_{JR} négligeable. Mais il peut en être autrement lors de l'alimention par convertisseur.

– Les résistances r_1 et r_2 donnant les pertes Joule varient avec la température, mais aussi lorsque les bobinages sont formés de conducteurs massifs avec la fréquence des courants (effet de peau). On utilise ce phénomène dans les moteurs à cage démarrés directement à la fréquence nominale pour augmenter la résistance du rotor au démarrage quand f_R est voisin de f (moteurs à double cage, à encoches profondes...)

– Les pertes mécaniques sont la somme de termes proportionnels à la vitesse, d'autres à son carré.

2.2. PERTES JOULE ROTORIQUES. COUPLES

• Dans les schémas équivalents c'est la résistance r_2/g (ou r_2'/g ou r_2''/g) qui rend compte de la puissance P_1' transmise au rotor :

$$P_1' = 3\frac{r_2''}{g} I_2''^2 = 3\frac{r_2'}{g} I_2'^2 = 3\frac{r_2}{g} I_2^2 . \tag{4.11}$$

Or les *pertes Joule au rotor* sont :

$$p_{JR} = 3 r_2 I_2^2 .$$

Donc :

$$\boxed{p_{JR} = g P_1'} \tag{4.12}$$

Cette relation est très utilisée :

- pour déterminer p_{JR} car r_2 et I_2 ne sont pas mesurables sur un moteur à cage ;
- pour montrer que les fonctionnements à glissement élevé entraînent un fort pourcentage de pertes.

• *Le couple électromagnétique* C, c'est-à-dire le couple dû à l'interaction stator-rotor, est le quotient de la puissance mécanique par la vitesse angulaire de rotation :

$$C = \frac{P_{méc}}{\Omega'}$$

or
$$P_{méc} = P_1' - p_{JR} = (1-g) P_1' :$$
$$\Omega' = \Omega (1-g) .$$

Donc :

$$\boxed{C = \frac{P_1'}{\Omega}} \tag{4.13}$$

A cause de cette relation, elle aussi très utilisée, le couple électromagnétique est souvent appelé "couple synchrone".

• *Le couple utile* C_u s'obtient en déduisant de C les pertes de couple dues au rotor lui-même :

$$C_u = C - \frac{p_m + (p_{f\,R})}{\Omega(1-g)} . \tag{4.14}$$

Les schémas équivalents et les diverses relations qu'on en a déduites permettent de déterminer les caractéristiques du moteur lorsqu'on indique comment il est alimenté.

3. ALIMENTATION A TENSION ET FRÉQUENCE CONSTANTES

L'étude du moteur asynchrone alimenté directement par le réseau à tension et fréquence constantes tient une grande place dans les traités d'électrotechnique.

Bien qu'ici nous nous limitions aux entraînements à vitesse variable il faut présenter rapidement une partie de cette étude car :

- plusieurs procédés de variation de vitesse du moteur asynchrone correspondent à son alimentation par le réseau industriel ;
- lorsque le moteur est alimenté à fréquence variable par un convertisseur, ses caractéristiques à la tension et à la fréquence nominales servent de base pour la détermination des autres caractéristiques.

Pour cette étude du moteur alimenté par le réseau industriel, on peut, avec une bonne approximation, utiliser le schéma simplifié de la figure 4.5.

3.1. LA CARACTÉRISTIQUE MÉCANIQUE

3.1.1. Variation du couple avec le glissement

• Le schéma de la figure 4.5 donne comme valeur du courant rotorique ramené au stator :

$$I_2'' = \frac{V_1}{\sqrt{(r_1 + r_2''/g)^2 + x_2''^2}}.$$

L'expression du couple électromagnétique déduite des relations (4.11) et (4.13), soit :

$$C = \frac{P_1'}{\Omega} = \frac{1}{\Omega} 3 \frac{r_2''}{g} I_2''^2,$$

peut donc s'écrire :

$$C = \frac{1}{\Omega} 3 \frac{r_2''}{g} \frac{V_1^2}{(r_1 + r_2''/g)^2 + x_2''^2}$$

$$\boxed{C = \frac{3V_1^2}{\Omega} r_2'' \frac{g}{(r_1 g + r_2'')^2 + g^2 x_2''^2}} \qquad (4.15)$$

Le couple C nul pour g nul, croît d'abord quand g augmente, il passe par un maximum C_{max}, puis diminue et égale le couple de démarrage C_d quand g égale 1 (figure 4.7).

• Pour trouver le glissement qui donne le *couple maximum* il suffit de dériver C par rapport à g et de voir quand cette dérivée s'annule.

$$\frac{\delta C}{\delta g} = \frac{3V_1^2}{\Omega} r_2'' \frac{(r_1 g + r_2''^2)^2 + g^2 x_2''^2 + g\left[2r_1(r_1 g + r_2'') + 2g x_2''^2\right]}{\left[(r_1 g + r_2'')^2 + g^2 x_2''^2\right]^2}$$

$$= \frac{3V_1^2}{\Omega} r_2'' \frac{r_2''^2 - r_1^2 g^2 - g^2 x_2''^2}{\left[(r_1 g + r_2'')^2 + g^2 x_2''^2\right]^2}.$$

$\delta C/\delta g$ égale zéro pour $r_2''^2 = g^2(r_1^2 + x_2''^2)$.

D'où le glissement rendant le couple maximum :

$$(g)_{C_{max}} = \frac{r_2''}{\sqrt{r_1^2 + x_2''^2}} \qquad (4.16)$$

et, en reportant dans (4.15), la valeur de ce maximum :

$$C_{max} = \frac{3V_1^2}{\Omega} \frac{1}{r_1 + \sqrt{r_1^2 + x_2''^2}}. \qquad (4.17)$$

• *Le couple de démarrage* C_d s'obtient en faisant $g = 1$ dans (4.15) :

$$C_d = \frac{3V_1^2}{\Omega} \frac{r_2''}{(r_1 + r_2'')^2 + x_2''^2}. \qquad (4.18)$$

Aux faibles glissements, qui correspondent au fonctionnement normal du moteur, r_2''/g est beaucoup plus grand que r_1 et $N_1\omega$; le couple est approximativement donné par :

$$C \simeq \frac{3V_1^2}{\Omega} \frac{g}{r_2''}; \qquad (4.19)$$

le couple est à peu près proportionnel au glissement et inversement.

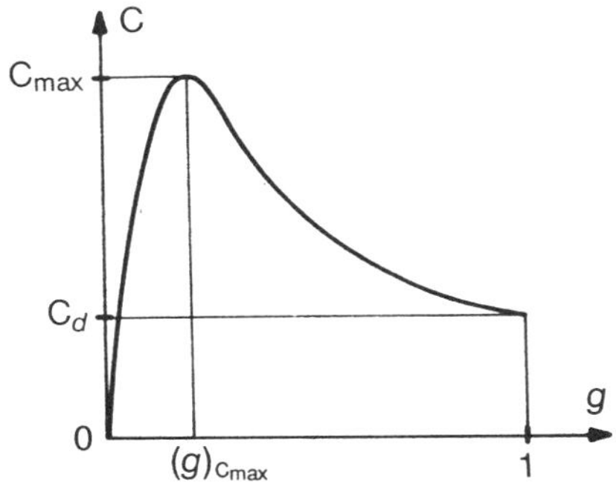

Figure 4.7

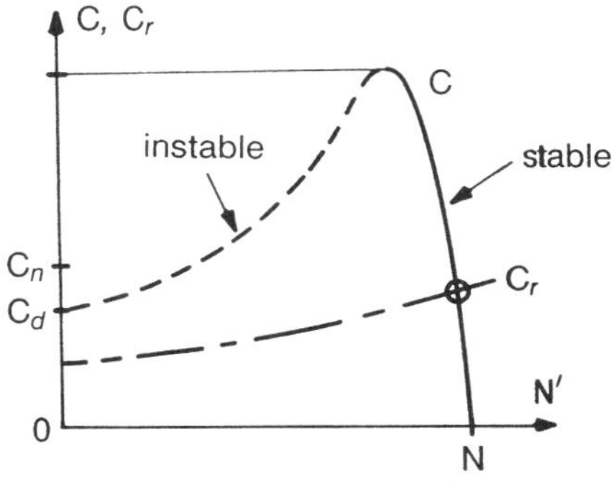

Figure 4.8

3.1.2. Zone normale de fonctionnement

La caractéristique mécanique donnant le couple C en fonction de la vitesse N' (figure 4.8) se déduit directement de $C(g)$ puisque

$$N' = N(1 - g), \quad \text{avec N vitesse synchrone.}$$

Cette caractéristique est formée de deux branches :

- la branche dite stable, comprise entre le point à vide ($g \simeq 0$; $N' \simeq N$) et le point à couple maximum, où $\delta C/\delta N$ est négatif;
- la branche dite instable, allant de l'arrêt au point à couple maximum, pour laquelle $\delta C/\delta N$ est positif.

Normalement le moteur travaille au début de la branche stable entre le point à vide et le point à couple nominal, zone pour laquelle les pertes Joule au rotor ($g P'_1$) ont une valeur relative faible. Le reste de la caractéristique est décrit par le point de fonctionnement lors du démarrage.

Si le moteur entraîne une charge lui opposant un couple résistant C_r, il démarre si, pour $N' = 0$, C est supérieur à C_r. Il monte en vitesse avec un couple d'accélération égal à $C - C_r$. La vitesse se stabilise à l'intersection des caractéristiques mécaniques du moteur et de la charge.[1]

(A noter qu'on peut avoir des intersections stables sur la partie dite instable de la caractéristique, il suffit que $\delta(C - C_r)/\delta N$ soit négatif. On verra plus loin (§ 4.1) que l'on utilise parfois cette possibilité.)

3.1.3. Influence de la résistance rotorique

La relation (4.17) montre que le couple maximum est indépendant de r_2. Les relations (4.18) et (4.19) montrent que l'augmentation de r_2 entraîne :

- l'augmentation du couple de démarrage
- mais augmente aussi le glissement, donc les pertes Joule rotoriques, à couple donné en fonctionnement normal.

Pour les moteurs à cage, il faut adopter un compromis entre le couple de démarrage et le glissement à couple nominal (ou modifier la courbe $C(g)$, afin que la résistance apparente du rotor augmente avec le glissement – moteur à double cage ou à encoches profondes).

Avec les moteurs à rotor bobiné, on peut augmenter la résistance pour phase r_2 du rotor pendant le démarrage. Pour cela on monte un rhéostat entre les balais.

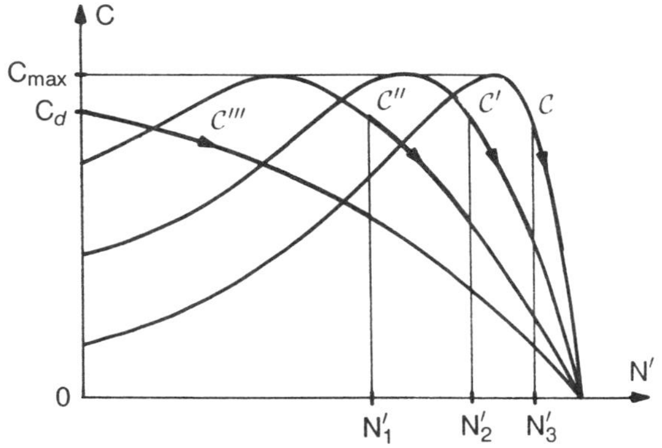

Figure 4.9

---

(1) *Comme on l'a signalé pour le moteur à courant continu, ce n'est pas C mais le couple utile C_u qu'il faudrait comparer au couple résistant C_r. On peut utiliser C au lieu de C_u à condition d'ajouter à C_r la différence $C - C_u$ due aux pertes mécaniques du moteur (et éventuellement aux pertes dans le fer rotorique).*

La figure 4.9 montre comment la courbe C (N′) se déforme quand on augmente r_2. De la courbe $\mathcal{C}$ sans rhéostat, on passe aux courbes $\mathcal{C}'$, $\mathcal{C}''$, $\mathcal{C}'''$ quand la résistance de celui-ci augmente. Sur cette figure on a indiqué le trajet du point de fonctionnement lors d'un démarrage ; on part avec la résistance totale du rhéostat sur la courbe $\mathcal{C}'''$; quand la vitesse atteint N_1', on élimine une partie du rhéostat et on passe sur la courbe $\mathcal{C}''$; à la vitesse N_2' on élimine une autre partie et on passe sur $\mathcal{C}'$; à la vitesse N_3' on élimine ce qui restait du rhéostat et on passe sur la caractéristique normale $\mathcal{C}$.

3.2. LES CARACTÉRISTIQUES ÉLECTRIQUES

Les schémas équivalents permettent de calculer en fonction du glissement (ou de la vitesse N′, égale à $(1-g)f/p$) les diverses caractéristiques montrant les variations :

du courant absorbé I_1,
de la puissance absorbée P_1,
du facteur de puissance $\cos\varphi_1$,
de la puissance utile P_u et du rendement η.

Si l'on utilise le schéma simplifié de la figure 4.5, en désignant par R_μ et X_1 la résistance et la réactance qui groupées en parallèle forment l'impédance magnétisante, on a :

$$I_2'' = \frac{V_1}{\sqrt{(r_1 + r_2''/g)^2 + x_2''^2}}$$

d'où les puissances active, réactive et apparente à l'entrée :

$$P_1 = 3\,(r_1 + r_2''/g)\,I_2''^2 + 3\,V_1^2/R_\mu$$

$$Q_1 = 3x_2''\,I_2''^2 + 3\,V_1^2/X_1$$

$$S_1 = \sqrt{P_1^2 + Q_1^2}$$

ce qui donne :

$$I_1 = \frac{\sqrt{P_1^2 + Q_1^2}}{3\,V_1} \quad ; \quad \cos\varphi_1 = \frac{P_1}{S_1}.$$

Si on néglige les pertes dans le fer rotorique,

$$P_u = 3\,(1-g)\,\frac{r_2''}{g}\,I_2''^2 - p_m = C_u\,(1-g)\,2\pi\,N = \eta\,P_1.$$

Remarque.

Pour montrer le rôle essentiel que joue le coefficient de dispersion σ sur l'allure des caractéristiques électriques, on peut utiliser le diagramme simplifié à l'extrême de la figure 4.10.

Sur celui-ci, on a supprimé la résistance R_μ en parallèle avec X_1 mais surtout on a négligé r_1. Les résultats obtenus ne sont donc acceptables, en première approximation, que pour les faibles glissements où r_1 est beaucoup plus faible que r_2''/g.

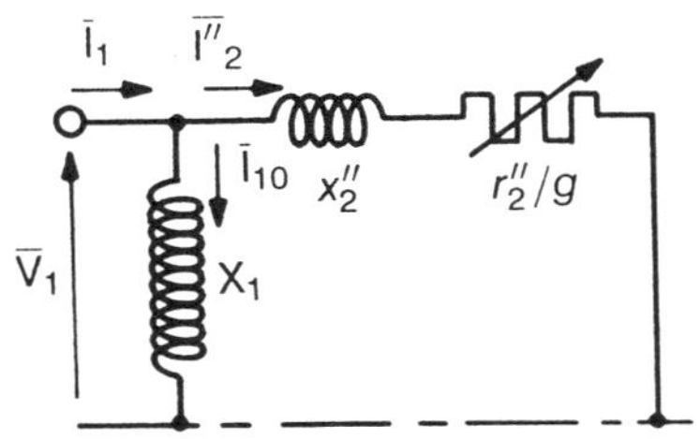

Figure 4.10

La relation (4.10) donne le rapport entre les deux réactances :

$$x''_2 = \frac{\sigma}{1-\sigma} X_1 .$$

Le courant statorique à glissement nul $I_{1\,0}$, qui diffère peu du courant à vide, est égal à :

$$I_{1\,0} = V_1/X_1 .$$

Le glissement donnant le couple maximum et la valeur de ce maximum sont donnés par :

$$(g)_{C_{max}} = \frac{r''_2}{X_1}\frac{1-\sigma}{\sigma} \quad ; \quad C_{max} = \frac{3\,V_1}{\Omega} I_{1\,0} \frac{1-\sigma}{2\,\sigma} .$$

Le facteur de puissance maximum et le glissement pour lequel il est obtenu ont pour valeurs :

$$(\cos \varphi_1)_{max} = \frac{1-\sigma}{1+\sigma} \quad ; \quad (g)_{(\cos \varphi_1)_{max}} = \sqrt{\sigma}\,(g)_{C_{max}} .$$

D'ordinaire on cherche à obtenir le maximum de $\cos \varphi_1$ pour le fonctionnement nominal. Si tel est le cas, pour celui-ci on a :

$$I_{1\,n} = \frac{I_{1\,0}}{\sqrt{\sigma}} \quad \text{et} \quad C_n = \frac{2\sqrt{\sigma}}{1+\sigma} C_{max} .$$

3.3. LE FONCTIONNEMENT DANS LES QUATRE QUADRANTS

3.3.1. Génératrice asynchrone

Lorsque, au lieu de freiner la machine asynchrone on l'entraîne, son *glissement devient négatif*, son couple s'inverse et la machine fonctionne en génératrice asynchrone.

La relation (figure 4.15) montre que la partie correspondante DEF (figure 4.11) de la courbe C (g) est symétrique par rapport au point ($C = 0$; $g = 0$) de celle DBA correspondant au fonctionnement en moteur.

La marche en génératrice asynchrone est un *freinage par récupération*. La puissance fournie par la charge freinée est, aux pertes près, renvoyée au réseau d'alimentation.

Il faut toutefois noter que, si la génératrice asynchrone est un générateur de puissance active, elle consomme de la puissance réactive comme le moteur asynchrone.

La partie utile de la caractéristique C (g) en génératrice asynchrone correspond aux faibles valeurs de $-g$ donc aux vitesses N′ peu supérieures à la vitesse synchrone N. Au-delà du glissement donnant le couple maximum, le couple de freinage diminue quand la vitesse augmente.

Pour une machine alimentée à fréquence constante, la marche en génératrice asynchrone donne donc un freinage “à vitesse constante”.

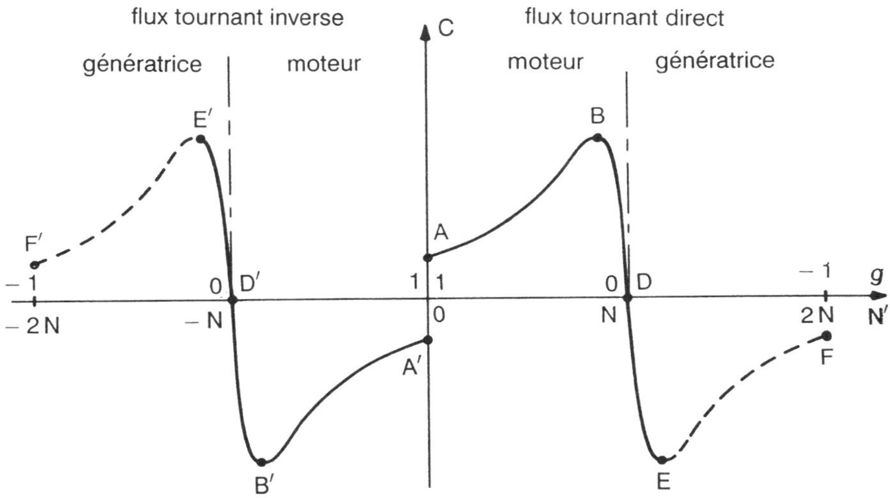

Figure 4.11

3.3.2. Inversion du sens de rotation

Pour inverser le sens de rotation de la machine asynchrone il faut changer le sens de rotation du flux tournant en permutant deux phases du stator.

L’inversion du sens du flux entraîne celle du sens positif du couple. Si on conserve pour C et N′ les mêmes sens positifs qu’avant l’inversion, on obtient une courbe C (g) symétrique par rapport au point ($C = 0$; $g = 1$).

Quand le glissement va de 1 à 0, le point de fonctionnement (figure 4.11) décrit la portion A′B′D′ de la caractéristique, quand g va de 0 à – 1, il décrit la partie D′E′F′ de celle-ci.

La figure 4.11 montre que la machine asynchrone peut fonctionner dans les quatre quadrants du plan couple-vitesse.

Mais, alimentée à tension et fréquence constantes, elle ne présente que deux branches de caractéristiques qui soient stables :

BDE dans un sens, B′D′E′ dans l’autre.

Elle fonctionne normalement, dans un sens ou dans l’autre, à vitesse peu différente de la vitesse synchrone.

3.3.3. Freinage par inversion du flux

On vient de montrer qu'on peut prolonger la caractéristique C (g) tracée entre $g = 1$ et $g = 0$, au delà de $g = 0$: c'est le fonctionnement en génératrice. Mais on peut la prolonger de l'autre côté donc à g supérieur à l'unité.

Pour g supérieur à 1 le rotor tourne en sens inverse du flux tournant : le couple électromagnétique est positif mais la vitesse est négative, il s'agit donc d'un couple de freinage.

On peut utiliser ce fonctionnement pour freiner rapidement un moteur asynchrone. Alors qu'il tourne dans le sens direct avec un glissement g faible, on inverse le sens du flux tournant : le glissement passe de g à g', égal à $2 - g$; le couple s'inverse ; le moteur ralentit, s'arrête (et, si on n'y prend garde, part en sens inverse dans le nouveau sens du flux tournant).

Avec le moteur à cage, la méthode est brutale (courant très fort) et peu efficace (couple faible). Mais avec le moteur à rotor bobiné, en augmentant grâce à un rhéostat rotorique la valeur de r_2'', on peut augmenter le couple de freinage tout en limitant à une valeur acceptable le courant.

La figure 4.12 montre comment l'augmentation de r_2 fait passer des caractéristiques $\mathcal{C}$ au caractéristiques $\mathcal{C}'$, $\mathcal{C}''$ ... pour un sens du flux tournant et pour l'autre.

Pour freiner, c'est-à-dire passer du quadrant 1 au quadrant 2 (ou de 3 à 4), on inverse le sens du flux tournant et – en même temps – on augmente fortement r_2''.

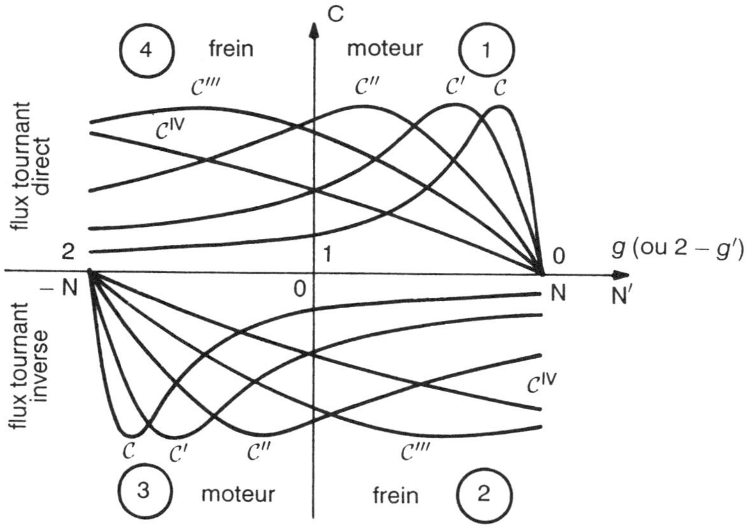

Figure 4.12

Ce freinage est du type *rhéostatique* , c'est-à-dire sans récupération. Le réseau continue à fournir de la puissance dont une partie est transmise au rotor. Cette partie et la puissance venant de la charge freinée sont dissipées dans le rotor et le rhéostat rotorique.

3.4. NOTES SUR LES MOTEURS À CHANGEMENT DU NOMBRE DE PÔLES

Avant d'aborder les procédés de variation continue de la vitesse, il convient de présenter rapidement le moteurs à changement du nombre de pôles. Ils permettent, à partir du même réseau à tension et fréquence constantes, d'obtenir plusieurs – en général deux – vitesses synchrones.

3.4.1. Principe utilisé

L'enroulement statorique est conçu pour pouvoir changer son nombre de pôles en modifiant le couplage des bobines constituant chacune des phases.

La plupart de ces moteurs sont à cage, mettant à profit la propriété des rotors à cage d'adopter automatiquement un nombre de pôles égal à celui du stator.

Prenons par exemple, un stator à 4 pôles dont on n'a représenté (figure 4.13.a) que les deux bobines B_1 et B'_1 de la phase 1. On voit que ces bobines parcourues par le courant i_1 dans le même sens créent une f.m.m. tétrapolaire.

Si on inverse le sens du passage du courant dans l'une des deux bobines (figure 4.13.b) la f.m.m. devient bipolaire.

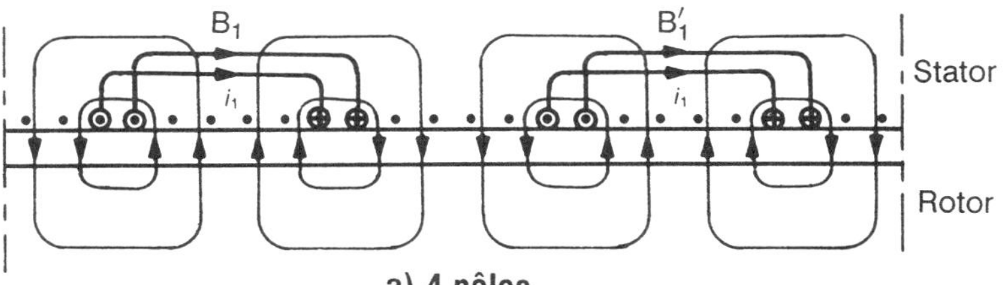

a) 4 pôles

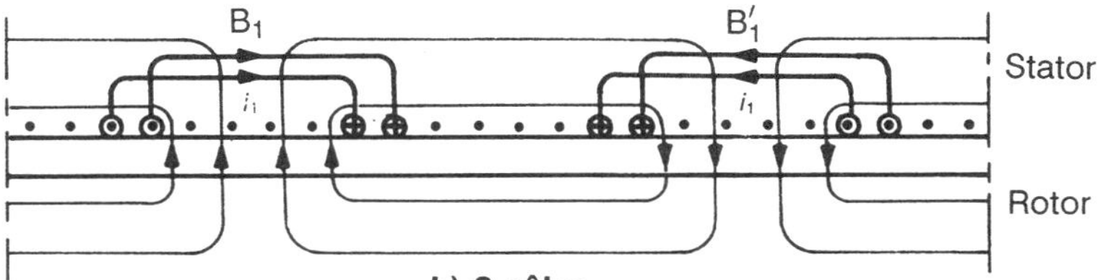

b) 2 pôles

Figure 4.13

3.4.2. Diverses connexions possibles

• Pour simplifier la mise en œuvre on couple les six demi-enroulements des trois phases, B_1 et B'_1, B_2 et B'_2, B_3 et B'_3 pour que l'ensemble ne présente que six bornes, $T_1, T_2, T_3, T_4, T_5, T_6$ qu'on peut relier entre elles ou aux bornes L_1, L_2, L_3 du réseau (figure 4.14).

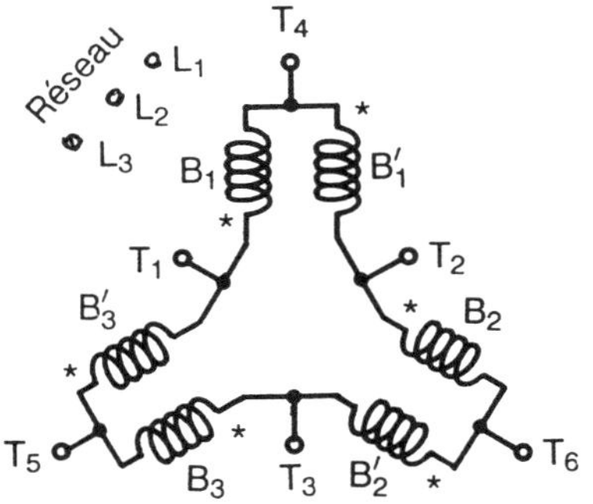

	Phases			
	L_1	L_2	L_3	
Petite vitesse	T_1	T_2	T_3	T_4 T_5 T_6 ouverts
Grande vitesse	T_4	T_5	T_6	T_1 T_2 T_3 reliés

a) couple constant

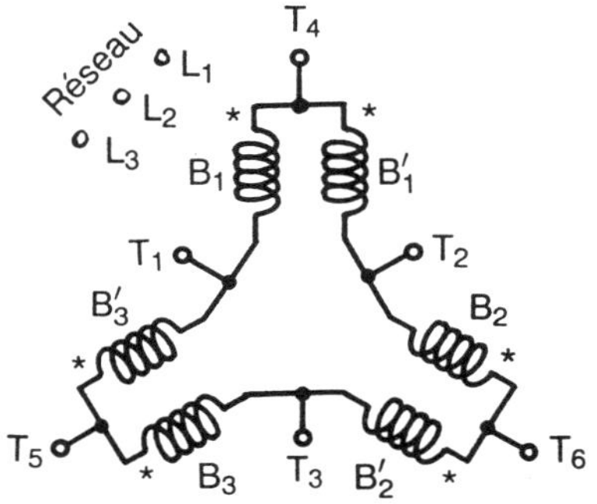

	Phases			
	L_1	L_2	L_3	
Petite vitesse	T_4	T_5	T_6	T_1 T_2 T_3 reliés
Grande vitesse	T_1	T_2	T_3	T_4 T_5 T_6 ouverts

b) puissance constante

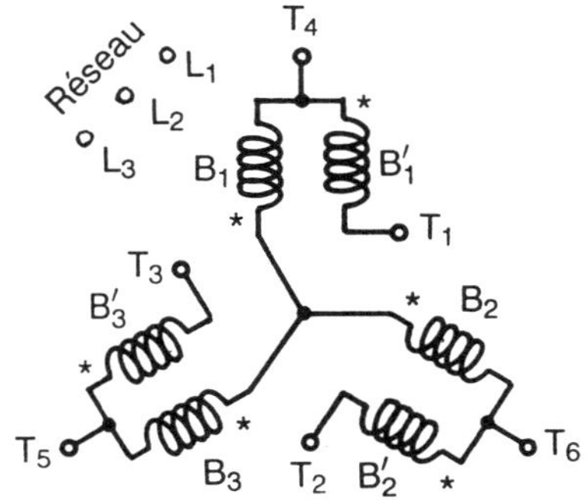

	Phases			
	L_1	L_2	L_3	
Petite vitesse	T_1	T_2	T_3	T_4 T_5 T_6 ouverts
Grande vitesse	T_4	T_5	T_6	T_1 T_2 T_3 reliés

c) couple variable

Figure 4.14

Plusieurs couplages sont possibles :

– La figure 4.14.a et le tableau des connexions qui y est joint correspondent au fonctionnement “à couple constant” :

- à la petite vitesse, les deux bobines de chaque phase sont montées en série et les phases couplées en triangle ;

constante" :

- à la petite vitesse, les deux bobines de chaque phase sont en parallèle et les trois phases couplées en étoile;
- à la grande vitesse, les deux bobines de chaque phase sont en série et les trois phases en étoile.

– La figure 4.14.c correspond au fonctionnement "à couple variable" :

- à la petite vitesse, les deux bobines de chaque phase sont en série et les trois phases en étoile;
- à la grande vitesse, les trois phases sont encore en étoile mais les deux bobines de chaque phase sont montées en parallèle.

• A noter, sur les trois schémas, l'inversion de l'ordre d'alimentation des trois phases quand on change de nombre de pôles (si T_1, T_2, T_3 se succèdent dans le sens direct, T_4, T_5, T_6 se succèdent en sens inverse). Cette inversion est destinée à ce que le moteur tourne dans le même sens avec 4 ou 2 pôles.

En 4 pôles, un maximum de la f.m.m. créée par le stator est dans l'axe d'une bobine de la phase 1 quand le courant dans celle-ci est maximum. Un tiers de période après, il a tourné de un sixième de tour et se trouve dans l'axe de la bobine voisine de la phase 2; encore un tiers de période après, il est dans l'axe de la bobine de la phase 3 voisine de la précédente. En deux tiers de période, il a avancé d'un tiers de tour, passant de l'axe de la phase 1 à celui de la phase 3.

En 2 pôles, en un tiers de période la f.m.m. fait un tiers de tour. Entre l'instant où le courant de la phase 1 est maximum et celui où c'est le courant de la phase 2 qui est maximum, le maximum de la f.m.m. doit être passé de l'axe de la phase 1 à ce qui était précédemment l'axe de la phase 3 et qui doit être maintenant celui de la phase 2. Il faut donc permuter les phases 2 et 3.

3.4.3. Caractéristiques. Utilisation

• La figure 4.15 donne l'allure des caractéristiques couple-vitesse pour les trois types de connexions, représentées sur la figure 4.14.

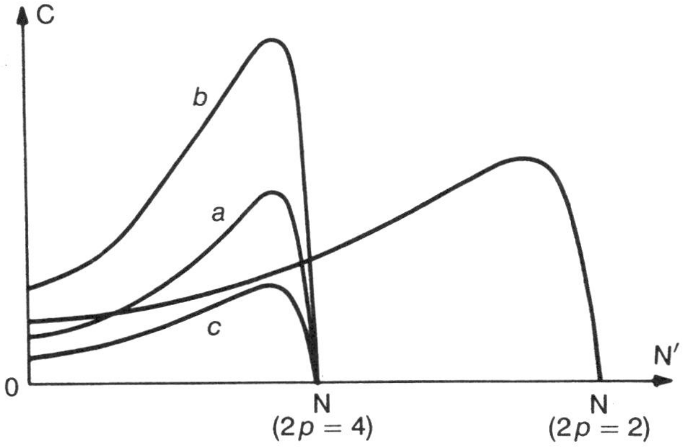

Figure 4.15

Pour une même caractéristique C (N′) en deux pôles, on obtient avec quatre pôles,

la caractéristique *a,* pour le fonctionnement "à couple constant",
la caractéristique *b,* pour le fonctionnement "à puissance constante",
la caractéristique *c,* pour le fonctionnement "à couple variable".

Chaque type de montage correspond à un domaine d'application préférentiel :

- celui à couple constant est intéressant pour des applications où les forces de friction sont prépondérantes dans le couple résistant,
- celui à puissance constante peut trouver une utilisation dans des applications du type machines-outils, treuils, . . .
- celui à couple variable est principalement utilisé dans des équipements du genre ventilateurs, pompes centrifuges.

4.4.4. Remarques sur la réalisation

D'une manière générale, le changement du nombre de pôles peut être obtenu :

- en montant dans le stator un seul enroulement et en changeant le nombre de pôles par des changements de connexions, comme l'a montré l'exemple présenté,
- en montant dans le stator deux enroulements indépendants l'un de l'autre,
- en montant dans le stator deux enroulements indépendants avec changement du nombre de pôles de chacun d'eux.

Les moteurs à deux vitesses sont généralement fabriqués avec un seul enroulement et les deux vitesses synchrones sont dans le rapport 1/2.

Les moteurs à trois ou quatre vitesses sont construits avec deux enroulements statoriques, l'un d'eux ou les deux étant prévus pour le changement du nombre de pôles.

Industriellement, les moteurs à commutation du nombre de pôles sont surtout fabriqués comme moteurs à deux vitesses. Leur puissance est généralement faible, entre 1 et 40 KW par exemple.

Ces moteurs sont utilisés lorsqu'on désire réaliser économiquement un entraînement électrique où seules quelques vitesses bien définies sont nécessaires, sans qu'on ait besoin de faire varier continuement la vitesse.

4. VARIATION DE LA VITESSE PAR ACTION SUR LE GLISSEMENT

Puisque la vitesse N′ du moteur asynchrone est donnée par

$$N' = \frac{f}{p}(1 - g)$$

pour faire varier la vitesse de façon continue, il faut

- soit faire varier la fréquence d'alimentation,
- soit faire varier le glissement.

L'action sur le glissement permet d'alimenter le moteur à la fréquence constante du réseau. On peut faire varier g

- en faisant varier la valeur de la tension d'alimentation,
- en faisant varier la résistance du rotor,
- en récupérant la "puissance de glissement" et en la faisant varier.

Les deux premier procédés sont simples mais l'augmentation du glissement se fait au détriment du rendement. Cependant, en raison même de leur rusticité, ils sont encore assez souvent utilisés.

4.1. VARIATION DE LA VALEUR DE LA TENSION D'ALIMENTATION

4.1.1. Principe

Le relation (4.15) qui donne l'expression du couple montre que, à ω et g donnés, pour un moteur donné, le couple est proportionnel au carré de la valeur V_1 de la tension d'alimentation.

Si on fait varier V_1 la caractéristique mécanique C (N′) se modifie comme indiqué sur la figure 4.16.

Si le moteur entraîne une charge présentant un couple résistant $C_{r\,1}$ sensiblement constant, en diminuant V_1 on peut augmenter un peu le glissement ; mais, avant même que g n'ait atteint la valeur qui donne le couple maximum, le moteur décroche.

Le procédé ne peut être utilisé que pour l'entraînement de charges dont le couple résistant $C_{r\,2}$ croît très vite avec la vitesse. On obtient alors des points de fonctionnement stables sur la partie dite instable des caractéristiques mécaniques. En effet pour ces points, $\delta C_r/\delta N'$ est si fort que $\delta C_r/\delta N' - \delta C/\delta N'$ est positif, bien que $\delta C/\delta N'$ soit positif.

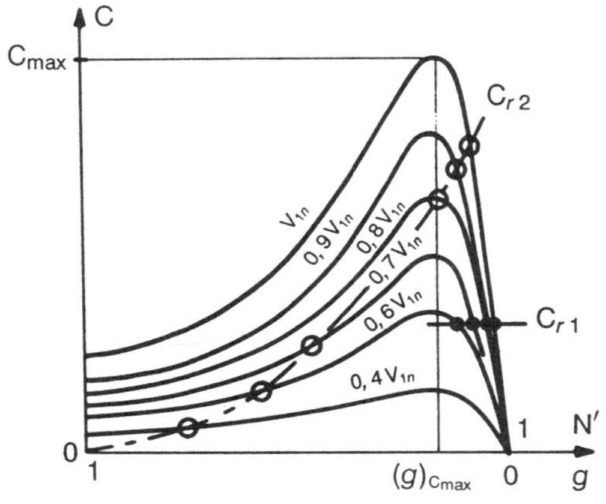

Figure 4.16

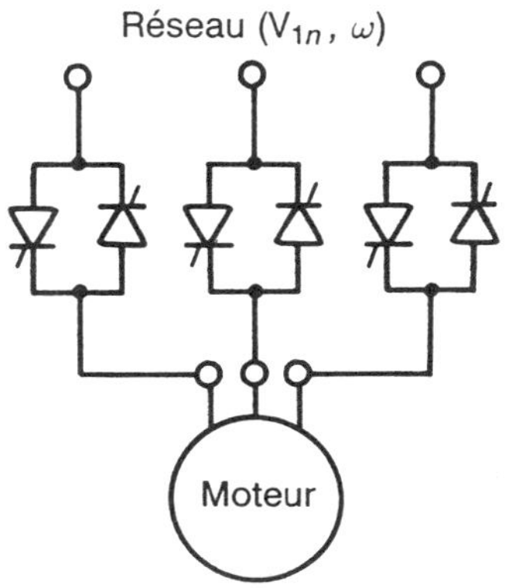

Figure 4.17

4.1.2. Avantages. Inconvénients

– Ce procédé de variation de vitesse présente l'avantage de pouvoir être utilisé sur le moteur à cage.

D'autre part il est très facile à mettre en œuvre. On fait varier la tension en interposant entre le réseau et le stator un gradateur, c'est-à-dire un des convertisseurs statiques les plus simples. Chaque phase du gradateur est formé de deux thyristors montés en parallèle inverse (figure 4.17) ou, en faible puissance, un simple triac. Pour réduire V_1, on diminue la durée de l'intervalle ou, pendant chaque alternance, on laisse passer le courant.

– Ce procédé présente, de par son principe même, une limitation quant à son domaine d'applications. Il ne peut être utilisé que si le couple de la charge entraînée est négligeable à l'arrêt et augmente très vite avec la vitesse. On l'utilise pour l'entraînement de pompes ou de ventilateurs dont le couple est sensiblement proportionnel au carré de la vitesse.

– Ce procédé présente trois inconvénients principaux :
- La réduction de vitesse se fait au détriment du rendement puisqu'elle est obtenue par augmentation du glissement. Si le moteur glisse de 50 %, les pertes Joule rotoriques à elle seules représentent 50 % de la puissance traversant l'entrefer ; si l'on ajoute toutes les autres pertes, on obtient un rendement nettement inférieur à 50 %.
- L'augmentation des pertes Joule rotoriques quand on réduit V_1 pose le problème de l'échauffement. Comme il s'agit le plus souvent de moteurs autoventilés, en réduisant V_1 on accroît les pertes à évacuer et on diminue l'efficacité de leur évacuation. Il faut déclasser le moteur.
- Enfin le gradateur est un convertisseur très polluant. Les courants pris au réseau et fournis au moteur ont un taux d'harmoniques très important. Ces harmoniques perturbent le réseau et diminuent encore les performances du moteur.

Aussi ce procédé est-il d'ordinaire réservé aux entraînements de faible puissance.

4.1.3. Le déclassement du moteur

Le moteur à utiliser avec ce procédé doit être tel que, sous la pleine tension V_{1n}, il serait apte à développer une puissance nettement supérieure à celle qui lui est demandée.

Si le couple résistant est proportionnel au carré de la vitesse et si sous la pleine tension le moteur développe un couple C_n avec un glissement g_n, sous la tension V_1 il développera un couple C avec un glissement g tels que

$$\frac{C}{C_n} = \left(\frac{\Omega(1-g)}{\Omega(1-g_n)}\right)^2 = \frac{(1-g)^2}{(1-g_n)^2}.$$

Or les relations (4.12) et (4.13) montrent que le couple est lié aux pertes Joule rotoriques par

$$C = \frac{P'_1}{\Omega} = \frac{p_{JR}}{g\,\Omega}.$$

On a donc

$$\frac{p_{JR}}{p_{JRn}} = \frac{g(1-g)^2}{g_n(1-g_n)^2}. \qquad (4.20)$$

La valeur de ce rapport augmente d'abord avec g, passe par un maximum pour $g = 1/3$, puis diminue. Le maximum est d'autant plus fort que g_n est plus faible.

Pour $g = 1/3$, $p_{JR}/p_{JRn} = 3,28$, si $g_n = 5\,\%$
$p_{JR}/p_{JRn} = 1,83$, si $g_n = 10\,\%$
$p_{JR}/p_{JRn} = 1,37$, si $g_n = 15\,\%$

Puisque, du moins pour les fondamentaux, $\bar{I}_1$ égale $\bar{I}'_0 + \bar{I}'_2$, les pertes Joule statoriques varient sensiblement comme les pertes Joule rotoriques.

– Il faut que, pour le fonctionnement nominal, le moteur soit surdimensionné afin que lors du glissement donnant l'échauffement maximal, celui-ci soit acceptable.

Mais il ne suffit pas de prendre un moteur d'une puissance nettement supérieure à celle qu'il a à fournir sous la pleine tension. Il faut que sous la pleine tension son glissement soit important, voisin de $(g)_{C_{max}}$, comme indiqué sur la figure 4.16.

On peut obtenir ce résultat en déclassant le moteur en tension. Si, par exemple, le moteur est alimenté par le réseau à 380 V et doit fournir à pleine tension une puissance de 2 kW, on prendra un moteur de 4 kW prévu pour être alimenté sous 660 V.

4.2. VARIATION DE LA RÉSISTANCE ROTORIQUE

4.2.1. Principe

Avec le moteur à *rotor bobiné*, la façon la plus simple pour faire varier la vitesse *en charge* de la machine est de l'alimenter directement par le réseau, de monter entre ses bornes rotoriques un rhéostat et, par la valeur Rh_2 de celui-ci, de faire varier la résistance par phase du rotor.

L'expression du couple :

$$C = \frac{1}{\omega/p} \, 3 \, \frac{r''_2}{g} \, \frac{V_1^2}{\left(r_1 + \frac{r''_2}{g}\right)^2 + x''^2_2}$$

montre qu'à valeurs données de V_1, ω, r_1, x''_2 et p, le couple n'est fonction que de r''_2/g.

Si par le rhéostat on fait passer de r_2 à $r_2 + Rh_2$ la résistance par phase du rotor, le couple qui était obtenu avec un glissement g est maintenant obtenu avec un glissement g' tel que

$$\frac{r_2 + Rh_2}{g'} = \frac{r_2}{g}$$

$$\text{ou} \quad g' = g \, \frac{r_2 + Rh_2}{r_2}. \tag{4.21}$$

Cette relation montre comment par Rh_2 on modifie la caractéristique mécanique C (N'). Sur la figure 4.18 on a tracé cette caractéristique pour diverses valeurs de Rh_2.

La figure montre, pour un couple résistant quelconque, les intersections entre les caractéristiques mécaniques du moteur et de la charge.

Pour déterminer la valeur à donner à Rh_2 pour obtenir le couple de démarrage C_d désiré, on regarde, sur la caractéristique C (N') sans rhéostat, le glissement g qui donne ce couple. La relation (4.21) donne :

$$1 = g \, \frac{r_2 + Rh_2}{r_2}, \qquad \text{donc} \quad Rh_2 = r_2 \, \frac{1-g}{g}.$$

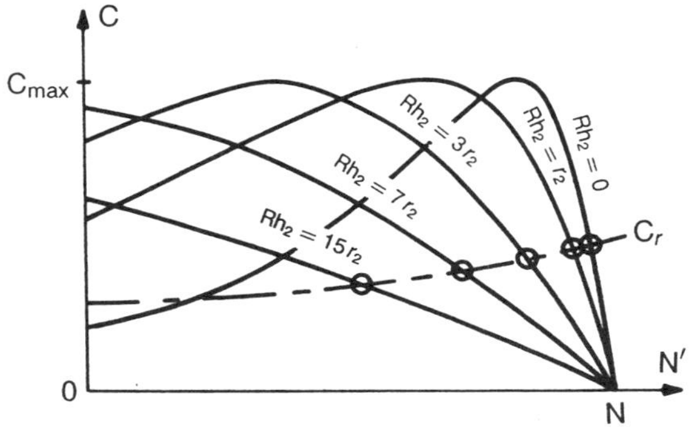

Figure 4.18

4.2.2. Avantages. Inconvénients

– Ce procédé présente des deux inconvénients du procédé précédent :
- ce n'est pas une vraie variation de vitesse; on ne peut régler la vitesse à vide qui reste voisine de la vitesse synchrone. C'est une variation de la chute de vitesse en charge.
- Surtout, en augmentant le glissement on augmente les pertes Joule dues aux courants rotoriques ($p_{JR} = g\, P'_1$) et on diminue le rendement.

– Mais, par rapport au premier procédé, il présente trois avantages :
- il est utilisable quelle que soit la charge entraînée puisque l'on reste toujours sur la partie stable des caractéristiques mécaniques.
- Les pertes Joule dues à l'augmentation du glissement sont dissipées dans le rhéostat et non plus dans le rotor lui-même.

Le couple étant lié au courant rotorique par :

$$C = \frac{1}{\Omega} 3 \frac{r'_2}{g} I'^2_2,$$

à couple donné, le courant I'_2 est le même quel que soit le glissement puisqu'on fait varier celui-ci par action sur r'_2 à r'_2/g constant.

Le déclassement du moteur est simplement dû à la diminution de l'efficacité du refroidissement quand la vitesse diminue.
- Les perturbations dues aux harmoniques du courant absorbé par le moteur disparaissent ou sont fortement diminuées si on associe un convertisseur statique à la variation de résistance rotorique.

Mais la nécessité d'un moteur à bagues rend ce second procédé nettement plus onéreux que le premier qui utilisait un moteur à cage.

4.2.3. Mise en œuvre du procédé

La variation de vitesse par rhéostat rotorique reste encore souvent utilisée en levage. Le rhéostat (figure 4.19) est divisé en plusieurs portions qui, à l'aide de contacteurs, sont éliminées les unes après les autres quand on veut augmenter la vitesse, réintroduites quand on veut la diminuer.

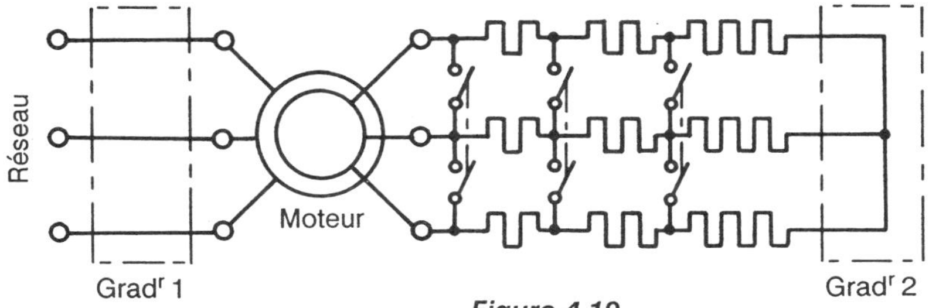

Figure 4.19

On peut améliorer le procédé par addition d'un convertisseur statique.

– Si on place un gradateur (Grad^r 1 sur la figure 4.19) entre le réseau et les bornes du stator, par une faible variation de la tension à l'entrée du moteur, on peut rendre progressifs les passages entre les caractéristiques mécaniques correspondant aux diverses valeurs du rhéostat.

– Souvent on place le gradateur (Grad^r 2 sur la figure 4.19) à la formation du point neutre rotorique. Il n'est alors utilisé que pour les fonctionnements aux basses vitesses et les positionnements précis.

Quand les semiconducteurs sont ouverts, la résistance apparente du rotor est infinie ; quand ils sont fermés, la résistance du rotor par phase est r_2 + Rh, en désignant par Rh la résistance totale par phase du rhéostat.

Par la durée relative des intervalles de fermeture des semiconducteurs durant chaque période, on peut faire varier la résistance de l'infini à r_2 + Rh.

Quand la vitesse est telle que le semiconducteurs sont fermés en permanence, on fait d'ordinaire un court-circuit à l'entrée du gradateur à l'aide de contacteurs.

– Le montage de la figure 4.20 permet de supprimer les contacteurs et d'obtenir une variation continue de la vitesse depuis l'arrêt jusqu'à la vitesse maximale.

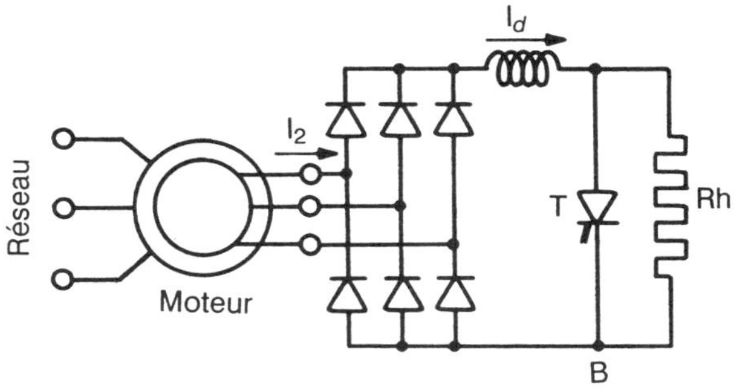

Figure 4.20

Les tensions entre bague sont redressées grâce à un pont à six diodes. Le courant redressé I_d est lissé à l'aide d'une inductance L placée en série avec la résistance Rh. Aux bornes de celle-ci on montre un semiconducteur T à fermeture et ouverture commandées.

Quand T est fermé la résistance entre les bornes A et B est nulle ; quand T est ouvert, elle est égale à Rh. Si on désigne par α la durée relative de l'intervalle de fermeture de T durant chacune de ses périodes de fonctionnement (très supérieure à celle du réseau afin de pouvoir réduire L), la résistance apparente Rh′ entre les bornes A et B est :

$$\mathrm{Rh}' = \mathrm{Rh}\,(1-\alpha)\,.$$

Dans un pont redresseur à six diodes le courant redressé I_d est lié à la valeur efficace I_2 des courants alternatifs à l'entrée par :

$$I_d = I_2\sqrt{\frac{3}{2}}\,.$$

La résistance additionnelle par phase Rh_2 est donc telle que :

$$3\,\mathrm{Rh}_2\,I_2^2 = \mathrm{Rh}'\,I_d^2$$

ce qui donne :

$$\mathrm{Rh}_2 = \frac{1}{2}\,\mathrm{Rh}' = \frac{1}{2}\,\mathrm{Rh}\,(1-\alpha)\,.$$

Quand α va de zéro à 1, Rh_2 va de Rh/2 à zéro.

4.3. LA CASCADE HYPOSYNCHRONE

Au lieu de dissiper en pertes Joule la puissance prise entre les bornes du rotor pour le faire glisser, on peut récupérer cette puissance.

Dans le passé, on a utilisé à cet effet des machines tournantes à courant continu ou alternatif (montages Kramer, Scherbius, Rimcoy, ...). Ces machines renvoyaient la puissance de glissement $g\,P_1'$ vers le réseau ou, montées sur le même arbre que le moteur asynchrone, ajoutaient leur couple à celui du moteur.

On n'utilise plus maintenant pour cette récupération qu'un montage statique constituant avec le moteur ce qu'on appelle la cascade hyposynchrone.

4.31. Principe. Schéma

• La figure 4.21 donne le schéma de principe. Pour expliquer celui-ci, il est commode, dans un premier temps, de négliger toutes les pertes.

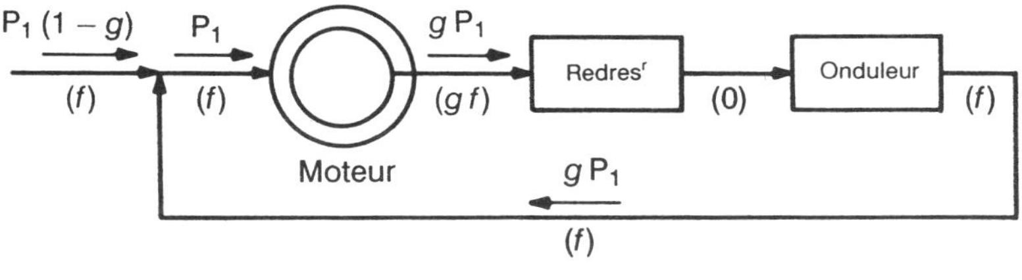

Figure 4.21

Avec cette hypothèse, la puissance P_1 fournie au stator traverse l'entrefer : une partie, $(1-g)\,P_1$, est transformée en puissance mécanique ; le reste, $g\,P_1$, sort par les balais sous forme de tensions à la fréquence $g\,f$. Ces tensions à fréquence variable sont difficilement utilisables. On les redresse ; la tension redressée est appliquée à l'entrée d'un onduleur qui délivre des tensions de même fréquence et de même valeur que celles du réseau. On relie la sortie de l'onduleur, qui débite une puissance $g\,P_1$, au réseau. Celui-ci ne fournit donc que $(1-g)\,P_1$, c'est-à-dire la puissance transformée en puissance mécanique.

• La figure 4.22 donne le schéma du montage avec un redresseur à six diodes et un onduleur à six thyristors.

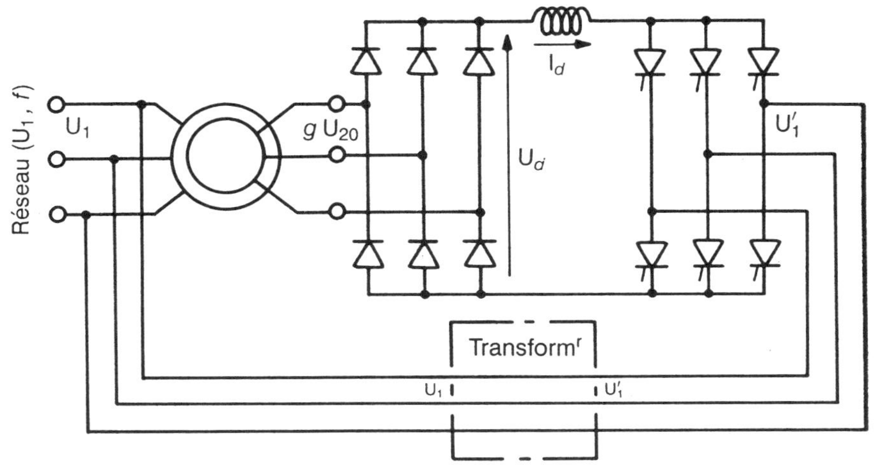

Figure 4.22

Par V_1 on désigne la valeur efficace des tensions simples de fréquence f du réseau, par V_{20} les tensions simples de même fréquence apparaissant aux bornes du rotor à l'arrêt.

Quand le rotor tourne à la vitesse $\Omega\,(1-g)$, il est balayé par le flux statorique à la vitesse $g\,\Omega$ et les tensions qui y sont induites ont pour valeur efficace $g\,V_{20}$.

Ces tensions redressées par le pont à diodes donnent une tension redressée de valeur moyenne U_d.

$$U_d = \frac{3\sqrt{6}}{\pi}\,g\,V_{20}\,.$$

L'onduleur ayant le même schéma que l'onduleur, la relation entre sa tension côté continu et ses tensions côté alternatif s'écrit :

$$U_d = \frac{3\sqrt{6}}{\pi}\,V_1\,|\cos\alpha|$$

en désignant par α l'angle de retard au déblocage des thyristors.

L'égalité des deux expressions de U_d donne :

$$g\,V_{20} = V_1\,|\cos\alpha|$$

$$g = \frac{V_1}{V_{20}}\,|\cos\alpha|\,. \qquad (4.22)$$

L'angle α peut être réglé de 90° à 150° environ, donc $|\cos\alpha|$ de zéro à 0,85 environ.

D'ordinaire, surtout pour les moteurs de moyenne ou forte puissance, la tension statorique V_1 est très supérieure à la tension rotorique à vide. Pour augmenter la sensibilité de la commande par α et limiter les variations de g à la plage désirée, on place un transformateur dans la boucle de retour de puissance. Celui-ci abaisse la tension à la sortie de l'onduleur à une valeur V'_1 inférieure à V_{20}.

$$g = \frac{V'_1}{V_{20}} \, |\cos \alpha| \, . \tag{4.23}$$

• Les caractéristiques $C(N')$ tracées pour diverses valeurs de α (figure 4.23) partent bien de N' égale à $N(1-g)$, g étant donné par la relation (4.23) quand C est nul. Mais, à cause de la chute de tension dans le moteur et dans la chaîne de conversion de la puissance de glissement $g\,P_1$, le glissement augmente un peu quand le couple augmente.

Avec le courant nominal, le moteur peut développer le couple nominal à toutes les vitesses.

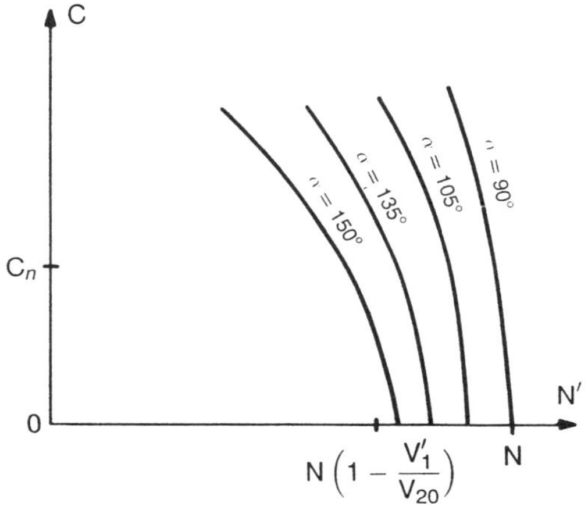

Figure 4.23

4.3.2. Avantages. Inconvénients

Ce procédé permet une vraie variation de vitesse puisqu'il permet de régler la vitesse même à vide.

Il nécessite, outre un moteur à rotor bobiné, un redresseur, un onduleur et un transformateur dans le circuit de récupération de $g\,P_1$. L'onduleur est très simple car il s'agit d'un onduleur non autonome dont les commutations sont assurées par le réseau.

Il faut noter que tous les éléments du circuit de récupération n'ont à être dimensionnés que pour $g\,P_1$, donc pour une puissance d'autant plus faible que le glissement maximum désiré est plus faible.

Ce procédé est intéressant quand on peut se contenter d'une variation de vitesse réduite. Dans une station de pompage par exemple, le débit des pompes est sensiblement proportionnel à la vitesse et la puissance absorbée au cube de celle-ci. On fait varier le débit entre dans le rapport de 1 à 2/3 environ. Cela permet, en fonction du débit total nécessaire, de modifier le nombre de groupes moto-pompes en service pour ne faire travailler chacun d'eux que dans la zone où son rendement est bon.

D'ordinaire on amène les moteurs dans leur zone de fonctionnement normal en les démarrant avec des rhéostats rotoriques.

4.3.3. Remarques

1° En remplaçant le redresseur à diodes de la figure 4.22 par un pont à thyristors, on peut inverser le sens d'écoulement de la puissance $g\,P_1$. L'ancien onduleur fonctionne en redresseur, l'ancien redresseur en onduleur. On fournit au moteur P_1 par le stator, $g\,P_1$ par le rotor, il tourne à la vitesse N′ égale à $(1+g)$ N. Le montage fonctionne alors en *cascade hypersynchrone*.

Cette possibilité de faire fonctionner en hypersynchrone la cascade hyposynchrone est assez rarement utilisée. Le passage d'un fonctionnement à l'autre, le moteur étant en charge, est assez malaisé. En hypersynchrone, l'onduleur est commuté par les tensions entre bagues, très faibles quand le glissement – négatif – est faible.

2° On peut rapprocher de la cascade hyposynchrone, le montage *à double alimentation* du moteur asynchrone à bagues. Le stator est branché directement sur le réseau. On alimente le rotor, à partir du réseau, par un cycloconvertisseur. Les commutations de celui-ci sont alors assurées par le réseau. Le cycloconvertisseur impose la fréquence rotorique et, par là, le fonctionnement au-dessous ou au-dessus de la vitesse synchrone.

Mais cette solution est lourde et onéreuse, ce qui explique qu'elle soit rarement utilisée.

3° Les procédés de variation de vitesse avec moteur à rotor bobiné et stator directement relié au réseau présentent deux avantages :
– l'inversion du couple ne pose pas de problème puisque le réseau est réversible en courant et en tension. Quand le couple s'inverse le moteur passe naturellement au fonctionnement en génératrice asynchrone ;
– l'accès possible au courant rotorique facilite la commande. La fréquence des courants rotoriques donne le glissement et permet d'avoir la vitesse $(f/p)\,(1-g)$ sans avoir recours à un capteur tachymétrique. La valeur des courants rotoriques (ou du courant redressé I_d lorsque ces courants sont redressés) renseigne sur le couple et indique si on est sur la partie stable des caractéristiques mécaniques.

Avec les montages des figures 4.20 et 4.22, par exemple,

- l'écart entre la vitesse mesurée et la vitesse de consigne agit sur α, taux de hachage ou angle de retard au déblocage ;
- en phase d'accélération ou de décélération, le courant I_d limite la rapidité de variation de α.

5. VARIATION DE VITESSE PAR ACTION SUR LA FRÉQUENCE

Avec le moteur asynchrone à cage, pour obtenir une vraie variation de vitesse, il faut faire varier la fréquence des tensions d'alimentation.

Ce procédé, dont le champ d'application va en s'élargissant, utilise un moteur particulièrement simple et robuste, nécessite des convertisseurs et une commande plus élaborés.

Les performances des convertisseurs de fréquence dépendent des caractéristiques des semiconducteurs qu'ils utilisent. Les composants électroniques présents sur le marché permettent de répondre à la presque totalité des besoins industriels – tant sur le plan technique que sur le plan économique.

D'autre par les progrès en matière de microprocesseurs permettent de réaliser des commandes performantes à coût réduit.

Par rapport aux autres solutions, la méthode de variation de vitesse avec moteur asynchrone à cage et changeur de fréquence présente, entre autres avantages :

- d'améliorer l'exploitation des processus en assouplissant la conduite des machines ;
- d'optimiser la consommation d'énergie,
- d'augmenter la sécurité et la disponibilité des entraînements.

Avant de voir les lois de commandes utilisées, il faut présenter les convertisseurs qui permettent d'obtenir la fréquence variable.

5.1. LES CONVERTISSEURS UTILISÉS

Pour obtenir les tensions de valeur et fréquences variables appliquées au moteur à partir des tensions de valeur et de fréquence constantes du réseau industriel, on peut :

- soit utiliser un convertisseur direct, qui construit ses tensions de sortie par un échantillonnage convenable de ses tensions d'entrée, autrement dit utiliser un cycloconvertisseur,
- soit utiliser un convertisseur indirect, c'est-à-dire redresser les tensions du réseau, puis onduler à la fréquence voulue la tension redressée, autrement dit utiliser un cascade redresseur-onduleur, l'onduleur pouvant être
  - soit un onduleur de tension,
  - soit un onduleur de courant.

Le choix entre ces trois solutions dépend

- de la puissance de l'entraînement,
- de la gamme des fréquences à réaliser,
- des réversibilités à assurer.

Le cycloconvertiseur peut prendre de la puissance au réseau ou lui en renvoyer. Comme on l'a déjà signalé pour le moteur synchrone, un redresseur étant une source réversible en tension mais pas en courant, l'inversion du couple ne pose pas de problème avec l'onduleur de courant mais en pose avec l'onduleur en tension.

Il n'est pas question ici de faire l'étude détaillée des convertisseurs, puisque celle-ci fera l'objet de la première partie du second volume de cette série. Nous allons simplement présenter leur fonctionnement, l'illustrer par des exemples de formes d'ondes et indiquer leurs propriétés, notamment lorsqu'ils alimentent un moteur asynchrone.

5.1.1. Le cycloconvertisseur

Un cycloconvertisseur est formé par un groupement de redresseurs, deux par phase du moteur, l'un pour fournir à celle-ci le courant lorsqu'il est positif, l'autre pour le lui fournir lorsqu'il est négatif.

• La figure 4.24 donne le schéma le plus utilisé ; formé de 6 ponts à 6 thyristors, il compte donc 36 thyristors.

En débloquant chaque thyristor à l'instant convenable, on peut rendre chacune des tensions v_1, v_2, v_3 aux bornes des phases du moteur égale à $v_A - v_B$, $v_B - v_C$, $v_C - v_A$, $v_B - v_A$, $v_C - v_B$ ou $v_A - v_C$, en désignant par v_A, v_B et v_C les tensions simples du réseau.

Le tableau joint à la figure 4.24 donne, pour la phase 1 par exemple, les thyristors du pont redresseur 1, si i_1 est positif, du pont redresseur 1', si i_1 est négatif, qu'il faut débloquer pour donner à v_1 chacune des six expressions possibles.

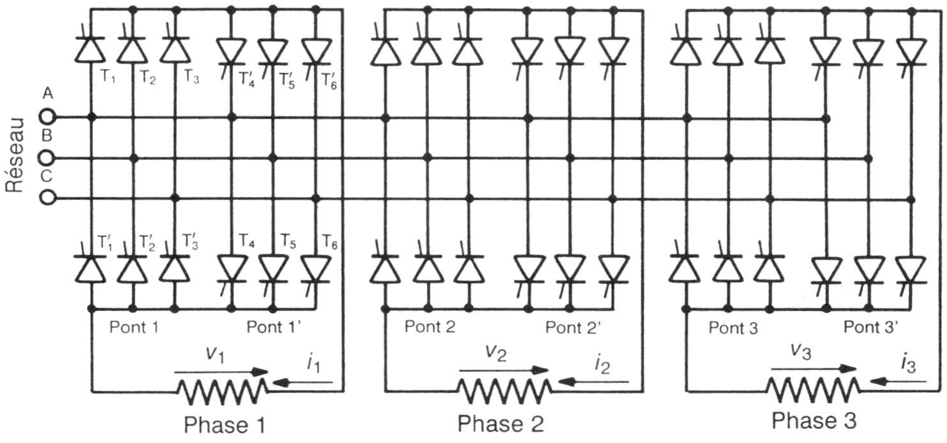

Figure 4.24

	$i_1 > 0$ (Pont 1)						$i_1 < 0$ (Pont 1')					
	T_1	T_2	T_3	T'_1	T'_2	T'_3	T_4	T_5	T_6	T'_4	T'_5	T'_6
$v_1 = v_A - v_B$	+				+			+		+		
$v_1 = v_A - v_C$	+					+			+	+		
$v_1 = v_B - v_C$		+				+			+		+	
$v_1 = v_B - v_A$		+		+			+				+	
$v_1 = v_C - v_A$			+	+			+					+
$v_1 = v_C - v_B$			+		+			+				+

La figure 4.25 donne un exemple de forme d'onde de la tension v_1 obtenue par un échantillonnage convenable des six tensions possibles. Celui-ci permet à v_1 de suivre – en moyenne – les variations de la tension désirée v_{1w}. Sur cet exemple, la tension de sortie v_1 a une fréquence égale au quart de celle du réseau.

On a supposé le courant i_1 sinusoïdal ; c'est lui qui détermine lequel des ponts redresseurs doit conduire. Un pont fonctionne en redresseur proprement dit quand v_{1w} et i_1 sont de même signe, en onduleur non autonome quand ils sont de signes contraires.

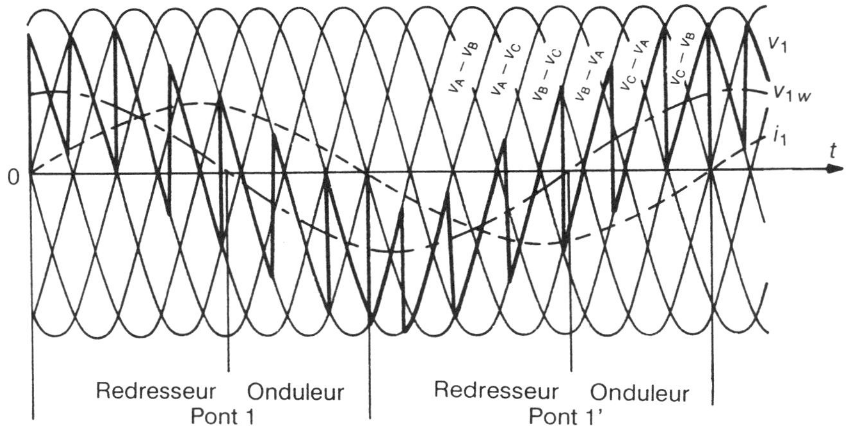

Figure 4.25

La valeur efficace et la fréquence du fondamental des tensions appliquées au moteur sont celles des tensions de référence. Ce sont elles qui déterminent les instants de déblocage des thysistors et qui constituent la commande du cycloconvertisseur.

• Le cycloconvertisseur nécessite beaucoup de semiconducteurs, mais il s'agit de simples thyristors faciles à commander et à protéger.

– Ce convertisseur présente *l'avantage* d'être intrinsèquement réversible. Quand la machine passe du fonctionnement en moteur à celui en génératrice asynchrone, le déphasage de i_1 par rapport à v_{1w} devient supérieur à $\pi/2$, les phases de fonctionnement en onduleur deviennent plus longues que celles en redresseur. Il n'y a aucune discontinuité dans la commande.

– Le cycloconvertisseur présente l'*inconvénient* d'envoyer dans le réseau des courants harmoniques importants. Il équivaut , en effet, à trois redresseurs, un par phase, dont on fait varier l'angle de retard au déblocage des thyristors à la fréquence des tensions de sortie.

Les harmoniques habituels des redresseurs sont donc modulés à la fréquence de sortie, ce qui donne un spectre très riche contenant des termes basse fréquence donc difficiles à arrêter par des filtres.

Le cycloconvertisseur fait circuler aussi une puissance fluctuante importante dans le réseau qui l'alimente.

– Enfin ce convertisseur présente une *limitation* : pour pouvoir approximer convenablement les tensions de sortie désirées par échantillonnage des tensions d'entrée, il faut que les premières aient une fréquence f' nettement inférieure à celle f des secondes. D'ordinaire f'/f égal à 1/3 ou 1/4 donne la limite supérieure de f'. Avec certaines lois de commande (commande trapézoïdale) on peut atteindre 0,4 pour le rapport f'/f.

Ce procédé est intéressant pour la réalisation d'entraînements *lents* ou très lents, avec moteurs asynchrones – ou synchrones – de forte puissance.

Remarque. Il existe des changeurs directs de fréquence permettant d'obtenir des fréquences de sortie f' allant de zéro à des valeurs supérieures à la fréquence d'entrée f. Ce sont les UFC (Unrestricted Frequency Changers). Mais ils nécessitent des interrupteurs (à semiconducteurs) réversibles en courant et en tension, à ouvertures et fermetures commandées dans les deux sens. Ces interrupteurs sont difficilement réalisables en moyenne ou forte puissance.

5.1.2. L'onduleur de tension

• L'onduleur de tension se prête très bien à l'alimentation du moteur asynchrone. A cause de son inductance, celui-ci supporte sans mal les discontinuités des tensions qui lui sont appliquées ; il se comporte comme un filtre passe-bas et les courants dans les phases ont un taux d'harmoniques très inférieur à celui des tensions fournies par l'onduleur.

Le plus souvent, l'onduleur est à Modulation de Largeur d'Impulsions. Les figures 3.35 et 3.36 du chapitre précédent donnent le schéma de principe de l'onduleur et un exemple de tracé des formes d'ondes.

La Modulation de Largeur d'Impulsions permet à l'onduleur de faire varier à la fois la valeur et la fréquence de ses tensions de sortie.

Il existe plusieurs procédés pour réaliser la *Modulation de Largeur d'Impulsions* et chacun d'eux est susceptible de variantes.

– Dans la *modulation sinus-triangle*, on compare une onde de référence sinusoïdale, ayant la fréquence de la tension désirée et une amplitude proportionnelle à celle-ci, avec une onde de modulation triangulaire de fréquence nettement plus élevée. Les intersections des deux ondes donnent – en temps réel – les instants de fermeture et d'ouverture des semiconducteurs commandés.

– Dans la *modulation vectorielle*, on représente les trois tensions sinusoïdales désirées par un seul vecteur. Celui-ci a une amplitude proportionnelle à la valeur de ces tensions et tourne à une vitesse angulaire égale à leur pulsation. On détermine, à chaque instant, la meilleure façon d'approximer ce vecteur à partir des vecteurs représentant les diverses valeurs que peuvent donner aux tensions les états passants ou bloqués des semiconducteurs. Cette commande – en temps réel – est de plus en plus utilisée car elle s'intègre naturellement dans les systèmes de régulation des moteurs, synchrones ou asynchrones, surtout l'on utilise la commande vectorielle (voir § 6).

– Dans la *modulation calculée*, avant la mise en service de l'équipement, on calcule les séquences de commande des semiconducteurs en fonction de la fréquence et de la valeur des tensions désirées, on mémorise les séquences sous forme de tables. La commande se fait par lecture de ces tables.

– La *modulation en delta* diffère des précédentes car il s'agit d'une détermination des instants de commutation en boucle fermée. On peut, par exemple, comparer le courant à l'entrée de chaque phase du moteur à un courant de référence. Quand l'écart entre le premier et le second atteint un certain seuil positif, on déclenche un créneau de tension négative. Quand cet écart atteint un seuil négatif, on déclenche un créneau de tension positive.

• Comme on l'a indiqué pour le moteur synchrone, l'emploi de l'onduleur de tension pose souvent un problème de *réversibilité*.

Lorsque le moteur asynchrone fonctionne en génératrice asynchrone assurant ainsi un freinage par récupération, la valeur moyenne I du courant i à l'entrée de l'onduleur s'inverse ; il faut que le circuit placé à l'entrée de l'onduleur puisse accepter cette inversion.

– Si l'onduleur est alimenté par une batterie d'accumulateurs, celle-ci étant réversible en courant, l'emploi d'un onduleur de tension est tout à fait indiqué.

Si l'onduleur est alimenté par un réseau à courant continu, ce qui est généralement le cas des réseaux urbains de traction, l'essentiel de la récupération s'opère entre engins alimentés par la même sous-station.

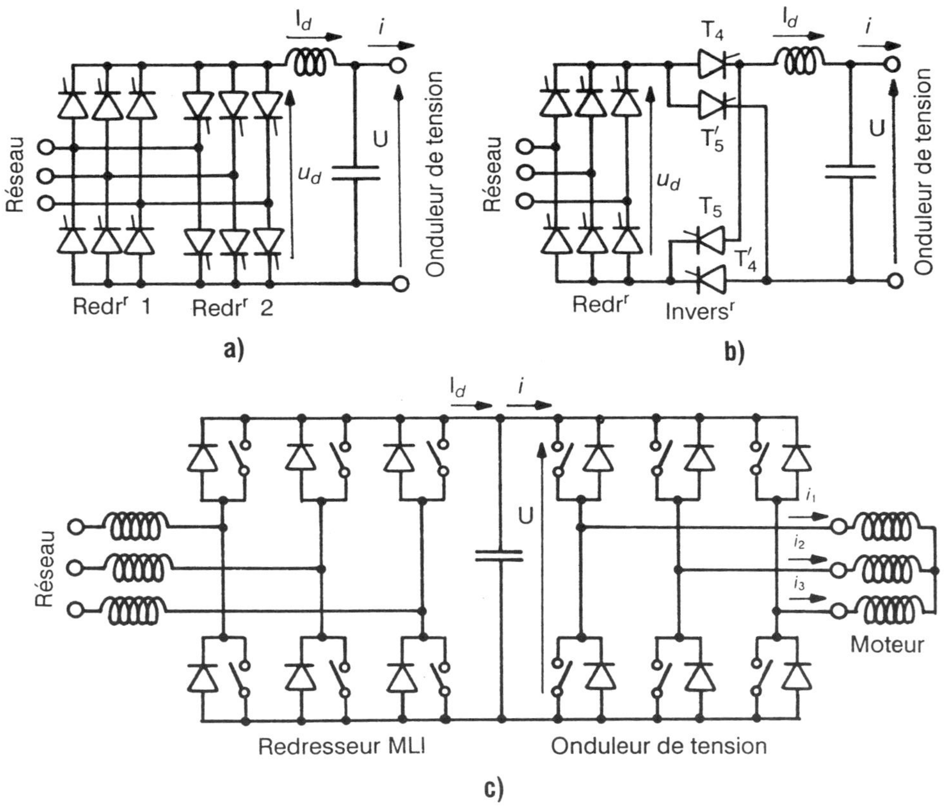

Figure 4.26

Mais si l'onduleur est alimenté à partir du réseau industriel directement à travers un redresseur, celui-ci étant réversible en tension et non en courant, il faut compliquer l'équipement si on veut pouvoir récupérer.

– Une première solution est d'alimenter l'onduleur par deux redresseurs à thyristors (figure 4.26.a) montés en parallèle inverse et débloqués à tour de rôle.

Le premier, Red^r 1, commandé avec un retard à l'amorçage voisin de zéro, donne une tension u_d positive et fournit le courant I_d lorsqu'il est positif.

Le second, Red^r 2, commandé avec un retard à l'amorçage voisin de 180°, donne également une tension u_d positive et absorbe le courant I_d lorsqu'il est négatif.

– Une seconde solution consiste à utiliser un seul redresseur à thyristor et à placer un inverseur à sa sortie (figure 4.26.b).

Pour la marche en moteur, le redresseur est commandé avec un retard à l'amorçage voisin de zéro et la tension u_d positive est transmise par la mise en conduction de T_4 et T'_4.

Pour le freinage, par un retard à l'amorçage voisin de 180°, on rend la tension u_d négative mais on l'inverse par la mise en conduction de T_5 et T'_5 avant de l'appliquer à l'onduleur. On vérifie que I_d, maintenant négatif, passe bien dans les thyristors du redresseur dans le sens direct.

– De plus en plus on utilise des redresseurs à Modulation de Largeur d'Impulsions pour élever le rang des harmoniques des courants pris au réseau facilitant ainsi le filtrage et pour rendre très voisin de l'unité le facteur de puissance à l'entrée de la chaîne de conversion.

Si on utilise un redresseur MLI à structure d'onduleur de tension (figure 4.26.c), celui-ci doit avoir du côté continu une tension peu ondulée et il doit être alimenté par une source alternative inductive. D'ordinaire un transformateur abaisseur est placé entre le réseau et la chaîne de conversion ; on remplit la seconde condition en augmentant l'inductance de fuites du tranformateur.

L'examen du schéma de la figure 4.22.c montre que le montage est alors entièrement symétrique. Quand la machine asynchrone fonctionne en moteur, les courants I_d et i sont positifs, le redresseur fonctionne en redresseur et l'onduleur en onduleur. Quand la machine fonctionne en génératrice asynchrone, les deux convertisseurs permutent leurs rôles.

5.1.3. L'onduleur de courant

L'onduleur de courant, dont le schéma de principe et les formes d'ondes théoriques ont été donnés lors de l'étude du moteur synchrone (voir les figures 3.27 et 3.28), présente le gros avantage de pouvoir être alimenté par un simple redresseur classique. Lors du freinage c'est la tension, et non le courant, à son entrée qui s'inverse ; or un redresseur est réversible en tension.

Mais en raison de son inductance, le moteur aynchrone se prête mal à l'alimentation par un onduleur de courant qui tend à lui fournir des créneaux de courant. Lors de la montée et de la descente rapide du courant dans une phase, l'inductance de celle-ci crée des *surtensions* d'autant plus fortes que ces transitions sont plus brèves.

Quel que soit le schéma adopté, il faut ajouter une ou plusieurs capacités qui en s'opposant aux brusques variations de la tension à leurs bornes limitent les surtensions.

• Tant que comme semiconducteur de puissance on ne disposait que du thyristor ordinaire, commandable par sa gâchette à l'amorçage mais non au blocage, il fallait ajouter des cicuits auxiliaires de commutation (ou de soufflage). Le rôle des condensateurs de ces circuits était double :

- commuter le courant d'une phase à l'autre,
- éteindre les thyristors par évacuation des porteurs minoritaires.

• Maintenant, dans le domaine des puissances où les entraînements avec moteur asynchrone et onduleur de courant sont utilisés, on réalise l'onduleur de courant à partir de thyristors GTO ou de transistors IGBT, semiconducteurs à amorçage et blocage commandables par leur électrode commande. Les interrupteurs statiques réalisés avec ces composants doivent pouvoir supporter des tensions positives ou négatives. Les GTO doivent être "symétriques" ; si on utilise des GTO "asymétriques", il faut mettre en série avec chacun d'eux une diode ; la même addition est nécessaire lorsqu'on utilise des IGBT.

– Une première solution est celle de l'onduleur de courant avec circuit d'écrêtage (ou de clamping) (figure 4.27).

On ajoute aux six "interrupteurs" principaux, K_1, K_2, K_3, K'_1, K'_2, K'_3, réalisés à l'aide de GTO ou d'IGBT, un pont à diode et un condensateur C.

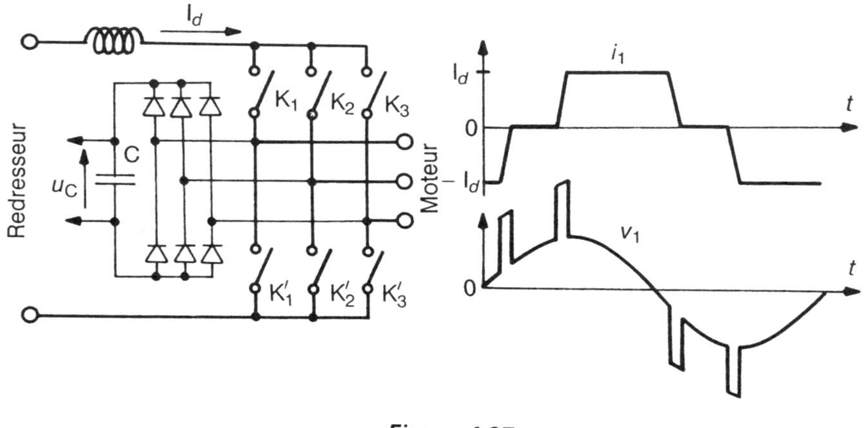

Figure 4.27

Lors d'une commutation, quand la tension entre deux bornes du moteur atteint la tension u_C aux bornes du condensateur, deux diodes du pont deviennent conductrices et limitent à u_C la valeur de la tension entre ces deux bornes.

Le courant dans une phase et la tension à ses bornes ont schématiquement les formes d'ondes représentées sur la figure 4.27.

A chaque commutation, le condensateur reçoit de l'énergie. Cette énergie est récupérée, grâce à un convertisseur auxiliaire qui la réinjecte à l'entrée de l'onduleur ou dans le réseau. Ce convertisseur permet de maintenir u_C constant. C'est par u_C qu'on règle l'amplitude des surtensions et la durée des commutations.

– Une autre façon de corriger le caractère inductif du moteur est de monter des condensateurs directement aux bornes de la machine. Pour ne pas avoir à utiliser des capacités trop importantes, on doit commander l'onduleur en Modulation de Largeur d'Impulsions. On dit alors – en exagérant un peu – que le moteur est alimenté par des tensions et des courants sinusoïdaux.

Cette solution est intéressante mais délicate car les condensateurs sont en parallèle avec les inductances du moteur. Il faut veiller à ce qu'aucun harmonique des courants fournis par l'onduleur de courant ne soit trop proche de la fréquence de résonance du circuit oscillant formé par ces capacités et ces inductances.

On peut utiliser l'onduleur de courant à Modulation de Largeur d'Impulsions avec condensateur en sortie en ajoutant un filtre actif (figure 4.28). On fournit alors au moteur un courant et une tension quasi-sinusoïdaux ; le couple est débarrassé de tous les couples harmoniques. Ce montage se révèle très bien adapté chaque fois qu'on demande des performances en couple très pointues. (Nous y reviendrons dans le deuxième volume de cette série.)

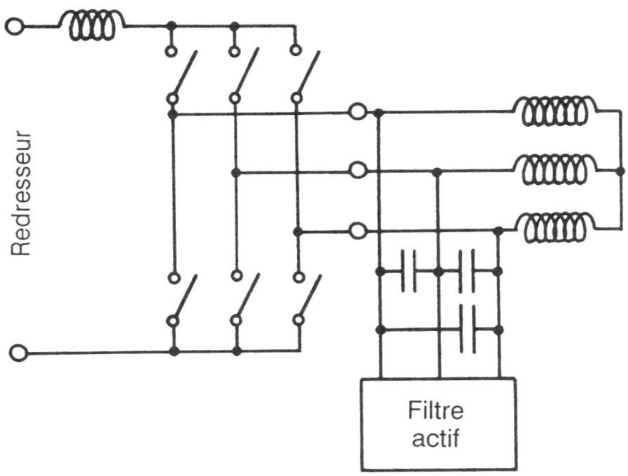

Figure 4.28

5.2. ALIMENTATION A FLUX CONSTANT

En même temps que leur fréquence, il faut faire varier la valeur des tensions d'alimentation.

D'ordinaire, pour avoir le même couple à toutes les fréquences, on travaille à flux dans l'entrefer constant.

5.2.1. Caractéristiques à flux constant

Le flux dans l'entrefer, c'est-à-dire le flux commun au stator et au rotor, est constant si le courant dans $I_{1\mu}$ dans l'inductance magnétisante est constant.

L'étude des schémas équivalents présentée dans la première section de ce chapitre a montré que si l'on veut que la réactance magnétisante traduise bien le flux dans l'entrefer, il fallait retenir le schéma de la figure 4.3, repris sur la figure 4.29.

Sur celle-ci, on a désigné par L_μ l'inductance magnétisante pour bien montrer sa nature (désignée par $\mathcal{L}_1$ au début du chapitre, sa valeur est donnée par la relation (4.5)). Pour simplifier on négligera la résistance R_μ qui rend compte des pertes dans le fer du stator.

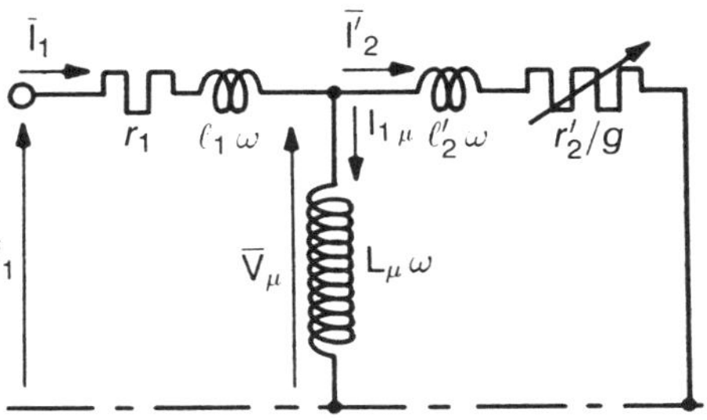

Figure 4.29

Puisque la tension V_μ aux bornes de l'impédance magnétisante égale $L_\mu \omega I_{1\mu}$, *travailler à flux contant, c'est travailler à* V_μ/ω *constant*.

– Avec le schéma de la figure 4.29 et en mettant V_μ/ω en évidence, le courant rotorique $\bar{I}'_2$ s'écrit

$$\bar{I}'_2 = \frac{\bar{V}_\mu}{\dfrac{r'_2}{g} + j\,\ell'_2\,\omega} = \frac{\bar{V}_\mu}{\omega}\,\frac{1}{\dfrac{r'_2}{g\,\omega} + j\,\ell'_2}. \tag{4.24}$$

A V_μ/ω constant, ce courant ne dépend que de la pulsation rotorique $g\,\omega$.

Il en est de même de $\bar{I}_1$.

$$\bar{I}_{1\mu} = \frac{\bar{V}_\mu}{j\,L_\mu\,\omega} = \frac{\bar{V}_\mu}{\omega}\,\frac{1}{j\,L_\mu}$$

$$\bar{I}_1 = \bar{I}_{1\mu} + \bar{I}'_2 = \frac{\bar{V}_\mu}{\omega}\left(\frac{1}{j\,L_\mu} + \frac{1}{\dfrac{r'_2}{g\,\omega} + j\,\ell'_2}\right). \tag{4.25}$$

– Le couple électromagnétique a pour valeur :

$$C = \frac{P'_1}{\Omega} = \frac{p}{\omega}\,3\,\frac{r'_2}{g}\,I'^2_2 = \frac{3\,p}{g\,\omega}\,r'_2\left(\frac{V_\mu}{\omega}\right)^2 \frac{g^2\,\omega^2}{r'^2_2 + \ell'^2_2\,g^2\,\omega^2}$$

$$C = 3\,p\,r'_2\left(\frac{V_\mu}{\omega}\right)^2 \frac{g\,\omega}{r'^2_2 + \ell'^2_2\,g^2\,\omega^2}. \tag{4.26}$$

A V_μ/ω constant, le couple ne dépend lui aussi que de $g\,\omega$.

La pulsation rotorique donnant le couple maximum et ce maximum ont pour valeurs :

$$(g\,\omega)_{C_{max}} = \frac{r'_2}{\ell'_2} \quad ; \quad C_{max} = \frac{3\,p}{2\,\ell'_2}\left(\frac{V_\mu}{\omega}\right)^2. \tag{4.27}$$

– La figure 4.30 représente la partie stable des caractéristiques mécaniques dans les quatre quadrants du plan couple-vitesse, pour quelques valeurs de la fréquence f.

Toutes ces caractéristiques se déduisent les unes des autres par une simple translation, puisque le couple ne dépend que de $g\,\omega$, c'est-à-dire de l'écart de vitesse par rapport au fonctionnement à couple nul.

La caractéristique à f nul, qui correspond à un fonctionnement en frein électromagnétique sépare les courbes relatives aux deux sens de rotation du flux tournant.

On désigne par vitesse nominale N'_n et fréquence nominale f_n (ou vitesse et fréquence de base, N_b et f_b, quand on étend la plage des vitesses au-delà de celle correspondant à la marche à flux constant), les valeurs de N' et de f pour lesquelles le convertisseur alimentant le moteur et débitant son courant nominal est à son maximum de tension de sortie.

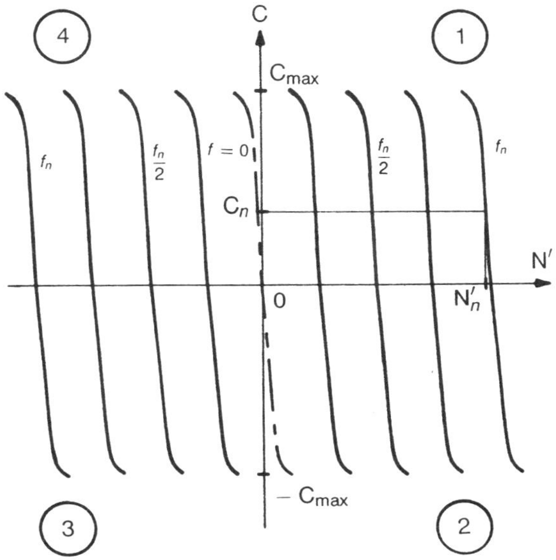

Figure 4.30

– Les relations (4.24), (4.25) et (4.26) montrent l'importance de la connaissance de la *pulsation rotorique*. En phase d'accélération ou de décélération rapide, c'est elle qui limite la vitesse de variation de la fréquence de façon à rester sur la partie stable des caractéristiques.

5.2.2. Variation de la tension statorique

C'est en faisant varier convenablement en fonction de la fréquence la tension d'alimentation V_1 du moteur qu'on maintient constant le rapport V_μ/ω. Pour les valeurs élevées et moyennes de ω, V_1 diffère peu de V_μ ; mais ce n'est pas le cas quand ω est faible.

D'ordinaire on fait varier V_1 pour que le moteur puisse développer le même couple maximum à toutes les fréquences.

L'équation des tensions :

$$\overline{V}_1 = \overline{V}_\mu + (r_1 + j\,\ell_1\,\omega)\,(\overline{I}_{1\,\mu} + \overline{I}'_2)$$
$$= \overline{V}_\mu + (r_1 + j\,\ell_1\,\omega)\,\overline{V}_\mu\left(\frac{1}{j\,L_\mu\,\omega} + \frac{1}{r'_2/g + j\,\ell'_2\,\omega}\right)$$

peut être simplifiée pour le fonctionnement au maximum de couple. La relation (4.23) indique qu'alors r'_2/g égale $\ell'_2\,\omega$, et l'équation des tensions devient :

$$\overline{V}_1 = \overline{V}_\mu + (r_1 + j\,\ell_1\,\omega)\,\overline{V}_\mu\left[\frac{1}{j\,L_\mu\,\omega} + \frac{1}{\ell'_2\,\omega\,(1+j)}\right].$$

Or $\ell_2' \omega$ est de l'ordre de $\sigma L_\mu \omega/2$, donc beaucoup plus faible que $L_\mu \omega$, et on peut écrire :

$$\overline{V}_1 \simeq \overline{V}_\mu \left[1 + (r_1 + j\,\ell_1 \omega) \frac{1}{\ell_2' \omega (1+j)}\right]$$

$$\frac{V_1}{\omega} \simeq \left(\frac{V_\mu}{\omega}\right)_\omega \frac{1}{2\,\ell_2' \omega} \sqrt{(2\,\ell_2' \omega + \ell_1 \omega + r_1)^2 + (r_1 - \ell_1 \omega)^2}$$

soit, pour le fonctionnement à la fréquence nominale

$$\frac{V_{1n}}{\omega_n} \simeq \left(\frac{V_\mu}{\omega}\right)_{\omega_n} \frac{1}{2\,\ell_2' \omega_n} \sqrt{(2\,\ell_2' \omega_n + \ell_1 \omega_n + r_1)^2 + (r_1 - \ell_1 \omega_n)^2}\,.$$

Pour que V_μ/ω soit le même à la fréquence nominale et à une fréquence quelconque, il faut que les valeurs de V_μ/ω extraites des deux dernières relations soient égales ; ce qui donne :

$$\frac{V_1}{V_{1n}} = \sqrt{\frac{(2\,\ell_2' \omega + \ell_1 \omega + r_1)^2 + (r_1 - \ell_1 \omega)^2}{(2\,\ell_2' \omega_n + \ell_1 \omega_n + r_1)^2 + (r_1 - \ell_1 \omega_n)^2}}\,. \qquad (4.28)$$

La figure 4.31 montre l'allure de la courbe donnant V_1/V_{1n} en fonction de f/f_n. L'écart avec la droite $V_1/f = C^{te}$ est important aux basses fréquences et cela d'autant plus que la valeur relative de r_1 est plus grande.

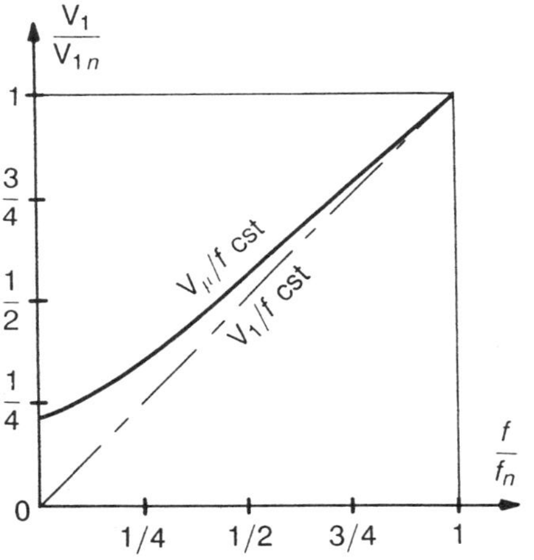

Figure 4.31

5.3. EXTENSION DE LA PLAGE DES VITESSES

5.3.1. Marche à "puissance constante"

Le fonctionnement à flux constant est dit "à couple constant" car le couple que peut développer le moteur en régime permanent est constant.

Si on veut accroître la vitesse quand la tension V_1 a atteint sa valeur nominale V_{1n}, on augmente la fréquence au-delà de la fréquence de base f_b tout en maintenant la tension V_1 égale à V_{1n}.

Quand, à V_1 constant, f augmente, le flux diminue. On obtient un fonctionnement analogue à celui obtenu avec le moteur à courant continu en diminuant le flux inducteur. C'est la marche "à puissance constante".

Puisque la fréquence est élevée, on peut utiliser les relations établies au paragraphe 3 en utilisant le schéma équivalent simplifié de la figure 4.5.

La relation (4.17), soit :

$$C_{max} = \frac{3\,V_{1n}^2}{\omega/p}\,\frac{1}{r_1 + \sqrt{r_1^2 + x_2''^2}} \tag{4.29}$$

montre que le couple maximum a une décroissante plus rapide qu'une courbe en $1/f$.

Le glissement qui donne le couple maximum, soit

$$(g)_{Cmax} = \frac{r_2'}{\sqrt{r_1^2 + x_2''^2}}$$

diminue avec la fréquence. D'ailleurs la relation (4.19) montre que la pente initiale de la partie stable de la caractéristique mécanique est indépendante de f. La partie centrale de la figure 4.32 donne l'allure de cette caractéristique quand f croît.

Si l'on veut obtenir une puissance constante, c'est-à-dire un couple inversement proportionnel à la vitesse, quand la fréquence croît le point de fonctionnement sur la partie stable des caractéristiques se rapproche de plus en plus du point à couple maximum.

La limite de ce mode de fonctionnement est atteinte pour la vitesse N'_ℓ où le couple correspondant à la puissance nominale est égal au couple maximum :

$$\frac{3\,V_{1n}^2}{\omega_\ell/p}\,\frac{1}{r_1 + \sqrt{r_1^2 + x_2''^2}} = C_n\,\frac{N'_\ell}{N'_b}\,.$$

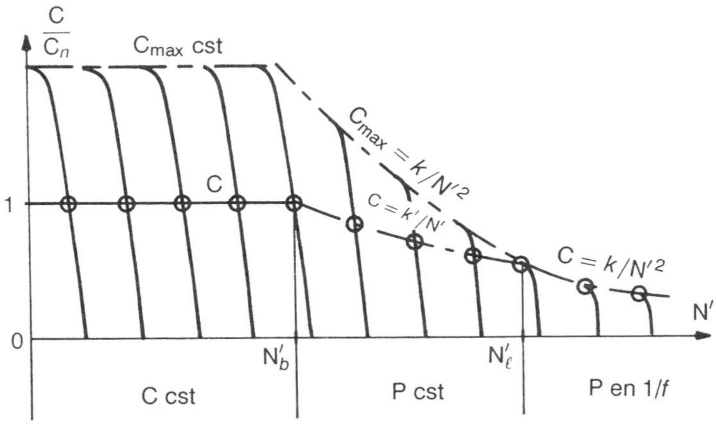

Figure 4.32

5.3.2. Marche à puissance en 1/*f*

Pour les vitesses supérieures à la limite N'_ℓ jusqu'à laquelle le moteur peut fournir sa puissance nominale, même en opérant au point à couple maximum, la puissance diminue.

Pour ces valeurs élevées de f, x_2'' est beaucoup plus grand que r_1 et, avec une bonne approximation, la relation (4.29) donne :

$$C_{max} \simeq \frac{3\,V_{1n}^2}{\omega/p}\,\frac{1}{x_2''}\,. \tag{4.30}$$

D'où la puissance transmise au rotor :

$$C_{max}\,\frac{\omega}{p} = \frac{3\,V_{1n}^2}{x_2''}\,.$$

Dans cette dernière zone de fonctionnement (partie droite de la figure 4.32), la puissance que peut développer le moteur est inversement proportionnelle à sa vitesse de rotation. Le moteur a un comportement identique à celui du moteur à courant continu à excitation série en fonctionnement naturel.

Il est difficile de comparer avec précision les caractéristiques électriques (courant absorbé I_1, facteur de puissance $\cos\varphi_1$, rendement η) obtenues dans les zones à puissance constante et à puissance en $1/f$ avec celles de la zone à couple constant. Les pertes, l'efficacité du refroidissement varient beaucoup avec la vitesse.

La figure 4.33 représente de façon schématique les variations, en fonction de f, de la tension V_1, du couple C_u et de la puissance P_u développables en régime permanent. On a supposé η constant. (Si on suppose en outre $\cos\varphi_1$ constant, I_1 varie comme P_u/V_1).

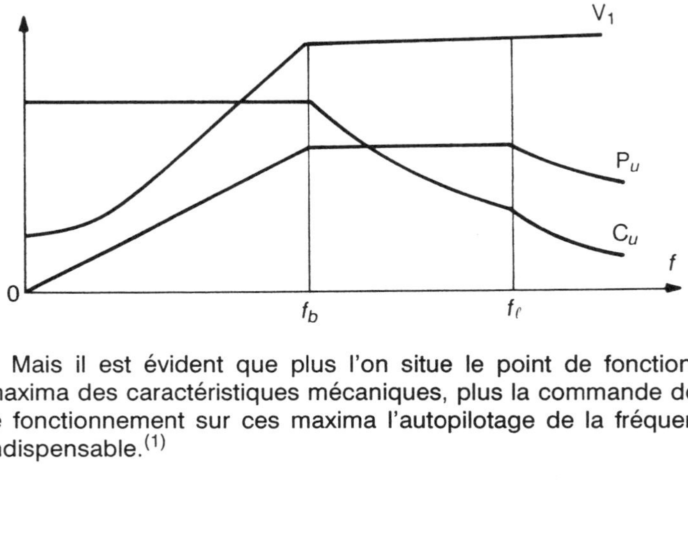

Figure 4.33

Mais il est évident que plus l'on situe le point de fonctionnement près des maxima des caractéristiques mécaniques, plus la commande doit être sûre. Pour le fonctionnement sur ces maxima l'autopilotage de la fréquence statorique est indispensable.[(1)]

6. NOTES SUR LA COMMANDE VECTORIELLE

Dans les applications nécessitant des performances dynamiques importantes, il faut agir directement sur le couple instantané.

(1) *Dans le volume 3 de cette série, nous reviendrons sur le problème de l'adaptation du moteur et du convertisseur.*

C'est possible avec les processeurs de signaux maintenant utilisés ; ils permettent la réalisation en temps réel d'algorithmes de commande même relativement complexes.

Il serait trop long de reprendre ici tous les calculs conduisant à l'expression du couple instantané à partir des variables observables et de présenter les divers procédés de commande utilisables. Nous nous contenterons d'indiquer les principes utilisés et les résultats obtenus.

Pour faciliter le recours aux ouvrages cités en bibliographie où l'on peut trouver tout ce qui est ici simplement résumé, nous utilisons les notations généralement utilisées dans ces ouvrages. Elles diffèrent de celles utilisées dans les paragraphes précédents, car il n'est plus possible de travailler avec le transformateur équivalent.

6.1. MODÈLE MATHÉMATIQUE DE LA MACHINE ASYNCHRONE

• On suppose la machine triphasée au stator et au rotor et, pour simplifier les équations, bipolaire ; on néglige la saturation et on admet que la f.m.m. créée par chaque phase du stator et du rotor est à répartition sinusoïdale.

– En désignant par v_{SA}, v_{SB}, v_{SC}, les trois tensions statoriques,
i_{SA}, i_{SB}, i_{SC}, les trois courants statoriques,
i_{RA}, i_{RB}, i_{RC}, les trois courants rotoriques,
R_S et R_R, les résistances par phase du stator et du rotor,
ϕ_{SA}, ϕ_{SB}, ϕ_{SC}, les flux à travers les trois phases du stator,
ϕ_{RA}, ϕ_{RB}, ϕ_{RC}, les flux à travers les trois phases du rotor,
les équations des tensions de la machine, avec rotor en court- circuit, s'écrivent :

$$\left.\begin{aligned} v_{SA} &= R_S\, i_{SA} + \mathrm{d}\phi_{SA}/\mathrm{d}t \\ v_{SB} &= R_S\, i_{SB} + \mathrm{d}\phi_{SB}/\mathrm{d}t \\ v_{SC} &= R_S\, i_{SC} + \mathrm{d}\phi_{SC}/\mathrm{d}t \end{aligned}\right\} \tag{4.31}$$

$$\left.\begin{aligned} 0 &= R_R\, i_{RA} + \mathrm{d}\phi_{RA}/\mathrm{d}t \\ 0 &= R_R\, i_{RB} + \mathrm{d}\phi_{RB}/\mathrm{d}t \\ 0 &= R_R\, i_{RC} + \mathrm{d}\phi_{RC}/\mathrm{d}t \end{aligned}\right\} \tag{4.32}$$

– Pour relier les flux aux courants, il faut définir les inductances.

Les inductances propres et mutuelles entre les phases du stator et entre les phases du rotor sont constantes. On désigne par :
L_S, l'inductance propre des phases statoriques,
L_R, l'inductance propre des phases rotoriques,
M_S, l'inductance mutuelle des phases statoriques,
M_R, l'inductance mutuelle des phases rotoriques.

Les inductances mutuelles entre phases du stator et du rotor varient puisque ce dernier tourne. Si on désigne par θ l'écart angulaire compté dans le sens de rotation entre les phases A du stator et du rotor, la figure 4.34 montre les écarts entre les axes des divers enroulements.

Puisqu'on suppose sinusoïdale la f.m.m. créée par chaque enroulement et que l'entrefer est d'épaisseur constante, la mutuelle inductance entre deux enroulements est proportionnelle au cosinus de leur écart angulaire.

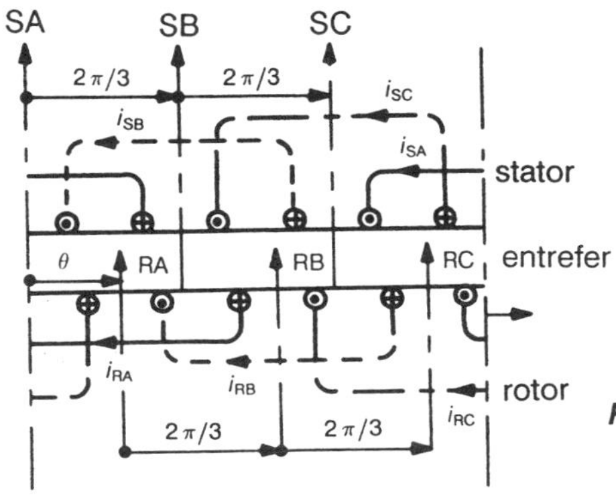

Figure 4.34

Si on désigne par M la valeur de cette mutuelle quand les axes des deux enroulements considérés coïncident, les 9 mutuelles inductances sont données par :

$$\begin{bmatrix} M_{AA} & M_{AB} & M_{AC} \\ M_{BA} & M_{BB} & M_{BC} \\ M_{CA} & M_{CB} & M_{CC} \end{bmatrix} = M \begin{bmatrix} \cos\theta & \cos\left(\theta - \frac{4\pi}{3}\right) & \cos\left(\theta - \frac{2\pi}{3}\right) \\ \cos\left(\theta - \frac{2\pi}{3}\right) & \cos\theta & \cos\left(\theta - \frac{4\pi}{3}\right) \\ \cos\left(\theta - \frac{4\pi}{3}\right) & \cos\left(\theta - \frac{2\pi}{3}\right) & \cos\theta \end{bmatrix} \tag{4.33}$$

D'où les expressions des flux en fonction des courants :

$$\left.\begin{aligned} \phi_{SA} &= L_S\, i_{SA} + M_S\, i_{SB} + M_S\, i_{SC} + M_{AA}\, i_{RA} + M_{AB}\, i_{RB} + M_{AC}\, i_{RC} \\ \phi_{SB} &= M_S\, i_{SA} + L_S\, i_{SB} + M_S\, i_{SC} + M_{BA}\, i_{RA} + M_{BB}\, i_{RB} + M_{BC}\, i_{RC} \\ \phi_{SC} &= M_S\, i_{SA} + M_S\, i_{SB} + L_S\, i_{SC} + M_{CA}\, i_{RA} + M_{CB}\, i_{RB} + M_{CC}\, i_{RC} \end{aligned}\right\} \tag{4.34}$$

$$\left.\begin{aligned} \phi_{RA} &= L_R\, i_{RA} + M_R\, i_{RB} + M_R\, i_{RC} + M_{AA}\, i_{SA} + M_{BA}\, i_{SB} + M_{CA}\, i_{SC} \\ \phi_{RB} &= M_R\, i_{RA} + L_R\, i_{RB} + M_R\, i_{RC} + M_{AB}\, i_{SA} + M_{BB}\, i_{SB} + M_{CB}\, i_{SC} \\ \phi_{RC} &= M_R\, i_{RA} + M_R\, i_{RB} + L_R\, i_{RC} + M_{AC}\, i_{SA} + M_{BC}\, i_{SB} + M_{CC}\, i_{SC} \end{aligned}\right\} \tag{4.35}$$

En reportant ces expressions du flux dans (4.31) et (4.32) on obtient les équations qui donnent les tensions v_{SA}, v_{SB}, v_{SC} en fonction des courants i_{SA}, i_{SB}, i_{SC}, i_{RA}, i_{RB}, i_{RC} et, compte tenu de (4.33), ... de l'angle θ.

6.2. LA TRANSFORMATION DE PARK

Les transformations sont des changements de variables : aux variables réelles on en substitue d'autres, appelées composantes, qui facilitent le calcul ou le traitement de l'information.

Pour les machines tournantes, la transformation la plus utilisée est celle de Park; elle permet de remplacer les équations différentielles à coefficients fonctions du temps par des équations différentielles plus simples et à coefficients constants; de plus elle permet une interprétation physique des composantes.

6.2.1. Les matrices de transformation

Pour un système de trois courants réels i_A, i_B, i_C par exemple, la transformation de Park d'angle α donne les composantes i_0, i_d, i_q. Les deux systèmes sont liés par :

$$\begin{bmatrix} i_0 \\ i_d \\ i_q \end{bmatrix} = \sqrt{\frac{2}{3}} \begin{bmatrix} 1/\sqrt{2} & 1/\sqrt{2} & 1\,\sqrt{2} \\ \cos\alpha & \cos(\alpha - 2\pi/3) & \cos(\alpha - 4\pi/3) \\ -\sin\alpha & -\sin(\alpha - 2\pi/3) & -\sin(\alpha - 4\pi/3) \end{bmatrix} \begin{bmatrix} i_A \\ i_B \\ i_C \end{bmatrix}$$

ou inversement

$$\begin{bmatrix} i_A \\ i_B \\ i_C \end{bmatrix} = \sqrt{\frac{2}{3}} \begin{bmatrix} 1/\sqrt{2} & \cos\alpha & -\sin\alpha \\ 1/\sqrt{2} & \cos(\alpha - 2\pi/3) & -\sin(\alpha - 2\pi/3) \\ 1/\sqrt{2} & \cos(\alpha - 4\pi/3) & -\sin(\alpha - 4\pi/3) \end{bmatrix} \begin{bmatrix} i_0 \\ i_d \\ i_q \end{bmatrix}$$

i_0 est la composante homopolaire du système réel,
i_d est sa composante d'axe direct,
i_q est sa composante d'axe en quadrature.

D'ordinaire les systèmes triphasés sont de somme nulle ; il n'y a pas de composante homopolaire.

On choisit α pour que les mutuelles inductances entre les enroulements statoriques et rotoriques soient constantes : autrement dit aux enroulements réels parcourus par i_A, i_B, i_C on en substitue d'autres fictifs parcourus par i_d et i_q qui tournent à la même vitesse que les enroulements situés de l'autre côté de l'entrefer.

6.2.2. Exemple simple : cas de la machine synchrone

- Une machine synchrone peut être modélisée (figure 4.35)
  au stator, par trois enroulements A, B, C,
  au rotor,par l'enroulement inducteur F,
  et par deux enroulements en court-circuit, l'un KD dont l'axe est l'axe polaire, l'autre KQ dont l'axe est l'axe interpolaire, pour rendre compte des amortisseurs.

Si θ est l'écart angulaire entre l'axe polaire et l'axe de la phase A, on applique la transformation de Park d'angle θ aux grandeurs statoriques.

Cela revient à substituer aux enroulements fixes du stator parcourus par les courants i_A, i_B, i_C un bobinage diphasé dont les enroulements sont parcourus par les composantes i_d et i_q et tournent à la même vitesse ω que le rotor (figure 4.36).

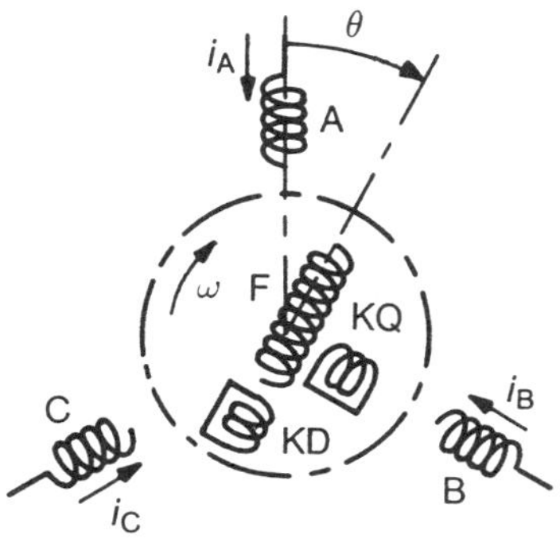

Figure 4.35

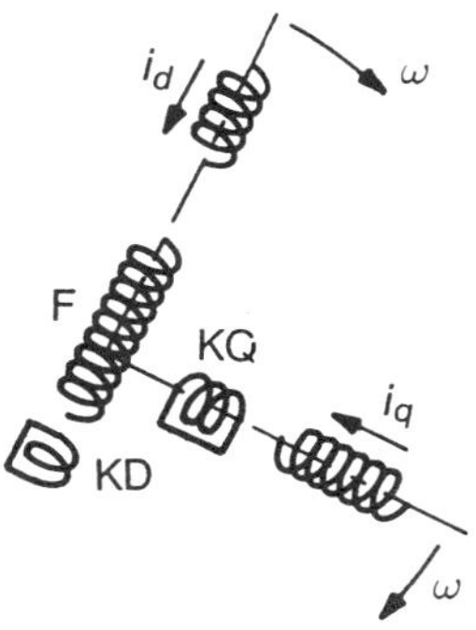

Figure 4.36

• Les équations sont grandement simplifiées. Les composantes des tensions statoriques par exemple s'écrivent :

$$v_d = R_S\, i_d + \frac{d}{dt}\,\phi_d - \omega\,\phi_q$$

$$v_q = R_S\, i_q + \frac{d}{dt}\,\phi_q + \omega\,\phi_d$$

en désignant par ϕ_d et ϕ_q les flux totaux à travers les deux enroulements fictifs.

Ces flux ont pour expressions :

$$\phi_d = L_d\, i_d + M_{F,d}\, i_F + L_{KD,d}\, i_{KD}$$

$$\phi_q = L_q\, i_q + M_{KQ,q}\, i_{KQ}$$

où L_d et L_q sont les inductances propres des enroulements fictifs, $M_{F,d}$, $M_{KD,d}$, $M_{KQ,q}$ leurs mutuelles inductances avec les autres enroulements parcourus par les courants i_F, i_{KD}, i_{KQ}. Toutes les inductances propres et mutuelles sont des constantes (si on néglige la saturation).

Le couple électromagnétique est donné par :

$$C = \phi_d\, i_q - \phi_q\, i_d\,.$$

• On voit que i_d et i_q jouent le rôle que jouaient I sin ψ et I cos ψ dans l'étude des régimes permanents (voir chapitre 3, § 3.3.1) en créant les réactions longitudinales et transversales.

En régime permanent, i_{KD}, i_{KQ}, $d\,\phi_d/dt$, $d\,\phi_q/dt$ sont nuls et on retrouve aisément les relations établies au chapitre 3.

6.2.3. Cas du moteur asynchrone

Dans le moteur asynchrone il y a deux enroulements triphasés (ou supposés tels). On fait la transformation de Park avec deux angles α différents.

Si ω est la pulsation des tensions d'alimentation, donc puisqu'on suppose qu'il y a 2 pôles, la vitesse du flux tournant, et g le glissement,

- la vitesse angulaire du rotor est $\omega' = (1 - g)/\omega$
- la pulsation des courants rotoriques est $\omega_R = g\,\omega$.

• Si θ est l'angle, égal à $\omega' t$, que fait la phase RA du rotor avec la phase SA du stator (voir figure 4.37)

- en faisant une transformation de Park d'angle θ_S pour les grandeurs statoriques, on obtient les grandeurs v_{Sd}, v_{Sq}, i_{Sd}, i_{Sq} relatives à deux enroulements fictifs Sd, Sq tournant à la vitesse angulaire $d\,\theta_S/dt$ par rapport au stator;
- en faisant une transformation de Park d'angle θ_R pour les grandeurs rotoriques, on obtient les courants i_{Rd} et i_{Rq} dans les deux enroulements fictifs Rd, Rq tournant à la vitesse $d\,\theta_R/dt$ par rapport au rotor.

On cherche évidemment à ce que Rd, Rq tournent à la même vitesse que Sd, Sq pour que les mutuelles inductances soient constantes et que Rd et Sd, Rq et Sq aient les mêmes axes. Pour cela, il faut :

$$\theta_S = \theta + \theta_R\,. \qquad (4.36)$$

La vitesse de Rd, Rq est $d\theta_R/dt$ par rapport au rotor; elle s'ajoute à la vitesse $d\theta/dt$ de celui-ci; Rd, Rq tournent donc à la même vitesse $d\theta_S/dt$ que Sd, Sq.

La figure 4.37, où on a représenté les enroulements par leurs axes, montre les angles θ, θ_S, θ_R et les vitesses angulaires de RA, de Rd et Sd par rapport au stator. La figure 4.38 donne le schéma équivalent, lorsque la condition (4.36) est remplie.

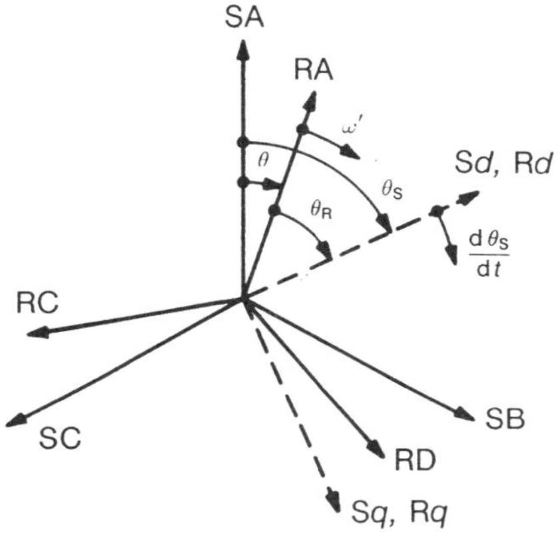

Figure 4.37

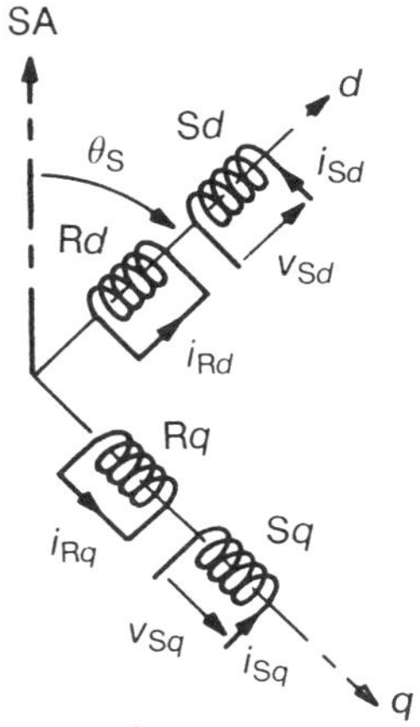

Figure 4.38

- Parmi les diverses façons de remplir la condition (4.36), trois sont particulièrement intéressantes :

– système d'axes $d - q$ fixe par rapport au stator :

$$\theta_S = 0 \quad ; \quad \theta_R = -\theta$$

donc $\quad d\theta_S/dt = 0 \quad ; \quad d\theta_R/dt = -\omega'$

– système d'axes $d - q$ fixe par rapport au rotor :

$$\theta_R = 0 \quad ; \quad \theta_S = \theta$$

donc $\quad d\theta_R/dt = 0 \quad ; \quad d\theta_S/dt = \omega'$

– système d'axes $d - q$ calé sur le flux tournant :

$$\theta_S = \omega t \quad ; \quad \theta_R = \omega t - \omega' t = g\omega$$

donc $\quad d\theta_S/dt = \omega \quad ; \quad d\theta_R/dt = g\omega.$

Avec cette dernière solution, les équations liant les composantes des tensions à celles des courants et des flux s'écrivent :

$$\left.\begin{aligned} v_{Sd} &= R_S\, i_{Sd} + \frac{d}{dt}\phi_{Sd} - \omega\,\phi_{Sq} \\ v_{Sq} &= R_S\, i_{Sq} + \frac{d}{dt}\phi_{Sq} + \omega\,\phi_{Sd} \\ 0 &= R_R\, i_{Rd} + \frac{d}{dt}\phi_{Rd} - g\,\omega\,\phi_{Rq} \\ 0 &= R_R\, i_{Rq} + \frac{d}{dt}\phi_{Rq} + g\,\omega\,\phi_{Rd} \end{aligned}\right\} \qquad (4.37)$$

Les flux totaux à travers les quatre bobines fictives ayant pour valeurs :

$$\left.\begin{aligned}\phi_{Sd} &= \mathcal{L}_S\, i_{Sd} + \mathcal{M}\, i_{Rd}\\ \phi_{Sq} &= \mathcal{L}_S\, i_{Sq} + \mathcal{M}\, i_{Rq}\\ \phi_{Rd} &= \mathcal{L}_R\, i_{Rd} + \mathcal{M}\, i_{Sd}\\ \phi_{Rq} &= \mathcal{L}_R\, i_{Rq} + \mathcal{M}\, i_{Sq}\end{aligned}\right\} \qquad (4.38)$$

Les inductances cycliques à considérer sont constantes (si on néglige la saturation) et liées à celles présentées au paragraphe 6.1 par :

$$\mathcal{L}_S = L_S - M_S \qquad \mathcal{L}_R = L_R - M_R \qquad \mathcal{M} = 3\,M/2.$$

Le couple se déduit de l'expression générale :

$$C = \frac{1}{2}\,[i]_t \left\{\frac{d}{d\theta}\,[L]\right\}[i]\ ;$$

ce qui, après passage aux composantes de Park, calculs et simplifications, donne :

$$V = \mathcal{M}\,(i_{Rd}\, i_{Sq} - i_{Rq}\, i_{Sd}).$$

En tirant i_{Sd} et i_{Sq} des premières équations du système (4.38), on obtient :

$$C = \frac{\mathcal{M}}{\mathcal{L}_S}\,(\phi_{Sq}\, i_{Rd} - \phi_{Sd}\, i_{Rq}) \qquad (4.39)$$

ou, en tirant i_{Rd} et i_{Rq} des autres équations de ce système,

$$C = \frac{\mathcal{M}}{\mathcal{L}_R}\,(\phi_{Rd}\, i_{Sq} - \phi_{Rq}\, i_{Sd}). \qquad (4.40)$$

6.3. PRINCIPE DE LA COMMANDE VECTORIELLE

• Pour obtenir des performances dynamiques importantes avec un moteur, il faut pouvoir commander directement le couple instantané.

Avec le moteur à courant continu, c'est facile. Le couple instantané est donné par le produit du flux inducteur ϕ par le courant I dans l'induit. Or ϕ et I ont des commandes séparées. Si on maintient ϕ constant, le couple instantané est proportionnel à I.

Pour obtenir des performances comparables avec le moteur asynchrone, il faut découpler la commande du flux et celle du courant. C'est la méthode dite "à flux orienté" ou à "commande vectorielle".

– Si l'on maintient ϕ_{Sq} nul, et ϕ_{Sd} constant, la relation (4.39) montre que le couple varie comme i_{Rq} : c'est la commande à flux statorique orienté.

– Si l'on maintient ϕ_{Rq} nul, et ϕ_{Rd} constant, la relation (4.40) montre que le couple varie comme i_{Sq} : c'est la commande à flux rotorique orienté.

Nous nous limiterons à ce dernier cas.

• Lorsque ϕ_{Rq} est nul, le flux rotorique ϕ_R est confondu avec ϕ_{Rd}. Dans ces conditions, les équations (4.37), (4.38) et (4.40) deviennent :

$$\left.\begin{aligned} v_{Sd} &= R_S\, i_{Sd} + \frac{d}{dt}\,\phi_{Sd} - \omega\,\phi_{Sq} \\ v_{Sq} &= R_S\, i_{Sq} + \frac{d}{dt}\,\phi_{Sq} + \omega\,\phi_{Sq} \\ 0 &= R_R\, i_{Rd} + \frac{d}{dt}\,\phi_R \\ 0 &= R_R\, i_{Rq} + g\,\omega\,\phi_R \end{aligned}\right\} \tag{4.41}$$

$$\left.\begin{aligned} \phi_{Sd} &= \mathcal{L}_S\, i_{Sd} + \mathcal{M}\, i_{Rd} \\ \phi_{Sq} &= \mathcal{L}_S\, i_{Sq} + \mathcal{M}\, i_{Rq} \\ \phi_R &= \mathcal{L}_R\, i_{Rd} + \mathcal{M}\, i_{Sd} \\ 0 &= \mathcal{L}_R\, i_{Rq} + \mathcal{M}\, i_{Sq} \end{aligned}\right\} \tag{4.42}$$

$$C = \frac{\mathcal{M}}{\mathcal{L}_R}\,\phi_R\, i_{Sq}. \tag{4.43}$$

On veut régler séparément le flux et le couple à partir des grandeurs de commande v_{Sd} et v_{Sq}, les grandeurs mesurables étant les courants i_{SA}, i_{SB}, i_{SC} et l'angle θ donné par le capteur de position rotorique.

– *Commande du flux*

De la première équation des tensions rotoriques on déduit :

$$i_{Rd} = -\frac{1}{R_R}\,\frac{d}{dt}\,\phi_R$$

et, en reportant dans l'expression de ϕ_R,

$$\phi_R = \frac{\mathcal{M}}{1 - \tau_R\, p}\, i_{Sd}$$

en désignant par τ_R la constante de temps $\mathcal{L}_R/R_R$ du rotor et par p l'opérateur dérivation d/dt.

C'est i_{Sd} qui permet d'estimer le flux. L'écart entre le flux de référence et le flux estimé à partir des courants i_{SA}, i_{SB}, i_{SC} permet d'élaborer le courant i_{Sd} de commande.

– *Commande du couple*

La relation (4.43) montre que c'est par i_{Sq} qu'on commande le couple

$$C = \frac{\mathcal{M}}{\mathcal{L}_R}\,\phi_R\, i_{Sq}\,.$$

– *Autopilotage*

La commande de ω doit être telle que le référentiel $d - q$ tourne au synchronisme. L'autopilotage doit réaliser la condition

$$\theta_S = \theta + \theta_R$$

et l'annulation de ϕ_{Rq}.

θ est donné par le capteur de position rotorique ; θ_R, égal à $g\,\omega t$, est donné par l'estimateur de pulsation rotorique $g\,\omega$.

De la seconde équation des tensions rotoriques on déduit :

$$g\,\omega = -\frac{R_R\, i_R}{\phi_R}$$

ou, puisque $\phi_{Rq} = \mathcal{L}_R\, i_{Rq} + \mathcal{M}\, i_{Sq}$ doit être nul,

$$g\,\omega = \frac{\mathcal{M}}{\tau_R\,\phi_R}\,i_{Sq}\,.$$

– Les diverses mises en œuvre de ce principe diffèrent par la façon de tenir compte de la variation des paramètres caractérisant la machine et tout particulièrement de sa constante de temps rotorique τ_R. La résistance du rotor R_R varie avec la température et avec la fréquence rotorique (effet de peau).[1]

---

(1) Pour ne pas allonger trop cette première partie, nous n'avons pas présenté l'étude des moteurs à réluctance variable.
Ces machines, très utilisées comme actionneurs dans les servomécanismes sont souvent commandées en pas-à-pas à partir de convertisseurs fournissant aux enroulements des courants unidirectionnels.
Si le stator, alimenté en alternatif, crée un champ tournant à vitesse constante, leur commande diffère peu de celle des machines synchrones. Mais ainsi alimentées les machines à réluctance variable sont peu utilisées en moyenne et forte puissance.

DEUXIÈME PARTIE

LES CHARGES ENTRAÎNÉES

CHAPITRE 1

Rappels de mécanique : Couples. Moments d'inertie. Vibrations

1. RAPPEL DE QUELQUES LOIS ÉLÉMENTAIRES DE LA MÉCANIQUE

Dans le cas des mouvements de translation, on peut énoncer ainsi les lois fondamentales de la mécanique :

- Tout solide reste au repos ou en mouvement linéaire uniforme, si aucune force extérieure ne lui est appliquée.
- La dérivée de la quantité de mouvement Mv d'un solide, c'est-à-dire du produit de sa masse M par sa vitesse v, est égale à la résultante des forces qui lui sont appliquées.
- Tant en régime permanent qu'en régime transitoire, à toute action correspond une réaction, de même valeur et directement opposée.

Ces lois énoncées pour des mouvements de translation s'appliquent aux mouvements de rotation dont sont animés la plupart des entraînements électriques à vitesse variable.

1.1. MOUVEMENT DE TRANSLATION

Considérons un solide de masse M qui se déplace sur un plan horizontal suivant la direction de l'axe $x'x$ (fig. 1.1). Sous l'action d'une force motrice F et d'une force résistante F_r, dirigées l'une suivant $x'x$, l'autre en sens inverse, ce mobile se déplace avec une vitesse v, égale à dx/dt.

La loi sur la quantité de mouvement permet d'écrire :

$$F - F_r = \frac{d}{dt}(Mv) = M\frac{dv}{dt} + v\frac{dM}{dt}.$$

Si, d'ordinaire, F et F_r dépendent de la vitesse v et de la position x, la masse est généralement constante.

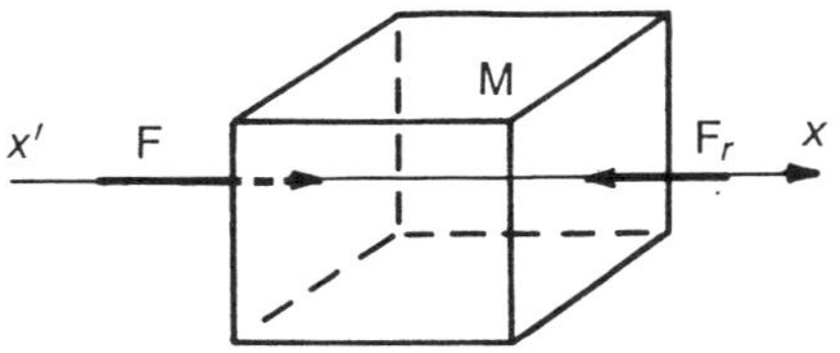

Figure 1.1

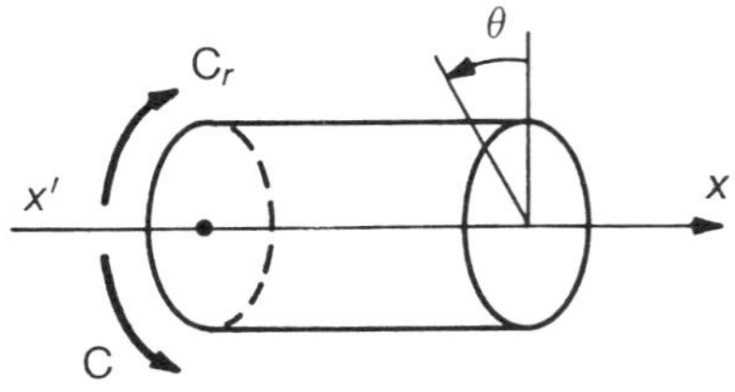

Figure 1.2

D'où :

$$F - F_r = M\,\frac{dv}{dt} = M\,\frac{d^2 v}{dt^2}\,.$$

Puisque dv/dt est l'accélération γ, on a donc :

$$F - F_r = M\,\gamma\,.$$

1.2. MOUVEMENT DE ROTATION

– Soit un solide élémentaire de masse m se déplaçant à une vitesse v sur une trajectoire circulaire de rayon r sous l'effet d'une force élémentaire $f - f_r$ de même direction et même sens que la vitesse.

Force et quantité de mouvement sont liées par :

$$f - f_r = \frac{d}{dt}\,(m \cdot v)\,.$$

La vitesse peut être mise sous la forme :

$$v = r\,\Omega = r\,2\,\pi\,N\,,$$

en désignant par Ω la vitesse angulaire en radians par seconde,
N le nombre de tours par seconde.

D'où :

$$f - f_r = \frac{d}{dt}\,(m\,r\,\Omega)\,.$$

Si on multiplie par r les deux membres de cette égalité, on fait apparaître au premier membre des couples au lieu des forces

$$f\,r - f_r\,r = c - c_r = \frac{d}{dt}\,(m\,r^2\,\Omega)\,.$$

– Si maintenant on considère un solide formé de nombreuses parties élémentaires, on peut écrire :

$$\Sigma f\,r - \Sigma f_r\,r = \frac{d}{dt}\,\left[(\Sigma m\,r^2)\,\Omega\right]$$

ou $$C - C_r = \frac{d}{dt}\,(J\,\Omega)\,. \qquad (1.1)$$

C est le couple moteur résultant,
C_r est le couple résistant résultant,
J, égal à $\Sigma m\,r^2$, est appelé *moment d'inertie* du solide.

– Considérons, par exemple, le cas d'un corps cylindrique de moment d'inertie J tournant autour de son axe $x'x$ à la vitesse angulaire Ω, égale à $d\theta/dt$, sous l'effet de la différence entre un couple moteur C et un couple résistant C_r (figure 1.2).

La relation (1.1) peut s'écrire :

$$C - C_r = \frac{d}{dt}(J\,\Omega) = J\frac{d\Omega}{dt} + \Omega\frac{dJ}{dt}. \quad (1.2)$$

Le terme $\Omega\,dJ/dt$ ne diffère de zéro que dans les entraînements où l'inertie de la charge varie. C'est le cas des centrifugeuses ou des bobineuses où la géométrie de la charge dépend de la vitesse ou du temps. C'est aussi le cas des robots industriels qui changent de géométrie.

Dans tous les autres cas, on peut admettre que le moment d'inertie J est constant, ce qui donne :

$$\boxed{C - C_r = J\frac{d\Omega}{dt}} \quad (1.3)$$

1.3. ÉNERGIE ET PUISSANCE

• La variation d'énergie correspond au travail d'une force, c'est-à-dire au produit d'une force par un déplacement.

– Dans le cas d'un corps de masse M animé d'un mouvement linéaire de *translation* avec une vitesse v, la force est donnée par :

$$F = M\frac{dv}{dt}.$$

Le travail élémentaire dT correspondant au déplacement élémentaire dx est donc :

$$dT = F\,dx.$$

L'énergie fournie à la masse pour la déplacer de x, soit :

$$W = \int_0^x F\,dx = \int_0^x M\frac{dv}{dt}\,dx$$

peut s'écrire :

$$W = \int_0^x M\frac{dv}{dx}\left(\frac{dx}{dt}\right)dx.$$

Or $dx/dt = v$. Si v_0 est la vitesse initiale et v la vitesse à la fin du déplacement considéré :

$$W = \int_{v_0}^{v} M\,v\,dv = \frac{1}{2}M(v^2 - v_0^2).$$

L'énergie fournie à la masse M pour l'amener de l'arrêt jusqu'à la vitesse v est :

$$W = \frac{1}{2}M\,v^2 \quad (1.4)$$

– Dans le cas d'un solide en *rotation* autour d'un axe, on calcule l'énergie de la même façon.

Un déplacement angulaire élémentaire $d\theta$ sous l'action d'un couple C correspond à un travail élémentaire $C\,d\theta$.

D'où l'énergie nécessaire pour faire varier θ de 0 à θ

$$W = \int_0^\theta C \, d\theta$$

ou, d'après (1.3),

$$W = \int_0^\theta J \frac{d\Omega}{dt} \, d\theta = \int_0^\theta J \frac{d\Omega}{d\theta} \left(\frac{d\theta}{dt}\right) d\theta .$$

Pour passer de la vitesse angulaire Ω_0 à la vitesse angulaire $\Omega,$ il faut une énergie

$$W = \int_{\Omega_0}^{\Omega} J \, \Omega \, d\Omega = \frac{1}{2} J (\Omega^2 - \Omega_0^2) .$$

Pour amener le solide de l'arrêt à la vitesse angulaire $\Omega,$ il faut lui fournir :

$$W = \frac{1}{2} J \, \Omega^2. \tag{1.5}$$

• Les grandeurs $(1/2)\,M v^2$ et $(1/2)\,J\,\Omega^2$ portent le nom d'*énergie cinétique*. Elles mesurent un stockage d'énergie mécanique dans un solide en translation ou en rotation.

On note l'analogie avec l'énergie électrique stockée dans une inductance, $(1/2)\,L i^2,$ ou un condensateur, $(1/2)\,C u^2.$

Puisque l'énergie contenue dans un corps ne peut varier instantanément (cela nécessiterait une puissance infinie), la vitesse linéaire ou angulaire d'un solide ne peut subir de discontinuité. Cette *continuité de la vitesse* est fréquemment utilisée pour l'étude des mouvements.

• *La puissance* P d'un équipement est égale au travail qu'il fournit par unité de temps :

$$P = \frac{dT}{dt} ,$$

soit, pour les deux types de mouvement considérés,

$$P = F \frac{dx}{dt} \qquad \text{ou} \qquad P = C \frac{d\theta}{dt} .$$

Un moteur, qui fournit une force F à un corps qu'il déplace à la vitesse $v,$ développe une puissance P égale à $F v$.

Un moteur, qui fournit un couple C à un corps qu'il fait tourner à une vitesse angulaire $\Omega,$ développe une puissance

$$P = C \, \Omega . \tag{1.6}$$

1.4. CONSÉQUENCES POUR L'ÉTUDE DES ENTRAÎNEMENTS

1° Le couple moteur à considérer pour l'utilisation de la relation (1.3) est le *couple électromagnétique*, c'est-à-dire celui exercé par le stator du moteur sur la partie tournante. Il diffère du couple utile de la machine à cause des pertes mécaniques et des pertes dans le fer de celle-ci. Ces pertes contribuent au couple résistant total C_r .

C'est pour cette raison que dans la première partie de cet ouvrage nous avons surtout traité du couple électromagnétique C des moteurs et très peu de leur couple utile.

2° Le constructeur de la machine entraînée indique pour celle-ci la ou les caractéristiques donnant le *couple résistant* en fonction de la vitesse.

Mais l'égalité entre le couple moteur C et le couple résistant totale C_r ne donne la vitesse qu'en régime établi. Pour l'étude des accélérations, des décélérations et, plus généralement, de tous les régimes où la vitesse varie, la relation (1.3) montre que la variation de vitesse est proportionnelle à la différence $C - C_r$ et inversement proportionnelle au moment d'inertie J. D'où l'importance de la connaissance du *moment d'inertie* de l'ensemble en rotation; nous y consacrerons la deuxième partie de ce chapitre.

3° Les chapitres suivants montreront, pour divers domaines d'utilisation, les caractéristiques couple-vitesse de la charge entraînée et leurs conséquences sur le choix de l'entraînement et de sa commande.

Dans la partie consacrée aux *couples* de ce premier chapitre, nous nous limiterons à quelques remarques générales, nous attachant surtout aux problèmes liant le moment d'inertie à la variation de la vitesse.

4° On ne peut traiter l'aspect mécanique des entraînements sans parler des *vibrations* et des vitesses critiques, surtout lorsque, comme c'est ici le cas, on considère les ensembles devant fonctionner dans une large plage de vitesses. Nous aborderons cette question dans la dernière partie du présent chapitre.

2. MOMENTS D'INERTIE

2.1. DÉFINITIONS. PROPRIÉTÉ

• Le moment d'inertie, par rapport à un axe de rotation $x'x$, d'un corps formé de masses m situées à une distance r de l'axe a été défini, au paragraphe précédent, par

$$J = \Sigma m r^2.$$

Dans le cas d'un corps homogène, on calcule le moment d'inertie par intégration des moments d'inertie élémentaires dus aux éléments de masse dm :

$$J = \int r^2 \, \mathrm{d}m . \qquad \text{(unité : m}^2\text{.kg)} \qquad (1.7)$$

• Lorsqu'on calcule le moment d'inertie d'un corps on suppose d'ordinaire que l'axe de rotation passe par son centre de gravité et on écrit souvent :

$$J = \frac{M d^2}{4}, \qquad (1.8)$$

M désignant la masse du corps.

$M d^2$ est appelé *moment de giration* et $d/2$ *rayon de giration*.

Cette notion revient à supposer que la totalité de la masse M se trouve à la distance $d/2$ de l'axe de rotation.[1]

• Le moment d'inertie d'un ensemble de masses fixées sur le même arbre est la somme des moments d'inertie de ces masses.

Pour déterminer le moment d'inertie des corps réels, qui sont d'ordinaire relativement complexes, on les décompose en corps de géométrie simple, de masses volumiques constantes, de moments d'inertie faciles à calculer; puis on additionne ces moments d'inertie partiels.

Si dans une chaîne cinématique, on a plusieurs masses tournant à des vitesses différentes (transmissions par engrenages, par courroies), il faut ramener les moments d'inertie à la même vitesse avant de les additionner.

2.2. VALEUR DE QUELQUES MOMENTS D'INERTIE

2.1.1. Exemple de calcul : cylindre plein

On considère un cylindre (figure 1.3) de diamètre D, de longueur L, de masse volumique ρ, donc de masse :

$$M = (\pi D^2/4) L \rho .$$

Pour calculer le moment d'inertie par rapport à l'axe $x'x$ passant par le centre de gravité, on décompose le cylindre en couronnes cylindriques.

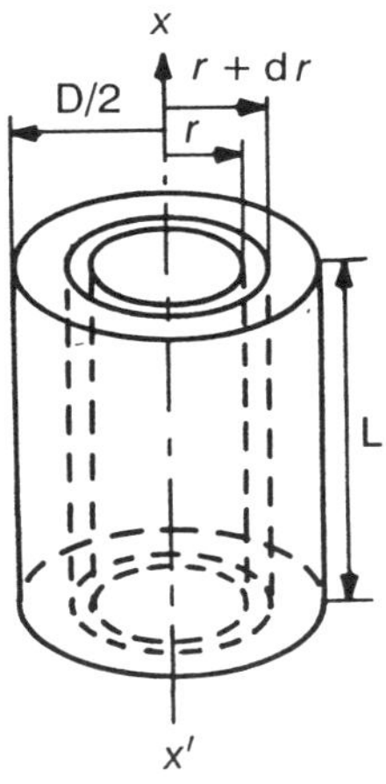

Figure 1.3

La couronne comprise entre les rayons r et $r + dr$ a une masse égale à $2\pi r \, dr \, L \rho$ et un moment d'inertie $2\pi r \, dr \, L \rho r^2$.

---

(1) Dans les ouvrages anciens, on trouve le terme Pd^2 où P représente le poids de la masse M. Puisque P, en kgf, égale Mg, $J = Pd^2/4g$.
Ce terme n'est plus admis par la normalisation. Mais puisque g diffère peu de 1 kgf/1 kg, Pd^2 et Md^2 ont pratiquement la même valeur numérique.

D'où le moment d'inertie total :

$$J = \int_0^{D/2} 2\pi L \rho r^3 \, dr = 2\pi L \rho \frac{D^4}{64}$$

et, puisque la masse M égale $\pi D^2 L \rho / 4$

$$J = \frac{M D^2}{8}. \qquad (1.9)$$

2.2.2. Autres valeurs

De la même façon pour les corps de masse volumique homogène et de géométrie simple suivants, on obtient :

– *cylindre annulaire* (figure 1.4.a.), de diamètre intérieur D_1, de diamètre extérieur D_2, tournant autour de son axe,

$$J = \frac{M}{8}(D_2^2 - D_1^2). \qquad (1.9')$$

– *cylindre annulaire mince* (figure 1.4.b) d'épaisseur négligeable par rapport à son diamètre moyen D, tournant autour de son axe,

$$J = \frac{M D^2}{4}. \qquad (1.9'')$$

– *cylindre plein* (figure 1.4.c), de diamètre D, de longueur L, tournant autour d'un axe $x'x$ passant par son centre de gravité et perpendiculaire à son propre axe,

$$J = \frac{1}{4} M \left(\frac{D^2}{4} + \frac{L^2}{3}\right). \qquad (1.10)$$

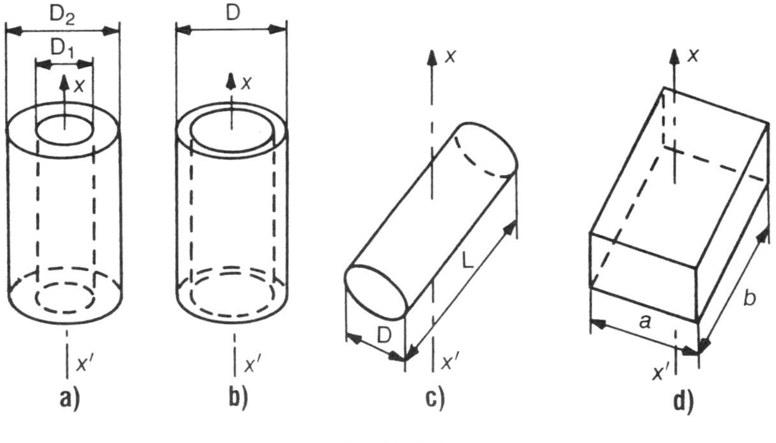

Figure 1.4

– *parallélépipède rectangle* (figure 1.4.d), tournant autour d'un axe $x'x$ passant par le centre de gravité et normal au plan formé par les arêtes de dimensions a et b,

$$J = \frac{1}{12} M (a^2 + b^2). \qquad (1.10')$$

– *Remarque* :

Si l'axe de rotation ne passe pas par le centre de gravité du corps considéré, il faut ramener le moment d'inertie à l'axe de rotation

$$J = J' + M e^2 \qquad (1.11)$$

avec

- J, moment d'inertie ramené à l'axe de rotation,
- J', moment d'inertie par rapport à l'axe passant par le centre de gravité et parallèle à l'axe de rotation,
- e, écart entre les deux axes,
- M, masse du corps.

2.3. MOMENT D'INERTIE ÉQUIVALENT À UNE MASSE EN TRANSLATION

Dans beaucoup d'applications, il y a combinaison d'un mouvement de rotation et d'un mouvement de translation. C'est le cas, par exemple, dans la propulsion des véhicules, les dispositifs de levage, les laminoirs...

Il faut alors calculer le moment d'inertie équivalent d'un corps de masse M animé d'un mouvement de translation à la vitesse v pour le ramener à l'axe du moteur d'entraînement et obtenir le moment d'inertie total du système.

Pour obtenir le moment d'inertie J équivalent ramené à l'arbre du moteur tournant à la vitesse angulaire Ω, on utilise le fait que l'énergie cinétique exprimée des deux façons doit être la même.

$$\frac{1}{2} M v^2 = \frac{1}{2} J \Omega^2$$

Donc $\quad m\,J = M \dfrac{v^2}{\Omega^2}$ $\quad$ avec $\quad$ J en m^2 Kg $\qquad (1.11)$

M en Kg

v en m/s

Ω en rd/s.

Si on exprime la vitesse du moteur en tours par minute N, puisque Ω égale $2\pi N/60$, le moment d'inertie est donné par :

$$J = 91,2\,M \frac{v^2}{N^2}. \qquad (1.11')$$

Remarque :

Pour calculer le couple que doit fournir le moteur pour déplacer à la vitesse v la masse en translation on utilise l'identité des deux expressions de la puissance :

$$C\Omega = F v.$$

2.4. EFFETS DES ENGRENAGES

Dans les systèmes électromécaniques, on trouve souvent des engrenages (réducteurs ou multiplicateurs) qui adaptent la vitesse du moteur à celle de la charge entraînée. Ces engrenages affectent l'inertie des masses couplées en rotation.

Il est important de ramener toutes les grandeurs mécaniques à une même ligne d'arbre, d'ordinaire celle du moteur.

2.4.1. Transformation des couples et des inerties

Considérons (figure 1.5) un moteur de moment d'inertie J_1 et de vitesse angulaire Ω_1, entraînant, à travers un réducteur, une charge de moment d'inertie J_2 qui tourne à la vitesse Ω_2 et oppose un couple résistant C_2.

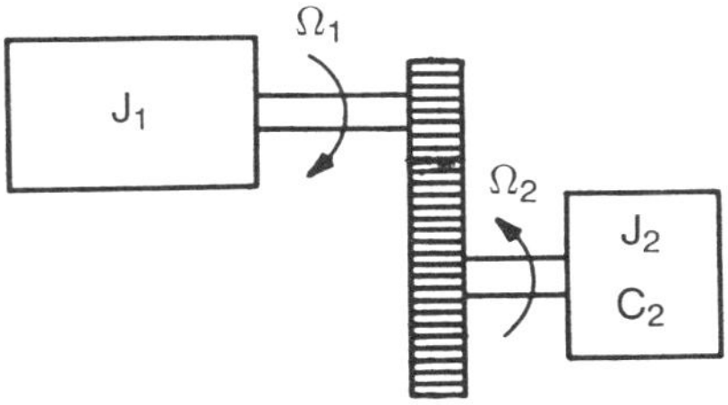

Figure 1.5

Posons $n = \Omega_2/\Omega_1$, autrement dit nombre de dents du pignon moteur divisé par le nombre de dents du pignon de l'arbre mené, et ramenons toutes les grandeurs à l'arbre moteur.

– *Couples.*

Si C_2' est le couple de la charge ramené côté moteur, la conservation de la puissance donne :

$$C_2' \Omega_1 = C_2 \Omega_2 .$$

D'où

$$C_2' = C_r \frac{\Omega_2}{\Omega_1} = n C_2 . \tag{1.12}$$

– *Moments d'inertie.*

Si J_2' est le moment d'inertie de la charge ramené sur l'arbre moteur la conservation de l'énergie cinétique donne :

$$\frac{1}{2} J_2' \Omega_1^2 = \frac{1}{2} J_2 \Omega_2^2 .$$

D'où

$$J_2' = J_2 \left(\frac{\Omega_2}{\Omega_1}\right)^2 = n^2 J_2 . \tag{1.13}$$

L'inertie totale ramenée sur l'arbre moteur est donc

$$J = J_1 + J_2' .$$

Remarques

– Il ne faut pas oublier de prendre en compte, lorsqu'ils ne sont pas négligeables devant J_1 ou J_2, les moments d'inertie des roues de l'engrenage.
– la relation (1.13) montre que, si une partie de l'équipement est animée d'une vitesse de rotation élevée, sa contribution dans le moment d'inertie global du système peut être importante.

2.4.2. Exemple

La figure 1.6 schématise un entraînement avec engrenage à sorties multiples, comme on en rencontre dans les engins de levage.

Soient J_1, J_2, J_3 les moments d'inertie des trois lignes d'arbre qui tournent aux vitesses angulaires Ω_1, Ω_2, Ω_3. Sur la troisième ligne, un câble soulevant une masse M_3 s'enroule sur un cylindre de diamètre D_3.

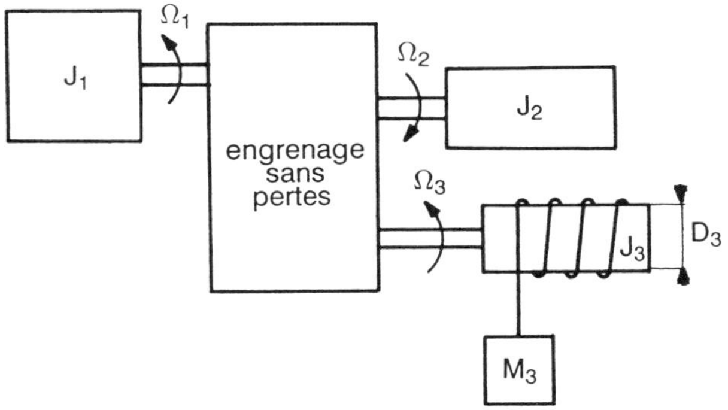

Figure 1.6

La masse soulevée développe un couple résistant $M_3 g D_3/2$ et son moment d'inertie ramené à l'arbre portant le tambour est $M_3 (D_3/2)^2$.

D'où le moment d'inertie total ramené à l'arbre du moteur

$$J = J_1 + J_2 \left(\frac{\Omega_2}{\Omega_1}\right)^2 + \left[J_3 + M_3 \left(\frac{D_3}{2}\right)^2\right] \left(\frac{\Omega_3}{\Omega_1}\right)^2$$

et le couple électromagnétique C du moteur

$$C = J \frac{d\Omega_1}{dt} + M \frac{D_3}{2} g \frac{\Omega_3}{\Omega_1}.$$

2.4.3. Notes sur le choix du rapport d'engrenage

Les dimensions et le coût d'un moteur dépendent essentiellement de son couple nominal.

Pour obtenir le moteur le plus avantageux pour la réalisation d'un entraînement donné, le choix du rapport d'engrenage est déterminant car c'est lui qui permet d'obtenir dans les conditions optimales les performances statique et/ou dynamiques souhaitées.

Prenons le cas très simple d'un système linéaire où un moteur

- développant un couple électromagnétique C
- ayant un moment d'inertie J_1
- et une couple de frottement $K_1 \Omega_1$ proportionnel à sa vitesse Ω_1

entraîne, par l'intermédiaire d'un engrenage de rapport *n*, une charge

- ayant un moment d'inertie J_2
- et un couple résistant $K_2 \Omega_2$ proportionnel à sa vitesse Ω_2.

L'équation du système s'écrit :

$$C - J_1 \frac{d\Omega_1}{dt} - K_1 \Omega_1 = n \left(J_2 \frac{d\Omega_2}{dt} + K_2 \Omega_2 \right). \tag{1.14}$$

Examinons quelques cas limites.

1er cas : *charge d'inertie négligeable* ayant un couple résistant proportionnel à la vitesse.

On cherche le rapport d'engrenage permettant d'obtenir la vitesse maximale pour la charge.

A vitesse constante, les inerties n'ont pas d'influence sur le couple. L'équation (1.14) devient

$$C - K_1 \Omega_1 = n K_2 \Omega_2$$

$$C - K_1 \frac{\Omega_2}{n} = n K_2 \Omega_2$$

$$\Omega_2 = \frac{nC}{K_1 + n^2 K_2} = \frac{C}{K_2} \frac{n}{\frac{K_1}{K_2} + n^2}.$$

La dérivée de Ω_2 par rapport à n soit

$$\frac{d\Omega_2}{dn} = \frac{C}{K_2} \frac{\frac{K_1}{K_2} - n^2}{\left(\frac{K_1}{K_2} + n^2\right)^2}$$

s'annule pour $n = \sqrt{K_1/K_2}$. C'est pour cette valeur de n, que, à couple et à charge donnés, la vitesse d'entraînement de celle-ci sera maximale.

2e cas : *charge de très forte inertie*, à frottements faibles.

On cherche le rapport d'engrenage donnant l'accélération maximale de la charge. Si on néglige aussi les frottements du moteur, l'équation (1.14) donne

$$C - J_1 \frac{d\Omega_1}{dt} = n J_2 \frac{d\Omega_2}{dt}$$

$$nC - J_1 \frac{d\Omega_2}{dt} = n^2 J_2 \frac{d\Omega_2}{dt}$$

$$\frac{d\Omega_2}{dt} = \frac{C}{J_2} \frac{n}{\frac{J_1}{J_2} + n^2}.$$

A valeurs données de C et J_2, l'accélération est maximale pour n égale à $\sqrt{J_1/J_2}$.

3e cas : *charge présentant à la fois de l'inertie et du frottement*.

On cherche la valeur de n permettant d'obtenir une vitesse et une accélération de la charge données avec le couple moteur minimum.

En remplaçant Ω_1 par Ω_2/n, l'équation (1.14) devient

$$C = \left(\frac{J_1}{n} + n\,J_2\right)\frac{d\,\Omega_2}{dt} + \left(\frac{K_1}{n} + n\,K_2\right)\Omega_2$$

$$C = \frac{1}{n}\left[(J_1 + n^2\,J_2)\,\frac{d\,\Omega_2}{dt} + (K_1 + n^2\,K_2)\,\Omega_2\right].$$

En dérivant C par rapport à *n,* on obtient :

$$\frac{dC}{dn} = \frac{1}{n^2}\left[(n^2\,J_2 - J_1)\,\frac{d\Omega_2}{dt} + (n^2\,k_2 - 1)\,\Omega_2\right].$$

Le couple nécessaire est minimum par

$$n = \sqrt{\frac{k_1\,\Omega_2 + J_1\,d\Omega_2/\,dt}{k_2\,\Omega_2 + J_2\,d\Omega_2/\,dt}}.$$

Remarques

– Les expressions réelles du couple du moteur et de la charge sont plus compliquées. L'optimisation du rapport d'engrenage peut être obtenue en faisant appel à des méthodes graphiques ou numériques.

Dans certains cas il est bénéfique de former le train d'engrenage de plusieurs étages, afin d'en minimiser l'inertie.

– Dans les applications de grande puissance, il est fréquent que les règles d'optimisation des engrenages donnent des résultats qui ne soient pas réalisables eu égard aux coûts de réalisation ou aux limites technologiques. On doit alors adopter des compromis.

– Les jeux dans les engrenages dépendent des imperfections dans leur réalisation (profils des dents, usure de celles-ci, mauvais centrage...). Ces jeux peuvent être une cause importante d'instabilité des boucles de régulation dans lesquelles moteurs et engrenages sont insérés.

2.5. CARACTÉRISATION DE L'INERTIE

2.5.1. Constante d'inertie

Pour caractériser l'inertie du rotor d'un moteur, on indique soit son moment d'inertie, soit sa constante d'inertie, soit sa constante de temps d'accélération.

La constante d'inertie, définie par le rapport

$$H = \frac{1}{2}\,J\,\frac{\Omega_n^2}{S_n}, \qquad \text{en secondes} \qquad (1.15)$$

est égale au quotient de l'énergie cinétique du rotor à la vitesse nominale par la puissance apparente nominale du moteur.

La constante de temps d'accélération T_a correspond au temps nécessaire pour amener le moteur à vide de l'arrêt jusqu'à la vitesse nominale lorsqu'il développe un couple constant. La valeur de ce couple peut être définie différemment suivant que l'on adopte le point de vue de l'électricien ou du mécanicien.

– Si l'on adopte le point de vue de l'électricien, on rencontre dans la littérature deux définitions :

- la première prend en compte un couple accélérateur constant correspondant à la puissance apparente S_n assignée aux bornes. On a alors

$$T_{1a} = 2H \tag{1.16.a}$$

- la seconde prend en compte un couple accélérateur constant correspondant à la puissance active P_n assignée aux bornes. Si $\cos\varphi_n$ désigne le facteur de puissance nominal,

$$T_{2a} = \frac{2H}{\cos\varphi_n}. \tag{1.16.b}$$

– Si l'on adopte le point de vue du mécanicien, on se place à l'arbre du moteur et pour définir le couple d'accélération on considère la puissance active assignée sur l'arbre. Si η_n désigne le rendement pour le fonctionnement nominal, la constante de temps d'accélération est liée à la constante d'inertie par

$$T_{3a} = \frac{2H}{\eta_n \cos\varphi_n}. \tag{1.16.c}$$

Le tableau 1.1 donne pour deux gammes de moteurs asynchrones à cage alimentés à 50 Hz (l'une correspondant à $P_n = 250$ KW, l'autre à $P_n = 900$ KW) la vitesse N_n, la puissance apparente S_n, la masse M et le moment d'inertie J du rotor, la constante d'inertie H, pour les premières valeurs du nombre de paires de pôles.

P_n (KW)	250				900			
N_n (t/m)	2 948	1 474	987	740	2 973	1 486	990	743
S_n (K VA)	275	287	298	305	978	1 011	1 023	1 084
M (kg)	930	1 000	1 095	1 300	2 585	2 855	3 455	4 105
J (kg.m^2)	2,25	3,5	5,5	7,8	9,6	19,9	34,8	45,8
H (s)	0,39	0,145	0,099	0,077	0,48	0,24	0,18	0,13

Tableau 1.1

La constante d'inertie H et la constante de temps d'accélération T_a sont des grandeurs assez "fictives" car il est très rare que le moteur se trouve dans les conditions où elles ont été définies. Elle sont cependant utiles lorsqu'on veut comparer des machines entre elles.

2.5.2. Facteur d'inertie

Le facteur d'inertie est définie par le rapport

$$FI = \frac{J_1 + J'_2}{J_1}, \tag{1.17}$$

en désignant par J_1 le moment d'inertie du rotor du moteur et par J'_2 le moment d'inertie de la charge entraînée ramenée, si c'est nécessaire, à la vitesse du moteur.

Ce facteur ne doit pas dépasser la valeur maximale indiquée par le constructeur du moteur pour diverses conditions de démarrage précisées.

C'est en effet lors du démarrage que le moment d'inertie intervient le plus dans les contraintes imposées au moteur, ce qui peut aller, comme le montrera la troisième partie de ce chapitre, jusqu'à récuser l'emploi de certains types de moteurs.

2.6. DÉTERMINATION EXPÉRIMENTALE DE L'INERTIE D'UN SYSTÈME

Le calcul exact du moment d'inertie des masses tournantes composites – telles que les rotors des machines électriques – est difficile et le résultat obtenu ne peut être qu'approché. Un rotor est en effet un assemblage de plusieurs matériaux (acier à haute limite élastique pour l'arbre, tôles au silicium pour le circuit magnétique, cuivre des bobinages, isolants, cales d'encoches, etc.) dont les formes sont souvent complexes.

Le problème se complique encore lorsqu'on veut déterminer le moment d'inertie de la charge entraînée. Dans certains cas, même, ce moment d'inertie n'est pas constant et peut varier périodiquement autour d'une valeur moyenne. C'est le cas par exemple des compresseurs alternatifs à pistons où les cylindres sont couplés au moyen d'un vilebrequin.

Aussi, il est parfois plus simple d'accéder à la valeur même approchée du moment d'inertie au moyen d'un essai.

1.6.1. Essai de ralentissement

Parmi les diverses méthodes connues, nous en présentons une qui donne des résultats valables dans la plupart des applications industrielles. Elle est simple à mettre en œuvre, même lorsque l'équipement est déjà monté sur le site, et elle ne nécessite pas de connaître les détails de l'installation.

Cette méthode consiste à suivre la décroissance de la vitesse du système.

• On mesure d'abord la puissance P consommée par le moteur entraînant la charge à diverses valeurs stabilisées de la vitesse Ω.

Puisque la vitesse est stabilisée, l'énergie cinétique du système ne varie pas. La puissance P équilibre les pertes du moteur et la puissance fournie à la charge.

On soustrait ensuite de cette puissance P les pertes présentes uniquement lorsque le moteur est alimenté (les pertes Joule dans le moteur par exemple). La puissance P_r ainsi corrigée correspond au couple résistant total C_r de l'ensemble, moteur non alimenté.

On peut ainsi tracer, point par point, la courbe $C_r(\Omega)$ représentée sur la partie gauche de la figure 1.7.

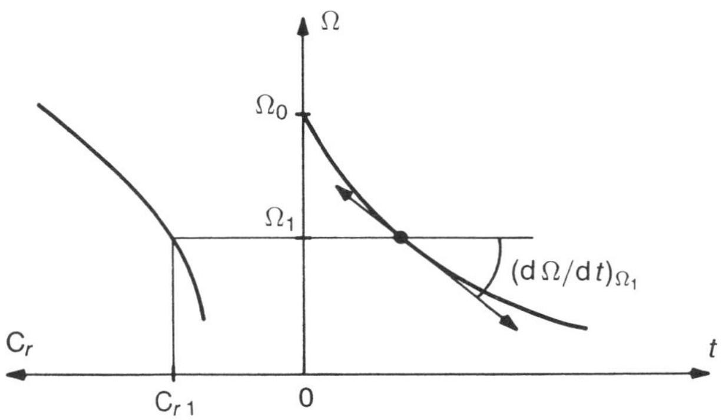

Figure 1.7

• L'entraînement est alors conduit à une vitesse stabilisée Ω_0, puis on sépare le moteur de son alimentation. A partir de cet instant, on enregistre la variation de la vitesse en fonction du temps.

Pendant le ralentissement, dans l'équation

$$C - C_r = J \frac{d\Omega}{dt},$$

le couple C est nul. Donc

$$J = -\frac{C_r}{d\Omega / dt}.$$

Pour une même valeur Ω_1 de la vitesse, le quotient du couple résistant C_{r1} par la pente $(d\Omega / dt)_{\Omega_1}$ de la courbe de ralentissement donne J.

• Pour tenir compte des imperfections des mesures et des constructions graphiques, on doit calculer J pour plusieurs valeurs de la vitesse et prendre la moyenne.

On peut d'ailleurs remarquer que, pour la conception des entraînements à vitesse variable, on peut s'accommoder d'une connaissance approchée du moment d'inertie. La connaissance de J à $\pm 10\,\%$ près est souvent acceptable.

1.6.2. Simplifications

Dans certaines applications, la détermination de J par la méthode du ralentissement est simplifiée.

– Si le couple résistance C_r est sensiblement constant sur une large plage de vitesse (Ω_1, Ω_2), la caractéristique $\Omega(t)$ entre ces deux vitesses est une droite. Le moment d'inertie est donné par la pente de cette droite

$$J = \frac{C_r}{(\Omega_1 - \Omega_2)/(t_2 - t_1)}.$$

– Si le couple résistant C_r est de la forme

$$C_r = a + b\,\Omega$$

où a et b sont des constantes, l'équation

$$J \frac{d\Omega}{dt} = -a - b\,\Omega$$

donne

$$\Omega = -\frac{a}{b} + \left(\Omega_0 + \frac{a}{b}\right) e^{-b\left(\frac{t-t_0}{J}\right)}$$

en désignant par Ω_0 la vitesse à l'instant $t = t_0$ où débute le ralentissement.

Si on trace la courbe $\Omega(t)$ sur un papier semi-logarithmique, on obtient une droite de pente $-b/J$, d'où on déduit la valeur approchée de J.

3. COUPLES. DÉMARRAGE. FREINAGE

Pour l'étude des changements de la vitesse (démarrage, freinage, ...) d'un entraînement électromécanique avec moteur à vitesse constante ou variable, on utilise la relation (1.3)

$$C - C_r = J \frac{d\Omega}{dt},$$

en admettant que C et C_r ne sont fonctions que de la vitesse.

Autrement dit, pour le moteur comme pour la charge, on suppose que les constantes de temps régissant les variations du couple sont très faibles devant la durée des variations de la vitesse que son inertie impose à l'ensemble en rotation. Pour le moteur et pour la charge, les régimes variables sont considérés comme une succession de régimes permanents.

C'est ainsi que nous avons déjà procédé pour la détermination du moment d'inertie par un essai de ralentissement.

3.1. CARACTÉRISTIQUES MÉCANIQUES DES CHARGES ENTRAÎNÉES

3.1.2. Allure théorique

Le principe mis en jeu donne l'allure théorique de la caractéristique couple-vitesse des divers types de charges (figure 1.8).

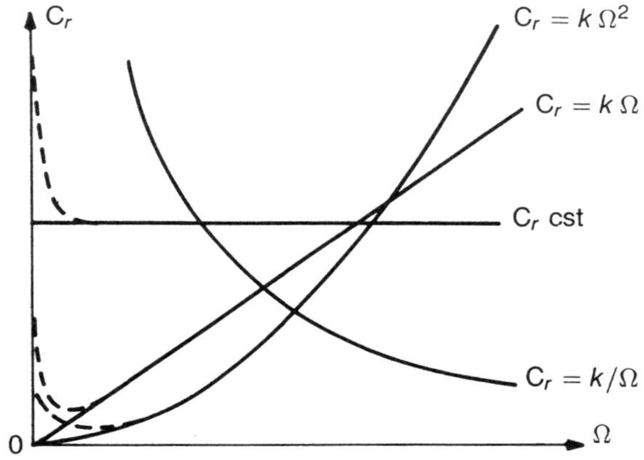

Figure 1.8

C'est ainsi que développent

– *un couple résistant proportionnel au carré de la vitesse*
 les pompes centrifuges,
 les compresseurs centrifuges,
 les ventilateurs et les soufflantes,
 les pompes à vis et à hélice,
 les centrifugeuses...

– *un couple résistant proportionnel à la vitese*
 les presses,
 les calandres à frottement visqueux,
 les freins à courants de Foucault,
 la plupart des machines-outils...

– *un couple résistant constant*

les compresseurs et les pompes à pistons,
les engins de levage et de manutention,
les bandes transporteuses,
les broyeurs et concasseurs...

– *un couple résistant inversement proportionnel à la vitesse* (ou une puissance absorbée constante)

les bobineuses,
les tours,
les dérouleuses à bois...

3.1.3. Caractéristiques réelles

Si les caractéristiques théoriques sont commodes pour dégrossir certains calculs et faire des études comparatives, les caractéristiques réelles ne sont pas si simples.

Il y a toujours des pertes aux paliers, des pertes par ventilation... qui modifient la forme de la courbe.

Au couple résistant dû à la charge proprement dite il faut ajouter celui dû aux pertes mécaniques et aux pertes dans le fer du rotor du moteur. Les pertes dans le fer comportent un terme proportionnel à la vitesse (pertes par hystérésis) et un autre proportionnel à son carré (pertes par courants de Foucault).

De plus beaucoup de charges entraînées présentent un couple de décollage élevé, notamment lorsqu'il y a des frottements importants entre partie fixe et partie tournante et risque de "collage". C'est le cas des pompes immergées, des broyeurs et concasseurs, des convoyeurs.

Le début des caractéristiques mécaniques a, dans ce cas, l'allure indiquée en traits interrompus sur la figure 1.8.

La figure 1.9 donne l'allure des caractéristiques expérimentalement relevées

a) sur une concasseur à vide (couple théoriquement nul)
b) sur un compreseur à piston (couple théoriquement constant)
c) sur une pompe centrifuge (couple théorique en $k\,\Omega^2$).

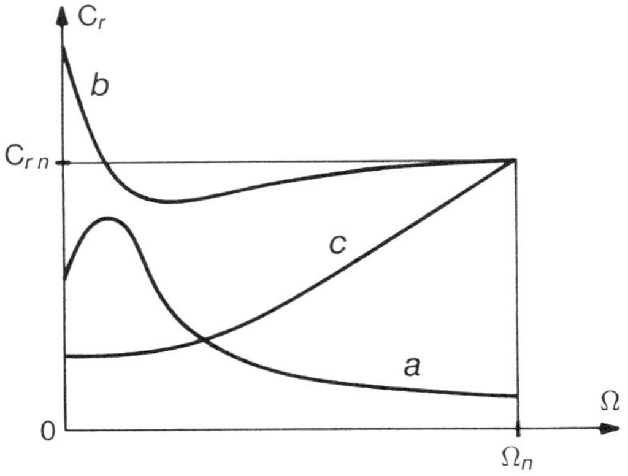

Figure 1.9

3.2. LE DÉMARRAGE

3.2.1. Temps de démarrage d'un équipement

– Le temps t_d nécessaire pour amener l'ensemble moteur-charge de l'arrêt ($\Omega = 0$) jusqu'à sa vitesse nominale ($\Omega = \Omega_n$) se déduit directement des caractéristiques couple-vitesse.

Puisque $$C - C_r = J \frac{d\Omega}{dt} \qquad (1.3)$$

$$dt = J \frac{d\Omega}{C - C_r}$$

$$\boxed{t_d = J \int_0^{\Omega_n} \frac{d\Omega}{dt}} \qquad (1.18)$$

ou, si on exprime la vitesse en tours par minute,

$$t_d = \frac{J}{9,55} \int_0^{N_n} \frac{dN}{C - C_r}\,. \qquad (1.18')$$

– On peut mettre en évidence le couple d'accélération C_a égal à $C - C_r$ et sa valeur moyenne $C_{a\,moy}$

$$C_{a\,moy} = \frac{1}{\Omega_n} \left[\int_0^{\Omega_n} C\, d\Omega - \int_0^{\Omega_n} C_r\, d\Omega \right]$$

d'où la variation de vitesse moyenne

$$\left(\frac{d\Omega}{dt}\right)_{moy} = \frac{C_{a\,moy}}{J}$$

et le temps de démarrage

$$t_d = \frac{J\,\Omega_n}{C_{a\,moy}} = \frac{1}{9,55} \frac{J\,N_n}{C_{a\,moy}}, \qquad (1.18'')$$

avec N_n en tours par minute.

– A partir des caractéristiques $C(\Omega)$ et $C_r(\Omega)$ on peut calculer t_d en intégrant par petits intervalles $\Delta\,\Omega$ de Ω et en prenant durant chaque intervalle les valeurs moyennes de C et C_r

$$t_d = J \sum_{\Omega=0}^{\Omega_n} \frac{\Delta\,\Omega}{C(\Omega) - C_r(\Omega)}\,.$$

Il est souvent plus commode de tracer sur un graphique les courbes donnant le couple électromagnétique C et le couple résistant total C_r en fonction de Ω, de déterminer les valeurs moyennes C_{moy} et $C_{r\,moy}$ de ces deux couples. D'où le couple accélérateur moyen

$$C_{a\,moy} = C_{moy} - C_{r\,moy}$$

et d'en déduire t_d par la relation (1.18″).

La figure 1.10 montre la détermination de $C_{a\,moy}$ dans le cas, par exemple, d'un moteur asynchrone à cage directement alimenté par le réseau et entraînant une charge du type pompe centrifuge.

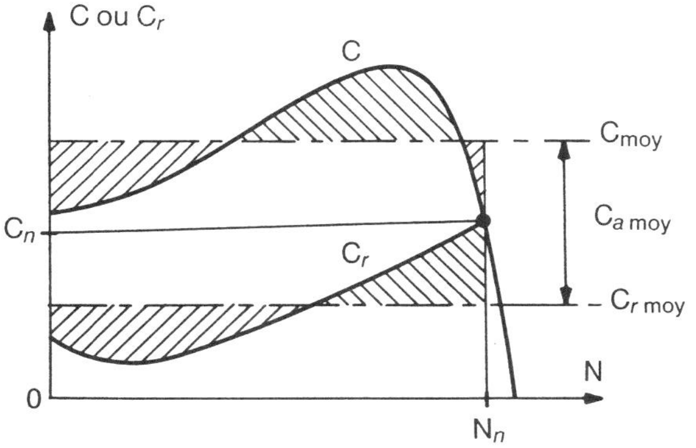

Figure 1.10

– Le temps de démarrage est d'autant plus long que
- la vitesse N_n à atteindre est plus grande,
- l'inertie J de l'ensemble en rotation est plus élevé,
- le couple électromagnétique moyen C_{moy} pendant la montée en vitesse est plus faible,
- le couple résistant moyen $C_{r\,moy}$ pendant la montée en vitesse est plus important.

La constante d'inertie et le facteur d'inertie (cf. § 2.5) rendent compte des trois premiers facteurs. Le temps de démarrage est sensiblement proportionnel à

$$H \cdot Fl \cdot \frac{C_{moy}}{C_{moy} - C_{r\,moy}}.$$

3.2.2. Énergies consommées pendant le démarrage

De l'équation des couples

$$C - C_r = J \frac{d\Omega}{dt}$$

on passe à celle des puissances

$$C\,\Omega\,dt = C_r\,\Omega\,dt + J\,\Omega\,d\Omega$$

et, en intégrant de $t = 0$ à $t = t_d$ ou de $\Omega = 0$ à $\Omega = \Omega_n$, à celle des énergies

$$\int_0^{t_d} C\,\Omega\,dt = \int_0^{t_d} C_r\,\Omega\,dt + \frac{1}{2} J\,\Omega_n^2$$

qu'on peut écrire

$$W = W_r + W_c.$$

L'énergie W fournie par le moteur à l'ensemble en rotation pendant le démarrage est la somme

de l'énergie W_r nécessaire pour vaincre le couple résistant
et de l'énergie cinétique W_c fournie à cet ensemble.

Mais W ne représente qu'une partie de l'énergie fournie par la source alimentant le moteur.

Pour évaluer ce complément d'énergie et voir où il est dissipé, il convient de distinguer les divers types de moteurs.

• *Cas du moteur à courant continu*

Le couple électromagnétique C du moteur à courant continu (voir 1ère partie, chapitre 2) est le quotient par la vitesse angulaire Ω du produit de la f.e.m. E par le courant I dans l'induit

$$C = EI/\Omega.$$

A flux inducteur constant, la f.e.m. est proportionnelle à la vitesse et est liée au courant I dans l'induit par

$$E = U - (R + Rh)\,I \quad \text{ou} \quad E = U - RI$$

suivant qu'on met ou ne met pas un rhéostat de démarrage de résistance Rh en série avec l'induit de résistance R. U désigne la tension appliquée par la source au circuit de l'induit.

– *Démarrage sous tension constante*

Si on alimente l'induit sous une tension U constante, il faut mettre un rhéostat en série avec lui

$$U = E + RI + Rh\,I.$$

Si ce rhéostat est très fixement divisé, on peut l'éliminer au fur et à mesure de la montée en vitesse de façon à maintenir le courant et donc le couple constant.

Soit I_M la valeur de I jusqu'au voisinage immédiat de la vitesse de fin de démarrage où on réduit le courant pour l'amener à sa valeur nominale.

On a donc pendant la montée en vitesse

$$U = E + R\,I_M + Rh\,I_M$$

ou

$$U\,I_M = E\,I + R\,I_M^2 + Rh\,I_M^2$$

$$U\,I_M = C\,\Omega + R\,I_M^2 + Rh\,I_M^2$$

La figure 1.11.a représente les variations, en fonction de la vitesse, de la puissance $C\,\Omega$ fournie à l'induit.

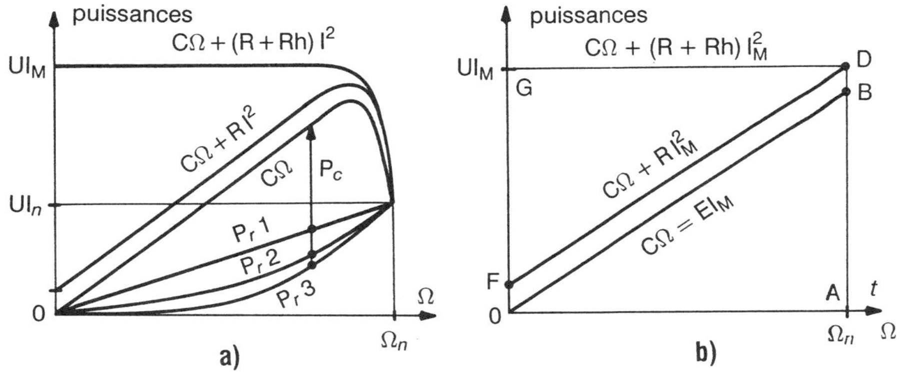

Figure 1.11

Pour avoir la puissance P_c servant à vaincre l'inertie, il faut enlever de $C\Omega$ la puissance P_r, égale à $C_r\,\Omega$, correspondant au couple résistant.

Sur la figure 1.11.a, on a tracé $P_r\,(\Omega)$ pour un couple résistant[1]

constant (courbe 1) : $P_r = k\,\Omega$
en $k\,\Omega$ (courbe 2) : $P_r = k\,\Omega^2$
en $k\,\Omega^2$ (courbe 3) : $P_r = k\,\Omega^3$

– *Simplification*

Pour simplifier (figure 1.11.b), on suppose que le courant I est maintenu constant et égal à I_M pendant tout le démarrage.

De plus on néglige la puissance P_r devant P_c, ce qui revient à supposer que toute la puissance fournie à la partie tournante ne sert qu'à lui fournir de l'énergie cinétique.

Cette seconde hypothèse

- augmente la valeur de P_c par rapport aux autres puissances donc *réduit* la valeur des autres énergies par rapport à l'énergie cinétique,
- permet d'utiliser les courbes puissance-vitesse en courbes puissance- temps. Puisque le couple d'accélération C_a, supposé égal à C, est constant, $d\Omega/dt$, égal à C/J, l'est également : la vitesse est proportionnelle au temps.

Dès lors on peut lire les énergies sur la figure 1.11.b :

- l'énergie cinétique W_c fournie est donnée par la surface du triangle OAB,
- l'énergie dissipée en pertes Joule dans l'induit par la surface du parallélogramme OBDF,
- l'énergie dissipée dans le rhéostat pour la surface du triangle FDG.

L'énergie dissipée dans le rhéostat est égale à l'énergie cinétique de l'ensemble démarré, et encore l'avons-nous fortement sous- évaluée.

– *Démarrage sous tension variable*

Lorsqu'on utilise un variateur de vitesse, on n'utilise pas de rhéostat : on augmente la tension U appliquée à l'induit au fur et à mesure que la vitesse croît pour maintenir le courant I et le couple électromagnétique C constants.

Avec les hypothèses simplificatrices faites pour tracer la figure 1.11.b, on peut lire les puissances en fonction de la vitesse ou du temps. La puissance fournie à l'induit varie suivant la droite FD. Par rapport au démarrage sous tension constante, on a économisé l'énergie perdue dans le rhéostat.

- ***Cas du moteur asynchrone***

L'étude du moteur asynchrone (voir 1ère Partie, chapitre 4) a montré que

- le couple électromagnétique C de cette machine est égal au quotient de la puissance P'_1 traversant l'entrefer par la vitesse synchrone Ω_s,
- les pertes Joule dans les circuits rotoriques p_{JR} égalent le produit de P'_1 par le glissement[2]

(1) *Le cas des charges à puissance constante, qui nécessiteraient un couple infini à vitesse nulle, n'a pas à être envisagé. L'étude des moteurs a montré que le fonctionnement à puissance constante n'intervenait qu'après démarrage pour étendre la plage des vitesses.*

(2) *Par souci d'homogénéité des notations dans toute la deuxième partie, on désignera par Ω ou N la vitesse, par Ω_s ou N_s la vitesse synchrone.*

$$C = \frac{P'_1}{\Omega_s} \quad ; \quad p_{JR} = \frac{\Omega_s - \Omega}{\Omega_s} P'_1 .$$

– Démarrage sous tension et fréquence constantes du moteur à rotor bobiné

Si le moteur asynchrone est à rotor bobiné, on peut augmenter la résistance par phase du rotor, la faisant passer de r_2 à $r_2 + Rh_2$, à l'aide d'un rhéostat monté entre les bagues.

Si ce rhéostat est très finement divisé, on peut l'éliminer progressivement lors de la montée en vitesse pour maintenir le courant rotorique I_2 et le couple C constants.

La figure 1.12 montre les variations, en fonction de la vitesse, de la puissance mécanique ($C\,\Omega$) développée par le rotor et, par addition des pertes Joule ($3 r_2 I_2^2$) dans celui-ci puis des pertes dans le rhéostat rotorique ($3\,Rh_2 I_2^2$), de la puissance totale ($C\,\Omega_s$) transmise au rotor lors d'un démarrage à couple constant.

Pour simplifier on a supposé que ce couple était maintenu jusqu'à la vitesse Ω_n de la fin du démarrage qui correspond à l'élimination complète du rhéostat.

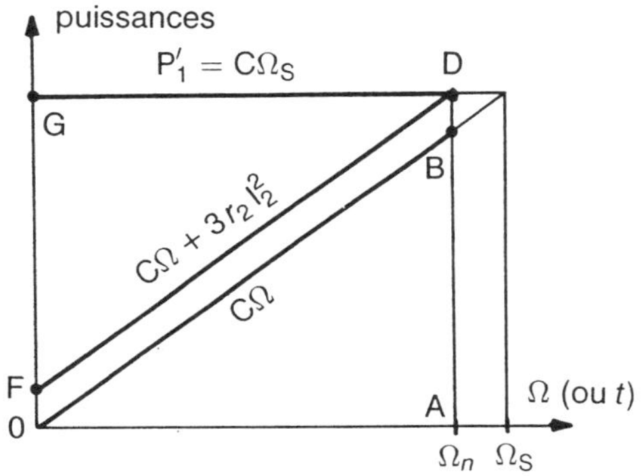

Figure 1.12

Si, comme on l'a fait pour le moteur à courant continu, on suppose que le couple électromagnétique sert uniquement à vaincre l'inertie de l'équipement, la vitesse et le temps sont proportionnels. L'énergie cinétique en fin de démarrage, représentée par la surface du triangle OAB, est égale à l'énergie dissipée dans le rhéostat, représentée par la surface du triangle FDG.

– Démarrage sous tension et fréquence variables du moteur à rotor à cage

Si, grâce à un convertisseur statique, on alimente le moteur asynchrone à tension et fréquence variables de façon à maintenir le flux dans l'entrefer constant, on peut, pendant la montée en vitesse, maintenir le couple électromagnétique C et le courant rotorique I_2 constants.

La puissance P'_1 transmise au rotor varie alors en fonction de la vitesse suivant le segment de droite FD de la figure 1.12.

– Démarrage sous tension et fréquence constantes du moteur à rotor à cage

Si le rotor est à cage, on ne peut plus supposer constant le couple pendant le démarrage.

- La différence $C - C_r$ (figure 1.13.a) donne le couple d'accélération en fonction de la vitesse Ω.

On calcule alors les temps t nécessaires pour atteindre les vitesses Ω comprises entre zéro et la vitesse Ω_n en fin de démarrage comme on l'a fait [relation (1.16)] pour calculer le temps total de démarrage t_d

$$t = J \int_0^{\Omega} \frac{d\Omega}{C - C_r},$$

ce qui permet de tracer la courbe temps-vitesse.

- On peut alors (figure 1.13.b) passer des courbes $C(\Omega)$ et $C_r(\Omega)$ à celles donnant, en fonction du temps,

  la puissance transmise au rotor du moteur $P'_1 = C\,\Omega_s$,
  la puissance transformée en puissance mécanique $C\,\Omega$,
  la puissance absorbée par le couple résistant $C_r\,\Omega$.

On a hachuré la surface correspondant à l'énergie cinétique W_c fournie à la partie tournante et celle correspondant aux pertes Joule au rotor W_{JR}.

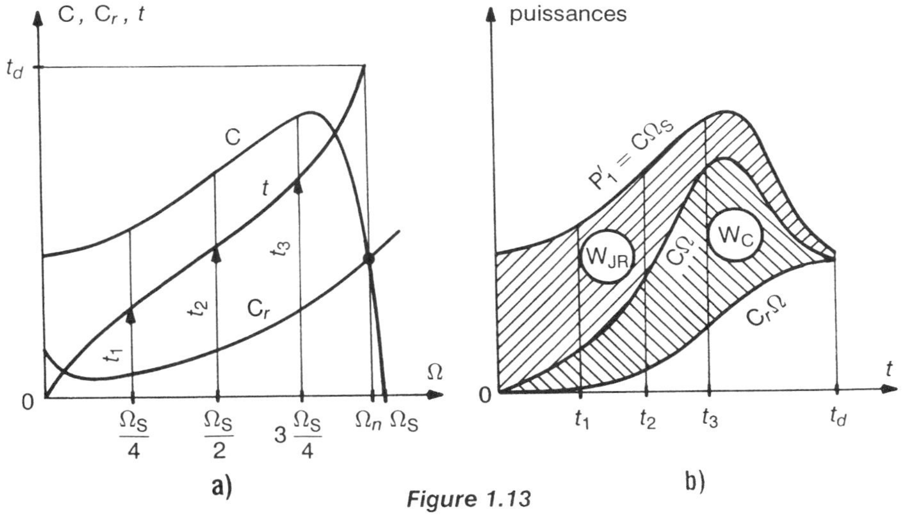

Figure 1.13

Toutes les pertes Joule dans le circuit rotorique *sont dépensées dans le bobinage rotorique*. Le rapport W_{JR}/W_c dépend de la forme des courbes $C(\Omega)$ et $C_r(\Omega)$, mais ces deux énergies sont du même ordre de grandeur.

Si le moment d'inertie est important, l'énergie dissipée dans la cage en un temps trop court pour que la cage puisse transmettre au reste du rotor une partie notable de la chaleur peut provoquer des échauffements locaux très importants. Les contraintes qui en résultent peuvent aller jusqu'à des ruptures des brasures entre barres et anneaux d'extrémités de la cage.

- ***Cas du moteur synchrone***

Le moteur synchrone doit normalement être démarré à tension et fréquence variables à l'aide d'un convertisseur.

Lorsqu'on le démarre en asynchrone en le branchant sur le réseau à fréquence constante directement ou à travers un transformateur, il se comporte, grâce aux amortisseurs qui doivent former une cage complète et aux pièces massives du rotor, comme un moteur asynchrone à cage.

L'énergie dissipée par les courants induits dans le rotor est du même ordre de grandeur que l'énergie cinétique fournie à la masse en rotation. D'où risque de détérioration du rotor si cette masse a un moment d'inertie important.

3.3. LE FREINAGE ÉLECTRIQUE

3.3.1. Temps de freinage d'un équipement

– Le temps de freinage t_f depuis la vitesse Ω_0 jusqu'à l'arrêt se calcule comme le temps de démarrage

$$t_f = \mathrm{J} \int_{\Omega_0}^{0} \frac{\mathrm{d}\Omega}{\mathrm{C} - \mathrm{C}_r} \tag{1.19}$$

avec J moment d'inertie de l'ensemble en rotation,
C_r couple résistant total(1)
C couple électromagnétique du moteur.

Mais maintenant C est négatif et s'ajoute à C_r pour donner le couple de freinage total C_f

$$\mathrm{C}_f = \mathrm{C}_r - \mathrm{C}.$$

Si $\mathrm{C}_{f\,\mathrm{moy}}$ est la valeur moyenne de ce couple et si on exprime la vitesse N_0 en tours par minute

$$t_f = \frac{1}{9,55} \frac{\mathrm{J}\,\mathrm{N}_0}{\mathrm{C}_{f\,\mathrm{moy}}}. \tag{1.19'}$$

Remarque : perte de vitesse de rotation lors d'une coupure brève.

Lors d'une coupure de l'alimentation, le couple moteur C est nul ; le moteur ralentit sous l'effet du couple résistant

$$\mathrm{J}\frac{\mathrm{d}\Omega}{\mathrm{d}t} = -\mathrm{C}_r \quad ; \quad \mathrm{d}\Omega = -\frac{\mathrm{C}_r}{\mathrm{J}}\,\mathrm{d}t.$$

Si t_{ral} est la durée du ralentissement, la vitesse passe de Ω_0 à $\Omega_0 - \Delta\,\Omega$ avec

$$\Delta\,\Omega = \frac{1}{\mathrm{J}} \int_0^{t_{\mathrm{ral}}} \mathrm{C}_r\,\mathrm{d}t.$$

Si on suppose le couple résistant constant

$$\Delta\,\Omega = \frac{1}{\mathrm{J}}\,\mathrm{C}_r\,t_{\mathrm{ral}} \tag{1.20}$$

ou, si on exprime la perte de vitesse en tours par minute

$$\Delta\,\mathrm{N} = 9,55\,\frac{\mathrm{C}_r}{\mathrm{J}}\,t_{\mathrm{ral}}. \tag{1.20'}$$

Si le couple résistant varie, on trouve une valeur approchée du ralentissement en prenant la valeur moyenne du couple résistant.

---

(1) *A cause de C_r, à même valeur, au signe près, du couple électromagnétique, le temps de freinage est un peu plus court que celui de démarrage.*

3.3.2. Énergies consommées pendant le freinage

• ***Cas du moteur à courant continu***

– Si l'induit du moteur à courant continu est *alimenté sous tension constante*, on ne peut freiner par récupération que tant qu'on peut réduire la vitesse par augmentation du courant d'excitation.

Ensuite, on ne peut faire que du *freinage rhéostatique*, c'est-à-dire séparer la machine du réseau et la faire fonctionner en génératrice débitant sur un rhéostat. L'énergie cinétique W_c de l'ensemble en rotation est alors transformée en énergie W_r consommée pour vaincre le couple résistant et, pour l'essentiel en pertes Joule dans le rhéostat Rh et la résistance R de l'induit de la machine

$$W_c = W_r + W_J \simeq W_J$$

avec

$$W_c = \frac{1}{2} J\,\Omega_0^2$$

$$W_r = \int_0^{t_f} C_r\,\Omega\,dt$$

$$W_J = \int_0^{t_f} (R + Rh)\,I^2\,dt$$

en désignant par Ω_0 la vitesse au début du freinage rhéostatique et par t_f la durée de celui-ci.

– Si l'induit du moteur à courant continu est alimenté *sous une tension variable*, on peut en abaissant progressivement cette tension faire du *freinage par récupération* à couple électromagnétique constant.

Aux énergies correspondant à C_r, aux pertes Joule dans l'induit et aux pertes dans le convertisseur près, toute l'énergie cinétique est renvoyée au réseau d'alimentation.

• ***Cas du moteur asynchrone***

– Si le moteur asynchrone est à *rotor bobiné* et est alimenté directement par le réseau à tension et fréquence constantes, on peut freiner par *inversion du sens de rotation du flux* tournant statorique. En réintroduisant le rhéostat rotorique et en lui donnant une valeur encore plus forte qu'au début du démarrage, on peut obtenir un fort couple de freinage avec des valeurs acceptables des courants dans les enroulements du stator et du rotor.

C'est un freinage du type *rhéostatique*, c'est-à-dire sans récupération de puissance.

Si, grâce au rhéostat, on maintient le couple électromagnétique C constant, la puissance P'_1 fournie par le réseau, égale à $C\,\Omega_s$ est constante. Puisque le rotor tourne en sens inverse du flux statorique, le glissement varie de $(\Omega_0 + \Omega_s)/\Omega_s$, au début du freinage, à Ω_s/Ω_s, quand la vitesse s'annule : les pertes Joule dans le circuit rotorique p_{JR} varient donc de $C\,(\Omega_0 + \Omega_s)$ à $C\,\Omega_s$.

La figure 1.14 montre les variations, en fonction de la vitesse angulaire Ω du rotor, de la puissance P'_1 fournie par le réseau et des pertes Joule rotoriques p_{JR}. La différence $p_{JR} - P'_1$ donne la puissance fournie par la charge freinée. Le couple de freinage par le moteur est donc $(p_{JR} - P'_1)/\Omega$.

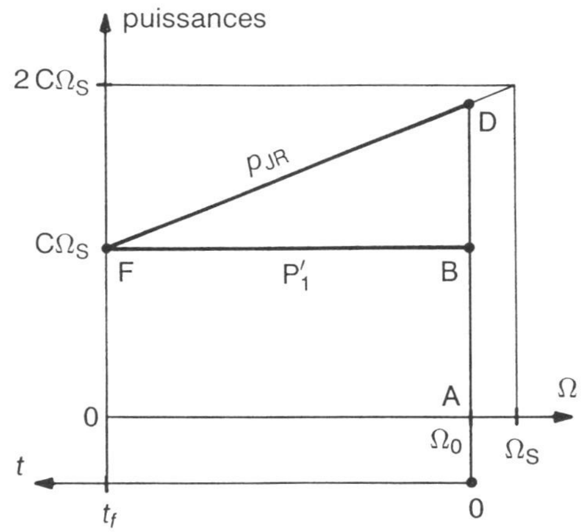

Figure 1.14

Si on néglige C_r, on a :

$$J \frac{d\Omega}{dt} = -\frac{p_{JR} - P'_1}{\Omega}$$

$d\Omega / dt$ est constant et on peut lire le temps sur l'axe des vitesses.

L'aire du triangle FBD représente alors l'énergie cinétique ; celle du trapèze OADF l'énergie dissipée en pertes Joule dans le rotor et le rhéostat ; elle est sensiblement égale à *trois fois l'énergie cinétique*.

– Si le moteur asynchrone est *à cage*, le freinage par inversion du sens de rotation du flux est brutal (courants statoriques et rotoriques très importants) et peu efficace (couple électromagnétique faible). Si le moment d'inertie de l'ensemble en rotation est important, l'énergie dissipée dans le bobinage rotorique risque fort de détruire celui-ci ou, tout au moins, d'abréger notablement sa durée de vie.

Ce mode de freinage ne peut être envisagé que pour de très petites unités, prévues pour une vie brève et entraînant de faibles inerties.

– Pour freiner dans de bonnes conditions le moteur *à cage*, il faut l'alimenter à *tension et fréquence variables* à l'aide d'un convertisseur statique. On peut alors contrôler le couple et renvoyer au réseau l'essentiel de l'énergie cinétique du système freiné.

- ***Cas du moteur synchrone***

Le freinage par inversion du flux du moteur synchrone alimenté directement par le réseau industriel serait encore plus catastrophique que celui du moteur asynchrone à cage.

On peut aussi freiner un moteur synchrone en le transformant en générateur synchrone débitant sur une résistance variable, pourvu qu'on puisse régler le flux.

Mais pour freiner le moteur synchrone avec récupération d'énergie, il faut l'alimenter par un variateur électronique de vitesse.

3.4. CONSÉQUENCES DE L'INERTIE SUR LE CHOIX DE L'ALIMENTATION DU MOTEUR

L'étude rapide du démarrage et du freinage électrique qui précède montre l'importance du moment d'inertie de l'ensemble moteur-charge sur le choix du type d'entraînement.

1° Le démarrage du *moteur asynchrone alimenté à la fréquence du réseau*, soit directement par celui-ci, soit avec réduction de tension (auto-transformateur abaisseur, démarrage étoile-triangle) est très difficile si l'ensemble moteur-charge a une grande inertie.

On peut être amené à multiplier par 2, 3, 4 ou même plus la puissance nominale du moteur par rapport à celle nécessitée, après démarrage, par la charge entraînée. Cela conduit à faire travailler la machine loin de son point de fonctionnement nominal donc avec un rendement et un facteur de puissance très médiocres.

Dans certains cas, on doit utiliser un embrayage et n'accoupler la charge que progressivement après démarrage du moteur seul. C'est le cas pour le moteur synchrone démarré en asynchrone à la fréquence du réseau.

D'autre part le freinage électrique n'est pas utilisable. Si un arrêt rapide est nécessaire, il faut prévoir un frein.

2° *Le démarrage rhéostatique du moteur alimenté sous tension constante*,

- qu'il s'agisse du moteur à courant continu avec rhéostat en série avec l'induit,
- ou du moteur asynchrone à rotor bobiné avec rhéostat monté entre les bagues,

est possible même avec charges de grande inertie. Mais l'énergie dissipée en pertes Joule dans le rhéostat est alors importante.

Il en est de même du freinage rhéostatique.

Si la période du cycle démarrage-travail-freinage-arrêt est brève, la puissance consommée dans le rhéostat peut être très supérieure à celle fournie à la charge.

En première approximation, on peut prendre pour énergie dissipée dans le rhéostat pour un démarrage et un freinage

2 *fois l'énergie cinétique* de l'ensemble en rotation lorsqu'il s'agit du moteur à courant continu,

4 *fois l'énergie cinétique* de cet ensemble lorsqu'il s'agit du moteur asynchrone.

Compte tenu de l'inertie et de la fréquence du cycle de travail, il est facile de voir si ce gaspillage d'énergie ne justifie pas le recours à une solution plus sophistiquée.

3° *L'alimentation à tension variable du moteur à courant continu ou l'alimentation à tension et fréquence variables du moteur à courant alternatif*, synchrone ou asynchrone, à l'aide d'un variateur de vitesse, permet de supprimer ces pertes d'énergie dans le rhéostat.

Le variateur de vitesse permet en outre d'éviter les à-coups de couple au début, pendant et à la fin du démarrage et du freinage.

On voit que pour nombre d'applications, pour des raisons de qualité du fonctionnement et surtout *d'économie d'énergie*, on est amené à *UTILISER UN VARIATEUR ÉLECTRONIQUE DE VITESSE ALORS MÊME QU'ON N'A PAS BESOIN DE FAIRE VARIER LA VITESSE* de la charge entraînée.

3.5. NOTES SUR LES VOLANTS D'INERTIE

Les volants d'inertie sont des dispositifs mécaniques capables d'accumuler de l'énergie sous forme cinétique et de restituer cette énergie très rapidement.

Cette propriété d'accumulation et de restitution de l'énergie est utilisée dans un certain nombre d'applications industrielles, telles que :

- la régulation de tension des réseaux électriques, grâce au lissage des variations de la demande d'énergie dues
  - à des brusques modifications de charge,
  - ou à des perturbations transitoires de l'impédance du réseau,
  - ou à des microcoupures dans l'alimentation en énergie,
- l'optimisation de la puissance de dimensionnement des moteurs électriques d'un entraînement caractérisé par une faible consommation en énergie avec de très fortes variations transitoires du couple résistant. C'est le cas, par exemple, des cisailles volantes en métallurgie, de la propulsion des engins terrestres...

• Dans les entraînements ici considérés, on utilise le volant d'inertie pour limiter la variation de vitesse due aux brusques variations du couple résistant.

Si J_V est le moment d'inertie du volant,

Ω sa vitese angulaire de rotation

l'énergie cinétique qui y est emmagasinée est :

$$W_{cV} = \frac{1}{2} J_V \Omega^2.$$

Si un à-coup de couple résistant réduit de $\Delta\Omega$ la vitesse angulaire de l'arbre sur lequel le volant est monté, son énergie cinétique devient $(1/2)\,J_V\,(\Omega - \Delta\Omega)^2$. Il fournit donc une énergie ΔW :

$$\Delta W = \frac{1}{2} J_V \left[(\Omega - \Delta\Omega)^2 - \Omega^2\right]$$

$$\frac{\Delta W}{W_{cV}} = \frac{\Delta\Omega}{\Omega}\left(2 - \frac{\Delta\Omega}{\Omega}\right).$$

En fonction de l'apport d'énergie ΔW qu'on attend du volant en cas d'à-coup d'énergie fournie à la charge et de la chute de vitesse qu'on tolère, cette relation donne l'énergie cinétique à emmagasiner dans le volant.

Si $\Delta\Omega/\Omega = 0,10$, $W_{cV} = 5,26\,\Delta W$

$\Delta\Omega/\Omega = 0,2$, $W_{cV} = 2,78\,\Delta W$.

• Dans les entraînements à vitesse variable, s'il faut ajouter un volant d'inertie, la détermination du moment d'inertie à donner à celui-ci résulte d'un compromis.

Dans le cas des pompes à pistons par exemple, la variation périodique du couple résistant est inhérente à la nature de la charge. Il faut un volant d'inertie pour limiter, durant chaque tour, les variations de la vitesse par rapport à sa valeur moyenne. Mais, si on veut faire varier cette valeur moyenne pour faire varier le débit, l'inertie du volant s'oppose à ce que cette variation soit rapide.

Remarques sur les machines alternatives

Les moteurs à explosion mono ou multicylindres, les pompes à pistons sont des exemples types de machines alternatives. Dans ces machines la vitesse angulaire du vilebrequin est loin d'être uniforme, même en régime stationnaire, en raison de la variation du couple dû à la pression des fluides dans les cylindres. Pour atténuer les effets des fluctuations de la vitesse, on réduit celles-ci à l'aide d'un volant d'inertie.

Ainsi, dans un moteur à explosion, quand le couple dû à la pression des gaz est supérieur au couple résistant, la vitesse augmente et une partie du travail est emmagasinée dans le volant sous forme d'une augmentation d'énergie cinétique ; cette énergie supplémentaire est rendue au système dans la partie du cycle où le couple résistant est supérieur au couple moteur.

Pour chaque type d'application, il existe des conditions d'atténuation des fluctuations de vitesse. Si on désigne par Ω_{max} et Ω_{min} les valeurs extrêmes de la vitesse angulaire de l'arbre moteur, on peut définir une vitesse moyenne Ω_{moy} et un coefficient d'irrégularité $\mathcal{E}$

$$\Omega_{moy} = \frac{\Omega_{max} + \Omega_{min}}{2} \quad ; \quad \mathcal{E} = \frac{\Omega_{max} - \Omega_{min}}{\Omega_{moy}} .$$

A titre d'exemple, on admet dans les machines industrielles les plus banales des coefficients d'irrégularités de quelques centièmes.

Pour les alternateurs entraînés par un moteur diesel ou un moteur à gaz de haut-fourneau, $\mathcal{E}$ peut aller de quelques millièmes à plusieurs centièmes suivant la précision sur la fréquence exigée par le réseau alimenté. L'effet volant est alors intégré dans l'alternateur dont le rotor a une masse et un rayon importants.

4. LES VIBRATIONS

Tout entraînement industriel comporte d'inévitables imperfections. Ces imperfections sont l'origine d'effets parasites, notamment de vibrations et de bruits, nuisibles pour la durée de vie de l'équipement lui-même et pour son environnement.

Le problème des vibrations est particulièrement important pour les entraînements à vitesse variable car par définition ils sont destinés à travailler dans une large gamme de vitesses. Or le rapport entre les effets des imperfections et la valeur de celles-ci dépend de la vitesse. Le risque de fonctionner près d'une vitesse critique, c'est-à-dire une vitesse où ce rapport passe par un maximum est donc plus grand que pour un entraînement à vitesse constante.

Le problème des vibrations est difficile car tous les constituants de l'entraînement (moteur, charge, réducteurs, arbres, accouplements, paliers, socles, ...) interviennent dans la production et/ou la transmission et/ou l'amortissement des vibrations.

Aussi nous limiterons-nous à la présentation du phénomène des oscillations sur un exemple très simple et à celle des principales causes de vibrations dans les ensembles en rotation. Nous aborderons ensuite l'examen des vibrations de torsion et des vibrations de flexion.

4.1. EXEMPLE SIMPLE

Lorsqu'un système élastique, tel une poutre chargée, un arbre soumis à une torsion ou un ressort déformé, est sorti de son état d'équilibre sous l'action d'une force extérieure, lorsque cette force disparaît le système entre en vibration.

Ces vibrations qui ne dépendent que des forces internes au système sont appelées vibrations *naturelles* ou *libres*. L'expression analytique de ces vibrations est obtenue à partir de l'équation différentielle du mouvement où le second membre, qui traduit la perturbation, est nul.

Dans les cas les plus simples, une seule variable, déplacement ou angle, suffit à caractériser la déformation du système. On dit que celui-ci est à un degré de liberté.

Un exemple type de système à un degré de liberté est donné par l'association d'un ressort de masse nulle et d'un corps de masse M ne pouvant se déplacer que verticalement (figure 1.15.a).

4.1.1. Vibration libre non amortie

Soit k la force nécessaire pour produire l'allongement du ressort de la longueur unitaire et x le déplacement vertical de la masse, compté comme positif quand le déplacement se produit du haut vers le bas.

A chaque instant, puisqu'il n'y a pas de force extérieure, la résultante de la force d'inertie et de la force du ressort est nulle

$$\mathrm{M}\,\frac{\mathrm{d}^2 x}{\mathrm{d}t} + k\,x = 0.$$

Cette équation différentielle a pour solution :

$$x_\ell = \mathrm{C}_1 \cos \omega_0 t + \mathrm{C}_2 \sin \omega_0 t.$$

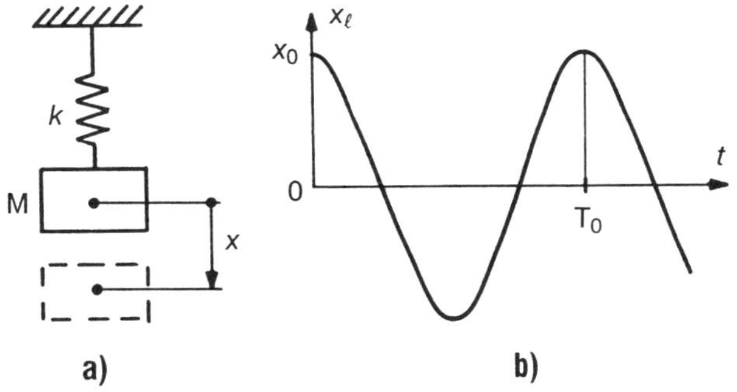

Figure 1.15

La vibration a pour pulsation naturelle ω_0 :

$$\omega_0 = \sqrt{\frac{k}{\mathrm{M}}}, \quad \text{en rd/s}$$

ou pour fréquence f_0 et période T_0 naturelles :

$$f_0 = \frac{\omega_0}{2\pi} = \frac{1}{2\pi}\sqrt{\frac{k}{\mathrm{M}}}, \quad \text{en Hz} \quad ; \quad \mathrm{T}_0 = \frac{1}{f_0} = 2\pi\sqrt{\frac{\mathrm{M}}{k}}, \quad \text{en s.}$$

Le système oscille indéfiniment à sa fréquence naturelle, l'énergie étant transférée, sans pertes, entre la force du ressort et la force d'inertie.

Si par exemple, à l'instant $t = 0$, on lâche, sans vitesse initiale, la masse qu'on a déplacée de x_0, la continuité de x et de sa dérivée donnent (figure 1.15.b) :

$$x_\ell = x_0 \cos \omega_0 t.$$

4.1.2. Système amorti

Le système est amorti quand il comporte des frottements ou tout autre forme de perte d'énergie. Dans l'exemple considéré, l'amortissement est représenté par un "dashpot" ou amortisseur visqueux (figure 1.16.a).

Pour l'étude du régime libre du système, aux forces d'inertie $(M\gamma)$ et du ressort $(k\,x)$ il faut ajouter la force d'amortissement $(c\,v)$ supposée proportionnelle à la vitesse.

D'où l'équation différentielle

$$M\,\frac{d^2x}{dt} + c\,\frac{dx}{dt} + k\,x = 0.$$

Sa solution est de la forme :

$$x_\ell = C_1\,e^{r_1 t} + C_2\,e^{r_2 t}$$

avec $$\begin{matrix} r_1 \\ r_2 \end{matrix} = -\frac{c}{2M} \pm \sqrt{\frac{c^2}{4M^2} - \frac{k}{M}}.$$

D'ordinaire, on pose

$$\omega_0 = \sqrt{\frac{k}{M}} \quad ; \quad \alpha = \frac{c}{2M} \qquad (1.21)$$

ω_0 désignant, comme précédemment, la pulsation naturelle en l'absence d'amortissement,

α désignant le coefficient d'amortissement.

La nature des racines r_1 et r_2 et l'allure de la courbe $x_\ell(t)$ dépendent des valeurs relatives de ω_0 et de α. On distingue trois cas :

1° *amortissement fort* ($\alpha > \omega_0$ ou $c > 2M\omega_0$) :

- les racines r_1 et r_2 sont réelles et négatives,
- les constantes C_1 et C_2 qui dépendent des conditions initiales sont des quantités réelles et il est commode de laisser x_ℓ sous la forme

$$x_\ell = C_1\,e^{r_1 t} + C_2\,e^{r_2 t}$$

- le régime libre est apériodique amorti.

2° *amortissement critique* ($\alpha = \omega_0$ ou $c = 2M\omega_0$) :

- les deux racines r_1 et r_2 sont réelles et égales,
- x_ℓ est de la forme

$$x_\ell = e^{-\alpha t}\,(C_1 + C_2\,t)$$

- le régime libre est encore apériodique.

3° *amortissement faible* ($\alpha < \omega_0$ ou $c < 2M\omega_0$) :

- les deux racines sont des quantités complexes conjuguées,
- il est commode de mettre x_ℓ sous la forme

$$x_\ell = e^{-\alpha t}\,(C_1 \cos\beta t + C_2 \sin\beta t) \quad , \quad \text{avec} \quad \beta = \sqrt{\omega_0^2 - \alpha^2}$$

- le régime libre est pseudo-périodique.

D'ordinaire, on rapporte le coefficient d'amortissement α à sa valeur $(\alpha = \omega_0)$ donnant l'amortissement critique

$$\zeta = \frac{\alpha}{\omega_0} = \frac{c}{2\,\mathrm{M}\,\omega_0} = \frac{c}{2\sqrt{\mathrm{M}\,k}}\,. \tag{1.22}$$

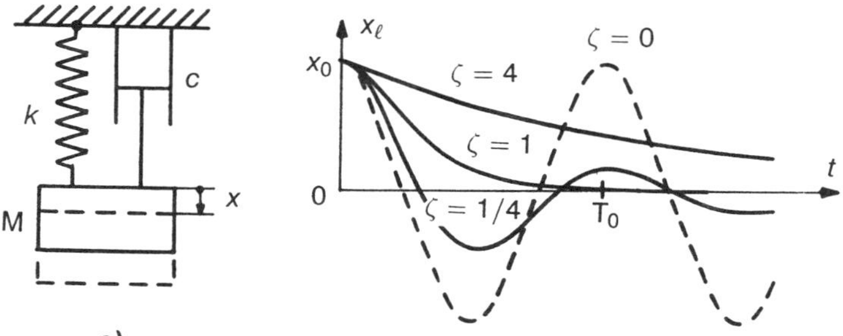

a) b)

Figure 1.16

La figure 1.16.b donne la forme d'onde de $x_\ell\,(t)$ pour le même régime transitoire que celui illustré par la figure 1.15.b, mais en tenant compte de l'amortissement,
amortissement fort $(\zeta > 1)$,
amortissement critique $(\zeta = 1)$,
amortissement faible $(\zeta > 1)$.

4.1.3. Vibration forcée

Si maintenant (figure 1.17.a) on applique à la masse une force sinusoïdale de pulsation ω et d'amplitude F_m (ou de valeur efficace $F = F_m/\sqrt{2}$), l'équation différentielle donnant le mouvement devient :

$$\mathrm{M}\,\frac{d^2x}{dt^2} + c\,\frac{dx}{dt} + k\,x = \mathrm{F}\sqrt{2}\,\cos\omega t\,.$$

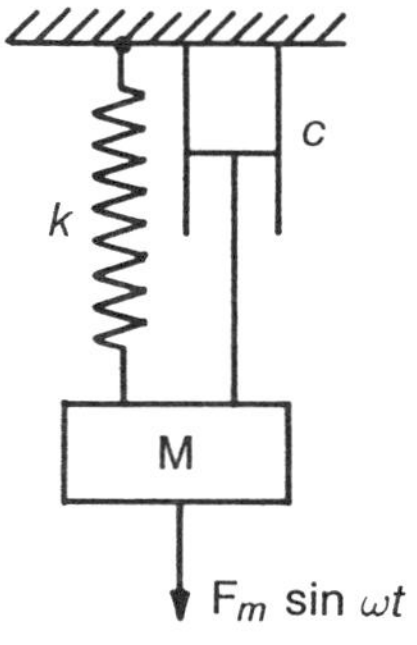

a)

Figure 1.17

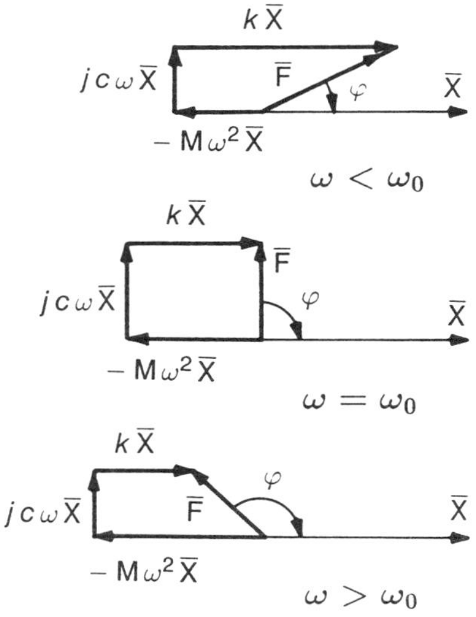

b)

Le déplacement x est la somme

- d'un terme x_ℓ correspondant à la solution de l'équation différentielle avec second membre nul et au régime libre,
- d'un terme x_f, solution particulière de l'équation différentielle avec second membre, donnant le régime forcé :

$$x = x_\ell + x_f .$$

– Quand le terme x_ℓ est amorti, il ne reste que le terme forcé x_f. L'excitation $F_m \cos \omega t$ étant sinusoïdale, le déplacement x_f en régime établi est aussi une fonction sinusoïdale du temps

$$x_f = X_m \cos(\omega t - \varphi) = X\sqrt{2}\cos(\omega t - \varphi).$$

Pour passer de la force au déplacement, on procède comme on l'a fait pour passer d'une tension sinusoïdale au courant sinusoïdal qu'elle produit (voir 1ère Partie, chapitre 1, § 3.1.1). En notation complexe

$$M\frac{d^2x}{dt^2} + c\frac{dx}{dt} + kx = F\sqrt{2}\cos\omega t$$

s'écrit :

$$-M\omega^2\overline{X} + jc\omega\overline{X} + k\overline{X} = \overline{F}.$$

Puisque k égale à $M\omega_0^2$, suivant que ω est inférieur, égale ou supérieur à ω_0, on aura l'un ou l'autre des diagrammes vectoriels de la figure 1.17.b.

Les diagrammes vectoriels donnent :

$$X = \frac{F}{\sqrt{c^2\omega^2 + (k - M\omega^2)^2}} \quad , \quad \operatorname{tg}\varphi = \frac{c\omega}{k - M\omega^2}.$$

Il est intéressant de rapporter X à F/k, c'est-à-dire au déplacement qu'on aurait si la force, au lieu d'être une fonction sinusoïdale du temps, était constante (ce qui reviendrait à faire $\omega = 0$ dans la relation liant X à F).

D'autre part, les équations (1.21) et (1.22) permettent d'exprimer $X/(F/k)$ et $\operatorname{tg}\varphi$ en fonction de ζ et de ω/ω_0. On obtient :

$$\frac{X}{F/k} = \frac{1}{\sqrt{4\zeta^2\left(\frac{\omega}{\omega_0}\right)^2 + \left[1 - \left(\frac{\omega}{\omega_0}\right)^2\right]^2}} \tag{1.23}$$

$$\operatorname{tg}\varphi = \frac{2\zeta\left(\frac{\omega}{\omega_0}\right)}{1 - \left(\frac{\omega}{\omega_0}\right)^2}. \tag{1.24}$$

– Amplitude des vibrations

La figure 1.18, qui donne, pour quelques valeurs de ζ, les variations de $X/(F/k)$ en fonction de ω/ω_0, montre l'influence de la fréquence $(\omega/2\pi)$ de l'excitation sur l'amplitude des vibrations $(X\sqrt{2})$ à valeur donnée de l'excitation pour un système donné.

Le système est *à la résonance* pour $\omega/\omega_0 = 1$, c'est-à-dire quand la fréquence de l'excitation est égale à la fréquence naturelle du système.

Plus l'amortissement ζ est faible, plus l'amplitude des vibrations est forte à la résonance et au voisinage de celle-ci. Pour $\omega/\omega_0 = 1$, $X/(F/k)$ égale $1/2\zeta$.

Pour ζ égal ou supérieur à 1, à excitation donnée, l'amplitude des vibrations diminue sans cesse quand ω/ω_0 croît.

Pour les valeurs de ω/ω_0 nettement supérieures à l'unité, $X/(F/k)$ diffère peu de $(\omega_0/\omega)^2$, quel que soit ζ : l'amplitude des vibrations diminue comme le carré de la fréquence de l'excitation.

– *Retard de phase*

La figure 1.19 donne, pour quelques valeurs de ζ, les variations du déphasage φ de la vibration en arrière de l'excitation en fonction de la fréquence de celle-ci.

Ce retard de l'onde de x par rapport à l'onde de force qui lui a donné naissance, croît au fur et à mesure que ω croît, partant de zéro pour ω nul et tendant vers 180° quand ω tend vers l'infini.

Quel que soit ζ, l'angle φ égal 90° à la résonance ($\omega/\omega_0 = 1$). Mais la variation de φ autour de 90° quand la fréquence varie est d'autant plus forte que l'amortissement est plus faible.

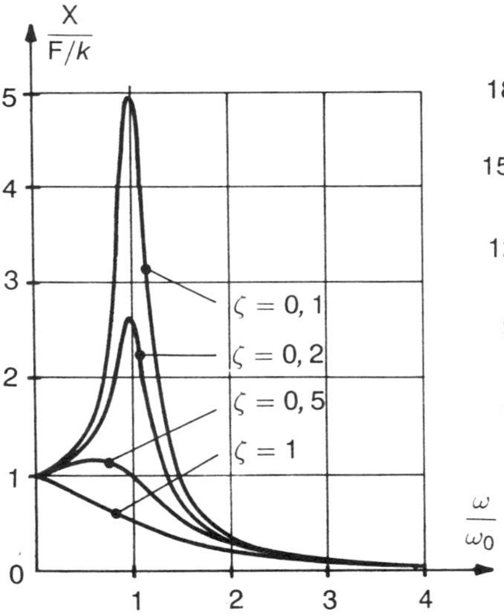

Figure 1.18

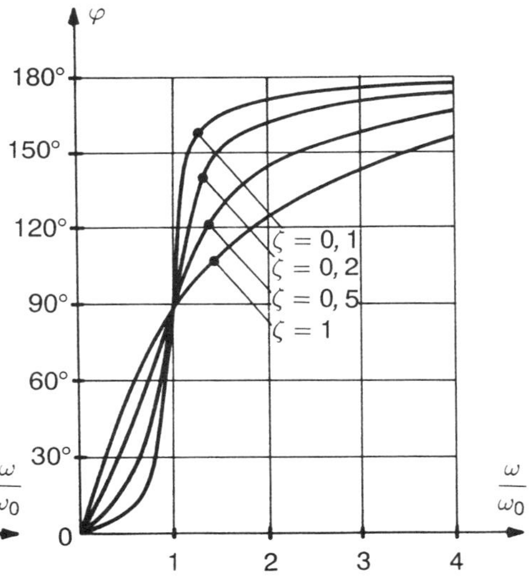

Figure 1.19

La prise en compte de ce retard de phase est indispensable dans les régulations. Pour supprimer ou atténuer la vibration $[X\sqrt{2}\cos(\omega t - \varphi)]$ due à une force perturbatrice $(F\sqrt{2}\cos\omega t)$ à partir de l'information donnée par un capteur de vibrations, il ne faut pas appliquer une force correctrice $[F\sqrt{2}\cos(\omega t - \varphi)]$ en opposition de phase directe avec le déplacement. Il faut avancer le signal correcteur d'un angle φ par rapport à cette opposition.

4.2. LES CAUSES DE VIBRATIONS

4.2.1. Les deux types d'excitation

Dans les entraînements par moteur électrique, si le couple d'accélération C_a, différence entre le couple électromagnétique C du moteur et le couple résistant *total* C_r de la charge, est nul, non seulement en valeur moyenne mais aussi en valeur *instantanée*, l'équation du mouvement :

$$J \frac{d\Omega}{dt} = C - C_r$$

montre que, si le moment d'inertie J est lui-même constant, la vitesse angulaire de rotation Ω est constante en régime établi. Les arbres, transmettant des couples constants, ont une torsion constante.

• ***Oscillations libres***

En cas d'un brusque *à-coup* du couple moteur ou du couple résistant ou du moment d'inertie, il apparaît un régime transitoire.

Pour étudier celui-ci, il faut expliciter les termes de l'équation du mouvement pour mettre en évidence le terme constant et ceux qui sont proportionnels à la vitesse et à ses dérivées successives.

L'équation du mouvement, mise sous la forme :

$$a + b\,\Omega + c\,\frac{d\Omega}{dt} + d\,\frac{d^2\Omega}{dt^2} + \cdots = 0$$

donne la vitesse et permet de calculer les contraintes.

On a affaire à un *régime libre*, tel celui qu'on a examiné dans un cas simple aux paragraphes 4.1.1 et 4.1.2, qui correspond à des oscillations à la ou aux *fréquences naturelles* du système. D'ordinaire les amortissements sont faibles et ces oscillations ne disparaissent que lentement.

Dans les entraînements à vitesse fixe, ces à-coups de couple sont *normaux*. Ils se produisent par exemple,

- au démarrage par application directe de la tension,
- à l'inversion du couple par changement du sens du flux tournant,
- à l'arrêt par coupure de la tension d'alimentation.

Ils entraînent des contraintes importantes causes d'une fatigue mécanique qui abrège la durée de vie des équipements.

– Les entraînements à vitesse variable permettent de contrôler le couple et, par là, d'éviter les discontinuités du couple d'accélération. Il ne reste que les à-coups *accidentels* :

- coupure de l'alimentation du moteur,
- rupture d'un élément de la transmission mécanique,
- blocage de celle-ci...

A noter que lorsque l'équipement reste alimenté, la commande du variateur électronique permet d'amortir rapidement les oscillations.

Pour les équipements "à risques" (réseau pas très sûr, charge difficilement prévisible), il y a là un avantage particulièrement important des entraînements à vitesse variable.

- ***Oscillations forcées***

Lorsque le couple d'accélération moyen est nul, mais que
soit le couple électromagnétique du moteur,
soit le couple résistant total,
soit le moment d'inertie
varient périodiquement, il en résulte des vibrations à la *fréquence de ces perturbations*. Ces vibrations durent tant que dure la cause qui leur a donné naissance car il ne s'agit plus d'un régime transitoire mais d'un régime permanent, tel celui que nous avons étudié, dans un cas simple, au paragraphe 4.1.3.

A amplitude de couple pulsatoire ou de variation d'inertie donnée, l'amplitude de ces vibrations est d'autant plus grande que leur fréquence est plus proche de la fréquence naturelle du système (ou de l'une de ses fréquences naturelles s'il y en a plusieurs) et que pour cette ou ces fréquences l'amortissement est plus faible.

- ***Vitesses critiques***

Les vitesses critiques apparaissent quand les fréquences d'excitation coïncident avec les fréquences naturelles de vibration du système en rotation. Les vitesses critiques correspondent donc à des conditions de résonance du système considéré.

Par exemple la vitesse critique de flexion d'un arbre est la vitesse pour laquelle le nombre de tours par seconde est précisément égal à la fréquence en Hertz de ses vibrations latérales naturelles.

En pratique, les mécaniciens expriment les vitesses critiques en tours par minute.

S'il y a plusieurs fréquences naturelles, il y a plusieurs vitesses critiques.

Les excitations périodiques qui risquent de donner les plus fortes vibrations sont les *excitations synchrones*, c'est-à-dire dont la période est égale à la durée d'un tour ou dont la fréquence est égale à la vitesse (en t/s). Quand le moteur tourne à une vitesse critique ou à son voisinage, une telle excitation même d'amplitude minime risque de produire des vibrations importantes.

4.2.2. Les causes mécaniques

– La principale cause mécanique d'excitation des vibrations est le *balourd* ou défaut d'équilibrage du rotor.

Un rotor déséquilibré, c'est-à-dire dont le centre de gravité ne se trouve pas sur l'axe de rotation, équivaut à un rotor équilibré auquel s'ajoute une masse m ponctuelle située à la distance r de l'axe (figure 1.20).

Si θ désigne l'écart angulaire entre le rayon passant par m et la verticale passant par l'axe, le couple dû à la gravité est :

$$c = m g r \sin \theta.$$

Ce couple dont la fréquence correspond à la vitesse de rotation peut exciter des vibrations à cette fréquence mais aussi à des fréquences multiples de celle-ci, si pour ces fréquences multiples le système présente une forte résonance.

Si le rotor du moteur lui-même est toujours soigneusement équilibré, la charge entraînée peut comporter le risque de charges excentrées (centrifugeuses, malaxeurs, cylindres sécheurs de machines à papier).

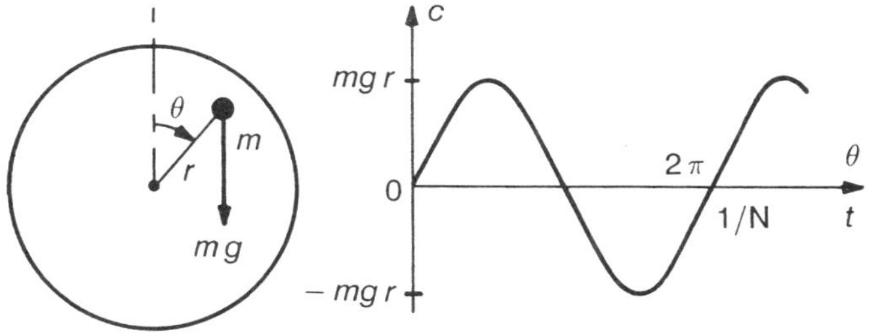

Figure 1.20

– Un autre source importante de vibrations peut être le *défaut d'alignement* entre l'axe du moteur et celui de la charge entraînée, qui peut justifier le remplacement d'un accouplement rigide par un accouplement élastique.

Il existe beaucoup d'autres sources possibles d'excitation des vibrations :

- arbre plié,
- mauvais alignement des paliers,
- jeux aux paliers, jeux dans les engrenages...

4.2.3. Les causes électromagnétiques

Le moteur ne délivre jamais un couple parfaitement constant et correspondant à une force tournant à une vitesse rigoureusement constante.

A cause de l'encochage du rotor et du nombre limité de lames de collecteur entre lignes de balais, le couple du moteur à courant continu contient des termes pulsatoires. A cause des harmoniques d'espace, les moteurs à courant alternatif développent des flux tournant à des vitesses différentes de celle du flux tournant fondamental.

Si les courant alimentant un moteur triphasé ne sont pas équilibrés, la puissance absorbée par la machine et donc la puissance mécanique qu'elle développe, comporte en plus du terme constant un terme dont la fréquence est égale à deux fois celle f des courants d'alimentation ; le couple contient une composante alternative de fréquence $2f$.

Une dissymétrie dans la construction du circuit magnétique du stator ou du rotor ou du bobinage du stator ou du rotor conduit aussi à l'existence de composantes alternatives du couple.

Mais les deux principales causes électromagnétiques d'excitation des vibrations sont d'ordinaire la dissymétrie des entrefers et l'alimentation par convertisseur.

– *Dissymétrie des entrefers*

Le stator et le rotor s'attirent avec une force par unité de surface égale à $B^2/8\pi$, en désignant par B l'induction dans l'entrefer.

Dans les machines à courant alternatif où l'onde d'induction tourne dans l'entrefer à la vitesse synchrone, cette force radiale d'attraction appliquée aux divers points du stator (et du rotor du moteur asynchrone qui ne tourne pas à la vitesse synchrone) a une composante alternative. Si on tient compte de la valeur finie de la rigidité du stator et du rotor, ces forces y engendrent des vibrations.

Si les entrefers sont symétriques (épaisseur d'entrefer constante si le rotor est cylindrique, même entrefers sous les divers pôles si le rotor est à pôles saillants), la résultante de ces forces radiales est nulle. Si tel n'est pas le cas la force résultante est la somme d'un terme moyen et d'un terme pulsatoire.

– *Alimentation par un convertisseur*

- Malgré l'inductance de lissage, le courant que fournit un redresseur à un moteur à courant continu, n'est pas rigoureusement constant. Il présente une ondulation, d'ordinaire à un fréquence égale à six fois la fréquence du réseau alternatif alimentant le redresseur : le couple du moteur fluctue à la même fréquence.

- Les courants fournis à un moteur à courant alternatif par l'onduleur qui l'alimente contiennent des harmoniques, d'où la présence d'harmoniques dans le couple du moteur.

L'emploi de moteurs à double étoile ou d'onduleurs à Modulation de Largeur d'Impulsions permet de repousser vers des fréquences plus élevées ces couples harmoniques et d'en réduire l'amplitude.

– *Remarques*

- Pour les machines synchrones, la plupart des excitations ont une fréquence égale à la vitesse de rotation ou à l'un de ses multiples ou sous- multiples. D'où un plus grand risque de vibrations importantes lors de la rotation à une vitesse critique ou à son voisinage immédiat par mise en résonance des effets de ces excitations.

- La fréquence de la plupart des excitations d'origine électromagnétique est nettement plus élevée que celle des excitations d'origine mécanique. Les premières produisent d'ordinaire des vibrations entrant dans la bande des sons audibles. Si leur fréquence égale la fréquence naturelle du stator ou du bâti, il peut en résulter des vibrations gênantes et un bruit inadmissible.

L'étude des vibrations d'un système est très compliquée et très délicate, surtout lorsque ce système est lui-même de quelque complexité.

– On vient de donner un aperçu de la diversité des excitations possibles du rotor. Or toute force radiale ou tout couple perturbateur appliqué au rotor donne, de par le principe égalité de l'action et de la réaction, une force ou un couple égal et opposé s'exerçant sur le stator.

– Tout élément supposé indéformable du stator peut être assimilé à une masse reliée à chacune des masses voisines par un ressort et un amortisseur. On peut modéliser suivant le même principe chaque élément du rotor.

Dès que l'ensemble comporte de nombreux éléments, cela conduit à des calculs qui nécessitent le recours à un calculateur numérique.

– Les paliers qui relient la partie fixe et la partie tournante jouent un grand rôle dans la transmisssion et l'amortissement des vibrations.

Nous nous limiterons ici à l'étude très simplifiée des *fréquences naturelles* (ou libres ou propres)

- *des vibrations de torsion*,

- *des vibrations de flexion*

des lignes d'arbres et à quelques remarques sur ces vibrations.

4.3. LES VIBRATIONS DE TORSION

4.3.1. Fréquence libre d'un système à une seule masse

Considérons le système très simple formé par un arbre de longueur ℓ, de diamètre d, encastré à l'une de ses extrémités et portant à l'autre un disque de masse M et de diamètre D (figure 1.21.a).

Si on applique au disque un couple de torsion et qu'on le supprime brusquement, des vibrations de torsion prennent naissance dans l'arbre.

A chaque instant la position angulaire du disque peut être définie par l'angle θ que fait un rayon du disque par rapport à sa direction au repos.

L'arbre est caractérisé par sa constante élastique k, c'est le couple de torsion nécessaire pour produire un angle de torsion θ égal à un radian.

L'équation du mouvement d'un corps tournant autour d'un axe fixe s'obtient en écrivant que le produit du moment d'inertie du corps (par rapport à cet axe) par son accélération angulaire est égal au moment résultant (par rapport à cet axe) des forces extérieures agissant sur ce corps.

Ici, le moment des forces extérieures agissant sur le disque est égal et opposé au couple de torsion $k\,\theta$ agissant sur l'arbre. On a donc :

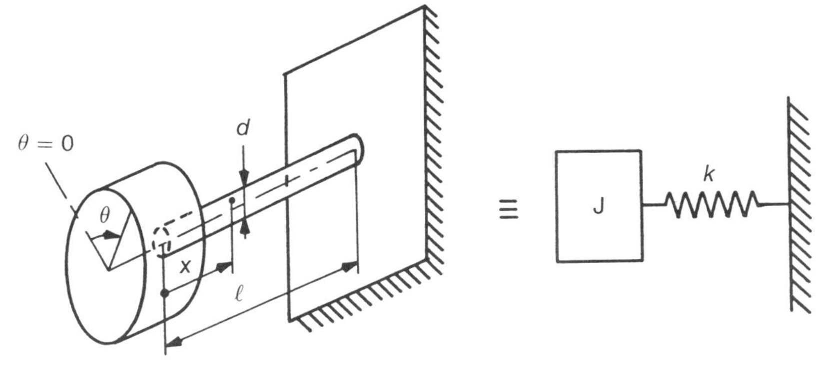

Figure 1.21

$$\mathrm{J}\,\frac{\mathrm{d}^2\theta}{\mathrm{d}t^2} = -k\,\theta\,,$$

en désignant par J le moment d'inertie du disque.

Cette équation, qui correspond au schéma équivalent de la figure 1.21.b, a pour solution

$$\theta = \theta_0 \cos \omega_0 t + \theta_0' \sin \omega_0 t$$

avec

$$\omega_0 = \sqrt{\frac{k}{J}}, \tag{1.25}$$

θ_0 et θ'_0 déplacement angulaire et vitesse angulaire du disque à l'instant $t = 0$.

ω_0 est la pulsation naturelle des oscillations de torsion. Elle correspond à un période T_0 et à une fréquence f_0 telles que

$$T_0 = \frac{2\pi}{\omega_0} = 2\pi\sqrt{\frac{J}{k}} \quad ; \quad f_0 = \frac{1}{T_0} = \frac{1}{2\pi}\sqrt{\frac{k}{J}}. \tag{1.26}$$

Remarques

1° La fréquence propre f_0 des oscillations de torsion
croît avec la "raideur" de l'arbre,
décroît avec l'inertie de la masse en rotation.

Un arbre est d'autant plus raide qu'il faut un couple $k\,\theta$ plus grand pour le tordre d'un angle θ. L'inverse de la raideur est la flexibilité.

2° La constante élastique d'un arbre cylindrique de diamètre d et de longueur ℓ est donnée par :

$$k = \frac{\pi\, d^4 G}{32\,\ell} \tag{1.27}$$

où G désigne le module d'élasticité au cisaillement du matériau utilisé.

Si le disque circulaire est d'épaisseur uniforme, de diamètre D et de masse M, son moment d'inertie J et la fréquence naturelle f_0 de ses oscillations de torsion ont pour valeurs

$$J = \frac{M\,D^2}{8} \quad ; \quad f_0 = \frac{1}{2\pi}\sqrt{\frac{\pi\, d^4 G}{8\,M\,D^2\,\ell}}.$$

3° Si l'arbre a deux parties de diamètres différents, on peut le remplacer par un arbre équivalent de diamètre constant.

Soient d_1 et d_2 les diamètres des deux parties, ℓ_1 et ℓ_2 leurs longueurs. Si on applique à l'arbre un couple C, l'angle de torsion qui en résulte est :

$$\theta = C\left(\frac{32\,\ell_1}{\pi\, d_1^4\, G} + \frac{32\,\ell_2}{\pi\, d_1^4\, G}\right) = \frac{32\,C}{\pi\, d_1^4\, G}\left(\ell_1 + \ell_2\,\frac{d_1^4}{d_2^4}\right).$$

L'angle de torsion est identique à celui d'un arbre de diamètre constant d_1 et de longueur ℓ égale à :

$$\ell = \ell_1 + \ell_2\left(\frac{d_1}{d_2}\right)^4.$$

On peut généraliser ce résultat et, sans modifier la constante élastique k de l'arbre, remplacer toute section de diamètre d_n et de longueur ℓ_n par une partie de diamètre d et de longueur ℓ telle que :

$$\ell = \ell_n\left(\frac{d}{d_n}\right)^4.$$

4.3.2. Fréquence libre d'un système à deux masses

D'ordinaire les arbres ont leurs deux extrémités libres. Considérons (figure 1.22.a) un arbre de diamètre d et de longueur ℓ reliant deux disques circulaires de moments d'inertie J_1 et J_2.

Si on applique aux deux extrémités de l'arbre deux couples de torsion de sens opposés, puis si on les supprime brusquement, on observe des oscillations. Les masses situées aux deux extrémités de l'arbre tournent en sens contraire (conséquence du principe de conservation de la quantité de mouvement).

En désignant par θ_1 et θ_2 les déplacements angulaires des deux extrémités par rapport à l'état au repos et par k la constante élastique de l'arbre, le couple de torsion a pour valeur

$$k\,(\theta_1 + \theta_2)\,.$$

Les déplacements angulaires des deux disques sont donnés par :

$$J_1 \frac{d^2\theta_1}{dt^2} = -k\,(\theta_1 + \theta_2)$$

$$J_2 \frac{d^2\theta_2}{dt^2} = -k\,(\theta_1 + \theta_2)\,.$$

D'où l'équation différentielle du mouvement :

$$\frac{d^2\,\theta_1}{dt^2} + \frac{d^2\,\theta^2}{dt^2} + k\left(\frac{1}{J_1} + \frac{1}{J_2}\right)(\theta_1 + \theta_2) = 0$$

$$\frac{d^2}{dt^2}\,(\theta_1 + \theta_2) + k\,\frac{J_1 + J_2}{J_1\,J_2}\,(\theta_1 + \theta_2) = 0\,.$$

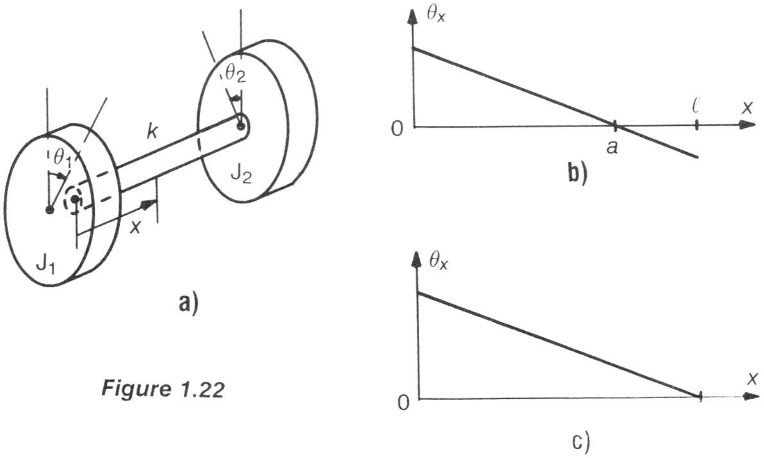

Figure 1.22

La torsion $\theta_1 + \theta_2$ est une fonction sinusoïdale du temps

de pulsation $\omega_0 = \sqrt{\dfrac{k\,(J_1 + J_2)}{J_1\,J_2}} = \dfrac{2\,\pi}{T_0}$ (1.28) de fréquence $$f_0 = \frac{1}{2\pi}\sqrt{\frac{k\,(J_1 + J_2)}{J_1\,J_2}}\,. \qquad (1.28')$$

– Puisque les deux masses situées aux deux extrémités de l'arbre tournent en sens inverse, il existe sur l'arbre une section intermédiaire qui reste fixe pendant la vibration. Cette section est appelée section transversale neutre ou nœud de torsion.

La position de ce nœud est déterminée par le fait que les deux parties de l'arbre qui l'entourent ont la même période de vibration. Sinon les deux masses fixées aux extrémités de l'arbre ne tourneraient pas dans des directions opposées.

Si k_1 et k_2 sont les constantes élastiques des portions de l'arbre situées à gauche et à droite de sa section neutre, les périodes des deux parties sont :

$$T_{10} = \frac{1}{2\pi}\sqrt{\frac{J_1}{k_1}} \quad \text{et} \quad T_{20} = \frac{1}{2\pi}\sqrt{\frac{J_2}{k_2}}\,.$$

L'égalité de T_{10} et T_{20} donne :

$$\frac{k_1}{k_2} = \frac{J_1}{J_2}\,.$$

Les constantes élastiques étant inversement proportionnelles aux longueurs des portions d'arbres correspondantes, le nœud de torsion se trouve à une distance a de la masse d'inertie J_1 telle que :

$$\frac{a}{\ell - a} = \frac{k_2}{k_1} = \frac{J_2}{J_1}\,.$$

D'où

$$a = \ell\,\frac{J_2}{J_1 + J_2}\,. \qquad (1.29)$$

On vérifie que T_{10}, T_{20} et T_0 ont même valeur.

La figure 1.22.b donne, à un instant donné, les déplacements angulaires θ_x des diverses sections de l'arbre en fonction de leur distance x à la masse de moment d'inertie J_1 .

– Dans le cas où l'une des deux masses a un moment d'inertie beaucoup plus grand que celui de l'autre, on peut considérer que la section neutre coïncide avec la plus grande masse et le système à deux masses se réduit à celui à une seule masse.

Si $J_2 \gg J_1$, la relation (1.29) donne $a \simeq \ell$. La figure 1.22.b montre ce que devient la courbe $\theta_x\,(x)$ dans ce cas.

Remarque : Jusqu'ici nous avons supposé que la masse de l'arbre était négligeable par rapport à celles des disques montés à ses extrémités.

Si l'on veut tenir compte de la masse des arbres, Rayleigh a montré qu'il fallait faire la somme de l'énergie cinétique de l'arbre et de celle du disque.

Si J est le moment d'inertie du disque, θ son écart angulaire, j le moment d'inertie de l'arbre par unité de longueur, a la longueur de l'arbre située entre le disque et le nœud de torsion, à la distance x du disque, l'écart angulaire est $\theta\,(a - x)/a$.

L'énergie cinétique de l'ensemble disque-portion d'arbre tournant dans le même sens que lui est :

$$W_c = \frac{1}{2}\,J\left(\frac{d^2\theta}{dt^2}\right)^2 + \frac{1}{2}\int_{x=0}^{a}\frac{1}{2}\,j\;dx\left[\frac{d^2}{dt^2}\,\theta\,\frac{a-x}{a}\right]^2$$

$$= \frac{1}{2} J \frac{d^2 \theta}{dt^2} + \frac{1}{2} j \frac{d^2 \theta}{dt^2} \int_{x=0}^{x=a} \left(\frac{a-x}{a} \right)^2 dx$$

$$= \frac{1}{2} \left(J + j \frac{a}{3} \right) \frac{d^2 \theta}{dt^2} .$$

Le moment d'inertie corrigé est égal à $J + j\,a/3$.

4.3.3. Généralisation. Application à un système à trois masses

• Souvent l'arbre en rotation supporte en plus de la masse du rotor plusieurs autres masses. On peut déterminer les fréquences naturelles en généralisant la méthode utilisée pour le système à deux masses.

Soient

$J_1, J_2, J_3, \ldots J_n$ les moments d'inertie par rapport à l'arbre des n masses en rotation,

$\theta_1, \theta_2, \theta_3, \ldots \theta_n$ les angles de rotation de ces masses par rapport à leur position au repos,

$k_1, k_2, k_3, \ldots k_{n-1}$ les constantes élastiques de l'arbre pour les longueurs $\ell_1, \ell_2, \ell_3 \ldots \ell_{n-1}$ séparant respectivement les masses M_1 et M_2, M_2 et M_3, M_3 et M_4, ... M_{n-1} et M_n.

Les quantités $k_1 (\theta_1 - \theta_2)$, $k_2 (\theta_2 - \theta_3)$, $k_3 (\theta_3 - \theta_4)$, ... donnent les moments de torsion correspondant aux longueurs respectives $\ell_1, \ell_2, \ell_3 \ldots$

Le couple agissant sur le premier disque est $-k_1 (\theta_1 - \theta_2)$, celui agissant sur le second $k_1 (\theta_1 - \theta_2) - k_2 (\theta_2 - \theta_3)$, et ainsi de suite pour les autres disques.

D'où le système d'équations différentielles régissant le mouvement :

$$\left\{ \begin{array}{l} J_1 \dfrac{d^2 \theta_1}{dt^2} + k_1 (\theta_1 - \theta_2) = 0 \\ J_2 \dfrac{d^2 \theta_2}{dt^2} - k_1 (\theta_1 - \theta_2) + k_2 (\theta_2 - \theta_3) = 0 \\ J_3 \dfrac{d^2 \theta_3}{dt^2} - k_2 (\theta_2 - \theta_3) + k_3 (\theta_3 - \theta_4) = 0 \\ \cdots\cdots\cdots\cdots\cdots\cdots\cdots\cdots \\ J_{n-1} \dfrac{d^2 \theta_{n-1}}{dt^2} - k_{n-2} (\theta_{n-2} - \theta_{n-1}) + k_{n-1} (\theta_{n-1} - \theta_n) = 0 \\ J_n \dfrac{d^2 \theta_n}{dt^2} - k_{n-1} (\theta_{n-1} - \theta_n) = 0 . \end{array} \right. \tag{1.30}$$

Si on fait la somme de ces n équations, on trouve :

$$J_1 \frac{d^2 \theta_1}{dt^2} + J_2 \frac{d^2 \theta_2}{dt^2} + \cdots + J_n \frac{d^2 \theta_n}{dt^2} = 0 ;$$

ce qui indique que le moment des quantités de mouvement du système par rapport à l'arbre reste constant pendant le régime libre de celui-ci. Ces équations donnent les vibrations de torsion se superposant à la torsion en régime établi (différences $\theta_1 - \theta_2$, $\theta_2 - \theta_3$, $\theta_3 - \theta_4$, ... constantes).

Les solutions du système d'équations différentielles sont de la forme :

$$\theta_1 = C_1 \cos \omega t , \ \theta_2 = C_2 \cos \omega t , \ \ldots , \ \theta_n = C_n \cos \omega t$$

et le système peut s'écrire :

$$\left\{\begin{array}{l} J_1 C_1 \omega^2 - k_1 (C_1 - C_2) = 0 \\ J_2 C_2 \omega^2 + k_1 (C_1 - C_2) - k_2 (C_2 - C_3) = 0 \\ \cdots\cdots\cdots\cdots\cdots\cdots\cdots\cdots \\ J_n C_n \omega^2 + k_{n-1} (C_{n-1} - C_n) = 0\,. \end{array}\right. \tag{1.31}$$

En éliminant C_1, C_2, ... C_n entre ces équations on obtient une équation du $n^{\text{ième}}$ degré en ω^2 appelée *l'équation des fréquences*. Une des racines de cette équation est nulle; les $n - 1$ autres donnent les $n - 1$ *fréquences naturelles* de torsion de l'arbre.

• Dans le cas d'un *arbre supportant trois disques* (figure 1.23.a) le système (1.30) devient :

$$\left\{\begin{array}{l} J_1 C_1 \omega^2 - k_1 (C_1 - C_2) = 0 \\ J_2 C_2 \omega^2 + k_1 (C_1 - C_2) - k_2 (C_2 - C_3) = 0 \\ J_3 C_3 \omega^2 + k_2 (C_2 - C_3) = 0 \end{array}\right.$$

ce qui donne :

$$\frac{C_1}{C_2} = -\frac{k_1}{J_1 \omega^2 - k_1} \quad ; \quad \frac{C_3}{C_2} = -\frac{k_2}{J_3 \omega^2 - k_2}\,. \tag{1.32}$$

En reportant dans le système précédent on obtient l'équation des fréquences :

$$\left\{J_1 J_2 J_3 \omega^4 - \left[(J_2 + J_3) J_1 k_2 + (J_1 + J_2) J_3 k_1\right] \omega^2 + k_1 k_2 (J_1 + J_2 + J_3)\right\} \omega^2 = 0.$$

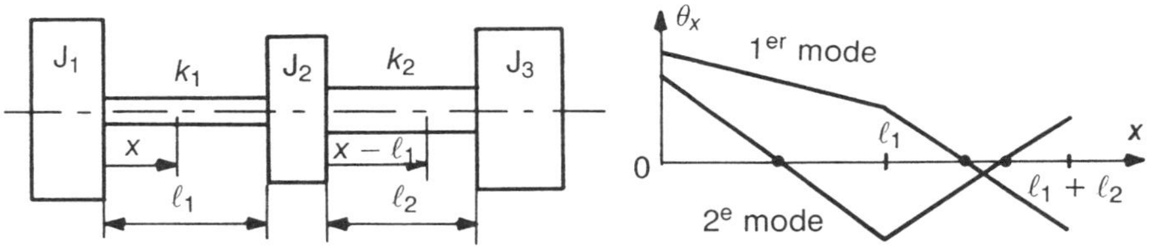

a) **b)**

Figure 1.23

Cette équation du troisième degré en ω^2 a une racine nulle, ce qui indique que l'arbre peut tourner sans connaître de vibration de torsion.

Les deux autres racines ω_1^2 et ω_2^2 donnent les deux pulsations propres ω_1 et ω_2 ou les deux fréquences propres f_1 et f_2 du système :

$$\begin{array}{l}\omega_1^2 \\ \omega_2^2\end{array} = \frac{(J_2 + J_3) k_1}{2 J_2 J_3} + \frac{(J_1 + J_2) k_1}{2 J_1 J_2}$$

$$\mp \sqrt{\left[\frac{(J_2 + J_3) k_1}{2 J_2 J_3} + \frac{(J_1 + J_2) k_1}{2 J_1 J_2}\right]^2 - \frac{k_1 k_2 (J_1 + J_2 + J_3)}{J_1 J_2 J_3}}\,.$$

On peut mettre en évidence les pulsations propres des systèmes à un arbre et deux masses, J_1, k_1 et J_2 d'une part, J_2, k_2 et J_3 d'autre part, soit :

$$\omega_{12} = \sqrt{\frac{k_1 (J_1 + J_2)}{J + J_2}} \quad , \quad \omega_{23} = \sqrt{\frac{k_2 (J_2 + J_3)}{J_2 + J_3}} \quad ;$$

on obtient, après simplifications,

$$\omega_1 = 2\pi f_1 = \left\{ \frac{\omega_{12}^2 + \omega_{23}^2}{2} - \sqrt{\left(\frac{\omega_{12}^2 - \omega_{13}^2}{2}\right)^2 + \frac{k_1 k_2}{J_2^2}} \right\}^{1/2}$$
$$\omega_2 = 2\pi f_2 = \left\{ \frac{\omega_{12}^2 + \omega_{23}^2}{2} + \sqrt{\left(\frac{\omega_{12}^2 - \omega_{13}^2}{2}\right)^2 + \frac{k_1 k_2}{J_2^2}} \right\}^{1/2} . \quad (1.33)$$

Si, pour la fréquence naturelle la plus basse f_1, l'un des rapports C_1/C_2 ou C_3/C_2 est positif, l'autre sera négatif. Cela signifie que, si pendant les vibrations deux masses adjacentes tournent dans un sens, le troisième tournera en sens opposé. A un instant donné la courbe $\theta_x(x)$ donnant l'angle de torsion le long de l'arbre sera, par exemple, telle que celle indiquée sur la figure 1.23.b pour le premier mode de vibration.

Pour la fréquence propre la plus élevée f_2, les deux rapports C_1/C_2 et C_3/C_2 sont négatifs : le disque central tourne en sens contraire des deux disques extrêmes. A un instant donné, la courbe $\theta_x(x)$ a la forme indiquée sur la figure 1.23.b pour le deuxième mode de vibration. On a deux nœuds et non plus un seul.

4.3.4. Fréquence propre des systèmes d'arbres commandés par engrenages

Bien souvent, en pratique, on rencontre non pas un arbre unique portant plusieurs masses tournantes mais un système d'arbres commandés par des engrenages. Il est possible d'établir pour ces équipements des équations différentielles donnant les fréquences propres comme pour le systèmes à arbre unique.

- ***Premier exemple***

On considère (figure 1.24)

- un premier arbre, de constante élastique k_1, portant d'un côté une masse de moment d'inertie J_1, de l'autre une roue dentée de n_1 dents et de moment d'inertie J_2'
- un second arbre, de constante élastique k_2, portant d'un côté une roue dentée engrenant avec la première et ayant n_2 dents et un moment d'inertie J_2'', de l'autre une masse de moment d'inertie J_3.

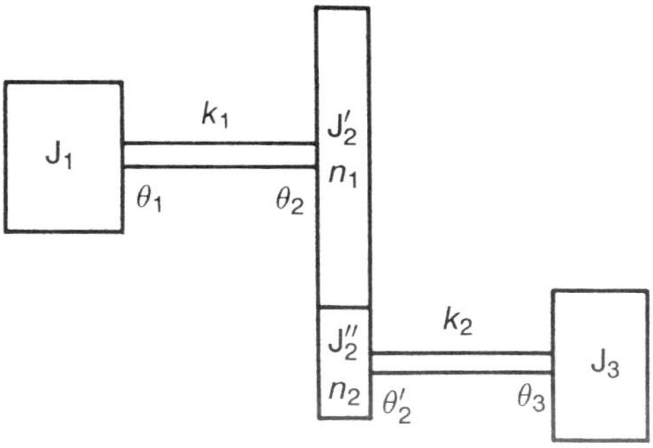

Figure 1.24

On désigne par θ_1 et θ_2, θ'_2 et θ_3 les angles de rotation aux extrémités des deux arbres.

En passant de la première à la seconde ligne d'arbre, l'engrenage multiplie les angles par n_1/n_2 et les couples par n_2/n_1.

Le moment d'inertie J''_2 ramené à la première ligne d'arbre est égal à $J''_2\,(n_1/n_2)^2$, celui de J'_2 ramené à la seconde est $(n_2/n_1)\,J'_2$. Le moment d'inertie total de l'engrenage est donc :

$$J_2 = J'_2 + J''_2 \left(\frac{n_1}{n_2}\right)^2, \quad \text{s'il est vu du premier arbre,}$$

$$J_2 \left(\frac{n_2}{n_1}\right)^2, \quad \text{s'il est vu du second.}$$

Les équations différentielles régissant le système peuvent s'écrire :

$$\begin{cases} J_1 \dfrac{d^2\theta_1}{dt^2} + k_1(\theta_1 - \theta_2) = 0 \\ J_2 \dfrac{d^2\theta_2}{dt^2} - k_1(\theta_1 - \theta_2) + \dfrac{n_1}{n_2} k_2(\theta'_2 - \theta_3) = 0 \\ J_3 \dfrac{d^2\theta_3}{dt^2} - k_2(\theta'_2 - \theta_3) = 0 \end{cases}$$

ou, en ramenant tous les angles, constantes élastiques et moments d'inertie au premier arbre,

$$\begin{cases} J_1 \dfrac{d^2\theta_1}{dt^2} + k_1(\theta_1 - \theta_2) = 0 \\ J_2 \dfrac{d^2\theta_2}{dt^2} - k_1(\theta_1 - \theta_2) + k'_2(\theta_2 - \theta'_3) = 0 \\ J'_3 \dfrac{d^2\theta_3}{dt^2} - k'_2(\theta_2 - \theta'_3) = 0 \end{cases}$$

avec $k'_2 = k_2 \left(\dfrac{n_1}{n_2}\right)^2$; $J'_3 = J_3 \left(\dfrac{n_1}{n_2}\right)^2$; $\theta'_3 = \theta_3 \dfrac{n_1}{n_3}$.

Le système d'équations ainsi obtenu est le même que celui qu'on avait pour un arbre unique portant trois masses (système (1.26) dans lequel on fait n égale 3). Les résultats obtenus au paragraphe précédent sont directement utilisables.

- ***Deuxième exemple***

La figure 1.25 schématise un système à trois arbres reliés par un engrenage à trois roues dentées et indique les notations adoptées pour les angles, les inerties et les constantes de torsion.

En ramenant tout à l'arbre portant la masse d'inertie J_1, les équations différentielles liant les angles s'écrivent :

$$J_0 \frac{d^2\theta_0}{dt^2} - k_1(\theta_1 - \theta_0) = 0$$

$$J_1 \frac{d^2\theta_1}{dt^2} - k_2(\theta_2 - \theta_1) + k_1(\theta_1 - \theta_0) = 0$$

$$J_2 \frac{d^2\theta_2}{dt^2} - k'_3(\theta'_3 - \theta_2) - k'_4(\theta'_4 - \theta_2) + k_2(\theta_2 - \theta_1) = 0$$

$$J'_3 \frac{d^2\theta'_3}{dt^2} + k'_3(\theta'_3 - \theta_2) = 0$$

$$J'_4 \frac{d^2\theta'_4}{dt^2} + k'_4(\theta'_4 - \theta_2) = 0$$

avec $J_2 = J'_2 + J''_2\left(\frac{n_2}{n_1}\right)^2 + J'''_2\left(\frac{n'_2}{n_1}\right)^2$; $J'_3 = J_3\left(\frac{n_1}{n_2}\right)^2$; $J'_4 = J_4\left(\frac{n_1}{n'_2}\right)^2$

$$k'_3 = k_3\left(\frac{n_1}{n_2}\right)^2 \quad ; \quad k'_4 = k_4\left(\frac{n_1}{n'_2}\right)^2$$

$$\theta'_3 = \theta_3\frac{n_1}{n_2} \quad ; \quad \theta'_4 = \theta_4\frac{n_1}{n'_2}.$$

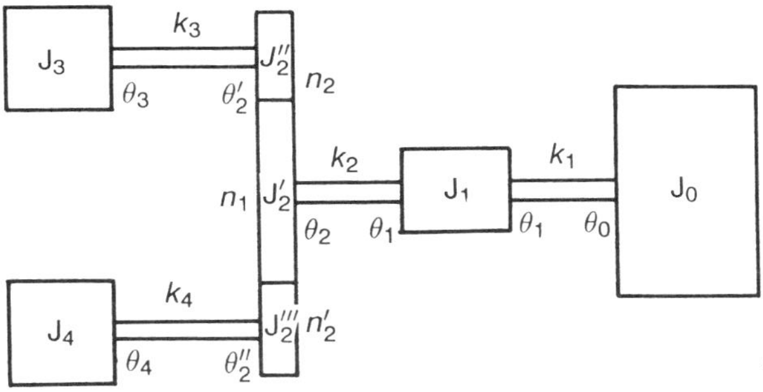

Figure 1.25

Cet exemple correspond à l'entraînement d'une masse d'inertie J_0 par deux moteurs dont les rotors d'inerties J_3 et J_4 ajoutent leurs couples. J_1 est le moment d'inertie équivalent à l'allonge reliant la sortie de l'engrenage à trois roues dentées à la charge entraînée.

Si le moment d'inertie J_0 est très important par rapport aux autres, on peut supposer θ_0 nul. Si, de plus, les deux arbres moteurs sont identiques ($J_3 = J_4$; $k_3 = k_4$; $n_2 = n'_2$), les angles θ_3 et θ_4 sont égaux. Il ne reste que trois équations différentielles liant les angles θ_1, θ_2 et θ_3 et on retrouve un système à deux fréquences propres tel celui étudié au paragraphe 4.3.3.

4.3.5. Remarques sur les oscillations de torsion

• Par la construction du moteur et de son alimentation, on peut réduire les oscillations du couple moteur et les vibrations qui en résultent.

La réduction des vibrations d'origine mécanique par action sur le couple moteur est plus délicate. Aussi faut-il avant tout s'attacher à réduire les causes qui leur donnent naissance par le soin apporté à l'équilibrage des masses tournantes, à l'alignement des lignes d'arbres, à l'usinage et au montage des accouplements, à la réduction du jeu des engrenages...

La régulation de vitesse du moteur reçoit l'information vitesse d'un capteur tachymétrique. Or, comme on l'a vu, la composante de cette information due aux vibrations, dépend de l'endroit où ce capteur est relié à la ligne d'arbre (près ou loin d'un nœud de vibration, d'un côté ou de l'autre de celui- ci. . .).

Si le régulateur de vitesse du moteur peut répondre à la fréquence des vibrations, il va entretenir une oscillation forcée en essayant de corriger les erreurs de vitesse qu'il croit voir alors que les masses les plus inertes tournent à une vitesse sensiblement constante. Si, au contraire, sa fréquence de coupure est très inférieure à celle de toutes les fréquences propres, il n'y a plus de risque d'auto-entretien des oscillations, mais, en contrepartie, le régulateur ne s'opposera plus aux couples qui se développent naturellement à la suite d'une excitation passagère.

On choisit donc la fréquence de coupure de la chaîne de régulation

- assez haute pour que le système suive les consignes d'accélération et de décélération, pour que le moteur puisse compenser les effets des excitations à basse fréquence, par exemple celles dues à une charge tournant à quelques centaines de tours par minute avec risque de masse excentrée,
- assez basse pour éviter l'amplification des vibrations aux fréquences propres de valeur élevée.

De même, on filtre le signal délivré par le capteur tachymétrique pour supprimer les termes de fréquence élevée.

• Pour les perturbations d'origine mécanique qu'on ne peut compenser par le moteur, il faut calculer les fréquences propres probables de l'ensemble en rotation et les amplifications correspondantes en évaluant les amortissements.

Si l'on trouve ainsi le risque de contraintes élevées conduisant à un dimensionnement exagéré de la chaîne cinématique, il faut modifier les valeurs relatives des masses et des raideurs des arbres. Il pourra suffire, dans certains cas, de modifier la constante élastique d'un arbre en jouant sur la distance entre le moteur et la charge entraînée. Dans d'autres cas, il faudra changer le rapport d'un engrenage pour modifier l'inertie de la charge entraînée rapportée au moteur.

De telles études font appel à l'ordinateur dès que le nombre de lignes d'arbres et de masses à prendre en compte est important.

• Nous avons supposé dans les calculs simples présentés précédemment que les arbres et les masses du système étaient des éléments compacts et homogènes.

C'est sensiblement le cas pour les arbres, mais il en est autrement pour les accouplements, les engrenages et les moteurs.

Pour les accouplements et les engrenages, les oscillations de couple peuvent conduire à des valeurs instantanées négatives importantes du couple. Ces pointes négatives de couple peuvent produire une perte de contact des dents d'engrenage, un mouvement des clavettes dans leurs logements, puis un choc à la reprise du contact.

Pour les rotors des moteurs, la plus grande partie de l'inertie est localisée dans les parties actives voisines de l'entrefer. Ce sont donc les éléments reliant ces parties actives au moyeu monté sur l'arbre qui risquent de subir des efforts anormaux et répétés.

Par ailleurs, des pièces apparemment non intéressées par la transmission mécanique du couple – telles les radiales du collecteur et les supports porte-balais dans les moteurs à courant continu – peuvent posséder des fréquences propres de vibration telles que ces éléments soient excités par les oscillations de torsion de la ligne d'arbres, ce qui peut entraîner des ruptures dans les pièces soumises à ces contraintes.

• *Remarque*

Si, pour l'étude des vibrations de torsion en régime périodique établi, on peut se contenter de caractériser un arbre par sa constante élastique k et éventuellement son moment d'inertie J, cela ne suffit pas pour l'étude des régimes transitoires comportant de très brusques variations de couple.

Quand un couple résistant est appliqué brutalement en un point du système, il ne se propage pas instantanément le long des arbres. On observe des oscillations de couple et de torsion de fréquences relativement élevées plus ou moins rapidement amorties.

La propagation d'une onde de couple le long d'un arbre, dont on prend en compte la répartition de l'inertie et de la raideur sur toute sa longueur, est analogue à la propagation d'une onde de tension le long d'une ligne électrique à constantes (inductance et capacité) réparties.

En arrivant aux extrémités d'un arbre un à-coup de couple peut être transmis ou réfléchi. Il peut en résulter un couple supérieur au couple incident. Le rapport entre la valeur crête du couple en un point d'un système et la valeur du couple perturbateur est appelé *facteur d'amplification dynamique du couple* (en anglo-saxon, torque amplification factor, en abrégé T.A.F).

Pour un système à deux inerties J_1 et J_2 par exemple, l'application brusque d'un couple constant C sur la masse d'inertie J_2 produit des ondes mobiles le long de l'arbre. Le couple transmis par l'arbre à la masse d'inertie J_1 varie entre 0 et $2 J_2 C/(J_1 + J_2)$.

Si J_1 est beaucoup plus faible que J_2, ce qui correspond au cas d'un moteur entraînant une masse d'inertie beaucoup plus grande que la sienne, l'application d'un couple C sur cette dernière donne sur le rotor du moteur des oscillations de couple dont la valeur de crête diffère peu de $2C$.

Le phénomène est analogue à celui de la réflexion avec doublement de la tension d'un créneau de tension arrivant à l'extrémité libre d'une ligne électrique.

Pour les systèmes comportant plus de deux inerties, le problème est évidemment plus compliqué à cause des battements entre ondes de fréquences différentes. Les calculs montrent que le facteur d'amplification dynamique augmente quand le système d'entraînement possède deux fréquences propres voisines.

4.4. LES VIBRATIONS DE FLEXION

Lorsque des corps sont animés d'un mouvement de rotation, l'expérience montre qu'à certaines vitesses le mouvement de ces corps devient dynamiquement instable, c'est-à-dire qu'on assiste à l'apparition de vibrations de très fortes amplitudes.

Ce phénomène, dû à un effet de résonance, se produit lorsque la vitesse de rotation de l'arbre (en tours/seconde) est égale à la fréquence de ses vibrations naturelles (en Hertz). Cette vitesse est appelée vitesse critique.

4.4.1. Vitesse critique d'un arbre portant une seule masse

Considérons (figure 1.26) un arbre horizontal supporté par deux paliers et portant un disque de masse M.

Sous l'effet du poids du disque l'arbre subit une flexion, appelée *flexion statique* qui dépend de la masse, du diamètre de l'arbre et de son module d'élasticité, de la distance entre paliers.

Quand l'arbre tourne, si la masse en rotation est équilibrée, l'arbre conserve la même flexion. Ses fibres situées en bas travaillent en traction, ses fibres situées en haut en compression. Tant que le rotor est dynamiquement équilibré, la flexion statique n'est pas cause de vibration.

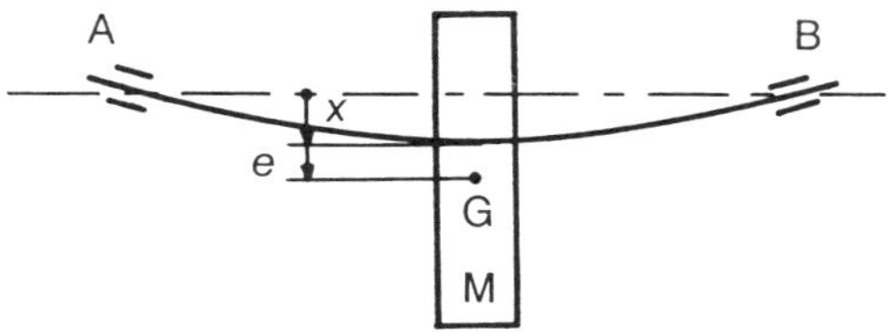

Figure 1.26

– Si le disque porté par l'arbre présente une excentricité, mesurée par la distance e entre le centre de gravité G du disque et l'axe de l'arbre, cette excentricité est cause d'un couple périodique et de vibrations de torsion vues précédemment.

Cette excentricité est aussi cause d'une force centrifuge origine d'une *flexion dynamique* dirigée suivant le rayon allant de l'axe de rotation au centre de gravité. Cette flexion tourne à la même vitesse que le rotor et se superpose à la flexion statique de direction fixe.

Soit x la flexion dynamique au droit du centre de gravité. La valeur de x est déterminée par l'équilibre entre la force centrifuge et la force de réaction de l'arbre fléchi.

La force centrifuge s'exerçant sur la masse M tournant à la vitesse angulaire Ω est :

$$\mathrm{M}\,(x+e)\,\Omega^2.$$

La force de réaction est proportionnelle à la flèche ; elle dépend des dimensions de l'arbre et des conditions aux points d'appui. Si $k\,x$ est sa valeur, on a donc :

$$\mathrm{M}\,(x+e)\,\Omega^2 = k\,x.$$

D'où la flexion :

$$x = \frac{e}{\dfrac{k}{\mathrm{M}\,\Omega^2} - 1}. \tag{1.34}$$

Cette relation montre que la flexion croît très rapidement quand la vitesse angulaire de rotation Ω tend vers la pulsation naturelle Ω_0 des vibrations latérales (ou de flexion) de l'arbre portant le disque :

$$\Omega_0 = \sqrt{k/\mathrm{M}}.$$

D'où la fréquence naturelle f_0 et la vitesse critique N_c :

$$f_0 = \mathrm{N}_c = \frac{1}{2\pi}\sqrt{\frac{k}{\mathrm{M}}}. \tag{1.35}$$

Pour la vitesse critique, le dénominateur de l'expression donnant la flexion est nul et la moindre excentricité donne théoriquement une flexion infinie, en fait de très fortes vibrations latérales.

– Il faut noter que pour les vitesses supérieures à N_c, le fonctionnement de l'arbre tend à redevenir normal.

L'expérience montre en effet que, pour $\Omega > \Omega_0$, le centre de gravité G est situé entre la droite AB joignant les points d'appuis et l'axe de l'arbre fléchi (figure 1.27.b).

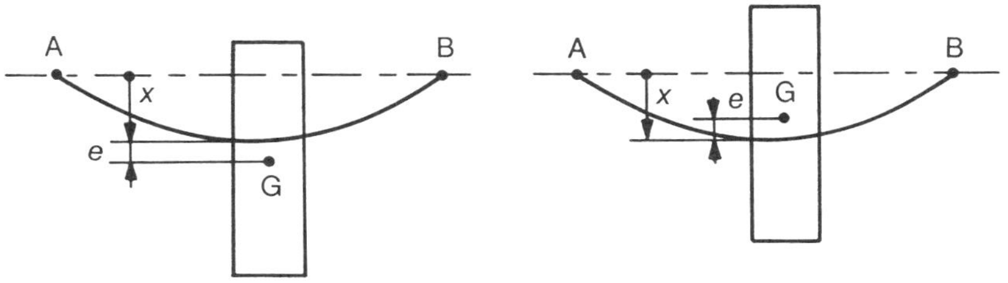

a) $N < N_c$ **b) $N > N_c$**

Figure 1.27

L'équation donnant la flexion devient :

$$M(x - e)\,\Omega^2 = k\,x\,.$$

D'où

$$x = \frac{e}{1 - \dfrac{k}{M\,\Omega^2}}\,. \qquad (1.34')$$

Lorsque la vitesse est supérieure à la vitesse critique et augmente, le centre de gravité se rapproche de la droite AB. Aux très grandes vitesses, la flexion dynamique tend vers e.

4.4.2. Cas d'un arbre portant plusieurs disques

Lorsqu'un arbre porte plusieurs disques, on peut déterminer la valeur de la *première* vitesse critique en utilisant une méthode indiquée par Rayleigh.

On la présente dans le cas de trois disques, avant de la généraliser.

Soient P_1, P_2, P_3 les poids des disques (figure 1.28),
X_1, X_2, X_3 les flexions statiques correspondantes.

L'énergie potentielle de déformation emmagasinée dans l'arbre pendant la flexion est :

$$E_p = \frac{P_1\,X_1}{2} + \frac{P_2\,X_2}{2} + \frac{P_3\,X_3}{2}\,. \qquad (1.36)$$

Pour calculer la fréquence des vibrations de flexion les plus lentes, on peut admettre, avec une bonne approximation, que la courbe donnant la flexion dynamique le long de l'arbre a la même forme que celle donnant la flexion statique.

Les vibrations sont dues aux échanges entre l'énergie potentielle et l'énergie cinétique. A la résonance, c'est-à-dire lors de la rotation à la vitesse critique, l'amplitude des variations des deux formes d'énergie est la même.

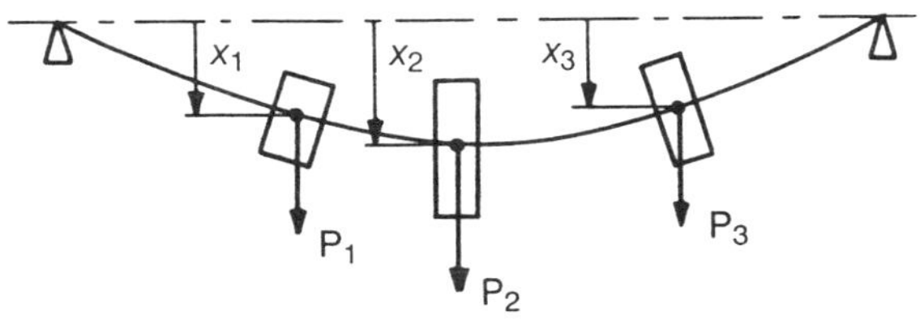

Figure 1.28

Supposons, pour simplifier, que les flèches maxima de l'arbre soient égales aux flèches statiques. Les déplacements verticaux des trois disques peuvent alors s'écrire :

$$x_1 = X_1 \cos \Omega t \quad ; \quad x_2 = X_2 \cos \Omega t \quad ; \quad x_3 = X_3 \cos \Omega t .$$

L'accroissement ΔE_p d'énergie potentielle de l'arbre en vibration lors du passage de sa position d'équilibre ($x_1 = x_2 = x_3 = 0$) à sa position extrême ($x_1 = X_1$; $x_2 = X_2$; $x_3 = X_3$) est alors égale à la valeur de l'énergie potentielle donnée par (1.36).

En ce qui concerne l'énergie cinétique, ses variations sont dues aux déplacements des centres de gravité des disques. La vitesse de ces déplacements est :

$$v_1 = \frac{dx_1}{dt} = X_1 \Omega \sin \Omega t ;$$

$$v_2 = X_2 \Omega \sin \Omega t \quad ; \quad v_3 = X_3 \Omega \sin \Omega t .$$

Ces vitesses sont nulles au passage par les positions extrêmes ($\Omega t = 0$ ou π) maximales lors du passage par la position d'équilibre ($\Omega t \pm \pi/2$) et valent alors :

$$v_1 = \pm \Omega X_1 \quad ; \quad v_2 = \pm \Omega X_2 \quad ; \quad v_3 = \pm \Omega X_3 .$$

D'où, en désignant par M_1, M_2, M_3 la masse des trois disques et par g l'accélération de la pesanteur, l'amplitude des variations de l'énergie cinétique :

$$\Delta E_c = \frac{1}{2} (M_1 v_1^2 + M_2 v_2^2 + M_3 v_3^2)$$

$$\Delta E_c = \frac{\Omega^2}{2g} (P_1 X_1^2 + P_2 X_2^2 + P_3 X_3^2) . \tag{1.37}$$

A la vitesse critique Ω_0 les amplitudes ΔE_p et ΔE_c des variations des deux types d'énergie sont égales. Donc :

$$\Omega_0^2 = \frac{g (P_1 X_1 + P_2 X_2 + P_3 X_3)}{P_1 X_1^2 + P_2 X_2^2 + P_3 X_3^2} .$$

D'où la première fréquence propre f_0 et la première vitesse critique N_c :

$$f_0 = N_c = \frac{1}{2\pi} \sqrt{\frac{g (P_1 X_1 + P_2 X_2 + P_3 X_3)}{P_1 X_1^2 + P_2 X_2^2 + P_3 X_3^2}} . \tag{1.38}$$

Remarques

1° On peut généraliser la relation précédente. Si n corps de poids P_i agissant sur un arbre y subissent des déplacements statiques X_i, la première vitesse critique est donnée par

$$N_c = \frac{1}{2\pi}\sqrt{\frac{g\sum_1^n P_i X_i}{\sum_1^n P_i X_i^2}}\,.$$

Puisque chaque masse intervient par X_i au numérateur, par X_i^2 au dénominateur de la fraction donnant N_c^2, la première vitesse critique est d'autant plus grande que la flexion de l'arbre au repos est plus faible.

2° Pour calculer N_c il faut connaître la flexion statique. Lorsque l'arbre n'a pas la même section sur toute sa longueur, pour calculer sa flexion on peut utiliser une méthode graphique.

A noter que dans le cas d'un arbre cannelé, si la distance entre deux cannelures est du même ordre de grandeur que la profondeur des cannelures, la flexibilité d'un arbre de ce genre est sensiblement la même que celle d'un arbre dont le diamètre serait celui mesuré au fond des cannelures.

4.4.3. Vibrations latérales des arbres supportés par plusieurs paliers

Souvent des arbres sont portés par plusieurs paliers. Les vitesses critiques de rotation correspondent à des vitesses pour lesquelles les forces centrifuges des masses en mouvement sont suffisamment importantes pour maintenir l'arbre sous flexion.

Les vitesses critiques peuvent être calculées

- soit par des méthodes analytiques qui s'appuient sur les équations de Lagrange ou le principe de d'Alembert,
- soit par des méthodes graphiques.

Le rôle des paliers est très important dans tout ce qui touche aux vibrations de flexion.

Ce sont eux qui transmettent ces vibrations au sol par l'intermédiaire des supports de paliers, du socle et de la masse qui le supporte. L'élasticité de tous ces éléments intervient dans l'amortissement des vibrations et le bruit.

Les paliers à manchon et film d'huile ont une élasticité nettement plus forte que celle des paliers à roulements. Ils jouent un rôle déterminant dans l'amortissement des oscillations.

4.4.4. Remarque générale

Dans l'étude que nous avons présentée, nous avons considéré des systèmes à flexibilité constante dans le temps. Dans le cas où la flexibilité est variable dans le temps, le problème est évidemment plus complexe. Au lieu de vitesses critiques bien définies, il existe alors des *domaines* de vitesses bien définis à l'intérieur desquels peuvent se produire de fortes vibrations.

4.4.5. Notes sur l'influence de la flexibilité de l'arbre sur l'équilibrage des machines

- ***Cas de l'arbre rigide***

Une masse animée d'un mouvement de rotation n'exerce aucune action perturbatrice sur les pièces qui le supportent lorsque l'axe de rotation coïncide avec l'un de ses axes principaux d'inertie.

Cette condition se trouve rarement réalisée de par la construction, d'où, si on n'y remédie pas, des forces perturbatrices, des vibrations et du bruit.

L'équilibrage est très important dans le cas des machines à grande vitesse car un défaut d'équilibre peut produire des forces perturbatrices considérables.

Pour montrer les divers types de déséquilibres, on considère (figure 1.29) un rotor divisé en deux parties, de centres de gravité G_1 et G_2, par un plan perpendiculaire à l'axe de rotation.

Trois cas peuvent être rencontrés :

– *Premier cas* (figure 1.30.a) : les centres de gravité G_1 et G_2 des deux parties sont dans un même plan passant par l'axe de rotation et du même côté de cet axe.

Le centre de gravité G de l'ensemble se trouve dans le plan contenant G_1 et G_2 à une certaine distance de l'axe.

Ce défaut peut être décelé par un essai statique, c'est pourquoi il est souvent appelé *déséquilibre statique*.

Pour réaliser cet essai on fait reposer les deux extrémités de l'arbre sur deux rails parallèles horizontaux.

- Si le centre de gravité G du rotor est sur l'axe, le rotor a une position d'équilibre indifférente.

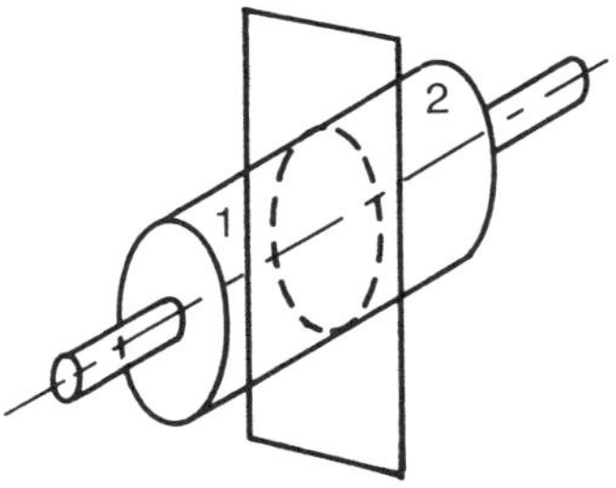

Figure 1.29

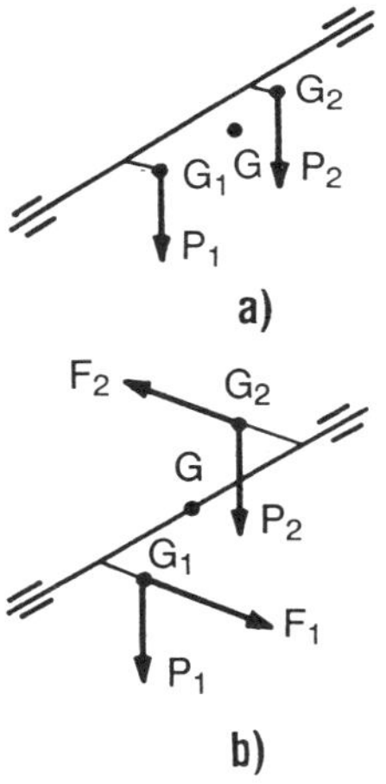

Figure 1.30

- Si le centre de gravité G du rotor est en dehors de l'axe, les poids P_1 et P_2 des deux parties font rouler le rotor sur les rails jusqu'à ce que son centre de gravité G soit dans la position la plus basse possible.

– *Deuxième cas* (Figure 1.30.b) : les centres de gravité G_1 et G_2 sont dans un même plan axial mais de part et d'autre de l'axe de rotation et à des distances telles que le centre de gravité de l'ensemble du rotor se trouve sur cet axe.

Dans ce cas les couples dus aux poids P_1 et P_2 des deux parties s'équilibrent, le rotor est en équilibre statique. Mais s'il est en rotation, les forces centrifuges F_1 et F_2 s'exerçant sur les deux parties correspondent à un couple qui fléchira l'arbre, sera transmis par les paliers aux fondations et entraînera bruit et vibrations. On dit que le rotor est en *déséquilibre dynamique*.

– Dans la majorité des cas, les centres de gravité G_1 et G_2 se trouvent dans des plans passant par l'axe différents.

Il y a à la fois déséquilibre statique et déséquilibre dynamique.

Le déséquilibre statique correspond à un couple décrivant un cycle par tour de rotor.

Le déséquilibre dynamique dû aux forces centrifuges des deux parties, forces inégales et/ou non directement opposées, peut se réduire à une force radiale et à un couple agissant sur une section du rotor par un plan passant par l'axe de celui-ci.

Dans tous les cas, du moment que la position et la valeur du déséquilibre sont connues, on peut équilibrer un rotor en fixant sur celui-ci deux masses dans des sections transversales arbitraires.

- ***Influence de la flexibilité de l'arbre***

La simplification qui consiste à négliger la flexibilité de l'arbre est acceptable aux faibles vitesses. Par contre pour les machines à grande ou très grande vitesse et spécialement pour celles tournant au-dessus de la vitesse critique du flexion de l'arbre, la flexibilité de celui-ci peut prendre une importance considérable et il n'est possible d'équilibrer le rotor que pour une vitesse bien définie. Parfois cet équilibre ne peut plus être assuré et des vibrations dangereuses se produisent dans tous les cas.

CHAPITRE 2

Les pompes centrifuges et axiales : fonctionnement, caractéristiques

Parmi les très nombreuses charges pouvant bénéficier de l'entraînement électrique à vitesse variable, nous avons choisi de traiter plus particulièrement des turbomachines réceptrices (pompes, ventilateurs, soufflantes, compresseurs) et de leur consacrer ce chapitre et les deux suivants.

Deux raisons motivent ce choix des turbomachines :
- la première est que près de 40 % des moteurs électriques utilisés dans les pays développés servent à entraîner des turbomachines, surtout des pompes et des ventilateurs de faible et moyenne puissance ;
- la seconde est que souvent ces machines fonctionnent à régime de débit variable et alors leur entraînement par un moteur électrique à vitesse variable est tout indiqué. Or les procédés modernes de variation de vitesse n'ont que très faiblement pénétré ce domaine ; cela nous a semblé tenir en grande partie à la méconnaissance des avantages de ces procédés.

Ce chapitre est consacré au rappel du principe des pompes et de leurs caractéristiques. Cela nous permettra dans le chapitre suivant de montrer, sur quelques cas types d'installations, les avantages de la variation de vitesse. Nous consacrerons le dernier de ces trois chapitres aux ventilateurs et aux compresseurs.[1]

• Notre étude des turbomachines est principalement axée sur les machines qui mettent en mouvement des fluides incompressibles ou faiblement compressibles (pompes et ventilateurs).

Les pompes ont été choisies comme machines de référence. Nous signalerons les spécificités des ventilateurs dont les caractéristiques se rapprochent de très près de celles des pompes.

Les compresseurs ont une morphologie qui se rapproche des pompes, mais ils mettent en jeu des fluides compressibles dont les propriétés diffèrent notablement de celles des fluides véhiculés dans les installations comprenant des pompes et des ventilateurs. Nous nous limiterons ici à la présentation des différences fondamentales existant entre ces deux catégories de turbomachines.

---

(1) *La rédaction de ces trois chapitres résume une étude de Monsieur Jean MANON, Ingénieur conseil de Jeumont Schneider pour les pompes industrielles et nucléaires. Nous lui exprimons notre très vive gratitude.*

• Dans ce chapitre, après quelques rappels sur l'écoulement des fluides, nous présenterons rapidement les divers types de pompes roto-dynamiques et quelques problèmes liés à leur réalisation.

Nous montrerons ensuite comment s'établissent les caractéristiques des pompes centrifuges. La notion de vitesse spécifique nous amènera à comparer ces caractéristiques à celles des pompes semi-axiales et des pompes hélices.

Après avoir montré comment la variation de vitesse modifie les caractéristiques, nous terminerons par quelques remarques sur les particularités des pompes hélices.

1. RAPPELS SUR L'ÉCOULEMENT DES FLUIDES

Contrairement aux solides, les éléments d'un fluide en mouvement peuvent se déplacer à des vitesse différentes et être soumis à des accélérations différentes.

Toute étude des mouvements des fluides repose sur trois principes ou théorèmes :

- le principe de conservation de la masse, qui permet d'écrire l'équation de continuité,
- le principe de conservation de l'énergie cinétique (théorème de Bernoulli) qui permet d'écrire certaines équations d'écoulement,
- le théorème de la quantité de mouvement et du moment de la quantité de mouvement. Il permet d'établir les équations donnant les forces dynamiques exercées par les fluides en mouvement. Ces équations jouent un rôle essentiel dans l'analyse et la conception des turbomachines, mais aussi des engins de transport (bateaux, voitures, avions, fusées. . .) et en général de tout dispositif mobile.

Avant de présenter ces trois principes et leurs conséquences en hydrodynamique, il nous a semblé nécessaire de préciser les définitions des grandeurs utilisées.

1.1. DÉFINITIONS DES GRANDEURS UTILISÉES

Après avoir rappelé la définition des grandeurs caractérisant un liquide, en indiquant leurs valeurs pour l'eau, nous préciserons les unités de pression et de débit utilisées.

1.1.1. Quelques propriétés physiques de l'eau

• ***Masse volumique***

La masse volumique (autrefois appelée masse "spécifique") est la masse ρ de l'unité de volume.

Pour l'eau, elle est de 1 000 kg/m^3 (S.I.) à 4° C (3,98° C exactement), elle augmente légèrement avec la température, puis elle diminue régulièrement et vaut 960 S.I. à 100° C.

Le volume massique (autrefois appelé volume "spécifique") est l'inverse $1/\rho$ de la masse volumique.

- ***Poids volumique. Densité***

Le poids volumique ϖ (autrefois appelé poids "spécifique") est le produit de la masse volumique ρ par l'accélération g de la pesanteur.

Puisque $g \cong 9,81$ m/s^2, pour l'eau à 4° C

$$\varpi = 9\,810 \text{ S.I.}$$

La *densité* d d'un liquide quelconque est le rapport de sa masse volumique ρ à celle de l'eau à 4° C

$$d = \frac{\rho}{1\,000}.$$

- ***Tension de vapeur (saturante)***

Les termes pression de vapeur saturante, pression maximale de vapeur, tension de vapeur saturante sont des synonymes. Ils désignent la pression d'équilibre, en bars, entre la phase liquide et la phase vapeur d'une même substance à une température donnée.

Pour l'eau, la tension de vapeur est de 0,008 à 4° C, de 0,123 à 50° C, de 1,036 à 100° C, de 15,56 à 200° C, de 85,95 bars à 300° C.

- ***Compressibilité***

Pour diminuer de 1 % le volume occupé par une masse d'eau donnée, il faut exercer sur cette masse une pression d'environ 196 bars.

Le coefficient de compressibilité, défini par le quotient de la variation ΔV du volume V par l'accroissement Δp de la pression

$$k\,\Delta p = \Delta \text{V}/\text{V},$$

est donc égal à 1/19 600 pour l'eau, avec Δp en bar.

En hydraulique générale, la compressibilité de l'eau n'intervient pratiquement que pour les régimes transitoires. Une perturbation de régime se propage dans la tuyauterie de manière ondulatoire avec une vitesse finie ; la vitesse de propagation de l'onde est de l'ordre de 1 000 m/s.

- ***Viscosité dynamique. Viscosité cinématique***

Soient deux surfaces planes parallèles P et P$'$ (fig. 2.1) séparées par une faible épaisseur e de fluide. P étant fixe, pour déplacer P$'$ dans son propre plan à la vitesse v, il faut exercer une force F telle que

$$\text{F} = \mu \,\text{S}\, \frac{v}{e} \qquad (2.1)$$

où S est la surface du liquide entre les deux plans,

μ est le coefficient de *viscosité dynamique* du fluide.

– En pratique (expérience de Couette), on mesure μ à l'aide de deux cylindres c et c' coaxiaux, séparés par une épaisseur e de liquide. c est fixe, c' tourne à la vitesse Ω grâce au couple C qui lui est appliqué.

Si R est le rayon du cylindre intérieur,

H la hauteur de liquide entre les deux cylindriques,

dans la relation (2.1), on doit remplacer

F par C/R ; S par 2πRH et v par ΩR.

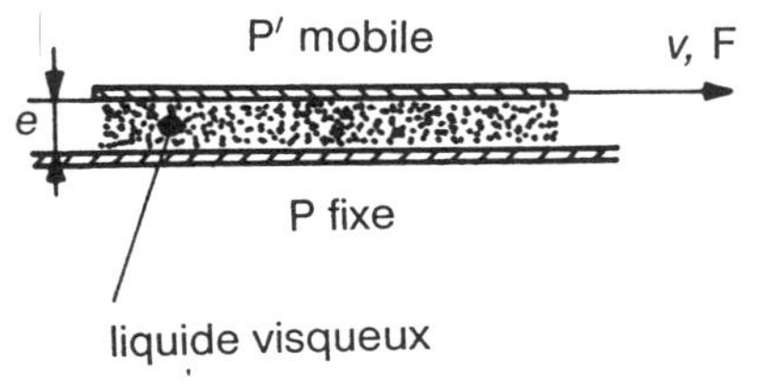

Figure 2.1

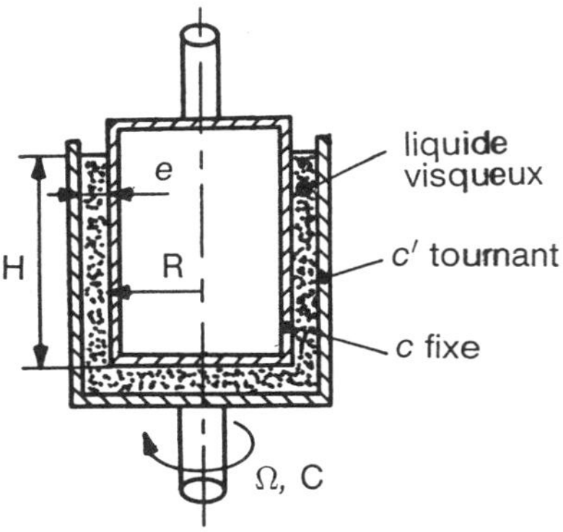

Figure 2.2

D'où

$$\mu = \frac{Fe}{Sv} = \frac{Ce}{R \cdot 2\pi RH \cdot R\Omega} = \frac{Ce}{2\pi R^3 H\Omega}.$$

La *viscosité dynamique* a pour dimension $M L^{-1} T^{-1}$.

Dans le système CGS, l'unité était le poise, et l'unité pratique le centipoise (abréviation cP)

$$1 \text{ centripoise} = 10^{-3} \text{ unité S.I.}$$

A 15° C, la viscosité dynamique de l'eau est environ 1 cP. Elle décroît avec la température d'environ $4 \cdot 10^{-4}$ cP par degré Celsius à la température ordinaire.

– La viscosité cinématique ν est égale au quotient de la viscosité dynamique μ par la masse volumique ρ :

$$\nu = \frac{\mu}{\rho}. \tag{2.2}$$

Elle a pour dimension $M L^{-1} T^{-1}/M L^{-3} = L^2 T^{-1}$. L'unité pratique est le centistokes (abréviation cSt)

$$1 \text{ cSt} = 10^{-6} \text{ unité S.I.} = 10^{-6} \text{ m}^2/\text{s}.$$

Pour l'eau, à 20° C, à la pression atmosphérique normale, ν diffère peu de 1 cST.

Pour du fuel léger, ν de l'ordre de 1 000 cSt à 0° C tombe à 15 cSt quand la température est de 50° C.

1.1.2. Nombre de Reynolds

Le nombre de Reynolds d'un écoulement est défini par

$$\mathcal{R}e = \frac{v\,d}{\nu} \tag{2.3}$$

avec v vitesse du liquide,
ν viscosité cinématique,
d dimension caractéristique de l'écoulement, par exemple diamètre intérieur de la tuyauterie dans le cas d'un écoulement à l'intérieur de celle-ci.

Le nombre de Reynolds est sans dimension. Il est très utilisé en particulier pour le calcul des pertes de charge dans les tuyauteries.

La viscosité cinématique de l'eau étant, autour de 20° C, de l'ordre de 1 cSt, dans ce cas

$$\mathcal{R}e \simeq 10^6\, v\, d$$

si on exprime v en m/s et d en m.

1.1.3. Pressions et débits

• Les unités de pression pratiquement utilisées en pompage sont :

– *Le bar*

L'unité SI est le Pascal, égal à 1 N/1 m^2. Cette unité trop petite en pratique n'est guère utilisée.

$$1 \text{ bar} = 10^5 \text{ Pascal.}$$

– *Le mètre de colonne de liquide*

Il équivaut à $\rho g\, 10^{-5}$ bar.
Dans le cas de l'eau, une colonne de 1^{m} égale

$$10^3\, g\, 10^{-5} = 0,0981 \text{ bar.}$$

– *Le millimètre de mercure* ou *torr*

Le torr égale 0,00133 bar et inversement un bar égale 750 torr.

Remarque. On rencontre, dans les ouvrages anciens, le kgp/cm^2 qui équivalait à une colonne d'eau de 10 m.

$$1 \text{ kgp/cm}^2 = 0,981 \text{ bar} \quad \text{et inversement} \quad 1 \text{ bar} = 1,02 \text{ kgp/cm}^2.$$

L'emploi de cette unité est maintenant interdit.

• On peut distinguer deux définitions de la pression :

– *La pression manométrique* ou *effective* est comptée par rapport à la pression atmosphérique. C'est elle qu'indiquent les manomètres.

– *La pression absolue* d'un fluide est sa “vraie” pression, c'est-à-dire la somme de la pression atmosphérique et de la pression effective reçue, par exemple, d'une turbomachine.

La pression atmosphérique varie selon les conditions atmosphériques instantanées et selon l'altitude. Sa valeur dite “normale” égale 760 mm de mercure ou 10,33 m de colonne d'eau ou 1,013 bar au niveau de la mer. Le coefficient de correction de la pression atmosphérique en fonction de l'altitude est bien connu.

Si la pression effective est positive, la pression absolue est supérieure à la pression atmosphérique.

Si la pression effective est négative, la pression absolue étant inférieure à la pression atmosphérique, on l'appelle “vide”.

En pompage on utilise constamment la *hauteur* h de colonne du liquide parce qu'elle est homogène à une hauteur géométrique et aussi parce qu'une pompe, fonctionnant à vitesse et débit donnés, fournit toujours la même hauteur évaluée en colonne de liquide, quelle que soit la densité de celui-ci.

La hauteur h est liée à la pression manométrique p par

$$p = \overline{\omega} h = \rho g h. \tag{2.4}$$

• Pour évaluer un débit

– on utilise d'habitude le "*débit en volume*" Q.

L'unité fondamentale est le mètre cube par seconde.

Cette unité est très grande pour nombre d'applications : les courbes débit-hauteur des pompes sont souvent graduées en mètres cubes par heure ou en litres par seconde.

$$1\ \mathrm{m^3/h} = 0,278\,10^{-3}\ \mathrm{m^3/s}\ ;\ 1\ \mathrm{m^3/s} = 3\,600\ \mathrm{m^3/h}$$
$$1\ \mathrm{l/s} = 3,6\ \mathrm{m^3/h} = 10^{-3}\ \mathrm{m^3/s}\ ;\ 1\ \mathrm{m^3/s} = 10^3\ \mathrm{l/s}.$$

– on utilise parfois le "*débit massique*", égal à ρQ, par exemple dans les applications du théorème des quantités de mouvement, ou en chauffage pour les pompes d'alimentation de chaudières (le débit est alors évalué en tonnes par heure).

1.2. LE THÉORÈME DE BERNOULLI

1.2.1. Écoulement permanent. Écoulement conservatif

– Un écoulement est *permanent* si la vitesse des particules qui passent en un point fixe de l'écoulement est toujours la même.

(Le contraire de permanent est transitoire. Par exemple, à l'arrêt d'une pompe, en un point quelconque de la conduite de refoulement, la vitesse doit passer de sa valeur initiale à zéro. Il en résulte des oscillations de débit et de pression correspondant au régime transitoire appelé "coup de bélier d'arrêt". Lorsque ces oscillations sont amorties, on retrouve le nouveau régime permanent.)

– Un écoulement est *conservatif* lorsqu'il n'y a pas d'apparition ou de disparition de masse le long de l'écoulement.

Considérons (fig. 2.3) l'exemple d'un écoulement permanent conservatif dans un tube de courant (en fait une tuyauterie de section variable).

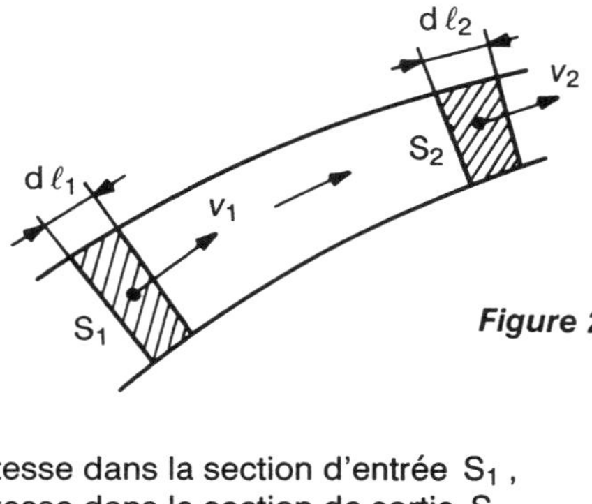

Figure 2.3

Soient v_1 la vitesse dans la section d'entrée S_1 ,
v_2 la vitesse dans la section de sortie S_2 ,
ρ_1 la masse volumique à l'entrée,
ρ_2 la masse volumique à la sortie.

Durant le temps élémentaire d*t*, les particules entrant par S_1 parcourent une distance $d\ell_1$, celles sortant par S_2 une distance $d\ell_2$.

Puisque la masse de fluide dans le tronçon de tube compris entre S_1 et S_2 est invariable,

$$\rho_1 S_1 \, d\ell_1 = \rho_2 S_2 \, d\ell_2$$

ou, puisque $d\ell_1 = v_1 \, dt$ et $d\ell_2 = v_2 \, dt$

$$\rho_1 v_1 S_1 = \rho_2 v_2 S_2 . \qquad (2.4)$$

Le débit massique $\rho v S$ à travers toutes les sections est constant.

Si le fluide est incompressible, ρ_2 égale ρ_1 et on a

$$v_1 S_1 = v_2 S_2 . \qquad (2.4')$$

Le débit volumique $v S$ à travers toutes les sections est constant ; la vitesse est inversement proportionnelle à la section.

1.2.2. Variation de l'énergie cinétique

Le théorème de Bernoulli est l'application du théorème des forces vives (ou énergies cinétiques) à l'écoulement permanent et conservatif d'un fluide incompressible.

On le démontre théoriquement en considérant un tube de courant de section infiniment petite, mais on peut considérer un tuyau de section finie variable à condition de supposer que la vitesse est uniforme dans chacune des sections.

• Soit M la masse de fluide comprise à l'instant t entre les sections S_1 et S_2 (fig. 2.4) et W son énergie cinétique à cet instant. A l'instant $t + dt$, cette masse sera comprise entre les sections S'_1 et S'_2, son énergie cinétique sera W'.

A l'instant t, W est la somme de l'énergie cinétique $W(S'_1, S_2)$ de la partie de M située entre S'_1 et S_2 et de celle de la masse $\rho S_1 v_1 \, dt$ de la masse comprise entre S_1 et S'_1.

$$W = W(S'_1, S_2) + \frac{1}{2} \rho S_1 v_1 \, dt \, v_1^2 .$$

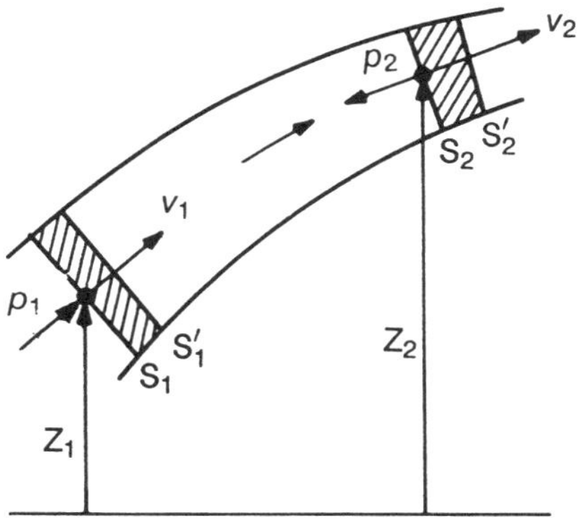

Figure 2.4

A l'instant $t + dt$, W est la somme de l'énergie cinétique $W(S'_1, S_2)$ de la masse comprise entre S'_1 et S_2 et de celle de la masse $\rho S_2 v_2\, dt$ située entre S_2 et S'_2.

$$W' = W(S'_1, S_2) + \frac{1}{2}\rho S_2 v_2\, dt\, v_2^2.$$

Puisque l'écoulement est permanent, la valeur de $W(S'_1, S_2)$ est la même dans les expressions de W et de W′.

D'où la variation d'énergie cinétique entre les instants t et $t + dt$:

$$\Delta W = W' - W = \frac{1}{2}\rho S_2 v_2\, dt\, v_2^2 - \frac{1}{2}\rho S_1 v_1\, dt\, v_1^2$$

ou, puisque $S_1 v_1$ et $S_2 v_2$ égalent tous deux le débit volumétrique Q,

$$\Delta W = \frac{1}{2}\rho Q\left(v_2^2 - v_1^2\right) dt. \tag{2.5}$$

• Il ne reste plus qu'à écrire que la variation d'énergie cinétique de la masse M est égale au travail des forces extérieures pendant le temps élémentaire dt.

– *Forces de pression*

Les forces de pression appliquées aux parois latérales du tube ne travaillent pas, car elles sont perpendiculaires aux déplacements.

Il ne reste que les forces dues aux pressions p_1 et p_2 s'exerçant sur les sections S_1 et S_2.

La force $p_1 S_1$ se déplaçant dans son propre sens de $v_1\, dt$ fournit un travail $p_1 S_1 v_1\, dt$.

Le déplacement $v_2\, dt$ étant dans le sens opposé à celui de la force $p_2 S_2$, celle-ci fournit un travail négatif $-p_2 S_2 v_2\, dt$.

D'où la somme des travaux des forces de pression

$$p_1 S_1 v_1\, dt - p_2 S_2 v_2\, dt = (p_1 - p_2)\, Q\, dt.$$

– *Forces de pesanteur*

On désigne par Z_1 et Z_2 les cotes au-dessus d'un plan horizontal de référence des centres de sections S_1 et S_2.

Toute la masse comprise entre S'_1 et S_2 n'a pas changé de place même si elle n'est plus composée des mêmes particules. Seule la masse élémentaire $\rho S_1 v_1\, dt$ égale à $\rho S_2 v_2\, dt$ est passée de la cote Z_1 à la cote Z_2. D'où le travail correspondant

$$\rho S_1 v_1\, dt\, g\,(Z_1 - Z_2) = \rho Q\, dt\, g\,(Z_1 - Z_2).$$

Ce travail est positif si Z_1 est plus grand que Z_2, c'est-à-dire si la masse “tombe”.

• En égalant le travail des forces extérieures à ΔW, on obtient

$$\frac{1}{2}\rho Q\left(v_2^2 - v_1^2\right) dt = (p_1 - p_2)\, Q\, dt + \rho Q\, dt\, g\,(Z_1 - Z_2)$$

ou, en divisant par $Q\, dt$:

$$p_1 + \rho g Z_1 + \frac{1}{2}\rho v_1^2 = p_2 + \rho g Z_2 + \frac{1}{2}\rho v_2^2.$$

Tout le long du conduit on a donc :

$$\boxed{p + \rho g Z + \frac{1}{2}\rho v^2 = P = C^{te}} . \qquad (2.6)$$

C'est sous cette forme que le théorème de Bernouilli est utilisé en aérodynamique. Les variations de pression dues aux variations de cote sont alors presque toujours négligeables. On écrit simplement

$$p + \frac{1}{2}\rho v^2 = P = C^{te} ;$$

la pression totale (P), somme de la pression statique (p) et de la pression dynamique ($\rho v^2/2$) est constante.

En hydraulique, on divise tous les termes de (2.6) par le poids volumique ϖ, égal à ρg, ce qui donne :

$$\boxed{\frac{p}{\varpi} + Z + \frac{v^2}{2g} = H = C^{te}} . \qquad (2.7)$$

Sous cette forme, le *théorème de Bernoulli* s'énonce :

"Dans un fluide incompressible, *sans frottement*, en mouvement permanent, conservatif et isotherme, la somme (H) de la hauteur piézométrique (p/ϖ), de la cote (Z) et de la hauteur due à la vitesse ($v^2/2g$) est constante le long d'un tube de courant."

La hauteur totale H est appelée charge totale ou, simplement *charge*.

1.2.3. Frottements. Variations de la charge

– En pratique, il y a toujours des frottements dans les tuyaux ; par conséquent la charge, au lieu de rester constante, diminue le long du tuyau dans le sens de l'écoulement.

Si le point 2 est en aval du point 1 :

$$H_2 = H_1 - \Delta H = H_1 - \varphi_{12}$$

en désignant par ΔH, d'ordinaire noté φ_{12} la perte de charge entre 1 et 2.

On appelle parfois "p étoile" p^* la somme de p et de ϖZ

$$p^* = p + \varpi Z. \qquad (2.8)$$

– Si on installe une pompe créant une charge ΔH_P entre deux points 1 et 2 très rapprochés ($\varphi_{12} = 0$), on a :

$$H_2 = H_1 + \Delta H_P .$$

La pompe crée l'inverse d'une perte de charge, c'est-à-dire un gain de charge.

– A l'intérieur d'une pompe, on peut généralement négliger la variation de cote Z. En dehors de la roue, le long d'une même filet liquide, on peut écrire :

$$\left(\frac{p}{\varpi} + \frac{v^2}{2g}\right)_2 = \left(\frac{p}{\varpi} + \frac{v^2}{2g}\right)_1 - \varphi_{12} .$$

- Si l'écoulement converge entre 1 et 2 (cône convergent à l'entrée d'une pompe, tulipe d'aspiration d'une pompe verticale), φ_{12} est négligeable, v_2 est plus grand que v_1. L'accroissement de vitesse régularise l'écoulement en régularisant les vitesses : la perte de charge est pratiquement nulle.

- Par contre, si l'écoulement diverge, entre 1 et 2 (emploi d'un diffuseur entre l'entrée et la sortie), la perte de charge ne sera plus négligeable. Le rôle du diffuseur est de transformer en pression une partie de l'énergie cinétique pour éviter de la perdre totalement.

Le gain en pression sera donné par :

$$\frac{p_2}{\varpi} - \frac{p_1}{\varpi} = \frac{v_1^2}{2g} - \frac{v_2^2}{2g} - \varphi_{12}$$

$$\left(\frac{\Delta p}{\varpi}\right)_{12} = \left(\frac{\Delta v^2}{2g}\right)_{12} - \varphi_{12}.$$

Le rapport

$$\frac{\left(\frac{\Delta v^2}{2g}\right)_{12} - \varphi_{12}}{\left(\frac{\Delta v^2}{2g}\right)_{12}}$$

caractérise le "rendement" du diffuseur.

1.2.4. Remarque : application du théorème de Bernoulli aux mouvements relatifs

On démontre que, dans une roue de pompe, le long d'un filet liquide, on peut écrire :

$$\frac{p}{\varpi} + \frac{w^2 - u^2}{2g} = C^{te} \tag{2.9}$$

avec w vitesse relative dans les canaux de roue,
u vitesse d'entraînement,

u étant égal au produit du rayon r par la vitesse angulaire Ω de rotation.

On vérifie que si on applique cette relation à des points de divers filets situés sur un même rayon r, la vitesse u est constante et on retrouve bien :

$$\frac{p}{\varpi} + \frac{w^2}{2g} = C^{te},$$

en supposant que les divers filets ont la même charge à l'entrée de la roue.

1.3. LIGNE PIÉZOMÈTRIQUE. LIGNE DE CHARGE

La ligne piézométrique et la ligne de charge ont pour but de représenter graphiquement les variations de la pression et de la charge le long d'une conduite.

1.3.1. Construction

On trace d'abord le profil de la conduite (fig. 2.5) donnant la cote Z du centre de gravité G de sa section par rapport à un plan horizontal de référence, en fonction de l'abcisse x correspondant à la distance par rapport au point de départ.

– Si au segment AG, égal à Z, on ajoute p/ϖ, égal à GB, on obtient en AB la représentation de p^*/ω. p^* donne le niveau libre de l'eau dans un tube piézométrique T qui serait piqué sur la section S au point considéré. L'ensemble des points B constitue la *ligne piézométrique* de l'écoulement.

– Si à AB, ajoute en BC un segment égal à $v^2/2g$, on obtient en AC la charge H au point considéré. L'ensemble des points C constitue la *ligne de charge* de l'écoulement.

A cause des pertes de charge, s'il n'y a pas de pompe sur la conduite, la ligne de charge est toujours descendante. Au droit d'une pompe, elle remonte de la hauteur (ou charge) h créée par la pompe.

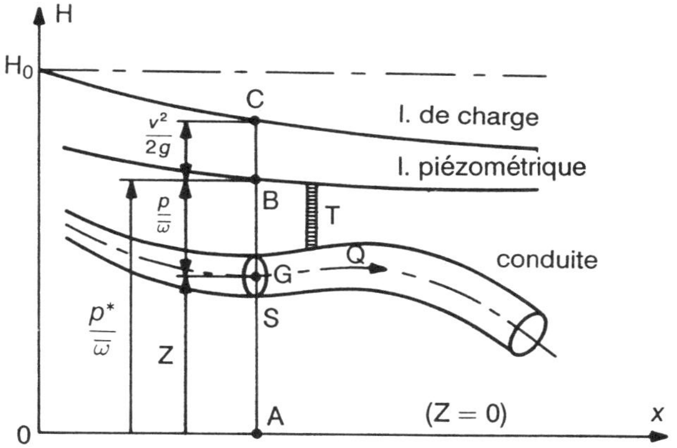

Figure 2.5

1.3.2. Simplifications

– Si la conduite est de diamètre constant et présente la même rugosité sur toute sa longueur, la perte de charge est proportionnelle à la longueur, la ligne de charge est donc un segment de droite descendante. De plus, la ligne piézométrique lui est parallèle, puisque $v^2/2g$, égal à $Q^2/2gS^2$, est constant.

Si, de plus, les pertes de charge étaient nulles, les lignes piézométrique et de charge seraient des horizontales parallèles.

– Pour les longues conduites de refoulement de pompes, ou gravitaires, $v^2/2g$ est faible devant p/ϖ ; généralement les deux lignes piézométrique et de charge sont très proches. En pratique, on utilise surtout la première; elle permet de visualiser facilement les pressions tout au long de la conduite.

1.4. PERTES DE CHARGE DANS LES CONDUITES

1.4.1. Formule de Chézy

Surtout utilisée pour les canaux, cette formule empirique assez ancienne peut être aussi employée pour les conduites.

– La masse de liquide comprise entre deux sections S_1 et S_2 est en équilibre sous l'action des forces de pression et de celles de frottement, le mouvement étant supposé permanent.

$$(p_1 - p_2)\, S = \tau_0\, \chi\, L$$

avec S, section de la veine liquide,
χ, périmètre "mouillé",
L, distance entre S_1 et S_2.

$\chi\, L$ est donc la surface de frottement. τ_0, appelé force de frottement liquide/paroi par unité de surface, a les dimensions d'une pression.

La perte de charge est donc

$$\varphi = L\, \tau_0\, \frac{\chi}{S}\,.$$

Par définition R_H, égal à S/χ, est appelé "rayon hydraulique" de la section.

Par ailleurs on suppose que τ_0 est proportionnel au carré de la vitesse d'écoulement :

$$\varphi = L\, \frac{k\, v^2}{R_H}\,, \tag{2.10}$$

où k est un coefficient dépendant de la rugosité de la surface de contact (et aussi, un peu, des dimensions du conduit).

– La notion de "rayon hydraulique" permet d'évaluer la perte de charge d'un tuyau de section non circulaire ou d'un canal, à condition de connaître le coefficient correspondant à la rugosité réelle du conduit.

Dans le cas d'un *tuyau cylindrique* de diamètre D,

$$R_H = \frac{\pi\, D^2}{4} \Big/ \pi\, D = \frac{D}{4} \quad ; \quad \varphi = L\, \frac{4\, \pi\, v^2}{D}\,.$$

(On notera que le rayon hydraulique d'un tuyau cylindrique est égal à la moitié de son rayon géométrique.)

Puisque le débit Q est égal à $(\pi\, D^2/4)\, v$, on a

$$\varphi = L\, k'\, \frac{v^2}{D} = L\, k''\, \frac{Q^2}{D^5}\,. \tag{2.11}$$

Ces relations empiriques ont l'avantage de montrer l'influence d'un changement de diamètre sur la valeur de φ. On voit qu'à débit donné cette influence est énorme puisque φ est inversement proportionnel à D^5. A vitesse donnée, φ est inversement proportionnel au diamètre.

– *Remarque*. Les autres formules empiriques ont la même forme que celle de Chézy, c'est-à-dire :

$$\varphi = L\, k\, \frac{Q^\alpha}{D^\beta} \tag{2.12}$$

avec généralement $1,75 \leq \alpha \leq 2$
$4,75 \leq \beta \leq 5.$

k est un coefficient expérimental fonction du matériau et de sa rugosité (et un peu du diamètre D du tuyau).

1.4.2. Tuyau équivalent à plusieurs tuyaux en parallèle

Une conduite est équivalente à une autre conduite ou à un autre système de conduites si, pour le même débit, elle donne la même perte de charge.

Les formules du type (2.12) permettent de calculer le tuyau équivalent à plusieurs tuyaux en parallèle et la répartition entre ceux-ci du débit total Q.

Si φ est la perte de charge pour chaque tuyau et donc pour l'ensemble, Q_i, L_i, k_i, D_i le débit et les caractéristiques du tuyau d'indice i,

$$\varphi = L_i\, k_i\, \frac{Q_i^{\alpha}}{D_i^{\beta}} \quad \text{avec} \quad Q_i = \left(\frac{\varphi\, D_i^{\beta}}{L_i\, k_i}\right)^{1/\alpha}$$

$$Q = \Sigma\, Q_i = \varphi^{1/\alpha}\, \Sigma_i \left(\frac{D_i^{\beta}}{L_i\, k_i}\right)^{1/\alpha}.$$

D'où

$$\frac{Q_i}{Q} = \left(\frac{D_i^{\beta}}{L_i\, k_i}\right)^{1/\alpha} \Big/ \Sigma_i \left(\frac{D_i^{\beta}}{L_i\, k_i}\right)^{1/\alpha}.$$

Le tuyau équivalent a la même perte de charge que les tuyaux réels. On peut lui assigner une longueur L_e moyenne des divers L_i, un coefficient k_e moyenne des divers k_i. D'où son diamètre D_e.

De $\varphi = k_e\, \frac{Q^{\alpha}}{D_e^{\beta}}\, L_e$, on déduit $D_e = \left(\frac{1}{\varphi}\, L_e\, k_e\, Q^{\alpha}\right)^{1/\beta}$.

1.4.3. Emploi du nombre de Reynolds

Les travaux de Blasius, Nikuradse, Karman et Colebrook notamment ont conduit à des formules plus récentes donnant la perte de charge dans une conduite.

Ces formules sont de la forme :

$$\varphi = \lambda\, \frac{L}{D}\, \frac{v^2}{2g} \qquad (2.13)$$

avec φ perte de charge, en mètres de liquide,
L et D longueur et diamètre de la conduite, en mètres,
v vitesse moyenne d'écoulement, en m/s,
λ coefficient, fonction du nombre de Reynolds $\mathcal{R}e$ (voir § 1.1.2) et de la rugosité de la conduite.

• ***Régime laminaire***

Pour les nombres de Reynolds inférieurs à 2 400 environ (rappelons que, pour l'eau à la température, $\mathcal{R}e \simeq 10^6\, v\, D$), l'écoulement est dit laminaire et λ est donné par :

$$\lambda = \frac{64}{\mathcal{R}e}.$$

La perte de charge est pratiquement indépendante de la rugosité des parois, comme le confirme l'expérience. Elle est conforme à la formule de Poiseuille : en régime laminaire la perte de charge est proportionnelle au débit, à la viscosité dynamique et inversement proportionnelle à la puissance 4 du diamètre du tuyau.

- ***Régime turbulent***

Pour les nombres de Reynolds $\mathcal{R}e$ supérieurs à 2 400 (qu'on notera $\mathcal{R}e_0$) le régime est turbulent; c'est pratiquement le régime de tous les écoulements industriels.

On peut distinguer trois cas

– 1er *cas* : rugosité relative $k/D = 0$
k désigne la hauteur absolue des aspérités; la conduite est donc dans ce cas parfaitement lisse;

- pour $\mathcal{R}e < \mathcal{R}e_1 \simeq 10^5$,
λ est donné par la formule de Blasius

$$\lambda \cong 0,316\,\mathcal{R}e^{-1/4}$$

ou mieux par la formule implicite de Colebrook

$$\frac{1}{\sqrt{\lambda}} = 2\log\left(\frac{\mathcal{R}e\sqrt{\lambda}}{2,51}\right)$$

- pour $\mathcal{R}e > \mathcal{R}e_1 \simeq 10^5$,
la formule de Blasius est moins exacte et il faut utiliser celle de Colebrook ci-dessus.

– 2e *cas* : rugosité relative $k/D \leq 10^{-4}$

- pour $\mathcal{R}e < \mathcal{R}e_1 \simeq 10^5$, la conduite est "hydrauliquement lisse" :

$$\lambda \simeq 0,316\,\mathcal{R}e^{-1/4}$$

- pour $\mathcal{R}e > \mathcal{R}e_2$ ($> \mathcal{R}e_1$)
λ ne dépend plus que de la rugosité relative k/D; la conduite est dite "hydrauliquement rugueuse". $\mathcal{R}e_2$ est donné approximativement par la formule de Pečornik (reprise par Eck) :

$$\mathcal{R}e_2 \simeq \frac{10^3}{(k/D)}$$

- pour $10^5 < \mathcal{R}e < \mathcal{R}e_2$ (zone de transition)
λ diminue lorsque $\mathcal{R}e$ augmente.

– 3e *cas* : rugosité relative $k/D > 10^{-4}$

- pour $\mathcal{R}e > \mathcal{R}e_2$
λ ne dépend plus que de la rugosité relative k/D, la conduite étant "hydrauliquement rugueuse". $\mathcal{R}e_2$ est toujours donné par la formule de Pečornik

$$\mathcal{R}e_2 \simeq \frac{10^3}{(k/D)}$$

- pour $\mathcal{R}e < \mathcal{R}e_2$
λ diminue quand $\mathcal{R}e$ augmente.

En conclusion, la formule de Pečornik donne pour toutes les valeurs de k/D le nombre de Reynolds $\mathcal{R}e_2$ au-dessus duquel λ ne dépend plus de la valeur de ce nombre.

Cette valeur de λ est la plus petite valeur atteinte de toute la gamme des nombres de Reynolds.

En pratique, pour les écoulements turbulents, on détermine λ par la formule de Colebrook :

$$\frac{1}{\sqrt{\lambda}} = -2\log\left[\frac{h}{3,7\,\mathrm{D}} + \frac{2,51}{\mathcal{R}e\,\sqrt{\lambda}}\right]$$

et par l'abaque qui traduit cette relation.

1.4.5. Pertes de charge singulières

Les pertes de charge singulières sont celles dues aux accessoires : vannes, clapets, crépines, coudes, tés...

L'ouvrage de Idelcik : "Mémento des pertes de charge", Éditions Eyrolles, donne une documentation complète sur cette question, qu'il serait trop long de développer ici.

1.5. APPLICATION AUX FLUIDES DES THÉORÈMES SUR LES QUANTITÉS DE MOUVEMENT

1.5.1. Théorème des quantités de mouvement

L'équation fondamentale de la mécanique, à savoir : la résultante des forces appliquées à un point matériel de masse m est égale à la dérivée par rapport au temps de sa quantité de mouvement :

$$\overrightarrow{\mathrm{F}} = \frac{d}{dt}\left(m\,\overrightarrow{v}\right),$$

étendue à un système de points matériels, s'écrit :

$$\Sigma\,\overrightarrow{\mathrm{F}}_e = \frac{d}{dt}\left(\Sigma m\,\overrightarrow{v}\right)$$

en désignant par $\Sigma\,\overrightarrow{\mathrm{F}}_e$ la somme des forces extérieures appliquées au système.

On peut appliquer ce théorème aux fluides en considérant par exemple (fig. 2.6.a) le cas d'un conduit coudé et la masse de liquide M (égale à Σm) située entre les sections S_1 et S_2 perpendiculaires à l'axe du conduit. On suppose l'écoulement permanent et conservatif, le liquide incompressible.

On procède comme pour la démonstration du théorème de Bernoulli.

- Entre les instants t et $t + \mathrm{d}t$, la masse de liquide comprise entre S_1 et S_2 passe entre les sections S_1' et S_2' et la quantité de mouvement totale varie de $d\,(\Sigma m\,\overrightarrow{v})$.

Les masses élémentaires situées entre S_1' et S_2 à l'instant $t + \mathrm{d}t$ ne sont pas les mêmes qu'à l'instant t, mais en chaque point on trouve une masse égale animée de la même vitesse puisque l'écoulement est supposé permanent. La variation de la quantité de mouvement est due aux masses qui sortent de l'intervalle compris entre S_1 et S_1' et aux masses qui entrent dans l'intervalle compris entre S_2 et S_2'.

De $S_1 S_1'$ il sort une masse totale $\rho S_1 v_1 \, dt$ dont tous les éléments sont animés de la vitesse v_1.

Dans S_2, S_2' il entre une masse totale $\rho S_2 v_2 \, dt$ dont toutes les particules sont animées de la vitesse v_2.

$$d\left(\Sigma m \vec{v}\right) = -\rho S_1 v_1 \, dt \, \vec{v}_1 + \rho S_2 v_2 \, dt \, \vec{v}_2$$

ou, en divisant par dt et puisque $S_1 v_1$ et $S_2 v_2$ égalent le débit Q,

$$\frac{d}{dt}\left(\Sigma m \vec{v}\right) = \rho Q \left(\vec{v}_2 - \vec{v}_1\right). \tag{2.14}$$

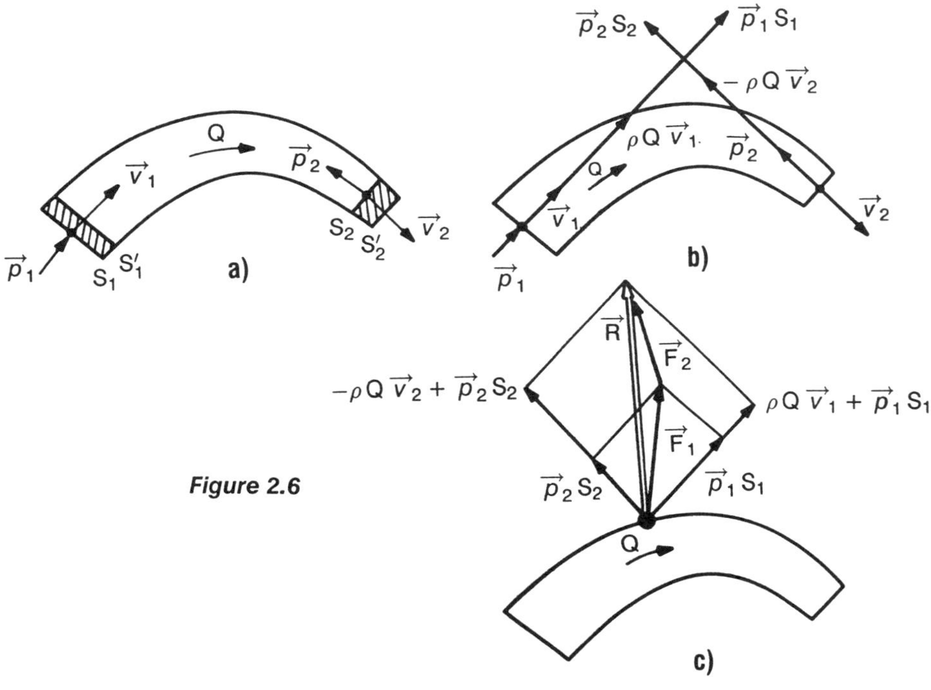

Figure 2.6

• Les forces extérieures s'exerçant sur le fluide situé entre les sections S_1 et S_2 comprennent (fig. 2.6.b) :

- l'ensemble A des pressions exercées par la conduite sur le fluide. Ces pressions sont égales et opposées à celles exercées par le fluide sur les parois du conduit;
- les pressions exercées par le fluide extérieur sur celui contenu entre S_1 et S_2, donnant naissance aux forces $\vec{p}_1 S_1$ et $\vec{p}_2 S_2$, la première de même sens que $\vec{v}_1$, l'autre de sens opposé à $\vec{v}_2$;
- le poids du fluide $M\vec{g}$.

Compte tenu de (2.14), on a donc :

$$\rho Q \left(\vec{v}_2 - \vec{v}_1\right) = A + \vec{p}_1 S_1 + \vec{p}_2 S_2 + M\vec{g}.$$

$$A_{\text{coude/fluide}} = \rho Q \vec{v}_2 - \rho Q \vec{v}_1 - \vec{p}_1 S_1 - \vec{p}_2 S_2 - M\vec{g}.$$

D'ordinaire on cherche l'action A′ du fluide sur le coude

$$A'_{\text{fluide/coude}} = \vec{p}_1\, S_1 + \vec{p}_2\, S_2 + \rho\, Q\, \vec{v}_1 - \rho\, Q\, \vec{v}_2 + M\, \vec{g}\,. \qquad (2.15)$$

L'action du fluide sur le coude est la somme vectorielle du poids et de la résultante $\vec{R}$, dirigée vers l'extérieur du coude, de $\vec{F}_1$ et $\vec{F}_2$ (fig. 2.6.c).

La poussée résultante $\vec{R}$ est la somme vectorielle

- de la poussée statique $\vec{F}_1 = \vec{p}_1\, S_1 + \vec{p}_2\, S_2$,
- et de la poussée dynamique $\vec{F}_2 = \rho\, Q\, \vec{v}_1 - \rho\, Q\, \vec{v}_2$.

• La relation (2.15) s'applique effectivement à un coude. Celui-ci doit être fixé de part et d'autre à la tuyauterie par des joints résistants à la traction ou alors été buté côté convexe ou extérieur par un massif de béton ; faute de quoi, la poussée $\vec{R}$ le déboiterait.

Le poids $M\, \vec{g}$ est encaissé par la réaction du massif-support ou par le terrain.

Cette relation (2.15) nous permettra de calculer les efforts exercés sur les ailettes ou aubes des turbomachines.

1.5.2. Théorème du moment des quantités de mouvement

Puisque $\dfrac{d}{dt}\left(\Sigma m\, \vec{v}\right)$, et $\Sigma\, \vec{F}_e$ sont égaux, il suffit de prendre le moment de ces deux systèmes par rapport à un point ou un axe quelconque pour obtenir le théorème des moments des quantités de mouvement (ou des moments cinétiques) :

la dérivée par rapport au temps de la somme des moments des quantités de mouvement est égale à la somme des moments des forces extérieures.

Dans le cas d'une turbomachine, une pompe centrifuge par exemple, on prend les moments par rapport à l'axe de rotation de la roue. Si on s'intéresse à la totalité du fluide contenu dans la roue,

- son centre de gravité est confondu avec cet axe donc a un moment nul,
- le fluide arrive parallèlement à l'axe de rotation donc $\vec{p}_1\, S_1$ a un moment nul,
- on rend la répartition des pressions dans la volute de sortie axisymétrique pour que la poussée radiale soit nulle, donc $\vec{p}_2\, S_2$ a une résultante nulle.

Puisque la dérivée d'une somme est la somme des dérivées, on écrira :

$$\Sigma \left[\frac{d\,(m\, \vec{v})}{dt}\right] = \frac{d}{dt}\left[\Sigma\, \frac{(m\, \vec{v})}{dt}\right] = \Sigma\, \vec{F}_e$$

et, puisque la somme des forces n'ayant pas un moment nul se réduit à $\rho\, Q\, \vec{v}_2 - \rho\, Q\, \vec{v}_1$, en ce qui concerne les moments

$$\Sigma \left[\frac{d\,(m\, \vec{v})}{dt}\right] = \rho\, Q\, \vec{v}_2 - \rho\, Q\, \vec{v}_1\,. \qquad (2.16)$$

$\rho Q \vec{v}$ est appelé *débit de quantité de mouvement*, $\rho Q \vec{v}_2 - \rho Q \vec{v}_1$ est le débit de quantité de mouvement sortant du système.

La somme des moments des forces extérieures est donc égale à la somme des vecteurs $\rho Q \vec{v}_2$ et $-\rho Q \vec{v}_1$. La relation (2.16) est la présentation utilisée dans les turbomachines de la formule d'Euler.

2. LES POMPES CENTRIFUGES ET AXIALES : PRÉSENTATION

Les pompes centriguges et axiales sont des turbomachines réceptrices qui transmettent au fluide qui les traverse l'énergie mécanique disponible sur l'arbre et la transforment en énergie potentielle (hauteur ou pression). Le travail des forces exercées sur le fluide entraîne une augmentation de l'énergie cinétique et de la pression statique.

La très large gamme de puissance de ces pompes et la très grande variété de leurs utilisations expliquent qu'elles se présentent sous de nombreuses variantes. Nous nous proposons simplement ici de décrire sommairement les principaux types, afin de permettre, dans la section suivante, l'étude des caractéristiques.

La figure 2.7 schématise la coupe dans un plan passant par l'arbre de la pompe la plus simple. Elle est formée

- d'une roue à ailettes r.a. calée sur l'arbre,
- d'un corps de pompe c.p. enveloppant cette roue et remplissant plusieurs fonctions en plus de celle, évidente, d'étanchéité.

L'arbre d'entraînement sort du corps par l'intermédiaire d'un joint d'étanchéité et est porté extérieurement par un palier.

Cette pompe à une seule roue (ou monocellulaire) peut servir de point de départ à la présentation rapide

- des corps de pompes,
- des roues,
- des efforts mécaniques dans une pompe.

2.1. LES CORPS DE POMPES

Tout corps de pompe comporte :

– *une tubulure* (ou pièce) *d'aspiration*, terminée par une bride pour le raccordement à la tuyauterie d'aspiration, sauf si l'entrée de la pompe plonge directement dans le plan d'eau.

Cette tubulure a pour rôle d'alimenter la pompe convenablement, c'est-à-dire par des filets liquides de vitesses uniformes et parallèles à l'axe de la roue (tronc de cône convergent ; coude convergent à rayon de courbure suffisant ; pièce d'aspiration tracée judicieusement lorsque, dans le cas des roues à deux entrées, elle est traversée par l'arbre ; tulipe en forme de pavillon pour pompe verticale noyée ; . . .).

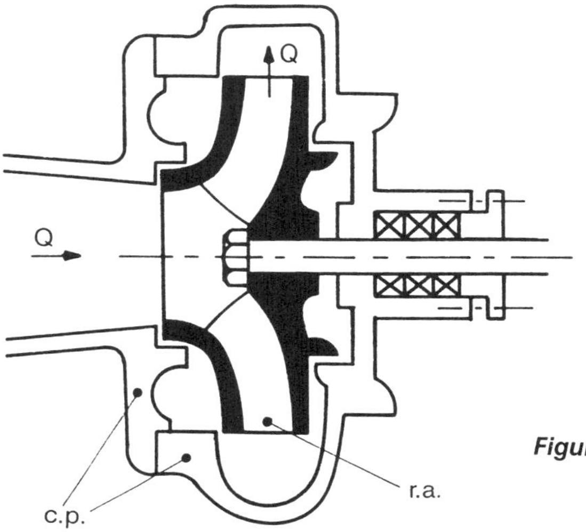

Figure 2.7

Cette pièce d'aspiration est parfois munie de nervures pour empêcher la rotation du fluide à l'entrée de la roue :

- *le corps proprement dit*, qui entoure la roue,

- *une tubulure* (ou pièce) *de refoulement*, de diamètre de sortie souvent inférieur à celui de l'entrée de la pièce d'aspiration, pour le raccordement à la tuyauterie de refoulement.

2.1.1. Pompe monocellulaire à simple flux

La forme du corps est conçue de façon à collecter le liquide sortant de la roue pour l'amener d'une manière hydrauliquement satisfaisante jusqu'à la bride de refoulement.

Pour une pompe monocellulaire, telle celle schématisée sur la figure 2.7, le corps peut être une *volute* ou *colimaçon* (équivalent à la "bâche" d'une turbine).

Dans le cas du colimaçon, on est souvent conduit, comme on le verra plus loin, à intercaler entre la sortie de la roue et le colimaçon proprement dit, un aubage annulaire fixe appelé *diffuseur* destiné à diminuer la vitesse absolue qui règne à la sortie de la roue pour transformer le plus possible en pression l'énergie cinétique qu'elle représente.

2.1.2. Pompe multicellulaire

L'obtention d'une grande hauteur d'élévation avec un débit relativement faible est difficile à obtenir avec une seule roue ; de plus celle-ci aurait un très mauvais rendement. On dispose alors plusieurs roues, donc plusieurs étages ou cellules en série. On doit modifier la forme du corps de ces étages que l'on juxtapose les uns aux autres, les roues étant montées sur le même arbre suivant le schéma de la figure 2.9.

Chaque corps d'étage est alors muni :

- d'un diffuseur centrifuge d. indispensable dans ce cas, car il faut récupérer une grande partie de l'énergie cinétique ;
- d'un canal de retour centripète c. en aval de chaque diffuseur pour supprimer la composante de rotation résiduelle du fluide avant d'entrer dans la roue suivante.

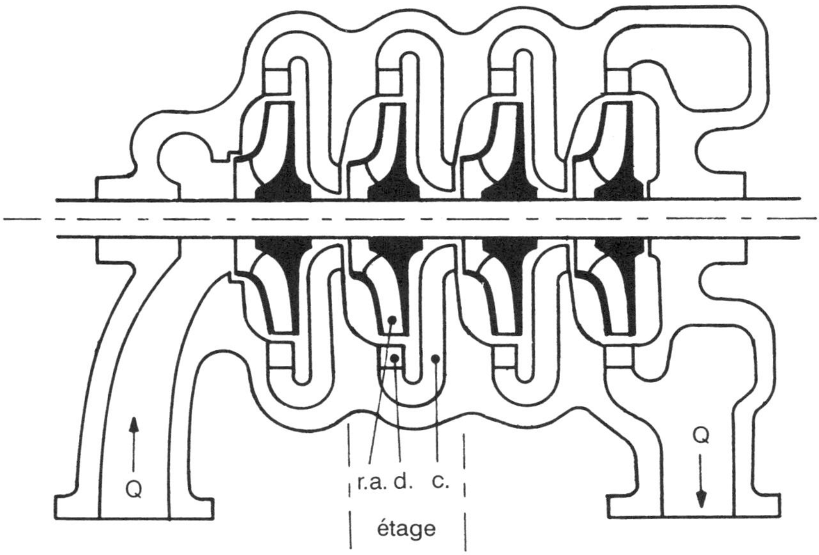

Figure 2.8

• Les pompes multicellulaires réalisent de grandes hauteurs d'élévation et peuvent être installées;

- soit à sec : au-dessus du niveau d'eau ou en cuvelage étanche (c'est le cas des pompes d'exhaure des mines, de certaines adductions),
- soit noyées verticalement dans des forages profonds.

En ce qui concerne les *pompes immergées*, elles étaient autrefois entraînées par un moteur vertical situé au sol. Le mouvement était transmis par une longue ligne d'arbre composée de tronçons manchonnés tournant dans le tube de remontée, celui-ci étant muni de paliers intermédiaires tous les quelques mètres.

Les moteurs immergés permettent l'économie de tout ce système mécanique. Ces moteurs ont été très perfectionnés et peuvent atteindre maintenant de grandes puissances (jusqu'à plusieurs Mégawatts) ; on les utilise dès que la profondeur est un peu grande. Ils sont alors fixés juste à l'extrémité de la pompe et leurs bobinages sont généralement noyés.

• Un deuxième type très répandu de pompes multicellulaires, appelées aussi *pompes de forages*, est celui de pompes verticales noyées installées dans des forages peu profonds ou dans des puisards. Les hauteurs d'élévation par étage sont moins élevées vis-à-vis du débit.

Les corps d'étage sont alors munis d'aubages redresseurs, en principe venus de fonderie monobloc avec ces corps, et jouant à la fois les deux rôles de diffuseur et de canal de retour.

Pour les petits débits, on peut avoir de nombreux corps en série. Pour les gros débits, on peut n'avoir que 3 ou 2 étages ou même un seul. On rencontre ces pompes à nombre d'étages réduit en particulier pour le pompage d'eau brute d'alimentation d'usines dans des puisards en communication avec une rivière.

La figure 2.9 représente la coupe de la partie inférieure d'une pompe de ce type à un seul étage. On remarque le redresseur *r* et, sur la tulipe d'admission, les nervures *n* situées dans des plans méridiens et dont le rôle ici est de supporter le palier en amont de la roue.

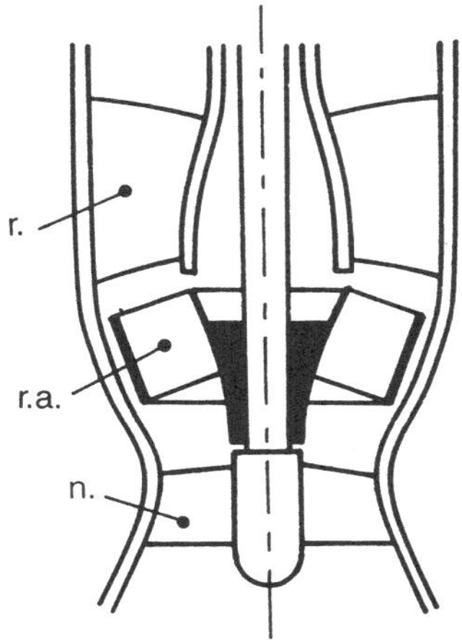

Figure 2.9

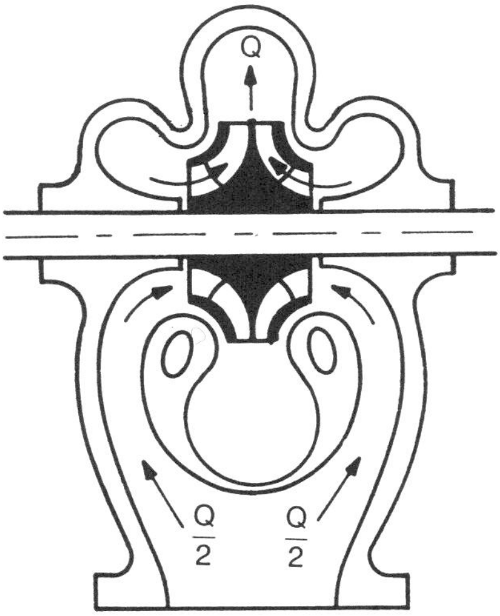

Figure 2.10

2.1.3. Pompe monocellulaire à double flux

Un type de pompe de surface très utilisé est celui correspondant à un seul étage ou une seule roue, mais avec deux entrées opposées du fluide dans celle- ci (fig. 2.10).

La roue, monobloc de fonderie, comporte un plan médian qui sépare les flux liquides arrivant des deux entrées (ou ouies) ; elle équivaut donc à deux roues.

Le corps de la pompe est symétrique par rapport au plan médian de la roue. Il est coupé en deux par un plan de joint passant par l'axe de la roue ; il est donc partagé en deux demi-coquilles boulonnées l'une sur l'autre. La partie supérieure joue le rôle d'un couvercle facilement amovible.

Ce type de construction a beaucoup d'avantages :

- meilleur rendement qu'une pompe à une entrée, pour les mêmes caractéristiques hydrauliques,
- meilleure aspiration,
- poussée axiale théoriquement nulle, pratiquement faible,
- moindre flexion de l'arbre, par rapport à l'arbre en porte-à-faux de la pompe monocellulaire à colimaçon,

- possibilité de démontage du rotor sans toucher aux tuyauteries ; inspection de la roue et de l'intérieur de la pompe facile.

Les tubulures d'aspiration et de refoulement peuvent, soit avoir les axes parallèles dans un plan perpendiculaire au plan de joint comme sur le schéma de la figure 2.10, soit avoir leurs axes dans le prolongement l'un de l'autre. Comme les autres pompes de surface, celle-ci peut être verticalisée, avec support moteur.

Mais ce type de pompe est d'un coût plus élevé que celui d'une pompe à une entrée à colimaçon.

Remarque. On peut réaliser des pompes à deux flux à plusieurs étages de pression. C'est l'équivalent de deux pompes multicellulaires montées en parallèle. On utilise cette solution pour de gros débits à grande hauteur (pompes d'accumulation par exemple).

La figure 2.11 représente de façon très schématique (on n'a montré que le circuit de l'eau) un pompe à double flux et à deux étages.

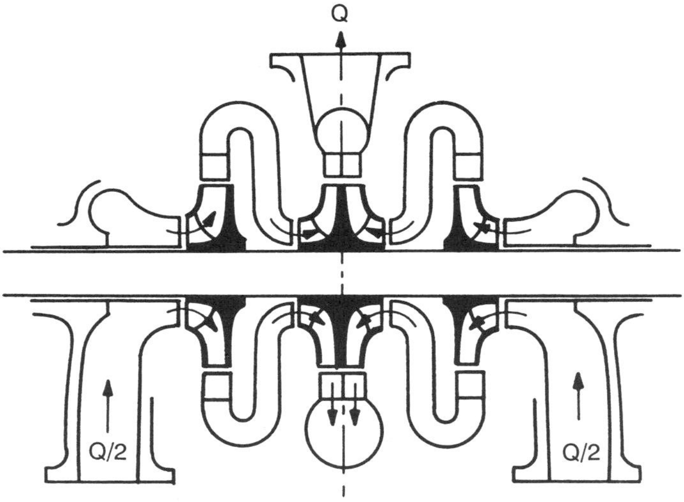

Figure 2.11

2.2. LES ROUES

Du point de vue hydrodynamique, la roue est l'élément actif de la pompe (ou de l'étage de pompe). On l'appelle aussi impulseur ; c'est elle qui engendre la hauteur.

Elle est généralement en bronze, en bronze d'aluminium ou en fonte pour l'eau, en matériaux spéciaux pour les liquides corrosifs, chargés ou abrasifs.

Dans les pompes centrifuges, la roue est essentiellement constituée de deux flasques entre lesquels sont comprises des ailettes ou aubes qui délimitent des canaux d'écoulement. La rotation de la roue exerce une force centrifuge sur les particules liquides provoquant leur écoulement de l'entrée vers la sortie.

Suivant la direction donnée par la forme des flasques à la direction par rapport à l'arbre de la vitesse du liquide à la sortie de la roue, on dira que celle-ci est :

- radiale ou centrifuge pure (fig. 2.12.a),
- semi-axiale ou conique (fig. 2.12.b),
- axiale (fig. 2.12.c).

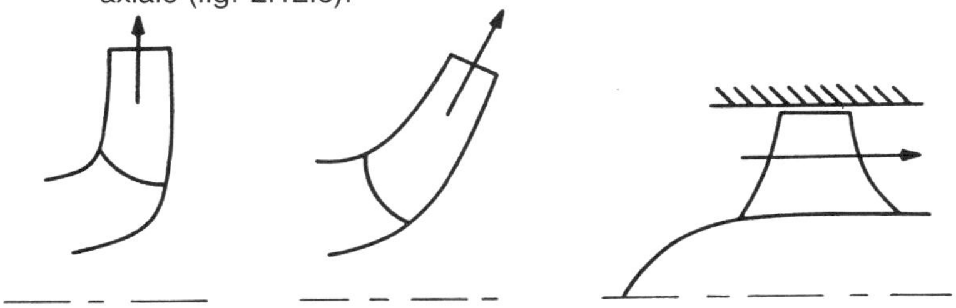

Figure 2.12

Dans le premier cas, les ailettes peuvent généralement être des surfaces cylindriques dont la directrice est une sorte de spirale et dont les génératrices sont parallèles à l'axe de la pompe.

Dans le deuxième cas, la réalisation d'un bon écoulement impose que les ailettes soient des surfaces gauches, d'où le qualificatif d'hélicoïde ou hélicocentrifuge parfois donné à ces roues.

A la limite lorsque l'écoulement est axial : on a alors une pompe hélice, dont on parlera à la fin de ce chapitre.

2.2.1. Roue radiale

On caractérise une roue radiale (fig. 2.13.a et c) par son diamètre d'entrée D_1, la largeur d'entrée à l'attaque des ailettes b_1, le diamètre D_2 et la largeur b_2 de sortie.

Dans le sens de rotation, les ailettes sont toujours courbées en arrière. L'angle de sortie β_2 est généralement inférieur à 35° pour des raisons de forme des courbes débit-hauteur qui sinon seraient fortement retombantes à débit nul, ce qui entraînerait des difficultés de fonctionnement. L'angle d'entrée β_1, lui, peut être un peu plus grand et aller jusqu'à 45° ou 50°.

Lors du débit de rendement maximum (Q.R.M.) la vitesse du fluide à l'entrée est en moyenne de 3 à 6 ou 7 m/s. La vitesse absolue à la sortie est beaucoup plus grande, elle représente une fraction notable de la vitesse périphérique des flasques de 35 à 65 %.

Le nombre d'ailettes peut varier de 3 ou 4 à 10 ou 12 ; 7 représente un nombre assez souvent adopté.

Le flasque avant comporte autour de l'ouïe une partie cylindrique de diamètre D_j entrant dans un alésage correspondant du corps. Cette zone est la chicane ou labyrinthe d'étanchéité dont le rôle est d'empêcher le liquide refoulé de revenir à l'aspiration. Le jeu radial est aussi faible que possible, de l'ordre de 0,1 à 0,4 mm selon la valeur de D_j.

Une chicane identique peut se rencontrer sur le flasque arrière, accompagnée de trous percés dans ce flasque entre la chicane et le moyeu (pour équilibrer la poussée axiale de la roue, voir § 2.3.1).

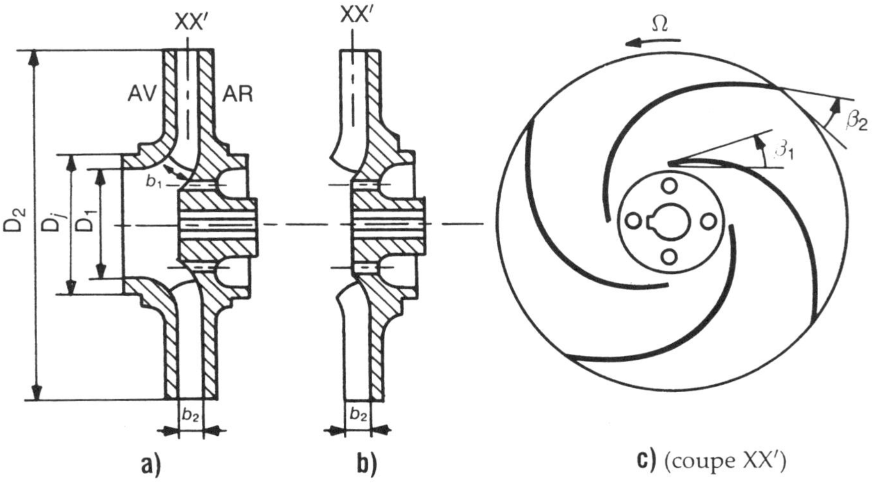

Figure 2.13

La roue peut ne comporter qu'*un seul flasque* (fig. 2.13.b et c), le flasque arrière ou "plafond". Le rôle du flasque avant est maintenant tenu par le corps de pompe qui, au jeu près, complète la fermeture des canaux entre ailettes. On qualifie ces roues de semi-ouvertes.

Cette variante de construction nécessite un usinage soigneux pour que le bord antérieur des ailettes soit ajusté contre le corps avec un faible jeu. Ce jeu doit d'ailleurs être réglable pour compenser les usures.

On évite ainsi les pertes dues au frottement dans l'eau du flasque avant, divisant par deux les pertes dues à ce frottement de la roue. En revanche, on a une légère perte de débit d'une ailette à l'autre.

2.2.2. Roue semi-axiale

La conception des roues hélico-centrifuges (fig. 2.14) ne diffère de celle des roues radiales que

- par l'allure conique des flasques,
- par le gauchissement de la surface des ailettes.

Pour montrer ce gauchissement, sur la partie droite de la figure 2.14 on a représenté la roue, le flasque avant étant supposé enlevé.

On retrouve les surfaces cylindriques correspondant aux chicanes et les trous d'équilibrage de la poussée dans le flasque arrière.

Les dimensions caractéristiques sont encore le diamètre D_1 et la largeur d'entrée b_1, la largeur de sortie b_2. Le diamètre de sortie D_2 est une moyenne du diamètre "plafond" $D_2 p$ et du diamètre "ceinture" $D_2 c$.

Remarque. Pour les applications particulières, pompage de liquides chargés, de solides en suspension, de liquides très visqueux on utilise des roues adaptées : roue à canaux peu nombreux et larges, roue tourbillon, roue à vis centrifuge. . .

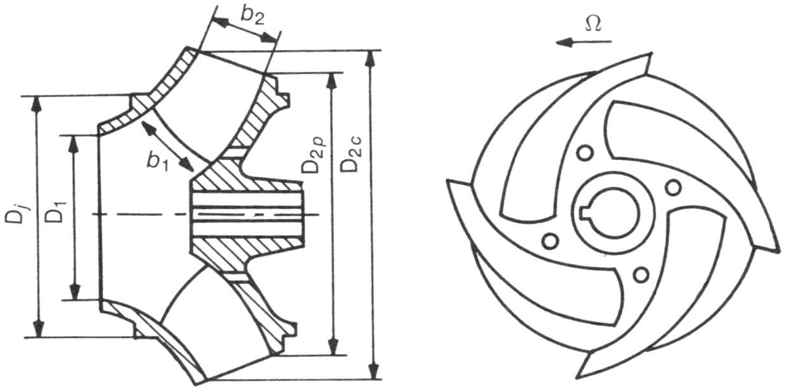

Figure 2.14

2.2.3. Note sur les dispositifs d'étanchéité

Aux endroits où l'arbre sort du corps, il faut empêcher le liquide de s'échapper ou, inversement, empêcher l'air de rentrer.

En effet, au droit de la sortie d'arbre, la pression dans la pompe peut être plus grande ou plus petite que la pression atmosphérique.

Les deux grandes catégories de dispositifs d'étanchéité sont

- les presse-étoupes à tresses,
- les garnitures mécaniques.

2.3. EFFORTS MÉCANIQUES DANS UNE POMPE

– Le métal de *la roue* est soumis à des contraintes provenant de la force centrifuge née de la rotation, ce qui pourrait limiter la vitesse périphérique en fonction du matériau utilisé. Mais pour les pompes centrifuges ce phénomène ne soulève généralement pas de problème, compte tenu des vitesses périphériques nécessaires.

Toutefois il y a lieu d'équilibrer statiquement et dynamiquement la roue pour ne pas engendrer des contraintes anormales sur l'arbre et des vibrations.

– *L'arbre* et le clavetage doivent être calculés en fonction du couple maximum à transmettre.

En effet, la roue est souvent fixée sur l'arbre par un emmanchement conique serré par un écrou et complété par une clavette ; les deux dispositifs concourant à la transmission du couple.

– *Le corps de la pompe* doit être calculé, au point de vue résistance, pour supporter la pression maximale qu'il peu avoir à supporter sur le site.

- Le cas le plus défavorable est en principe celui où la vanne de refoulement V_R est fermée alors que la pompe P tourne (fig. 2.15). La pression qui règne alors dans le corps est la pression à débit nul – parfois très supérieure à la pression en marche normale – augmentée de la pression statique qui existe à l'aspiration dans les conditions d'installation. Or cette dernière pression peut être importante, par exemple lors de surpressions d'installations gravitaires.

Dans ce cas, désignons par Z_{AM} la cote du plan d'eau amont, par Z_{AV} (avec $Z_{AV} < Z_{AM}$) celle du plan d'eau aval et Z_P la cote de la pompe et supposons Z_P inférieur à Z_{AV}.

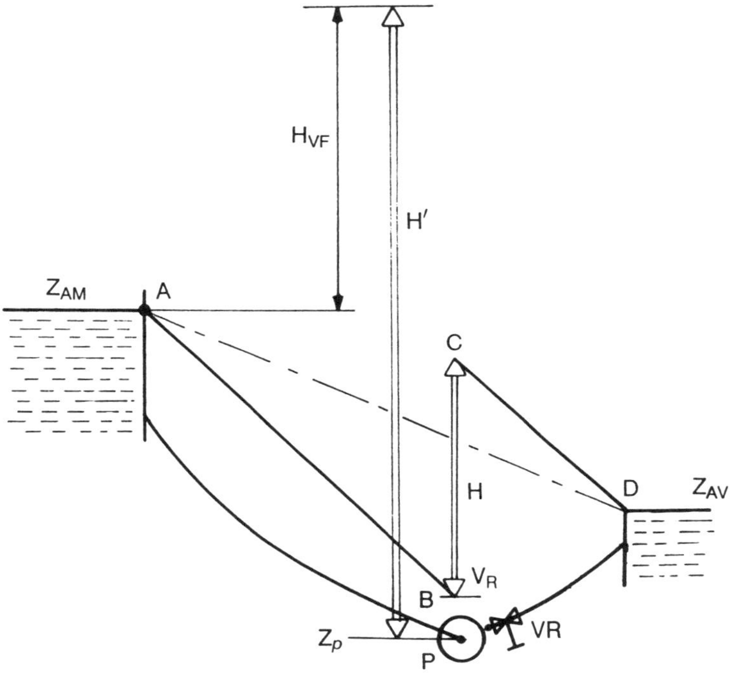

Figure 2.15

Si AD est la ligne piézométrique gravitaire, en marche normale la ligne piézométrique devient ABCD, BC représentant la hauteur H fournie par la pompe. Si la pression à l'aspiration est faible, ce qui est le cas habituel, le corps supporte la pression H.

Si la pompe tourne avec vanne de refoulement fermée, le corps supporte la hauteur H'

$$H' = Z_{AM} + H_{VF} - Z_P$$

en désignant par H_{VF} la hauteur créée par la pompe à débit nul.

Par exemple, avec $Z_{AM} = 100$ m, $Z_{AV} = 50$ m, $Z_P = 40$ m.

$$H = 100 \text{ m} ; \; H_{VF} = 120 \text{ m}.$$

on aura, en cas de marche vanne fermée,

$$H' = 100 + 120 - 40 = 180 \text{ m}$$

soit 80 % de plus qu'en marche normale et 50 % de plus que la pression vanne fermée propre à la pompe.

· On peut aussi avoir une surpression dans le corps dans le cas d'une pompe ayant un clapet de pied à l'aspiration mais pas de clapet de retenue au refoulement. La pompe peut être soumise à un coup de bélier au moment de l'arrêt du moteur par coupure de l'alimentation de celui-ci.

Diverses formules permettent de calculer les épaisseurs, en particulier des colimaçons, en fonction du matériau utilisé et de la pression. Les corps sont éprouvés statiquement à la pression garantie, qui est en général égale à 1,5 fois la pression maximum supportée par la pompe dans l'installation.

– L'examen des poussées axiale et radiale s'exerçant sur la roue mérite une attention particulière.

2.3.1. Poussée axiale

- ***Cas des pompes monocellulaires***

– Considérons une roue à une entrée placée dans un corps en colimaçon et ne comportant qu'une chicane avant, c'est-à-dire du côté "œillard" (fig. 2.16.a). Les faces extérieures de la roue étant soumises à la pression de refoulement, il en résulte deux poussées :

· l'une, dirigée vers la droite, s'exerçant sur la surface du flasque avant comprise entre le diamètre extérieur D_2 et le diamètre D_j de la chicane ;

· l'autre, dirigée vers la gauche, s'exerçant sur la surface du flasque arrière comprise entre D_2 et le diamètre D_m du moyeu.

Cette deuxième surface étant plus grande que la première, il en résulte une poussée résiduelle vers la gauche en direction de l'aspiration.

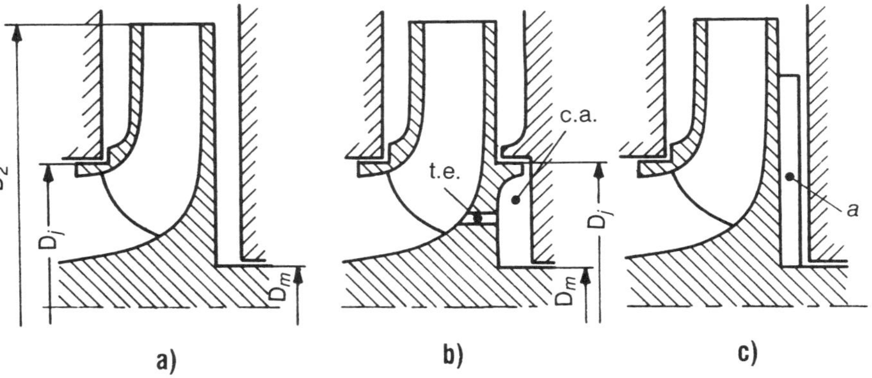

Figure 2.16

– Le moyen le plus simple de réduire cette poussée, déjà utilisé pour le tracé des figures 2.7, 2.13 et 2.14, est de mettre au dos du flasque arrière (fig. 2.16.b) une deuxième chicane de même diamètre D_j que celle située du côté aspiration et de percer dans le voile du flasque arrière, près du moyeu, des trous dits "d'équilibrage" t.e. Ainsi la pression sur ce flasque entre les diamètres D_j et D_m sera pratiquement égale à la pression d'aspiration des deux côtés. Il ne subsiste qu'une faible poussée résultante.

Cette seconde chicane double le débit de fuite et diminue donc un peu le rendement.

Une variante consiste, au lieu de percer la roue, à disposer un tuyau d'équilibrage extérieur entre la chambre arrière c. a. et l'aspiration.

– Un autre moyen de réduire la poussée axiale est de prévoir de fonderie des ailettes, radiales ou non, au dos du flasque arrière de la roue (fig. 2.16.c). Ces ailettes a. provoquent une rotation de l'eau et, par là, un abaissement de la pression vers le moyeu. Elles consomment évidemment un peu de puissance.

Cette solution est souvent adoptée pour les pompes destinées aux liquides chargés. Les ailettes tendent à centrifuger les particules solides leur évitant de s'accumuler près du moyeu et du presse-étoupe.

- ***Cas des pompes multicellulaires***

Dans le cas des pompes multicellulaires, on peut équilibrer la poussée roue par roue. Mais généralement les roues n'ont qu'une chicane avant et l'équilibrage se fait pour l'ensemble du rotor par un dispositif calé sur l'arbre après le dernier étage. Ce peut être

– *un plateau d'équilibrage*. Ce dispositif plus sophistiqué suppose que l'arbre puisse coulisser axialement, très peu d'ailleurs. Il exerce sur l'arbre une poussée axiale fonction croissante de son déplacement et a pour effet de régler automatiquement celui-ci tout en annulant la poussée des roues.

– *un piston d'équilibrage*, qui crée une poussée fixe, la différence avec la poussée réelle étant encaissée par une butée mécanique.

2.3.2. Poussée radiale

La poussée perpendiculaire à l'arbre résulte d'une inégale répartition des pressions autour de la roue, lorsqu'il n'y a pas de diffuseur ou de redresseur à sa sortie. En effet ceux-ci rendent pratiquement axi-symétrique la répartition des pressions de sortie, quel que soit le débit.

On a donc des poussées radiales lorsque la roue débite directement dans une volute, ce qui est le cas de beaucoup de pompes monocellulaires.

- ***Volute normale à section progressive***

La section de la volute est calculée pour que lors du débit nominal Q_n (qui est le débit de rendement maximum QRM) la répartition des pressions soit uniforme tout autour de la roue; la poussée radiale P est alors nulle.

La section de la volute est sensiblement proportionnelle à l'écart angulaire θ, compté dans le sens de rotation, par rapport au bec de la volute (fig. 2.17.a).

Si le débit Q est inférieur au débit nominal Q_n, la résultante est une poussée radiale dirigée à peu près dans la direction de la tubulure de sortie.

Si Q est supérieur à Q_n, la poussée est pratiquement dirigée en sens inverse.

La figure 2.17.b donne en fonction du débit Q, l'allure des variations de la hauteur H, de la poussée P et du rendement η.

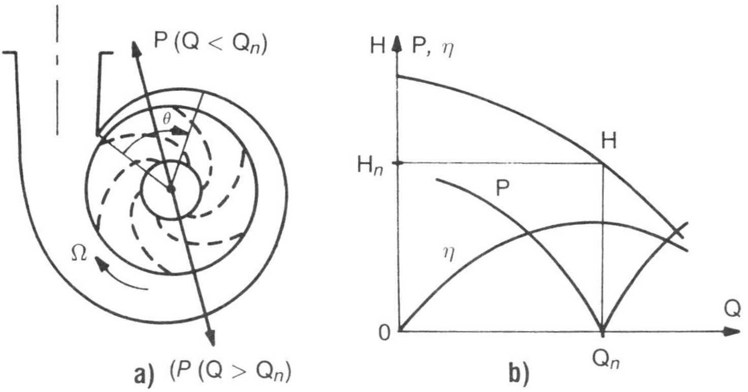

Figure 2.17

- ***Volute torique ou à section constante***

Ce type de volute (fig. 2.18.a) est utilisé pour des pompes relativement petites et véhiculant des liquides chargés, car il est mieux adapté au passage de corps solides en suspension dans le liquide. Ces volutes sont d'ordinaire associées à des roues à canaux (deux ou trois ailettes très épaisses à l'entrée) ou même à des roues plus spéciales.

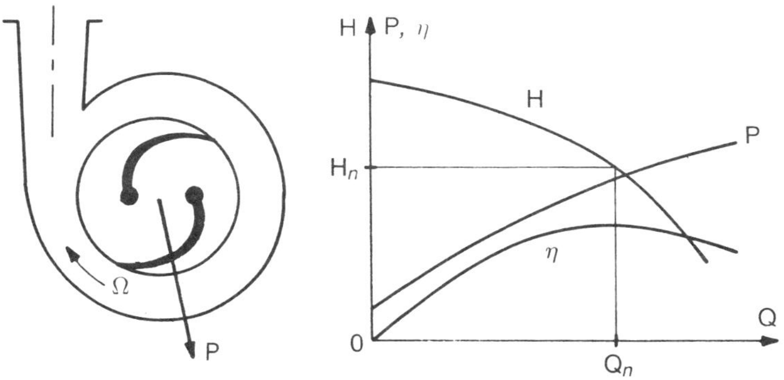

Figure 2.18

La poussée radiale augmente alors à peu près proportionnellement au débit (fig. 2.18.b). Quelle que soit la valeur de celui-ci, elle est dirigée du bec vers le centre, c'est-à-dire à peu près à l'opposé de la tubulure de refoulement.

- ***Double volute***

Une double volute est une volute normale qui comporte une nervure intérieure *ab* commençant près de la roue à l'opposé du bec (fig. 2.19). Cela revient pratiquement à avoir un diffuseur à 2 ailettes.

Les deux poussées radiales qui en résultent sont opposées et sensiblement égales, quel que soit le débit : la poussée résultante est faible.

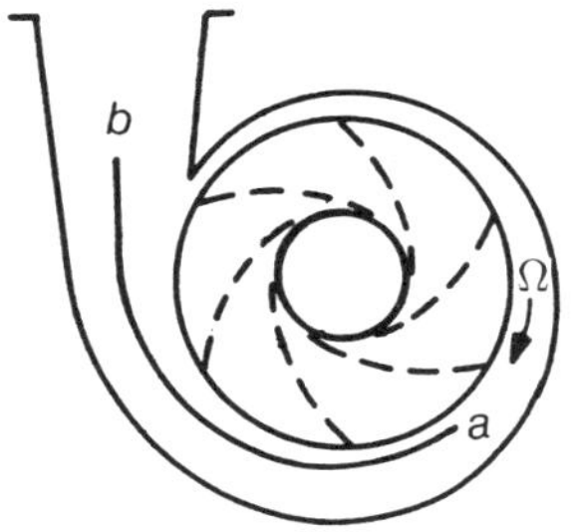

Figure 2.19

Les doubles volutes sont souvent utilisées avec les pompes à roues à deux entrées, car dans ce cas la distance entre paliers est assez grande ce qui rend l'arbre plus sensible aux forces radiales.

- ***Dangers de la poussée radiale***

La force radiale est dangereuse, car elle provoque une flexion de l'arbre, d'où usure rapide des chicanes. Elle peut conduire aussi parfois à une rupture de l'arbre par fatigue due à la flexion de l'arbre (la force ne tourne pas avec l'arbre !).

Il ne faut pas faire travailler longtemps une pompe à simple volute avec de faibles débits.

3. THÉORIE DES POMPES CENTRIFUGES. CARACTÉRISTIQUES

3.1. HAUTEUR DONNÉE PAR UNE POMPE À LA SORTIE DE LA ROUE

3.1.1. Hauteur interne. Formule d'Euler

Le théorème du moment des quantités de mouvement (§ 1.5.2) fournit une relation entre la hauteur interne (ou théorique) H_i donnée par une pompe et les vitesses absolues tangentielles du fluide à l'entrée et à la sortie de la roue.

Considérons d'abord un seul canal de la roue où passe le débit q_1 . Si $\vec{v}_1$ et $\vec{v}_2$ sont les vitesses moyennes d'entrée et de sortie, le débit de quantité de mouvement, égal à la quantité de mouvement qui sort diminué de celle qui entre, est :

$$\rho q_1 \vec{v}_2 - \rho q_1 \vec{v}_1 .$$

Le moment de cette quantité de mouvement est :

$$\rho q_1 \vec{v}_2 \cdot \overrightarrow{OM_2} - \rho q_1 \vec{v}_1 \cdot \overrightarrow{OM_1}$$

en désignant par $\overrightarrow{OM_1}$ et $\overrightarrow{OM_2}$ les vecteurs perpendiculaires à l'axe de la roue et allant de cet axe au milieu de l'entrée et de la sortie du canal considéré.

Le moment des forces extérieures étant égal au couple C_1 qu'elles exercent sur la roue, on a

$$C_1 = \rho q_1 \overrightarrow{v}_2 \cdot \overrightarrow{OM_2} - \rho q_1 \overrightarrow{v}_1 \cdot \overrightarrow{OM_1} .$$

Si on désigne par v_{u_1} et v_{u_2} les composantes tangentielles (dans la direction de $\overrightarrow{u}$, d'où l'indice u) des vitesses moyennes à l'entrée et à la sortie, par R_1 et R_2 les rayons d'entrée et de sortie de la roue

$$C_1 = \rho q_1 R_2 v_{u_2} - \rho q_1 R_1 v_{u_1} .$$

En multipliant par la vitesse angulaire de rotation Ω et par le nombre n_a d'ailettes, on obtient :

$$n_a C_1 \Omega = \rho \Omega n_a q_1 (R_2 v_{u_2} - R_1 v_{u_1}).$$

$n_a C_1 \Omega$ est la puissance absorbée sur l'arbre. Elle est égale à la puissance hydraulique, c'est-à-dire au produit par la hauteur d'élévation théorique (H_i) du poids de fluide refoulé par unité de temps. Ce poids est le produit du débit Q_i (égal à $n_a q_1$) par la masse volumique ρ et l'accélération de la pesanteur

$$n_a C_1 \Omega = \rho g Q_i H_i .$$

Donc

$$\rho g Q_i H_i = \rho \Omega Q_i (R_2 v_{u_2} - R_1 v_{u_1})$$

ou, en mettant en évidence les vitesses périphériques d'entrée u_1 et de sortie u_2, respectivement égales à ΩR_1 et ΩR_2,

$$g Q_i H_i = Q_i \left(u_2 v_{u_2} - u_1 v_{u_1}\right) .$$

D'où l'équation fondamentale des pompes ou formule d'Euler :

$$\boxed{H_i = \frac{u_2 v_{u_2} - u_1 v_{u_1}}{g}} . \qquad (2.17)$$

Remarques

Cette relation donne une hauteur H_i en m de liquide, u_1, u_2, v_{u_1}, v_{u_2} étant exprimés en m/s et g en m/s^2. Elle a l'avantage d'être indépendante de la masse volumique du liquide.

– De même que la hauteur réelle h diffère de H_i à cause des diverses pertes internes à la pompe, le débit réel Q diffère de celui Q_i traversant l'ensemble des canaux à cause des fuites internes.

3.1.2. La vitesse périphérique d'entrée

S'il n'y a pas d'aubage déflecteur fixe à l'amont de la roue, on peut poser $v_{u_1} = 0$, car même s'il y a une certaine rotation du fluide à l'entrée, le fluide n'a pu recevoir sa quantité de mouvement que de la roue.

D'ailleurs, pour le fonctionnement au débit de rendement maximum, les angles d'entrée des ailettes sont déterminés de façon à permettre au fluide une entrée optimale sans prérotation.

• Reste cependant le cas où la tuyauterie d'aspiration présente un tracé défavorable, comportant, par exemple, plusieurs coudes en série dans des plans différents ou un coude à court rayon proche de la pompe.

Si l'on ne peut améliorer le tracé, on pourra mettre en place un *dispositif anti-vortex* (croisillon, nervures planes ou courbes...) de façon à annuler ou réduire la prérotation. La détermination d'un tel disposif est d'ailleurs souvent délicate.

En tout cas, il faut souligner l'importance du tracé de l'aspiration. S'il est défectueux, il peut provoquer non seulement une prérotation, mais aussi une répartition très inégale et fluctuante des vitesses, d'où un fonctionnement anormal de la roue, avec éventuellement vibrations, bruit, cavitation, poussées anormales, chute du rendement, etc.

Lorsque c'est possible, il est bon de prévoir juste en amont de la pompe un *cône convergent* (à génératrice supérieure horizontale, si la pompe est située plus haut que le plan d'aspiration) précédé d'une manchette droite d'une longueur égale à deux ou trois fois son diamètre. Ce cône peut éventuellement être muni d'une nervure médiane anti-vortex. La génératrice supérieure horizonale du cône permet d'éviter une poche d'air qui pourrait ensuite être entraînée brutalement par l'écoulement et désamorcer la pompe si celle-ci a son entrée sous vide.

• On peut placer des *aubages déflecteurs à l'entrée de la roue* afin de créer une prérotation positive ou négative. Si un mécanisme permet d'orienter ces aubages, ils peuvent modifier la courbe débit-hauteur de la pompe et ainsi en régler dans une certaine mesure le débit.

Ce système, très utilisé pour les ventilateurs, ne l'est que très rarement pour les pompes. Il n'est employé que pour de grosses pompes verticales, noyées dans un plan d'eau et de grande vitesse spécifique (pompes à hélice par exemple). Il présente en effet de nombreux inconvénients :

- complication mécanique,
- accessibilité difficile,
- diminution de la capacité d'aspiration,
- risque de bouchage si l'eau est chargée de brindilles, feuilles mortes, corps étrangers... car les arêtes des aubes créent des zones d'accrochage.

• Donc, en général, la *composante tangentielle à l'entrée est nulle* :

$$v_{u_1} = 0.$$

La relation (2.17) se simplifie et devient

$$\mathrm{H}_i = \frac{u_2\, v_{u_2}}{g}$$

qu'on écrit

$$\boxed{\mathrm{H}_i = \frac{u_2^2}{g}\,\frac{v_{u_2}}{u_2}}\,. \qquad (2.18)$$

u_2^2/g ne dépend que de la vitesse de rotation et du diamètre de la roue. Le rapport sans dimension v_{u_2}/u_2 à la sortie donne la part de la vitesse périphérique de la roue utilisée par l'eau.

3.1.3. Le v_u/u à la sortie. Hauteur d'Euler

Le v_u/u à la sortie de la roue dépend de nombreux paramètres : débit, nombre d'ailettes, angle β de celles-ci à la sortie notamment.

Il est commode d'utiliser comme paramètre un autre rapport sans dimension, le *coefficient de débit*

$$\frac{v_{m_2}}{u_2}$$

quotient de la vitesse méridienne du fluide à la sortie de la roue par la vitesse périphérique de celle-ci.

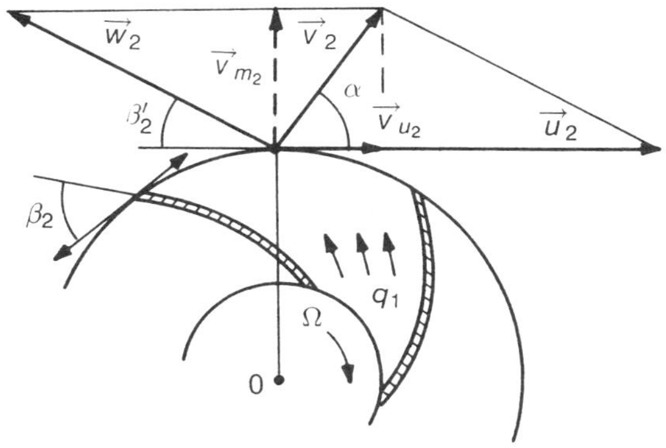

Figure 2.20

– On trace (fig. 2.20) le triangle des vitesses à la sortie, c'est-à-dire juste à la sortie de la roue, en supposant qu'en cet endroit les vitesses absolues du fluide sont égalisées en grandeur et direction.

Si $\vec{v}_2$ est la vitesse du fluide, $\vec{u}_2$ la vitesse d'entraînement et $\vec{w}_2$ la vitesse relative, on a

$$\vec{v}_2 = \vec{u}_2 + \vec{w}_2 .$$

En projetant $\vec{v}_2$ sur $\vec{u}_2$ et sur la perpendiculaire à $\vec{u}_2$, on obtient la relation donnant la vitesse méridienne de sortie v_{m_2} :

$$v_2^2 = v_{m_2}^2 + v_{u_2}^2 . \tag{2.19}$$

– L'angle α que fait $\vec{v}_2$ avec $\vec{u}_2$ détermine l'angle d'entrée du diffuseur, du redresseur ou du bec de colimaçon (celui-ci n'étant qu'un diffuseur à une ailette dont le bec est l'arête d'entrée) pour le débit qu'on aura choisi comme débit normal.

– La figure 2.20 montre l'angle β'_2 que fait $\vec{w}_2$ avec $-\vec{u}_2$. On pourrait penser que l'eau sort des canaux plus ou moins tangente aux aubes, donc que β'_2 égale à β_2. C'est l'hypothèse sur laquelle est basée la théorie d'Euler et la hauteur théorique à laquelle elle conduit est appelée "*hauteur d'Euler*" H_e.

Si on suppose $\beta_2 = \beta'_2$:

$$\text{tg } \beta'_2 = \text{tg } \beta_2 = \frac{v_{m_2}}{u_2 - v_{u_2}}$$

$$v_{u_2} = u_2 - v_{m_2} \text{ cotg } \beta_2$$

ou

$$\frac{v_{u_2}}{u_2} = 1 - \frac{v_{m_2}}{u_2} \text{ cotg } \beta_2 . \tag{2.20}$$

En reportant dans (2.18), on obtient la hauteur d'Euler :

$$H_e = \frac{u_2^2}{g}\left(1 - \frac{v_{m_2}}{u_2}\,\text{cotg}\,\beta_2\right). \tag{2.21}$$

Si b_2 est la largeur de sortie de la roue et si on néglige l'épaisseur des ailettes, le débit Q_i, produit de la surface de sortie par la vitesse méridienne, est donné par :

$$Q_i = \pi\, D_2\, b_2\, v_{m_2}\,.$$

En remplaçant v_{m_2} par $Q_i/\pi\, D_2\, b_2$ dans (2.21), on obtient

$$H_e = \frac{u_2^2}{g}\left(1 - \frac{Q_i}{\pi\, D_2\, b_2\, u_2}\,\text{cotg}\,\beta_2\right). \tag{2.22}$$

Cette relation donne comme caractéristique hauteur-débit (fig. 2.21) un segment de droite joignant

le point à débit nul ($H_e = H_{e\,\max} = u_2^2/g$; $Q_i = 0$),

au point à hauteur nulle ($H_e = 0$; $Q_i = Q_{i\,\max} = \pi\, D_2\, b_2\, u_2$ tg β_2).

La courbe $(v_{u_2}/u_2) = f\,(v_{m_2}/u_2)$ est également un segment de droite (fig. 2.22); la relation (2.20) montre que si on adopte la même échelle pour les deux axes, ce segment fait un angle β_2 avec la verticale.

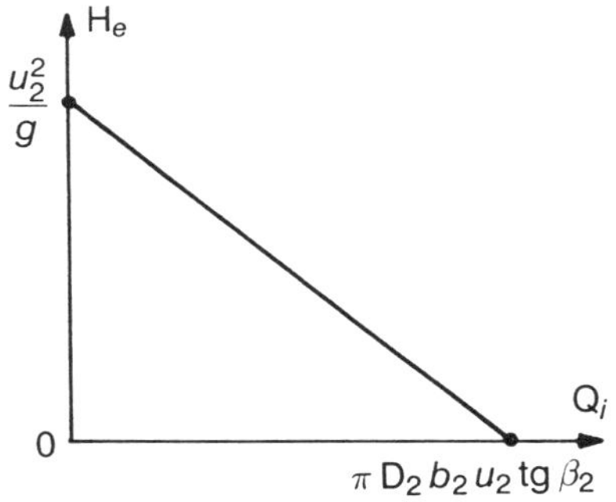

Figure 2.21

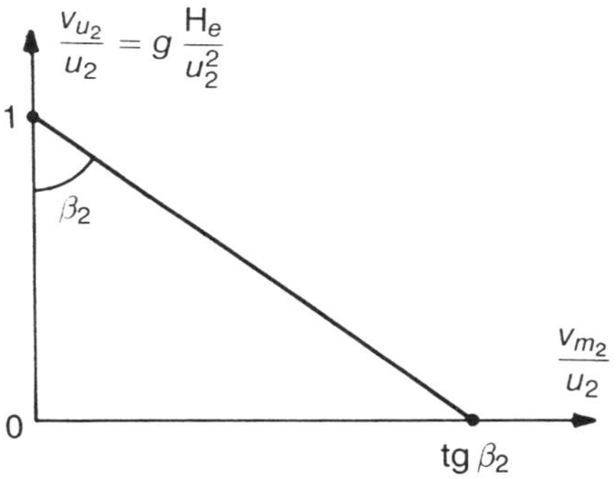

Figure 2.22

3.1.4. Allure réelle des courbes $v_{u_2}/u_2 = f\,(v_{m_2}/u_2)$

La théorie simple qui précède donne malheureusement des résultats éloignés de la réalité. L'expérience montre que β_2' est toujours nettement inférieur à β_2. La différence $\beta_2 - \beta_2'$ est appelée "écart angulaire à la sortie".

• ***La courbe*** $(v_{u_2}/u_2) = f\,(v_{m_2}/u_2)$, calculée par des méthodes plus précises ou relevée expérimentalement, a l'allure représentée sur la figure 2.23.

Cette courbe

- est pratiquement rectiligne sur une bonne partie (segment BT),
- puis elle se raccorde au point $v_{u_2}/u_2 = 1$, pour $v_{m_2}/u_2 = 0$, par une partie courbe (T.C.) : le raccordement à ce point est évident : lorsque le débit est nul, $\vec{w}_2 = 0$, $\vec{v}_2 = \vec{u}_2$ et $v_{u_2} = u_2$,
- la partie rectiligne de la courbe est approximativement parallèle à la droite correspondant à l'hypothèse d'Euler.

La partie rectiligne de la courbe coupe l'axe des ordonnées au point A. La valeur de v_{u_2}/u_2 en ce point, toujours inférieure à 1, dépend en particulier du nombre d'ailettes et de l'angle de sortie de celles-ci ; elle est généralement comprise entre 0,75 et 0,90.

• ***Le report du triangle des vitesses*** sur la courbe $(v_{u_2}/u_2) = f\,(v_{m_2}/u_2)$ (fig. 2.24) explique que l'écart entre celle-ci et la droite d'Euler est lié à l'écart entre β_2 et β_2'.

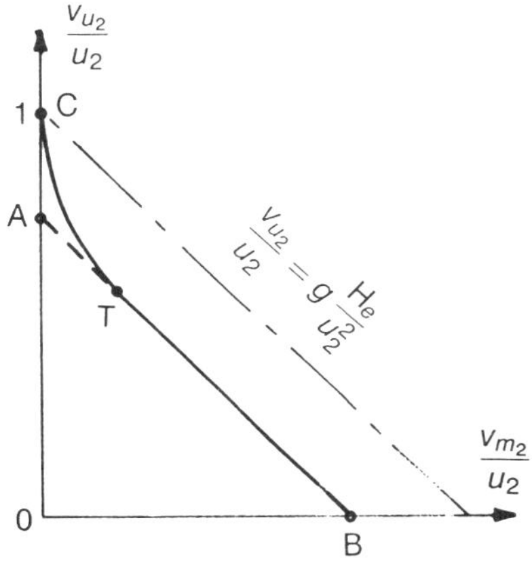

Figure 2.23

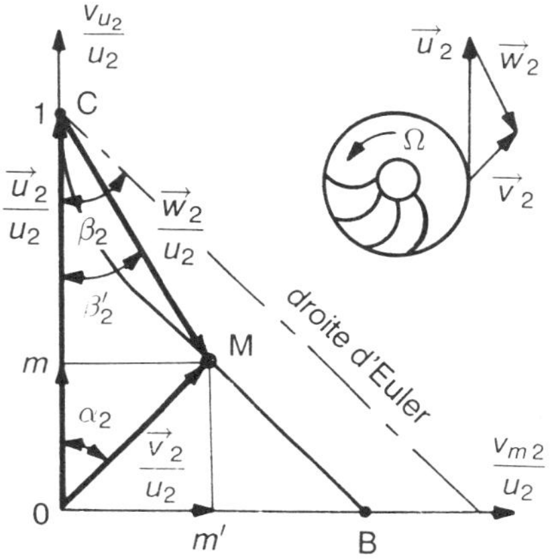

Figure 2.24

Pour un point M de la courbe, puisque, à u_2 près, Om' donne la composante radiale de la vitesse $\vec{v}_2$ et Om sa composante tangentielle, $\overrightarrow{OM}$ donne $\vec{v}_2/u_2$.

Puisque $\overrightarrow{OC}$, dirigé suivant $\overrightarrow{Om}$ égale $\vec{u}_2/u_2$, on lit la vitesse relative $\vec{w}_2$ rapportée à u_2 en $\overrightarrow{CM}$.

On voit que β_2' est inférieur à β_2 parce que le point M n'est pas sur la droite d'Euler, et réciproquement.

(Noter que le triangle de figure 2.24 correspond à une roue tournant dans le sens trigonométrique).

3.1.5. Hauteur à la sortie de la roue. Remarques

La roue engendre la hauteur H_i mais elle ne la recueille pas toute car il y a des pertes dans l'écoulement à l'entrée et à l'intérieur des canaux. On a donc à la sortie de la roue une hauteur H_{ir} donnée par :

$$H_{ir} = \eta_r H_i ,$$

en désignant par η_r le *rendement hydrodynamique de la roue*.

Ce rendement est en principe très bon. Il peut atteindre 95 % et même un peu plus, à condition de prendre certaines précautions lors de la conception de la roue pour que

- la roue soit bien alimentée, c'est-à-dire que le fluide pénètre correctement dans les canaux,
- le fluide s'écoule sans décollement dans les canaux une fois qu'il y est entré.

3.2. L'ÉCOULEMENT À LA SORTIE DE LA ROUE

3.2.1. Répartition de la hauteur interne

• A la sortie de la roue, le théorème de Bernoulli donne

$$\mathrm{H}_{i\,r} = \eta_r\,\mathrm{H}_i = \mathrm{H}_r + \frac{v_2^2}{2g}$$

où H_r est la pression en mètres de liquide à la sortie de la roue.

Une partie seulement de $\eta_r\,\mathrm{H}_{i\,r}$ est recueillie sous forme de pression statique H_r ; le reste apparaît sous forme d'énergie cinétique.

Si on décompose v_2 en ses deux composantes perpendiculaires, la relation précédente s'écrit :

$$\eta_r\,\mathrm{H}_i = \mathrm{H}_r + \frac{v_{m_2}^2}{2g} + \frac{v_{u_2}^2}{2g}\,.$$

$v_{m_2}^2/2g$ ne représente pas une grosse part de l'énergie totale et de plus varie peu jusqu'à la sortie où il est conditionné par le diamètre de sortie de la pompe.

Par contre $v_{u_2}^2/2g$ constitue une part notable de la hauteur interne. On peut facilement évaluer cette part à l'aide de la relation (2.18) :

$$\mathrm{H}_i = v_{u_2}\,u_2/g \quad \text{donc} \quad v_{u_2} = g\,\mathrm{H}_i/u_2$$

$$\frac{v_{u_2}^2/2g}{\mathrm{H}_i} = \frac{g^2\,\mathrm{H}_i^2}{u_2^2\,2g\,\mathrm{H}_i} = \frac{1}{2}\,\frac{g\,\mathrm{H}_i}{u_2^2} = \frac{1}{2}\,\frac{v_{u_2}}{u_2}\,.$$

Le rapport de l'énergie cinétique giratoire à la hauteur interne est égal à $0,5\,v_{u_2}/u_2$.

v_{u_2}/u_2 varie d'ordinaire entre 0, 6 et 0, 35 lorsqu'on passe d'une pompe centrifuge pure à une pompe à grande vitesse spécifique. L'énergie cinétique giratoire représente donc de 30 % à 17, 5 % de H_i.

• Pour augmenter la pression de sortie et par là le rendement il faut récupérer cette énergie, c'est-à-dire la transformer en pression par ralentissement de v_u dans un dispositif assurant une perte de charge minimum.

Ce dispositif peut être un *diffuseur* à ailettes placé autour de la roue et formant un ensemble de canaux divergents curvilignes ou rectilignes suivi d'un colimaçon. Ce peut être un simple colimaçon qui est lui-même un bon diffuseur.

Pour les pompes monocellulaires, la roue refoule directement dans le colimaçon, sauf dans le cas de pompes à très grand v_{u_2}/u_2.

Dans les pompes multicellulaires, le dispositif de récupération ne peut être qu'un diffuseur à ailettes suivi d'un canal de retour ou un redresseur.

3.2.2. Écoulement dans le diffuseur

Étant donné le faible écart entre la roue et le bec du colimaçon ou les aubes du diffuseur, le fluide entre dans celui-ci avec un angle très peu différent de l'angle α_2 de sortie de la roue.

– Pour que le diffuseur (ou le colimaçon) fonctionne avec le minimum de pertes, il faut que le fluide y pénètre pratiquement selon l'angle d'entrée α_3 de ses aubes (fig. 2.25.a).

Le débit pour lequel l'angle α_2 de sortie de la roue est égal à α_3 est appelé *débit optimum* Q_{opt}. Si le débit Q est inférieur à Q_{opt}, il y aura un décollement du fluide au-dessous des aubes (fig. 2.25.b) ; si Q est supérieur à Q_{opt}, il y aura un décollement au-dessus des aubes (fig. 2.25.c).

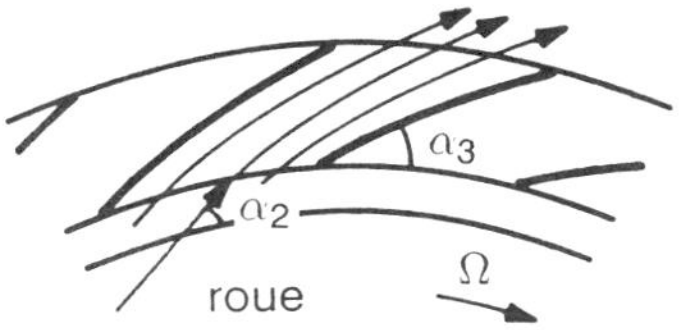

a) $Q = Q_{opt}$; $\alpha_2 = \alpha_3$

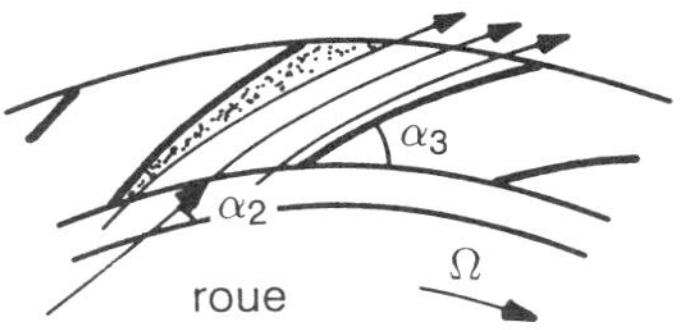

b) $Q < Q_{opt}$; $\alpha_2 < \alpha_3$

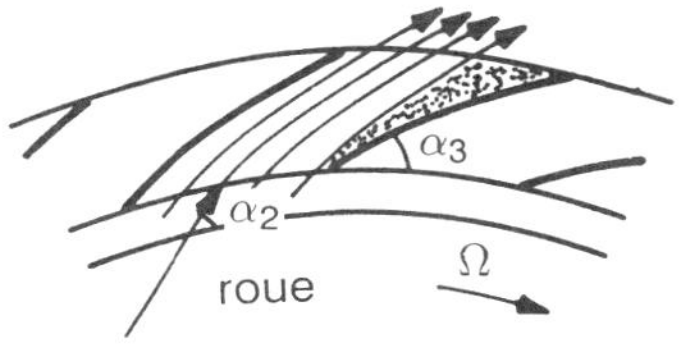

c) $Q > Q_{opt}$; $\alpha_2 > \alpha_3$

Figure 2.25

– Ce décollement, dans un sens ou dans l'autre, provoque une perte de charge, improprement appelée "*perte par choc à l'entrée*" qui augmente avec l'écart $\Delta\alpha$ entre α_2 et α_3.

Cette perte $\varphi_{k\,\alpha}$ est sensiblement proportionnelle au carré de l'écart entre le débit Q et le débit optimum :

$$\varphi_{k\,\alpha} = k\,(Q - Q_{opt})^2.$$

– Le point de fonctionnement à Q égal à Q_{opt} est très voisin de celui de rendement maximum qui donne le débit nominal de la pompe.

Avec une roue donnée, en changeant l'angle d'entrée α_3 du diffuseur, on modifie les caractéristiques nominales d'une pompe. Si α_3 augmente, le débit nominal augmente et la hauteur nominale diminue.

3.3. CARACTÉRISTIQUES D'UNE POMPE ENTRAÎNÉE À VITESSE CONSTANTE

3.3.1. Courbe de la hauteur pompe

La courbe donnant la hauteur H créée par la pompe en fonction du débit Q (fig. 2.26) se déduit de la courbe $H_i\,(Q_i)$ donnant la hauteur interne.

– On passe de Q_i à Q en enlevant le débit de fuites q_{fuites}, correspondant à la partie du fluide qui retourne à l'aspiration par les chicanes d'étanchéité.

$$Q = Q_i - q_{fuites}. \qquad (2.23)$$

Si on lit Q_i à partir du point O, on lira Q à partir de O′.

On passe de H_i à H en enlevant les pertes de charge φ. Outre les pertes signalées dans la roue, et les pertes par choc à l'entrée, il y a des pertes dans le diffuseur dues à la diminution de la vitesse du fluide dans les canaux, comme dans tout divergent

$$H = H_i - \varphi$$

avec $$\varphi = \varphi_{k\,\alpha} + \varphi' = k\,(Q - Q_{opt})^2 + k'\,Q^2. \tag{2.24}$$

– Sur la figure 2.26 on a tracé les variations en fonction de Q, de $\varphi_{k\,\alpha}$, de φ', de φ, de H_i et de H.

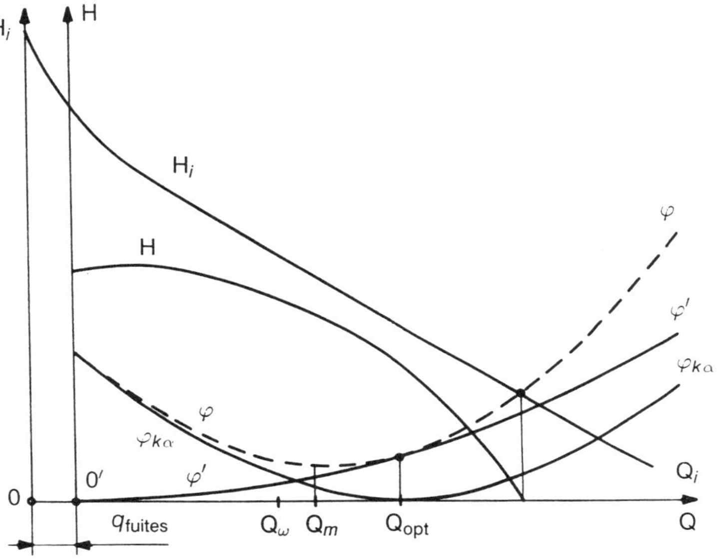

Figure 2.26

On voit sur cette figure que

- le débit Q_m pour lequel les pertes sont les plus faibles est inférieur au débit "optimum" qui annule $\varphi_{k\,\alpha}$
- le débit Q_ω pour lequel le *rendement hydraulique* η_H, défini par :

$$\eta_H = \frac{H}{H_i} = \frac{H_i - \varphi}{H_i} = 1 - \frac{\varphi}{H_i},$$

est maximum et est lui-même inférieur à Q_m.

Le rendement hydraulique maximum est généralement compris entre 0,80 et 0,90 et peut même atteindre des valeurs supérieures.

3.3.2. Puissance absorbée par la pompe

La puissance utile de la pompe est :

$$P_u = \rho g\, Q\, H.$$

La puissance absorbée P est la somme de quatre termes :

a) *la puissance interne P_i*

C'est la puissance fournie au fluide par la roue

$$P_i = \rho g\, Q_i\, H_i\,.$$

Si la caractéristique $H_i(Q_i)$ était un segment de droite (fig. 2.26) joignant le point A (O, H_{i0}) au point B ($Q_{i\,max}$, 0), entre ces deux points elle aurait pour équation

$$H_i = H_{i0}\left(1 - \frac{Q_i}{Q_{i\,max}}\right).$$

D'où

$$P_i = \rho g\, H_{i0}\left(Q_i - \frac{Q_i^2}{Q_{i\,max}}\right).$$

La caractéristique $P_i(Q_i)$ serait une parabole. Elle ne s'en écarte légèrement que pour les débits inférieurs à celui correspondant au point T.

b) *les pertes (par frottement) disque*

C'est la puissance perdue par frottement des flasques de la roue dans l'eau.

Ces pertes, données approximativement par des relations de la forme

$$p_d = k_d\, N^3\, D_2^5$$

avec N vitesse de rotation,
D_2 diamètre extérieur de la roue,

sont relativement importantes, surtout pour les machines à faible vitesse spécifique.

c) *les pertes aux paliers*

Les pertes par frottements p_f aux paliers et au presse-étoupe sont faibles (1 à 3 % environ de la puissance totale). On considère généralement qu'elles sont proportionnelles à la vitesse.

d) *les pertes par tourbillons*

Il y a dissipation d'énergie par des tourbillons entre roue et diffuseur pour les débits Q inférieurs au débit Q_{opt} rendant optimale l'entrée dans le diffuseur.

A ces débits le diffuseur n'est pas "plein", car la vitesse tangentielle absolue v_u est plus grande qu'en débit normal (voir figure 2.25.b) et l'attaque du diffuseur se fait par dessus. Il y a donc un espace mort sous chaque ailette, espace occupé par un tourbillon d'autant plus intense que Q est plus petit.

L'interaction de ce tourbillon avec la roue se traduit par des pertes p_t difficiles à déterminer théoriquement, apparaissant pour Q inférieur à Q_{opt} et d'autant plus importantes que Q est plus faible.

La puissance absorbée P est donc

$$P = P_i + p_d + p_f + p_t. \qquad (2.25)$$

D'où le rendement global de la pompe

$$\eta = \frac{P_u}{P} = \frac{\rho g\, H Q}{P}. \qquad (2.26)$$

La figure 2.28 rappelle les variations, en fonction de Q ou de Q_i, de la hauteur H et du rendement hydraulique η_H. Elle montre les variations de la puissance absorbée P, égale à P_i augmenté de $p_r + p_f$ (constant à vitesse donnée) et de p_t aux faibles débits. Le rendement η est nul pour $Q = 0$ ou $H = 0$.

Le rendement η est maximum pour le débit nominal (ou débit de rendement maximum QRM) toujours supérieur au débit donnant le rendement hydraulique maximum Q_ω et se situant au voisinage du débit Q_{opt} qui correspond à l'entrée sans choc dans le diffuseur.

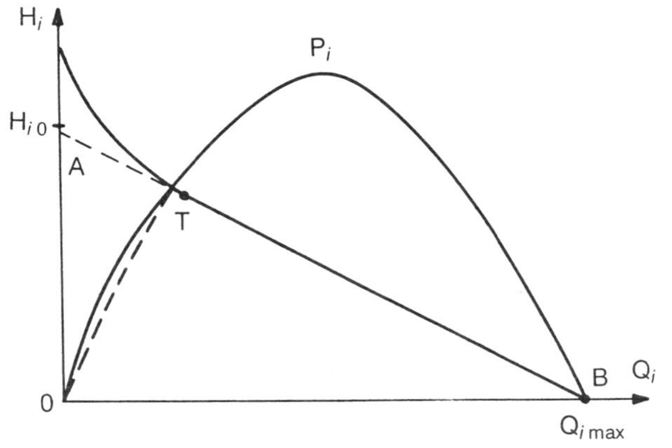

Figure 2.27

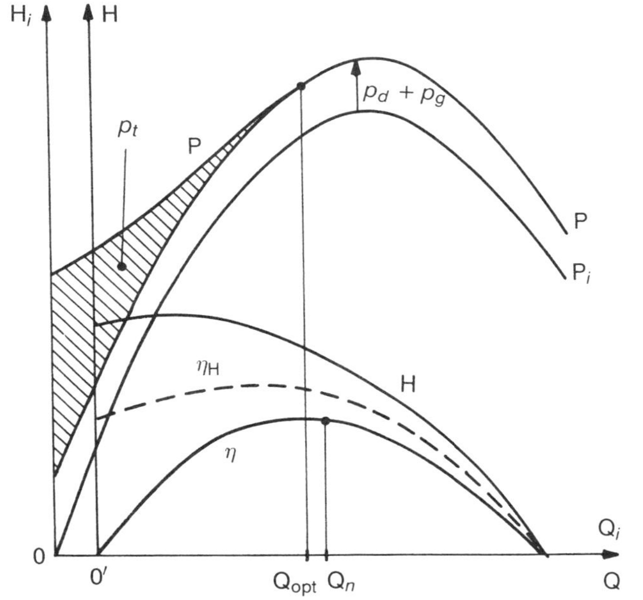

Figure 2.28

Remarque

Le constructeur de la pompe indique souvent la *courbe de consommation* ; celle-ci donne la consommation en Wh/m^3 en fonction du débit et permet de calculer le coût en électricité du pompage du m^3 d'eau.

Puisque

$$1 \text{ Wh/m}^3 = 1 \text{ W}/(\text{m}^3/\text{h})$$

pour la tracer, il suffit de diviser la puissance absorbée P en W par le débit en m^3/h pour divers points.

Lorsque Q augmente, la consommation est toujours décroissante.

3.4. VITESSE SPÉCIFIQUE, ALLURE DES CARACTÉRISTIQUES

3.4.1. Vitesse spécifique. Propriété

– La vitesse spécifique n_s est définie par

$$n_s = \frac{N\sqrt{Q}}{H^{3/4}} \tag{2.27}$$

avec N, vitesse de rotation en t/min,
Q, débit nominal en m^3/s,
H, hauteur nominale en m.

Cette "vitesse" a pour dimensions $L^{3/4}\,T^{-3/2}$. Elle permet de dire si on a affaire à une pompe de grand débit et de faible hauteur (n_s élevé) ou inversement à une pompe de petit débit et de grande hauteur (petit n_s).

Les formes de la pompe (roue et corps), son type de construction et l'allure des courbes caractéristiques dépendent assez étroitement de ce paramètre, qui caractérise donc assez bien la pompe.

– On montre que n_s reste invariant si on le calcule pour des points de fonctionnement homologues de deux machines géométriquement semblables dans toutes leurs dimensions, qu'elles tournent à la même vitesse ou non.

Par "points de fonctionnement homologues" on entend tout couple de points (un sur chaque machine) situés en des lieux géométriquement correspondants (sortie de la roue, entrée des diffuseurs, ...) et pour lesquels, de plus, les triangles des vitesses sont semblables.

Cette propriété découle du fait, utilisé au paragraphe 2.1.4, de la similitude des courbes $(v_{u_2}/u_2) = f\,(v_{m_2}/u_2)$ et $H_i = f\,(Q_i)$.

Elle n'est rigoureuse que pour le débit et la hauteur internes, car entre une petite pompe et une grosse qui lui est semblable, il y a une différence de rendement au bénéfice de la seconde.(1)

3.4.2. "Portrait" de la pompe

n_s donne, en quelque sorte, le portrait robot de la pompe.

• ***Forme de la roue*** (fig. 2.29)

– Les *pompes centrifuges pures* ont un petit n_s (de 10 à 20 environ jusqu'à 40 environ), une roue en forme de disque étroit et allongé et des ailettes à simple courbure.

– Au contraire les *pompes hélices* ont un grand n_s (de 200 à 300 environ) : le moyeu cylindrique porte 3 ou 4 pales au profil d'ailes d'avions.

– Entre ces deux extrêmes, on trouve :

- des roues à ailettes gauches à sortie encore centrifuge, où la sortie des ailettes est encore à diamètre constant ; on les appelle roues Francis ou *hélicocentrifuges* (n_s allant de 40 à 80 environ) ;

---

(1) *La vitesse spécifique et la vitesse de rotation sont deux choses bien distinctes. Une pompe à petit n_s refoulant un petit débit à une grande hauteur tourne très vite, alors qu'une grosse pompe hélice ayant un grand n_s tourne beaucoup plus lentement.*

- puis des roues *hélicoïdes* ou *coniques* (n_s de 80 à 200 environ), dans lesquelles le canal méridien n'est plus perpendiculaire à l'axe mais incliné dans le sens de rotation et dont l'arête de sortie des aubes est inclinée sur l'axe.

La figure 2.29 illustre cette évolution de la roue en fonction de n_s. Elle montre que la largeur b_2 des canaux et le diamètre D_1 de l'œillard d'entrée augmentent au fur et à mesure que n_s (donc le rapport débit/hauteur) croît.

A noter que les ailettes rentrent de plus en plus dans l'œillard lorsque n_s augmente.

- ***Forme du corps***

Les colimaçons deviennent de plus en plus gros au fur et à mesure que n_s augmente. A petit n_s ils ont un grand diamètre et une petite section ; à grand n_s, d'assez petits diamètres intérieurs par rapport à leurs grosses sections. C'est pour cela que dans les pompes à hélice on les a remplacés par des redresseurs axiaux cylindro-coniques suivis d'un coude, car leur encombrement deviendrait prohibitif.

De même, quand n_s croît, les tubulures d'entrée et de sortie ont des diamètres qui augmentent par rapport au diamètre extérieur du corps.

3.4.3. Évolution des caractéristiques

La figure 2.30 montre l'allure des caractéristiques donnant la hauteur H, la puissance absorbée P, le rendement η en fonction du débit Q :

a) pour n_s petit (grand v_{u_2}/u_2)

b) pour n_s moyen (moyen v_{u_2}/u_2)

c) pour n_s grand (petit v_{u_2}/u_2).

– *La hauteur* à débit nul est assez basse (105 à 120 % de la hauteur nominale si n_s est faible). Elle augmente avec n_s pour atteindre 200 ou même 300 % de H_n pour les pompes à hélices.

Le débit à hauteur nulle va de 150 % du débit nominal Q_n pour les grands n_s à nettement plus de 200 % pour les petits n_s.

– *La puissance absorbée* P par les pompes à petit n_s est faible à débit nul ; elle peut représenter alors 40 % ou même moins de la puissance absorbée nominale P_n. P augmente ensuite avec Q et est maximum vers Q_n.

Pour les pompes à n_s moyen, P varie peu entre le débit nul et le débit nominal.

Les pompes à grand n_s absorbent une puissance très importante à débit nul (200 % de P_n environ). P_n décroît ensuite sans cesse en fonction de Q avec une inflexion un peu à gauche de Q_n.

– *Le rendement* maximum augmente, d'une façon générale, avec la grosseur de la pompe pour atteindre une valeur de l'ordre de 90 % pour les gros débits.

Pour les petits n_s, le rendement diminue au fur et à mesure que n_s décroît, car les pertes externes (pertes disque et fuites) et les pertes internes (canaux longs et étroits) augmentent. Aussi ne peut-on guère descendre au-dessous de n_s égal à 10 où le rendement peut tomber à 50 % ou même moins. Si la hauteur à obtenir est trop grande eu égard au débit, il faut mettre plusieurs roues en série.

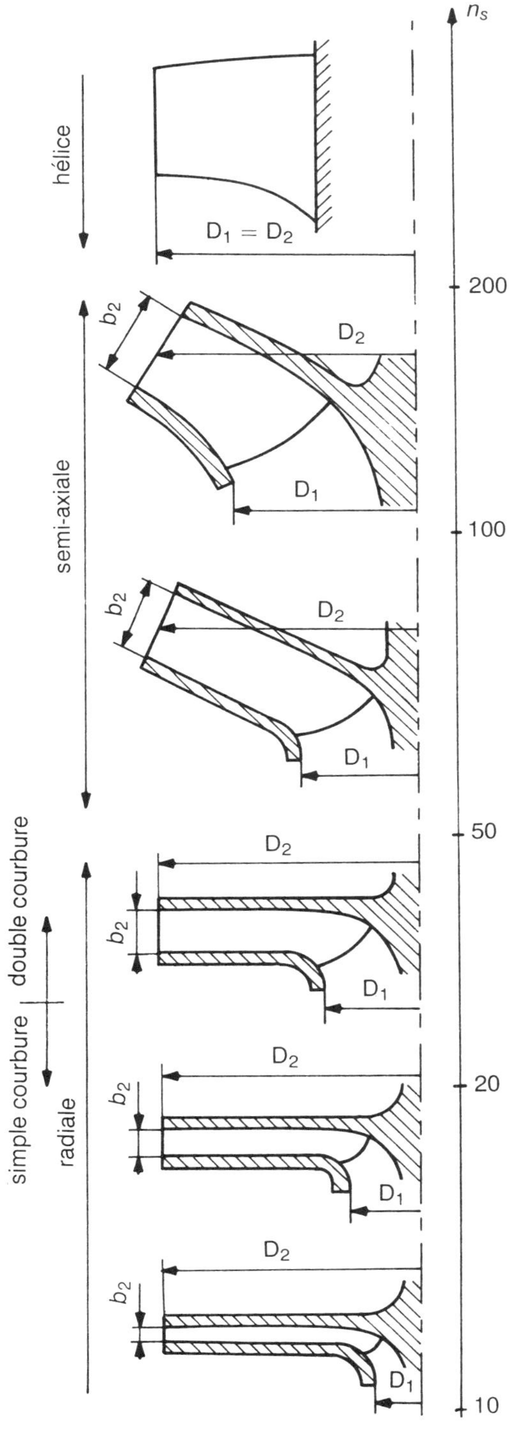

Figure 2.29

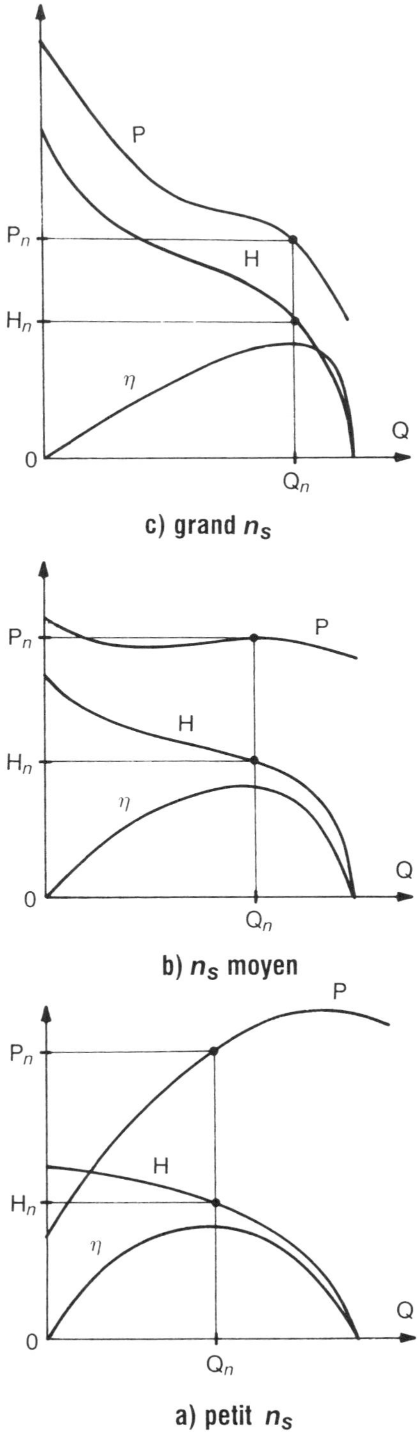

Figure 2.30

Quand n_s augmente, le rendement augmente, mais culmine dans la zone où n_s est compris entre 40 et 60 qui correspond aux hélico-centrifuges.

Pour les n_s plus grands, on arrive à des pompes coniques ou hélicoïdales à aubes très gauches et arête de sortie inclinée sur l'axe ; d'où un écoulement complexe et des vitesses à la sortie de la roue assez différentes de filet à filet, ce qui donne une attaque moins favorable du redresseur et une diminution du rendement.

En hélice, le tracé des pales est plus simple, mais les hauteurs générées sont tellement faibles que les pertes proportionnelles à $v^2/2g$ prennent rapidement de l'importance.

4. MODIFICATION DES CARACTÉRISTIQUES PAR VARIATION DE LA VITESSE

La variation de la vitesse d'entraînement est la méthode idéale pour modifier les caractéristiques tout en conservant un bon rendement dans une large plage de fonctionnement. Nous y reviendrons au chapitre suivant.

Il s'agit ici de montrer comment la variation de vitesse modifie les caractéristiques.

4.1. LES PARABOLES D'HOMOLOGIE

On cherche comment passer d'un point (hauteur H, débit Q) de la caractéristique H (Q) à la vitesse nominale Ω_n, à un point (hauteur h, débit q) à une autre vitesse Ω et ainsi tracer point par point la courbe $h\,(q)$ à la vitesse Ω.

De la même façon on veut passer de la courbe P (Q) à la vitesse Ω_n à la caractéristique $p\,(q)$ donnant la puissance absorbée à la vitesse Ω.

• On repart de la figure 2.24 représentant la courbe $(v_{u_2}/u_2) = f\,(v_{m_2}/u_2)$ ainsi que le triangle des vitesses en coordonnées sans dimension qui l'accompagne.

La vitesse angulaire de rotation passant de Ω_n à Ω, le triangle des vitesses réduites restera le même si les coordonnées du point M de la figure 2.24 restent les mêmes, c'est-à-dire si

$$\left(\frac{v_{u_2}}{u_2}\right)_{\Omega} = \left(\frac{v_{u_2}}{u_2}\right)_{\Omega_n} \quad ; \quad \left(\frac{v_{m_2}}{u_2}\right)_{\Omega} = \left(\frac{v_{m_2}}{u_2}\right)_{\Omega_n}. \tag{2.28}$$

A la vitesse Ω_n, la hauteur et le débit correspondaient au point S de la figure 2.31 et avaient pour valeurs

$$\mathrm{H} = \left(\frac{u_2^2}{g}\right)_{\Omega_n} \left(\frac{v_{u_2}}{u_2}\right)_{\Omega_n} \eta_{\mathrm{H},\,\Omega_n}$$

$$\mathrm{Q} = \left(\frac{v_{m_2}}{u_2}\right)_{\Omega_n} u_{2,\,\Omega_n}\,\pi\,\mathrm{D}_2\,b_2$$

avec η_{H}, rendement hydraulique,

D_2, diamètre de sortie de la roue,

b_2, largeur de sortie de la roue.

A la vitesse Ω, la hauteur et le débit correspondent au point homologue S′ et ont pour valeurs

$$h = \left(\frac{u_2^2}{g}\right)_\Omega \left(\frac{v_{u_2}}{u_2}\right)_\Omega \eta_{H,\Omega}$$

$$q = \left(\frac{v_{m_2}}{u_2}\right)_\Omega u_{2,\Omega}\, \pi\, D_2 b_2 .$$

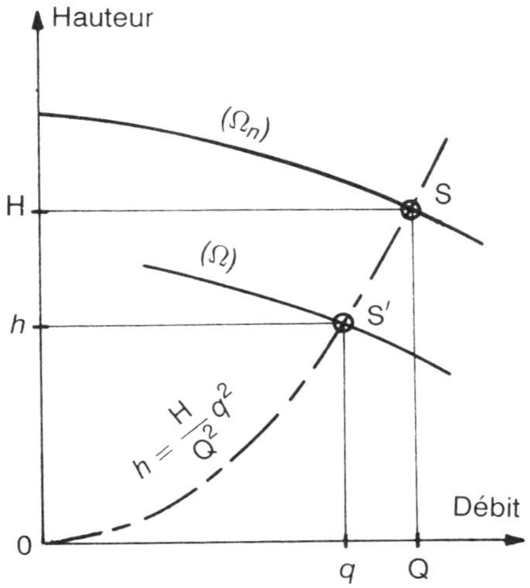

Figure 2.31

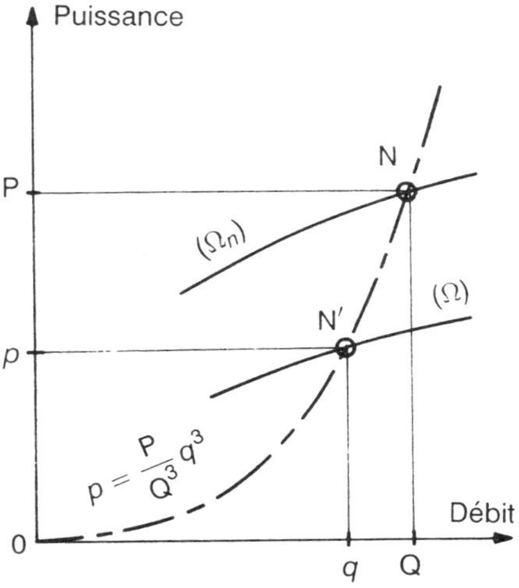

Figure 2.32

Comme les deux points S et S′ correspondent aux mêmes v_{2u}/u_2 et v_{2m}/u_2 les rendements hydrauliques sont peu différents ; en les supposant égaux, on obtient :

$$\frac{h}{H} = \frac{u_{2,\Omega}^2}{u_{2,\Omega_n}^2} \quad ; \quad \frac{q}{Q} = \frac{u_{2,\Omega}}{u_{2,\Omega_n}} .$$

Puisque $u_2 = \frac{D_2}{2}\Omega$,

$$\boxed{\frac{h}{H} = \left(\frac{\Omega}{\Omega_n}\right)^2 \quad ; \quad \frac{q}{Q} = \frac{\Omega}{\Omega_n}} . \qquad (2.29)$$

- De deux équations (2.29) on tire

$$h = \left(\frac{H}{Q^2}\right) q^2 \qquad (2.30)$$

cela signifie que tous les points homologues du point S, quelle que soit la vitesse, se trouvent sur la "parabole d'homologie" passant par S et dont (2.30) donne l'équation.

En traçant cette parabole pour différents points de H (Q), on pourra ensuite, à l'aide de (2.29), passer à $h(q)$ pour la vitesse Ω désirée.

A noter que les deux axes, débit et hauteur, sont des lieux de points homologues, le premier pour les points à hauteur nulle, le second pour les points à débit nul.

Pour $H = h = 0$, $q/Q = \Omega/\Omega_n$

Pour $Q = q = 0$, $h/H = (\Omega/\Omega_n)^2$.

• De la même façon, la puissance absorbée pour le débit de Q à la vitesse Ω_n (point N sur la figure 2.32) est

$$P = \eta_{\Omega_n} \rho g HQ$$

en désignant par η_{Ω_n} le rendement de la pompe.

Pour le point N′ homologue de N à la vitesse angulaire Ω, la puissance absorbée devient

$$p = \eta_{\Omega} \rho g h q.$$

Si on suppose que le rendement est le même que pour le point N, des relations (2.29) on déduit

$$\boxed{\frac{p}{P} = \frac{hq}{HQ} = \left(\frac{\Omega}{\Omega_n}\right)^3} . \qquad (2.31)$$

Puisque $\Omega/\Omega_n = q/Q$,

$$p = \left(\frac{P}{Q^3}\right) q^3. \qquad (2.32)$$

C'est l'équation d'une courbe (ou "parabole") cubique passant par le point N qui est le lieu de toutes les puissances homologues correspondant à ce point pour n'importe quelle vitesse angulaire Ω.

• ***Remarque***. En toute rigueur, les débits, hauteurs et puissances que l'on peut comparer à partir de l'identité des triangles des vitesses sont les débits, hauteurs et puissances internes. Pour passer aux grandeurs externes, il faudrait corriger les résultats donnés par la méthode que nous venons d'indiquer pour tenir compte des diverses pertes.

Toutefois ces résultats constituent une bonne approximation pour évaluer les effets de la variation de vitesse.

4.2. AUTRES MANIÈRES DE TRACER LES COURBES $h\ (q)$ ET $p\ (q)$

4.2.1. Méthode des tangentes

• Pour éviter le tracé de la parabole d'homologie et cela pour un certain nombre de points S, on substitue à la parabole passant par le point S, la tangente en ce point à cette courbe (fig. 2.33).

Le tracé de la tangente est très facile, puisque celle-ci coupe l'axe des débits au point d'abcisse Q/2.

En effet, la tangente à la parabole au point de coordonnées Q et H a pour équation

$$h = H + \left(\frac{dh}{dq}\right)_S (q - Q)$$

ou, compte tenu de (2.30),

$$h = \mathrm{H} + \left(\frac{\mathrm{H}}{\mathrm{Q}^2}\,2q\right)_{\mathrm{S}}(q-\mathrm{Q}) = \mathrm{H} + \frac{2\,\mathrm{H}}{\mathrm{Q}}(q-\mathrm{Q}) = -\mathrm{H} + \frac{2\,\mathrm{H}}{\mathrm{Q}}\,q\,.$$

Pour $h = 0,\ q = \mathrm{Q}/2$.

L'intersection de l'horizontale $h/\mathrm{H} = (\Omega/\Omega_n)^2$ avec la tangente au lieu de la parabole donne comme homologue du point S le point S″ au lieu du point S′.

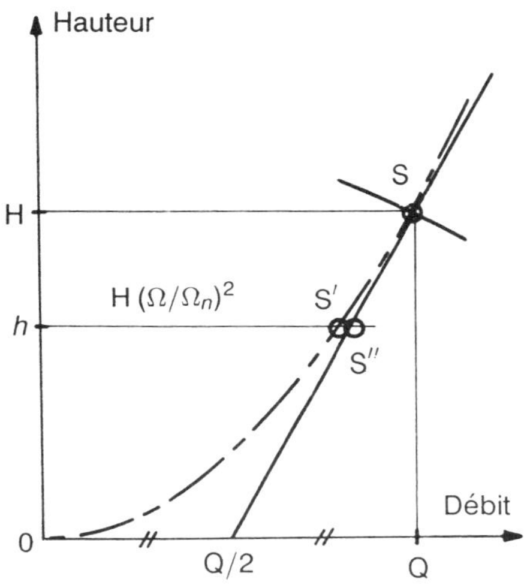

Figure 2.33

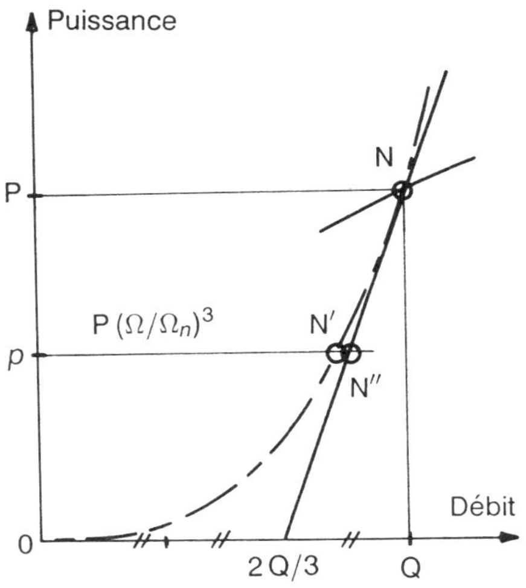

Figure 2.34

L'écart entraîné par cette approximation est acceptable si la variation de vitesse n'est pas trop grande.

(Cette méthode des tangentes est très utilisée dans les problèmes de pertes de charge quand celles-ci sont de la forme $\varphi = \mathrm{C}q^2$, avec C variable, pour l'étude de la fermeture d'une vanne par exemple.)

- On peut faire le même type d'approximation pour la puissance. La tangente au point N à la courbe

$$p = \left(\frac{\mathrm{P}}{\mathrm{Q}^3}\right) h^3$$

coupe l'axe des débits au point d'abscisse $2Q/3$.

Le point homologue de N est N″ au lieu de N′ (fig. 2.37).

4.2.2. Emploi de coordonnées logarithmiques

Si l'on trace les courbes H (Q) et P (Q) à la vitesse Ω_n sur du papier logarithmique, les courbes $h\,(q)$ et $p\,(q)$ à la vitesse Ω s'en déduisent par de simples translations.

– En effet,

$$\frac{h}{H} = \left(\frac{q}{Q}\right)^2 = \left(\frac{\Omega}{\Omega_n}\right)^2$$

devient

$$\log h - \log H = 2\,(\log q - \log Q) = 2\,(\log \Omega - \log \Omega_n). \tag{2.33}$$

Pour passer du point S de coordonnées (Q, H) au point S′ de coordonnées (q, h) il faut (fig. 2.35) effectuer une translation $\overrightarrow{T}_H$ dont la longueur est

suivant l'axe des q, $\log q - \log Q = \log \Omega - \log \Omega_n$,
suivant l'axe des h, $\log h - \log H = 2\,(\log \Omega - \log \Omega_n)$.

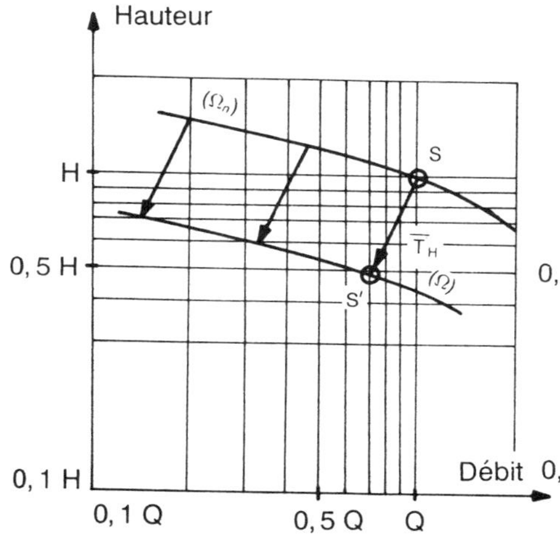

Figure 2.35

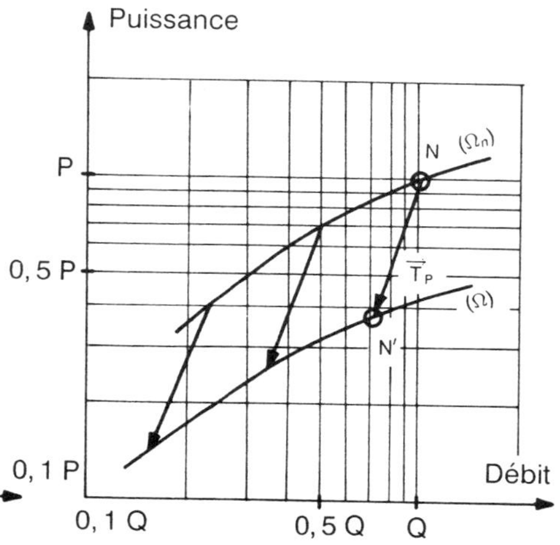

Figure 2.36

La translation est donc la même pour tous les points.

– De la même façon

$$\frac{p}{P} = \left(\frac{q}{Q}\right)^3 = \left(\frac{\Omega}{\Omega_n}\right)^3$$

devient

$$\log p - \log P = 3\,(\log q - \log Q) = 3\,(\log \Omega - \log \Omega_n). \tag{2.34}$$

Pour passer du point N de coordonnées (Q, P) au point N′ de coodonnées (q, p) il faut (fig. 2.36) effectuer une translation $\overrightarrow{T}_P$ de longueur

$\log \Omega - \log \Omega_n$ suivant l'axe des q,
$3\,(\log \Omega - \log \Omega_n)$ suivant l'axe des p.

Cette translation est la même pour tous les points de la courbe.

5. NOTES SUR LES POMPES HÉLICES

Dans la gamme des pompes rotodynamiques, les pompes hélices occupent une place particulière correspondant aux vitesses spécifiques les plus grandes, de 200 à 330 environ.

– Ces pompes sont conçues pour véhiculer de *gros débits* (pouvant atteindre plusieurs dizaines de milliers de m^3/h) mais sous de *faibles hauteurs*.

En effet, dans ces pompes, les particules liquides se déplacent, tant dans la roue que dans le redresseur qui la suit, sur des surfaces fictives cylindriques coaxiales. Contrairement aux autres pompes à n_s plus petit, il n'y a aucun effet centrifuge dans la roue. Il en résulte qu'on ne peut espérer créer beaucoup de pression. En fait on ne dépasse guère une hauteur énergique totale de 10 mètres, d'autant plus que les possibilités d'aspiration diminuent avec la hauteur et deviennent contraignantes pour les conditions d'installation.

– Très souvent, les pompes hélices sont installées verticalement avec la *roue noyée* dans le plan d'eau. Mais elles peuvent aussi être inclinées, avec roue dénoyée, ou placées horizontalement à sec au-dessus du plan d'eau, comme toute autre pompe de surface.

La disposition au-dessus de l'eau (ou "en aspiration") oblige à un amorçage avant le démarrage, car on évite en général de mettre un clapet de pied. Un tel clapet pourrait nuire à l'alimentation de la roue et est en tout cas exclu pour les grosses unités. Tout clapet engendre une perte de charge et diminue donc la hauteur d'aspiration géométrique possible.

– Les pompes hélices trouvent leur application usuelle dans le refoulement de gros débits avec un relèvement limité à quelques mètres : drainage de plaines en bordure de fleuves, de zones basses ; rejet d'eaux d'orage à partir des égoûts dans une rivière dont le niveau est supérieur à celui des égoûts ; cales de radoub ; pompes de refroidissement des condenseurs pour centrales thermiques. . .

5.1. ROUE ET DIFFUSEUR. TRIANGLE DES VITESSES

• Le rotor des pompes hélices compte en principe moins d'ailettes que les pompes de petit n_s. En général leur nombre est compris entre 2 et 5 ; les roues à 3 ailettes étant les plus fréquentes.

Le nombre d'aubes du redresseur est supérieur à celui de aubes de la roue et on choisit toujours des nombres premiers entre eux.

L'écoulement des particules dans la roue s'effectuant à diamètre constant, la roue est calculée par les mêmes méthodes que celles utilisées pour le calcul d'un aubage fixe (diffuseur). On adopte très généralement pour les aubes un profil en aile d'avion.

• Pour montrer les profils et tracer les triangles de vitesses, on développe sur le plan de la figure les cylindres coaxiaux fictifs de la roue et du redresseur correspondant à différents diamètres. La figure 2.37 donne un exemple d'un tel développement pour un rayon donné.

Au droit de l'entrée et de la sortie de la roue, de l'entrée et de la sortie du redresseur, en les affectant des indices 1, 2, 3 et 4, on a tracé les triangles des vitesses, en désignant par

$\vec{u}$ la vitesse de la roue,
$\vec{v}$ la vitesse du fluide,
$\vec{w}$ sa vitesse par rapport à la roue,

et en décomposant la vitesse du fluide en
sa composante tangentielle v_u,
et sa composante méridienne v_m.

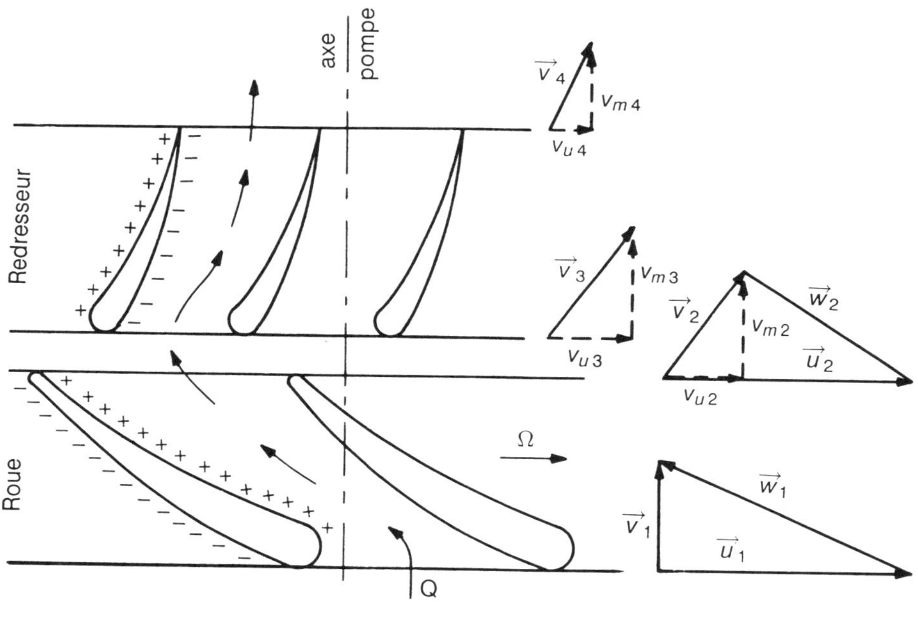

Figure 2.37

Ici la composante méridienne est parallèle à l'axe de la pompe et non plus, comme dans les pompes centrifuges pures, perpendiculaire.

On a évidemment $\vec{u}_2 = \vec{u}_1$.

Le fluide entrant dans le redresseur comme il sort de la roue, on a $\vec{v}_3 = \vec{v}_2$.

La continuité du débit donne $v_1 = v_{m_2} = v_{m_1} \cong v_{m_4}$, car les sections des passages restent en principe constantes, sauf celle d'indice 4 souvent un peu plus grande; d'où v_{m_4} un peu inférieur aux autres.

Le rôle du diffuseur est de rendre v_{u_4} inférieur à $v_{u_2} = v_{u_3}$.

Sur la figure 2.37, on a indiqué sur une ailette de la roue et une aube du redresseur la face en surpression par des signes +, la face en dépression par des signes −.

5.2. MÉTHODE D'ÉTUDE. REMARQUES

5.2.1. Emploi des résultats de l'étude des portances

Pour tracer la caractéristique pression-débit à vitesse d'entraînement donné, on peut utiliser, comme pour une pompe centrifuge, la relation

$$H = \frac{u_2 v_{u_2}}{g} \eta_H$$

en tenant compte toutefois que la vitesse u_2 de la roue et la composante v_{u_2} de la vitesse absolue du fluide à la sortie de celle-ci dépendent du rayon du cylindre considéré. Notons cependant qu'en général on calcule la pompe pour une même hauteur H à tous les diamètres (vortex libre).

– On utilise d'ordinaire, dans le cas des pompes hélices, les résultats de l'étude de la portance d'une aile en aérodynamique.

· Le profil d'une ailette est essentiellement caractérisé par sa *cambrure* c. C'est le quotient de la flèche maximale f présentée par la ligne située à égale distance des deux faces (ou "squelette") par la longueur ℓ, égale à AB, du profil (fig. 2.38.a).

$$c = f/\ell .$$

· L'inclinaison des ailettes est définie par l'*angle de calage* β_c, c'est l'angle que fait la corde AB du profil avec la perpendiculaire à l'axe (fig. 2.38.b).

· On définit la vitesse d'écoulement du fluide par rapport au profil par la moyenne, d'ordinaire notée $\overrightarrow{w}_\infty$, des vitesses relatives à l'entrée et à la sortie

$$\overrightarrow{w}_\infty = \frac{1}{2}\left(\overrightarrow{w}_1 + \overrightarrow{w}_2\right).$$

L'*angle d'incidence* i par rapport au profil est alors l'angle aigu que fait cette vitesse $\overrightarrow{w}_\infty$ avec la corde AB.

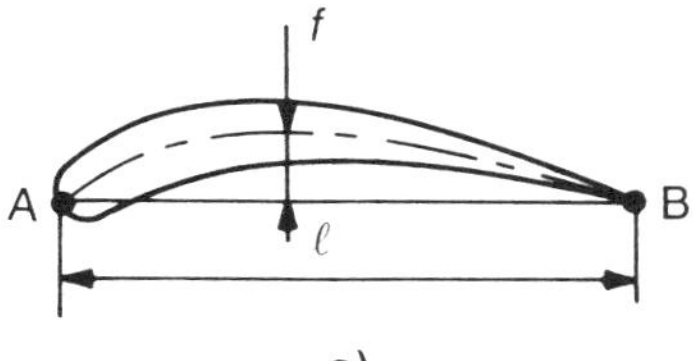

a)

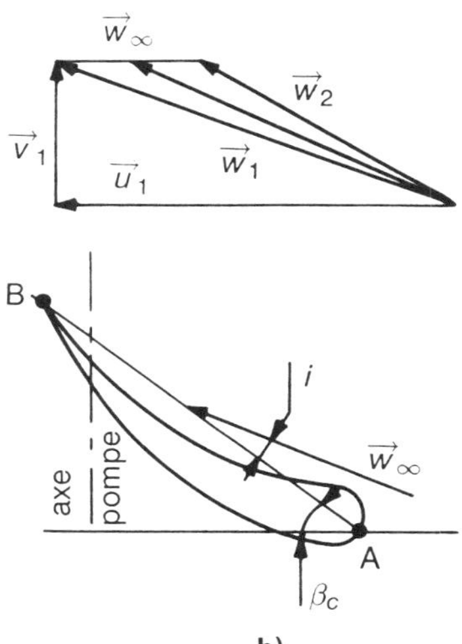

b)

Figure 2.38

– *La portance* d'une aile d'avion isolée (portance "monoplan") est la somme de deux termes :

- l'un, sensiblement constant et proportionnel à la "cambrure",
- l'autre, sensiblement proportionnel à l'angle d'incidence i.

– Dans un pompe, la portance, qui donne la pression exercée sur les ailettes par le fluide, donne, inversement, la pression générée par la roue.

Le calcul est plus compliqué que pour une aile isolée car il y a interaction entre les effets des ailettes et, d'autre part, le profil des ailettes évolue de façon continue de la périphérie de la roue jusqu'au moyeu.

5.2.2. Remarques

1° Quand on va de la périphérie au moyeu, la vitesse u_1 diminue et l'angle que fait $\vec{v}_\infty$ avec $\vec{u}_1$ augmente. Si on veut que la pression engendrée aux divers diamètres soit la même, il faut augmenter β_c, quand on se rapproche du moyeu, d'où une aube dont la forme est une surface gauche.

2° Les ailettes sont souvent boulonnées sur le moyeu de façon à pouvoir modifier, à l'arrêt et après démontage, l'angle de calage β_c (entre 10° et 35° par exemple).

Le constructeur peut ainsi couvrir avec une même pompe une large plage de débits pour une hauteur au QRM assez peu variable. Cela permet aussi d'ajuster les caractéristiques chez l'utilisateur si ses besoins ont évolué.

En augmentant β_c, on augmente le débit.

Assez rarement et pour les grosses pompes seulement, il est prévu un dispositif mécanique permettant le réglage en marche de l'angle β_c.

3° Du fait de la composante axiale des pressions sur les ailettes, il existe une *poussée axiale* importante dirigée vers l'aspiration. La valeur, en newtons, de cette poussée est approximativement égale à :

$$\rho g \frac{\pi D^2}{4} H$$

avec D, diamètre extérieur de la roue, en m,
H, hauteur pompe en m de liquide.

Cette poussée est absorbée par une butée à billes ou, éventuellement pour de très grosses pompes, une butée à patins.

5.3. CARACTÉRISTIQUES. FONCTIONNEMENT À DÉBIT RÉDUIT

5.3.1. Caractéristiques

Quand le débit Q diminue, la vitesse méridienne v_m diminue en tout point, l'angle d'incidence i augmente et avec lui la portance; la hauteur générée par la roue qui est pratiquement proportionnelle à la portance, augmente aussi, d'où une montée avec une pente forte et presque constante de H en fonction de la diminution de Q.

Lorsqu'on arrive à l'incidence critique (10° à 15°, selon les profils), la portance plafonne puis chute légèrement par suite du décollement des filets du fluide. D'où une sorte d'inflexion dans la courbe hauteur-débit et aussi dans la courbe de puissance qui lui est liée. Cette inflexion correspond pratiquement à la limite stable de fonctionnement, car la chute de la portance peut entraîner une baisse de la capacité d'aspiration, des vibrations et du bruit.

Si on continue néanmoins à réduire le débit, les phénomènes ci-dessus s'amplifient. L'interaction entre roue et redresseur, due aux tourbillons qui prennent naissance entre les deux aubages, provoque l'augmentation rapide de la hauteur et de la puissance jusqu'au débit nul.

L'allure des caractéristiques des pompes hélices a été donnée précédemment (fig. 2.30.c).

Ajoutons simplement que ces pompes, ne créant aucun effet centrifuge, sont très sensibles aux conditions d'alimentation; les perturbations à l'entrée influencent fortement les caractéristiques de hauteur et de puissance.

5.3.2. Marche à débit réduit

La puissance absorbée par une pompe hélice augmentant continuellement lorsque le débit diminue, pour éviter la surcharge du moteur à débit réduit, on peut employer un artifice qui consiste à déverser une partie du débit égale à la différence entre le débit minimal de la pompe, au-dessous duquel on ne veut pas descendre, et le débit effectivement utilisé, qui est ajusté par une vanne.

- 1ère ***solution***

Une première solution (fig. 2.39) consiste à placer une cheminée d'équilibre ch au départ du refoulement.

En marche normale, si Z est la cote du réservoir R par rapport au bassin d'aspiration, en ajoutant à Z la perte de charge normale (vanne V_1 ouverte) on obtient en AB la courbe de hauteur demandée à la pompe en fonction du débit Q. Le point d'intersection M de AB avec la caractéristique H (Q) de la pompe donne le débit Q_n, la hauteur H_n et la puissance absorbée P_n.

Le niveau d'arasement de la cheminée est légèrement supérieur à H_n ; il n'y a d'écoulement en fonctionnement normal.

Quand, par la vanne V_1 on réduit le débit, la courbe du réseau passe de AB à A′B′. S'il n'y avait pas de cheminée le point de fonctionnement serait en M′ et la puissance absorbée par le moteur P′ serait excessive.

Mais le niveau d'écoulement de la cheminée impose à la sortie de la pompe une valeur H″ correspondant au débit minimum Q_{min} choisi de telle façon que la puissance absorbée par le moteur P_{max} soit acceptable. La partie Q_R de Q_{min} va au réservoir, le reste $Q_{min} - Q_R$ est déversé par la cheminée.

- 2e ***solution***

On peut (fig. 2.40) ajouter une vanne de décharge V_2 qui permet de renvoyer au bassin d'aspiration une partie du débit de la pompe.

Au fur et à mesure que la vanne V_1 du refoulement réduit le débit Q_R sur le réservoir R, on augmente l'ouverture de V_2, en se basant par exemple sur l'intensité du courant absorbé par le moteur, pour accroître le débit Q_2 de retour au bassin d'aspiration.

On maintient ainsi $Q_R + Q_2$ entre Q_n et Q_{min}, donc la ligne piézométrique totale entre AB et A′B′.

L'une ou l'autre des solutions conduit au paradoxe suivant : pour réduire le courant absorbé par le moteur, il faut gaspiller une partie du débit de la pompe.

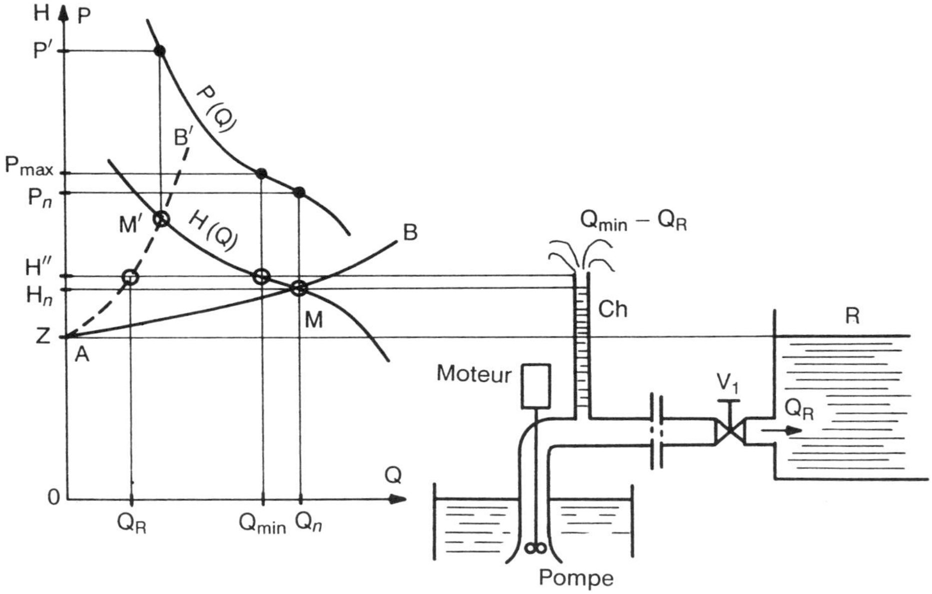

Figure 2.39

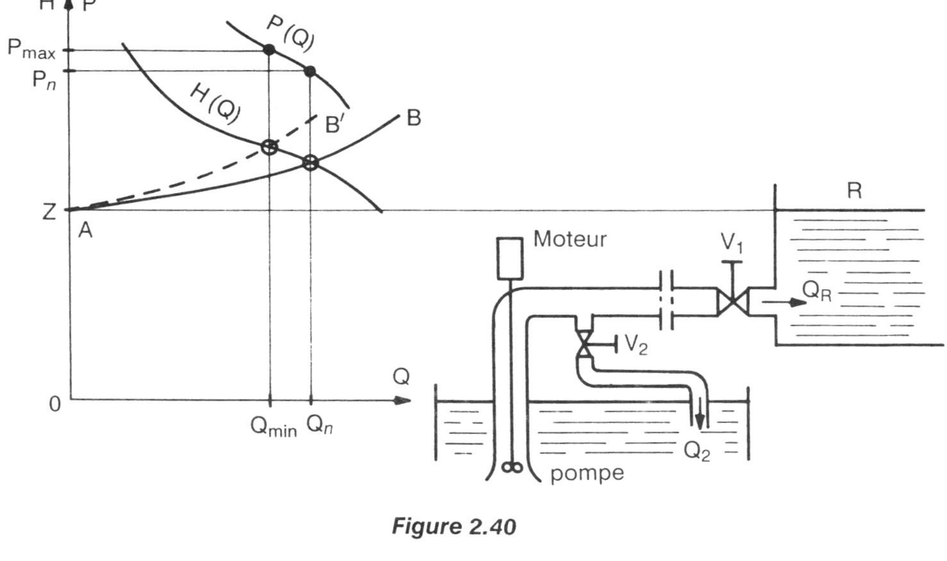

Figure 2.40

CHAPITRE 3

Les pompes centrifuges et axiales : avantages de la vitesse variable

L'entraînement par moteur électrique à vitesse variable des pompes centrifuges ou axiales présente deux types d'avantages :

- les premiers concernent les économies d'énergie que cet entraînement permet de réaliser,
- les seconds, moins facilement quantifiables, ont trait à la facilité d'exploitation, à la sûreté de fonctionnement et à la durée de vie des installations.

1. LES ÉCONOMIES D'ÉNERGIE

Avant de tracer des courbes montrant le gain en énergie permis par la vitesse variable, il faut indiquer comment ont été déterminés les paramètres ayant servi au tracé de ces courbes.

Pour cela, après une brève évocation des diverses façons de faire face aux variations de débit d'un réseau, nous montrerons comment caractériser celui-ci. Ayant ensuite présenté quelques pompes types et la façon de tracer leurs caractéristiques à vitesse variable en grandeurs réduites, nous pourrons passer au tracé de ces courbes.

1.1. L'ADAPTATION AUX VARIATIONS DE DÉBIT DES RÉSEAUX

Dans de nombreux cas, la demande de débit d'un réseau est variable à tout moment, par exemple selon l'heure du jour, le jour de la semaine, ou selon les besoins d'un process industriel. En général ce débit variable doit être fourni dans une fourchette de pression plus ou moins étroite.

L'exploitation d'une station de pompage doit répondre à cette demande avec le souci de la satisfaire au coût minimum.

Pour ce faire, plusieurs moyens sont possibles :

1° *Installer*, en plus de la pompe, un *réservoir d'accumulation* de volume convenable, château d'eau ou réservoir d'eau sous pression d'air, placé sur le refoulement, soit dans la station de pompage elle- même (réservoir sur pression), soit à l'extrémité aval du réseau ou en un point judicieusement choisi de celui-ci (château d'eau).

Dans ce cas, on fait travailler la pompe à vitesse fixe par tout ou rien. Elle remplit le réservoir pendant certaines périodes et travaille alors sous une hauteur sensiblement constante imposée par la cote ou la pression du réservoir d'accumulation. Le reste du temps, la pompe est arrêtée et le réservoir alimente le réseau.

La pompe est alors choisie pour avoir son rendement maximum pour la hauteur qu'elle fournit et le débit correspondant. De plus, on la fait marcher généralement de nuit pour profiter des heures creuses où l'électricité est meilleur marché.

2° Installer *plusieurs pompes* à vitesse fixe, indentiques en débit ou non, et faire varier le nombre de pompes en fonctionnement suivant le débit demandé pour s'y ajuster au mieux, tout en faisant en sorte que les pompes travaillent au voisinage de leur rendement maximum.

En fait, ce système est souvent combiné avec des réservoirs d'accumulation.

3° Équiper les pompes de *dispositifs de variation de vitesse*. Ceux-ci peuvent être mécaniques (variateurs à courroie), hydrauliques (coupleurs à écope) ou électromagnétiques (coupleur à courants de Foucault) et comporter des pièces en rotation, ou être purement statique utilisant un des procédés de variation de vitesse indiqués dans le première partie de cet ouvrage.

4° Ajuster le débit d'une pompe à vitesse fixe par une *vanne placée sur le refoulement*. Ce moyen est en principe à éviter car il s'accompagne d'une forte dépense d'énergie. D'ailleurs, si le vannage doit être fréquent ou prolongé, il nécessite l'emploi d'une vanne spéciale et onéreuse ; sinon on a des bruits et des vibrations importants et une usure rapide de la vanne.

Le réglage du débit par une vanne adaptée à cet usage (vanne pointeau, par exemple) est surtout utilisé en adduction gravitaire.

1.2. LES CARACTÉRISTIQUES HAUTEUR-DÉBIT DES RÉSEAUX

Le point de fonctionnement (hauteur H, débit Q) d'une pompe insérée dans un réseau est donné par l'intersection de la courbe $H = f(Q)$ caractéristique de la pompe entraînée à la vitesse Ω avec celle $H = g(Q)$ du réseau.

• A part les réseaux d'irrigation qui peuvent avoir une caractéristique H (Q) un peu différente, mais où néanmoins H est une fonction croissante du débit, la hauteur nécessitée par la plupart des réseaux est la somme

- d'une hauteur géométrique d'élévation Z,
- et d'une perte de charge φ proportionnelle au carré du débit,

$$H = Z + \varphi = Z + k_r Q^2, \tag{3.1}$$

k_r étant un coefficient qui dépend de l'installation (conduite et accessoires).

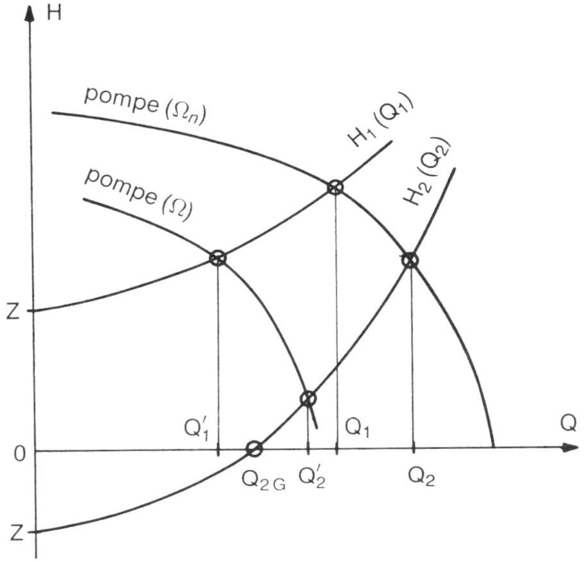

Figure 3.1

– Le plus souvent Z est positif ; c'est le cas des réseaux de refoulement dans un réservoir par un conduite plus ou moins longue, Z est la cote de ce réservoir par rapport au plan d'eau d'aspiration.

La figure 3.1 donne, par exemple, la courbe H_1 (Q_1) d'un tel réseau. Son intersection avec la caractéristique H (Q) de la pompe entraînée à sa vitesse nominale Ω_n donne un débit Q_1. Si on réduit la vitesse de la pompe ($\Omega < \Omega_n$), le débit devient égal à Q'_1.

– Mais la hauteur Z peut être négative, c'est-à-dire que la pompe refoule dans un réservoir dont la cote est inférieure à celle du plan d'eau de départ. C'est le cas important des *surpresseurs d'adductions gravitaires*.

Certaines villes sont fournies en eau par une conduite alimentée par un barrage, parfois assez éloigné, ayant une altitude suffisante. Une telle adduction fournit évidemment un débit bien défini, qu'on ne pourrait augmenter qu'en ajoutant une conduite en parallèle ou en remplaçant tout ou partie de la conduite par une autre de diamètre plus important.

Quand le débit devient insuffisant, on préfère habituellement intercaler une station de pompage (ou plusieurs en série) sur le trajet de la conduite. Un tel réseau a alors une perte de charge supérieure à la hauteur créée par la pompe, puisque la hauteur géométrique est négative.

La figure 3.1 donne, par exemple, la courbe H_2 (Q_2) d'un tel réseau. En l'absence de pompe, le débit est Q_{2G}. Avec la pompe entraînée à la vitesse Ω_n le débit passe à Q_2 ; si la pompe tourne à Ω, le débit est Q'_2. La pompe ne commence à agir qu'à partir de la vitesse qui rend son débit à hauteur nulle égal à Q_{2G}.

Dans ce cas, l'emploi de la vitesse variable est particulièrement intéressant.

• Si l'on admet que la pompe est bien adaptée au réseau, c'est-à-dire que lorsque la pompe tourne à sa vitesse nominale Ω_n, le réseau absorbe le débit nominal Q_n de la pompe sous la hauteur nominale H_n de celle-ci, si, de plus, on admet que la perte de charge φ dans le réseau est proportionnelle au carré Q^2 du débit (relation 3.1),

le rapport Z/H_n suffit à caractériser le réseau

$$H = Z + \left(H_n - Z \times \frac{Q}{Q_n}\right)^2$$

$$\boxed{\frac{H}{H_n} = \frac{Z}{H_n} + \left(1 - \frac{Z}{H_n}\right)\left(\frac{Q}{Q_n}\right)^2} \qquad (3.2)$$

avec Q et H égaux au débit, Q ou *q*, et à la hauteur, H ou *h*, de la pompe suivant que celle-ci tourne à sa vitesse nominale Ω_n ou à une autre vitesse Ω.

Les calculs des caractéristiques ont été effectués pour

$$\frac{Z}{H_n} = 1 \ ; \quad \frac{Z}{H_n} = 0,85 \ ; \quad \frac{Z}{H_n} = 0,50 \ ;$$

$$\frac{Z}{H_n} = 0 \ ;$$

$$\frac{Z}{H_n} = -0,25 \ ; \quad \frac{Z}{H_n} = -0,5 \ ; \quad \frac{Z}{H_n} = -1 \ ; \quad \frac{Z}{H_n} = -\infty \, .$$

$Z = H_n$ correspond à un circuit sans perte de charge

$Z = 0,85\,H_n$ est un cas assez représentatif du refoulement classique en adduction d'eau du point de vue du rapport de la perte de charge φ à la hauteur géométrique Z,

$Z = 0$ correspond à un circuit n'ayant que des pertes de charge (c'est sensiblement le cas qu'on trouvera pour les ventilateurs),

$Z = -\infty$ est le cas limite où Q est toujours égal à Q_n mais où H varie de H_n à zéro.

1.3. LES CARACTÉRISTIQUES DE LA POMPE

La pompe est caractérisée par sa caractéristique hauteur – débit H (Q) et sa caractéristique puissance absorbée – débit P (Q) à sa vitesse nominale d'entraînement Ω_n. Lors du fonctionnement nominal,

$$Q = Q_n \ ; \quad H = H_n \ ; \quad P = P_n \, .$$

1.3.1. Modification des caractéristiques avec la vitesse

On a vu (chapitre 2, § 4) comment passer des caractéristiques à la vitesse Ω_n aux caractéristiques à la vitesse Ω.

Si pour un point S à la vitesse Ω_n, on a :

un débit *Q*,

une hauteur H,

une puissance absorbée P,

un couple C, égale à P/Ω_n,

un rendement global η, égal $\rho g Q H/P$,

pour le point homologue S′ à la vitesse Ω, on aura

un débit $q = Q\,(\Omega/\Omega_n)$

une hauteur $h = \mathrm{H}\,(\Omega/\Omega_n)^2$
une puissance $p = \mathrm{P}\,(\Omega/\Omega_n)^3$
un couple $c = \mathrm{C}\,(\Omega/\Omega_n)^2$.

Remarques

1° L'homologie fait correspondre des points ayant des triangles de vitesse semblables, donc ayant en principe le même rendement hydraulique η_{H}.

Pour passer de P à p (ou de C à c) on suppose que le rendement global η est le même ou que les pertes, comme la puissance, varient comme le cube de la vitesse. Or les pertes dans les paliers et les presse- étoupes varient proportionnement à Ω (certains auteurs indiquent $\Omega^{1,25}$) et non à Ω^3 ; donc quand Ω diminue, ces pertes diminuent moins vite que la puissance et il y a une légère diminution du rendement.

2° La parabole d'homologie (voir fig. 2.30) d'équation

$$h = \left(\frac{\mathrm{H}_n}{\mathrm{Q}_n^2}\right) q^2$$

passant par le point de fonctionnement nominal délimite dans le système d'axes (q, h) deux zones :

- celle située à gauche où les points à vitesse réduite sont les homologues de points de la courbe H (Q) avec $\mathrm{Q} < \mathrm{Q}_n$,
- celle située à droite où les points à vitesse réduite sont les homologues de points de H (Q) avec $\mathrm{Q} > \mathrm{Q}_n$.

La zone gauche correspond à des valeurs de Z positives, c'est-à-dire à une élévation de l'eau : le débit q peut varier de 0 à Q_n.

La zone de droite correspond à des valeurs de Z négatives, c'est-à-dire à une surpression d'eau gravitaire : le débit q ne pourra varier que d'un débit au moins égal au débit gravitaire jusqu'à Q_n.

3° Les caractéristiques calculées l'ont été en supposant

- que la vitesse nominale Ω_n était la vitesse maximale, donc en se limitant aux valeurs de Ω/Ω_n inférieures à l'unité,
- que le débit nominal Q_n était le débit à rendement maximum QRM et que le rendement était le même pour les points homologues.

Les variables q, h, p sont rapportées à leurs valeurs Q_n, H_n, P_n correspondant au fonctionnement nominal à la vitesse nominale.

1.3.2. Calcul du gain par rapport au vannage

Bien que la réduction du débit d'une pompe tournant à la vitesse constante Ω_n par action sur une vanne ne constitue pas une solution réaliste, surtout pour les gros débits, la comparaison avec ce mode de réglage du débit est la façon la plus simple de chiffrer le gain en puissance procuré par la variation de vitesse.

Pour obtenir un débit q par vannage, la pompe doit absorber une puissance P lue sur la caractéristique P (Q) à la vitesse Ω_n pour Q égal à q.

D'où le gain ou économie de puissance rapporté à la puissance nominale

$$\boxed{G = \frac{1}{P_n}\left[P_{q,\Omega_n} - p_{q,\Omega}\right]}\,. \tag{3.3}$$

Remarque. Si la pompe au lieu de recevoir la puissance p directement d'un moteur à vitesse variable, est entraînée à la vitesse Ω par l'intermédiaire d'un coupleur, à partir d'un moteur à vitesse Ω_n constante, la puissance fournie par le moteur est :

$$p' = c\,\Omega_n = c\,\Omega\,\frac{\Omega_n}{\Omega} = p\,\frac{\Omega_n}{\Omega}\,.$$

En effet le coupleur absorbe à l'entrée le même couple que celui qu'il développe à la sortie.

L'écart

$$p' - p = p\,\frac{\Omega_n - \Omega}{\Omega}$$

est dépensé dans le coupleur. (On peut remarquer que $(\Omega_n - \Omega)/\Omega$ représente aussi la fraction de la puissance perdue par glissement d'un moteur asynchrone qu'on fait glisser par un rhéostat rotorique.)

Si on voulait rapporter à P_n le gain de puissance dû au passage de la solution coupleur à celle entraînement direct par moteur à vitesse variable, ce gain réduit serait

$$G' = \frac{1}{P_n}(p' - p) = \frac{p}{P_n}\,\frac{\Omega_n - \Omega}{\Omega}\,. \tag{3.4}$$

On le déduirait directement des courbes donnant les variations de Ω/Ω_n et de p/P_n.

1.3.3. Pompes utilisées pour les calculs

Le tableau 3.1 donne les principales caractéristiques de cinq pompes, repérées par A, B, C, D, E, sur lesquelles nous avons effectué les calculs, c'est-à-dire :

- le nombre n_e d'étage,
- les valeurs nominales du débit Q_n, de la hauteur H_n, de la puissance absorbée P_n et de la vitesse N_n,
- la vitesse spécifique n_s et le rendement η_n qui en découlent,
- les valeurs relatives H_0/H_n et P_0/P_n de la hauteur et de la puissance à vanne fermée ou débit nul, du débit maximum Q_M/Q_n qui donnent l'allure des caractéristiques.

Type	n_e	Q_n m^3/h	H_n m	P_n Kw	N_n t/m	η_n	n_s	$\frac{H_0}{H_n}$	$\frac{P_0}{P_n}$	$\frac{Q_M}{Q_n}$
A	1	485	82	139	1 450	0,78	19,5	1,10	0,29	2
B	3	1 040	181	610	1 450	0,84	36	1,26	0,54	1,83
C	1	4 550	6,15	95	370	0,80	107	1,32	0,91	1,6
D	5	1 870	140	860	1 450	0,83	86	1,57	0,79	1,47
E	1	12 200	4,2	170	418	0,85	262	2,9	2	1,38

Tableau 3.1

Les pompes A et B sont des pompes classiques, la première est une centrifuge pure, la seconde une centrifuge à ailettes légèrement gauches.

La pompe C est une hélico-centrifuge qui grâce à un tracé spécial des aubes présente des caractéristiques plus centrifuges que ne l'indiquerait son n_s.

La pompe D est une pompe verticale à redresseur.

La pompe E est une pompe à hélice "extrême", c'est-à-dire donnant une très grande hauteur à débit nul.

1.4. CARACTÉRISTIQUES À HAUTEUR GÉOMÉTRIQUE D'ÉLÉVATION POSITIVE

1.4.1. Caractéristiques en fonction de la hauteur d'élévation

La figure 3.2 donne, en fonction du rapport Z/H_n, les variations
de la vitesse Ω/Ω_n,
de la puissance absorbée p/P_n,
du gain par rapport au vannage G,
pour trois valeurs du débit réduit

$$\frac{q}{Q_n} = 0,25 \; ; \; \frac{q}{Q_n} = 0,5 \; ; \; \frac{q}{Q_n} = 0,75.$$

– Les caractéristiques $\Omega/\Omega_n = f\,(Z/H_n)$ montrent comment il faut réduire la vitesse quand la hauteur géométrique relative diminue et cela d'autant plus nettement que le débit est plus faible.

Pour $Z/H_n = 0$, q/Q_n égale Ω/Ω_n.

– Les caractéristiques $p/P_n = f\,(Z/H_n)$ montrent comment la puissance absorbée diminue quand Z/H_n diminue, cette diminution étant d'autant plus nette que le débit est plus faible.

– La dispersion des courbes de ces deux familles de caractéristique sous l'effet de la vitesse spécifique n'est pas très grande, malgré l'étendue de l'éventail des n_s couvert par les cinq pompes étudiées. De plus cette dispersion diminue lorsque le débit augmente.

Ce sont d'ailleurs les pompes C et E, les moins classiques, qui donnent les caractéristiques s'éloignant le plus de la tendance générale :

– Pour $Z = 0,85\,H_n$, si on écarte la pompe hélice, on obtient :
pour $q = 0,25\,Q_n$, $0,78 < \Omega/\Omega_n < 0,88$
pour $q = 0,50\,Q_n$, $0,82 < \Omega/\Omega_n < 0,90$
pour $q = 0,75\,Q_n$, $0,89 < \Omega/\Omega_n < 0,94$.

Pour cette valeur de Z/H_n, qui représente un cas assez défavorable au point de vue gain d'énergie, si on écarte la pompe C, la puissance absorbée est en gros :
35 à 40 % de P_n, pour $q = 0,25\,Q_n$
50 à 55 % de P_n, pour $q = 0,50\,Q_n$
70 à 75 % de P_n, pour $q = 0,75\,Q_n$.

Le gain par rapport à la puissance nominale est le complément à 100 % de ces valeurs, c'est-à-dire qu'il est tout à fait appréciable.

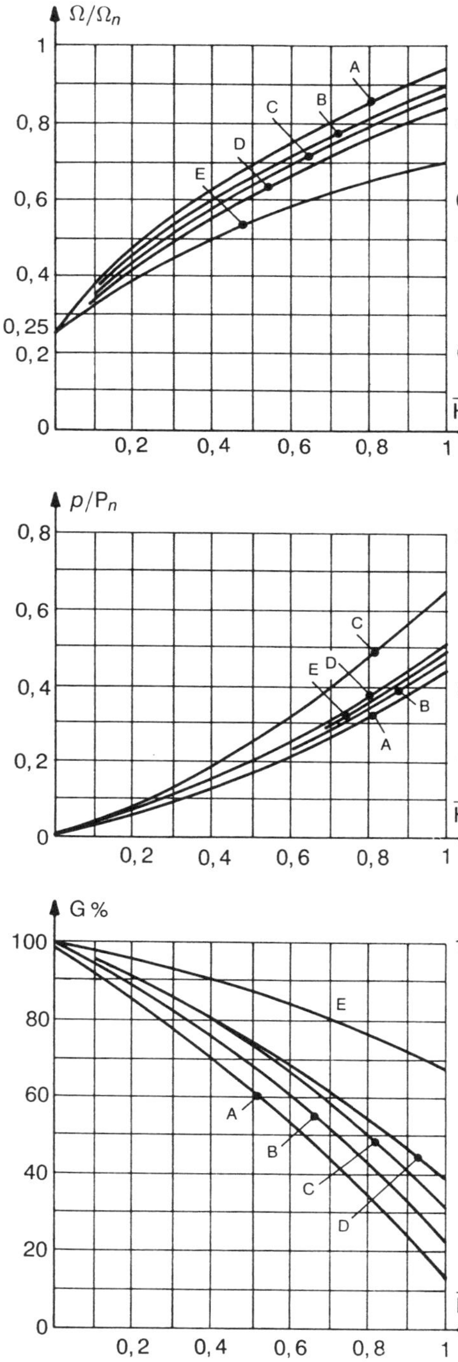

$q/Q_n = 0,25$

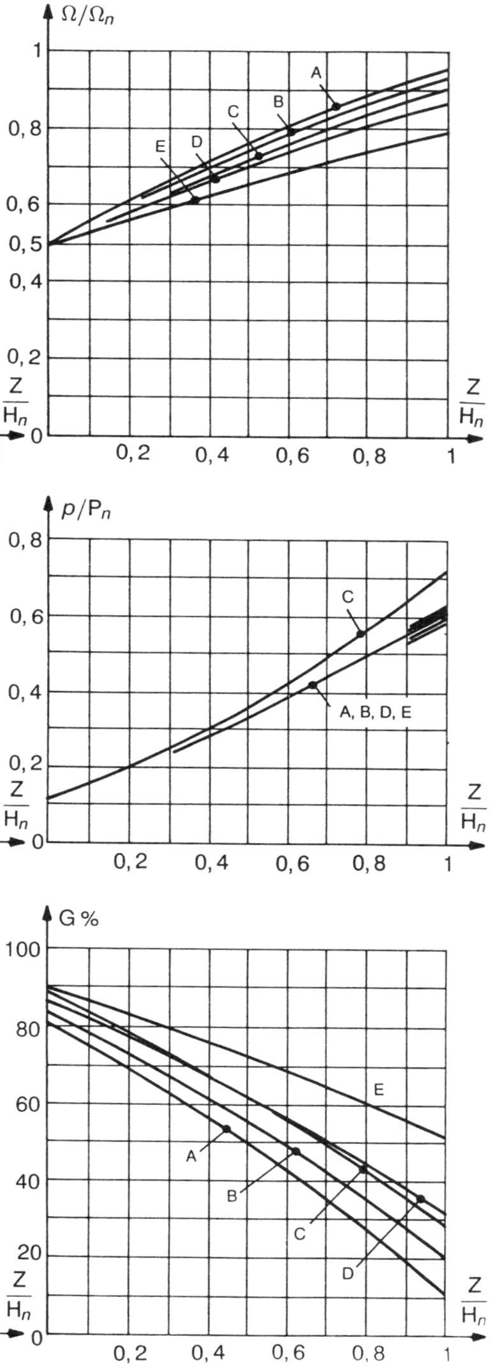

$q/Q_n = 0,50$

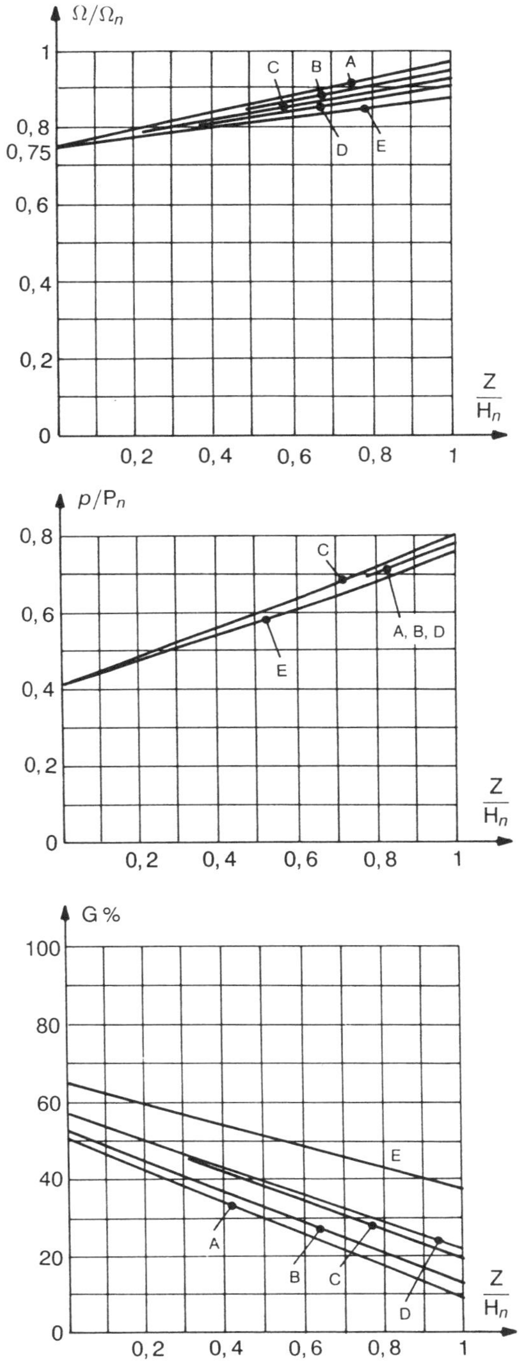

$q/Q_n = 0,75$

Figure 3.2

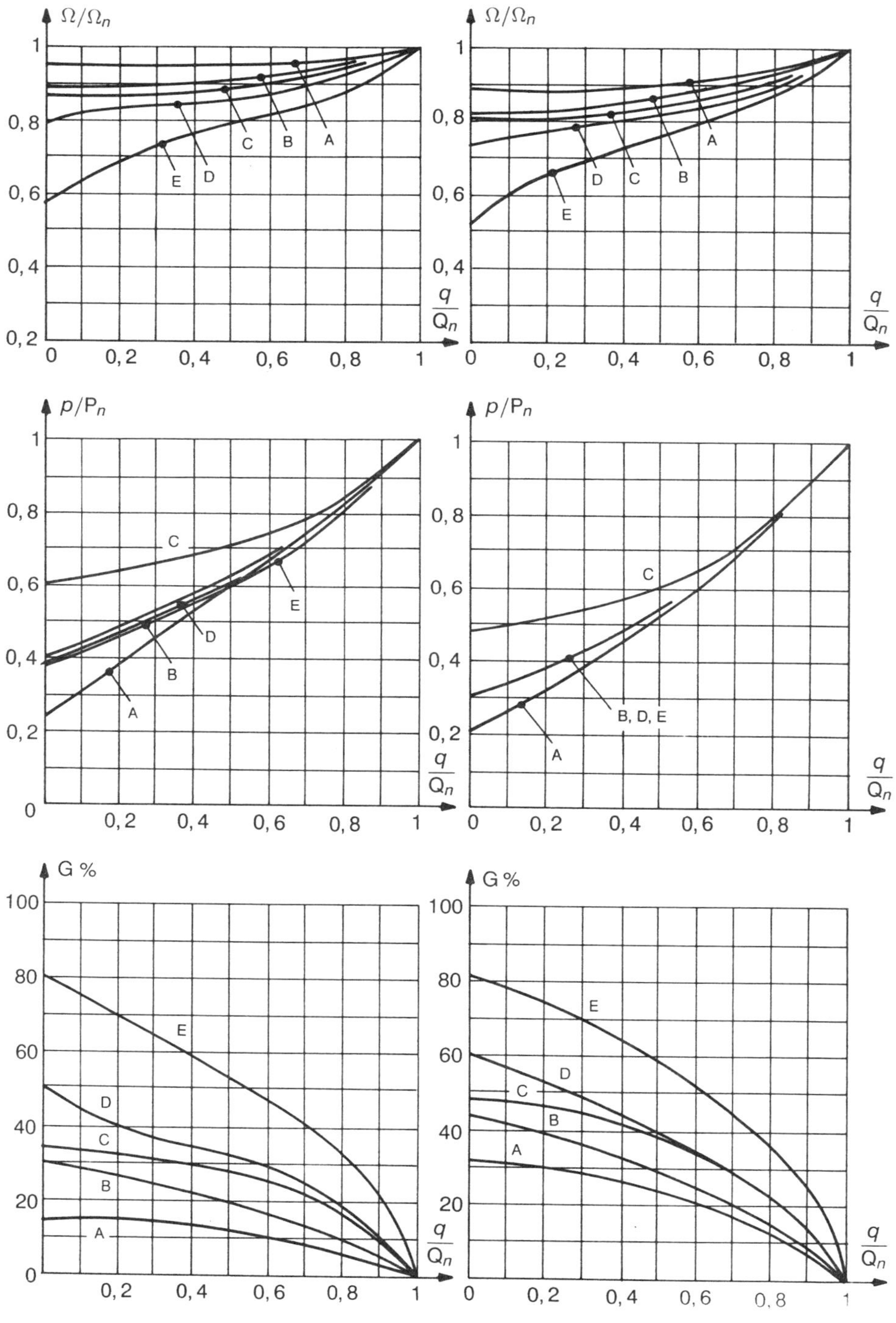

$Z/H_n = 1$ $Z/H_n = 0,85$

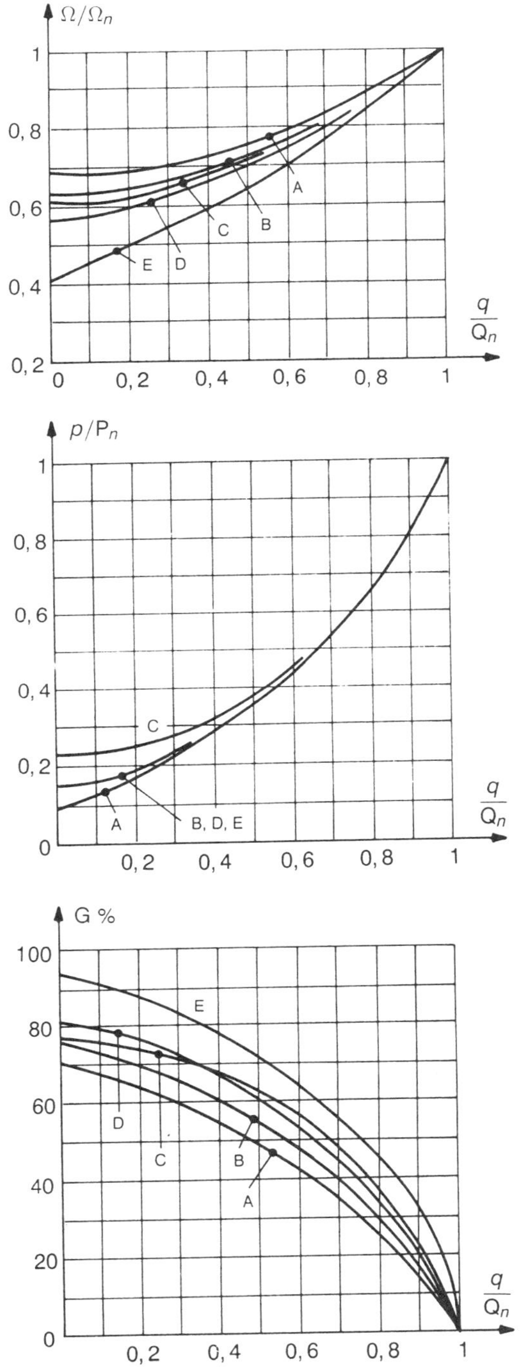

$Z/H_n = 0,50$

Figure 3.3

– Les courbes $G = f(Z/H_n)$ donnant le gain par rapport au vannage sont beaucoup plus dispersées que les courbes $p/P_n = f(Z/H_n)$. Cela tient au fait que la puissance dépensée pour réduire le débit par vannage dépend de la forme de la caractéristique $H(Q)$ de la pompe, or d'après leurs n_s les pompes ont des caractéristiques $H(Q)$ très différentes.

1.4.2. Caractéristiques en fonction du débit

La figure 3.3 donne en fonction de q/Q_n, les variations

de la vitesse Ω/Ω_n,

de la puissance absorbée p/P_n,

du gain G par rapport au vannage,

pour

$$\frac{Z}{H_n} = 1 \ ; \ \frac{Z}{H_n} = 0,85 \ ; \ \frac{Z}{H_n} = 0,5.$$

Cette représentation permet de mieux saisir l'évolution de la vitesse, de la puissance absorbée et du gain par rapport au vannage, en fonction du débit pour un réseau (Z/H_n) donné.

– Si on exclut la pompe C au tracé spécial, on voit que, pour q égal ou supérieur à $0,5\,Q_n$, l'influence de la vitesse spécifique est très faible sur la puissance absorbée.

Pour $q = 0,5\,Q_n$,

$p \simeq 0,6\,P_n$, pour $Z = H_n$

$p \simeq 0,50$ à $0,55\,P_n$, pour $Z = 0,85\,H_n$

$p \simeq 0,35\,P_n$, pour $Z = 0,5\,H_n$.

Plus Z/H_n diminue, plus la puissance dépensée diminue et plus le faisceau de courbes est resserré.

– L'effet de la vitesse spécifique est plus sensible sur la variation de vitesse nécessaire pour faire varier le débit.

Même en mettant à part la pompe hélice,

pour $q = 0,5\,Q_n$:

Ω/Ω_n varie de 0,87 à 0,95 , pour $Z = H_n$,

Ω/Ω_n varie de 0,83 à 0,90 , pour $Z = 0,85\,H_n$,

Ω/Ω_n varie de 0,80 à 0,86 , pour $Z = 0,5\,H_n$.

1.4.3. Cas du réseau tout en perte de charge

Le cas particulier où Z est nul est celui des circulations d'eau en circuit fermé, depuis les accélérateurs de chauffage central jusqu'aux pompes primaires des centrales nucléaires. C'est aussi pratiquement le cas des lances d'incendie. Ce sera également le cas des ventilateurs.

On travaille alors toujours en un point homologue du point nominal (Q_n, H_n, Ω_n).

On a donc

$$q = Q_n\left(\frac{\Omega}{\Omega_n}\right) \ ; \ h = H_n\left(\frac{\Omega}{\Omega_n}\right)^2$$

et, si on suppose le rendement constant :

$$p = P_n\left(\frac{\Omega}{\Omega_n}\right)^3 \ ; \ c = C_n\left(\frac{\Omega}{\Omega_n}\right)^2.$$

Les caractéristiques (fig. 3.4) sont indépendantes de n_s. Le couple, qui est toujours une fonction parabolique de la vitesse Ω, est aussi dans ce cas une fonction parabolique du débit. (On peut remarquer que, dans le cas où la pompe est entraînée à partir d'un moteur à vitesse constante Ω_n par l'intermédiaire d'un coupleur, p/P_n coïncide avec c/C_n puisque p égale $C\,\Omega_n$ et que P_n égale $C_n\,\Omega_n$.)

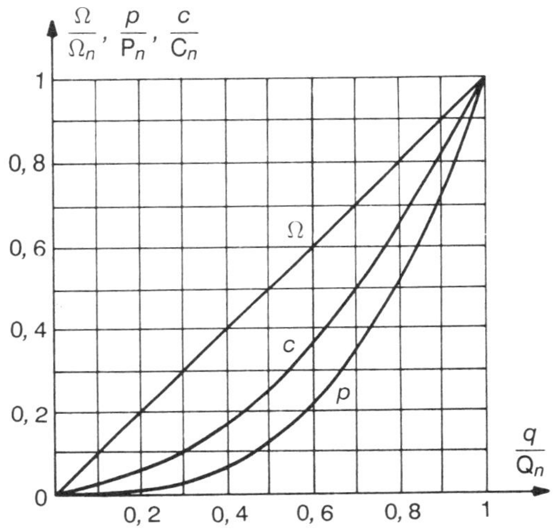

Figure 3.4

1.5. CARACTÉRISTIQUES À HAUTEUR GÉOMÉTRIQUE D'ÉLÉVATION NÉGATIVE

1.5.1. Caractéristiques en fonction du débit

– Comme on l'a indiqué, Z négatif correspond au cas des surpresseurs d'adductions gravitaires.

Nous nous limiterons au tracé des caractéristiques (fig. 3.5) donnant

la vitesse Ω/Ω_n,
la puissance absorbée p/P_n,
le gain par rapport au vannage G.

en fonction du débit q/Q_n, pour

$$\frac{Z}{H_n} = -0,25 \; ; \quad \frac{Z}{H_n} = -0,50 \; ; \quad \frac{Z}{H_n} = -1.$$

– Dans tous les cas, en pompage le débit minimum q_G n'est pas nul. Il est égal au débit gravitaire, la pompe n'intervenant que pour augmenter le débit par rapport à q_G.

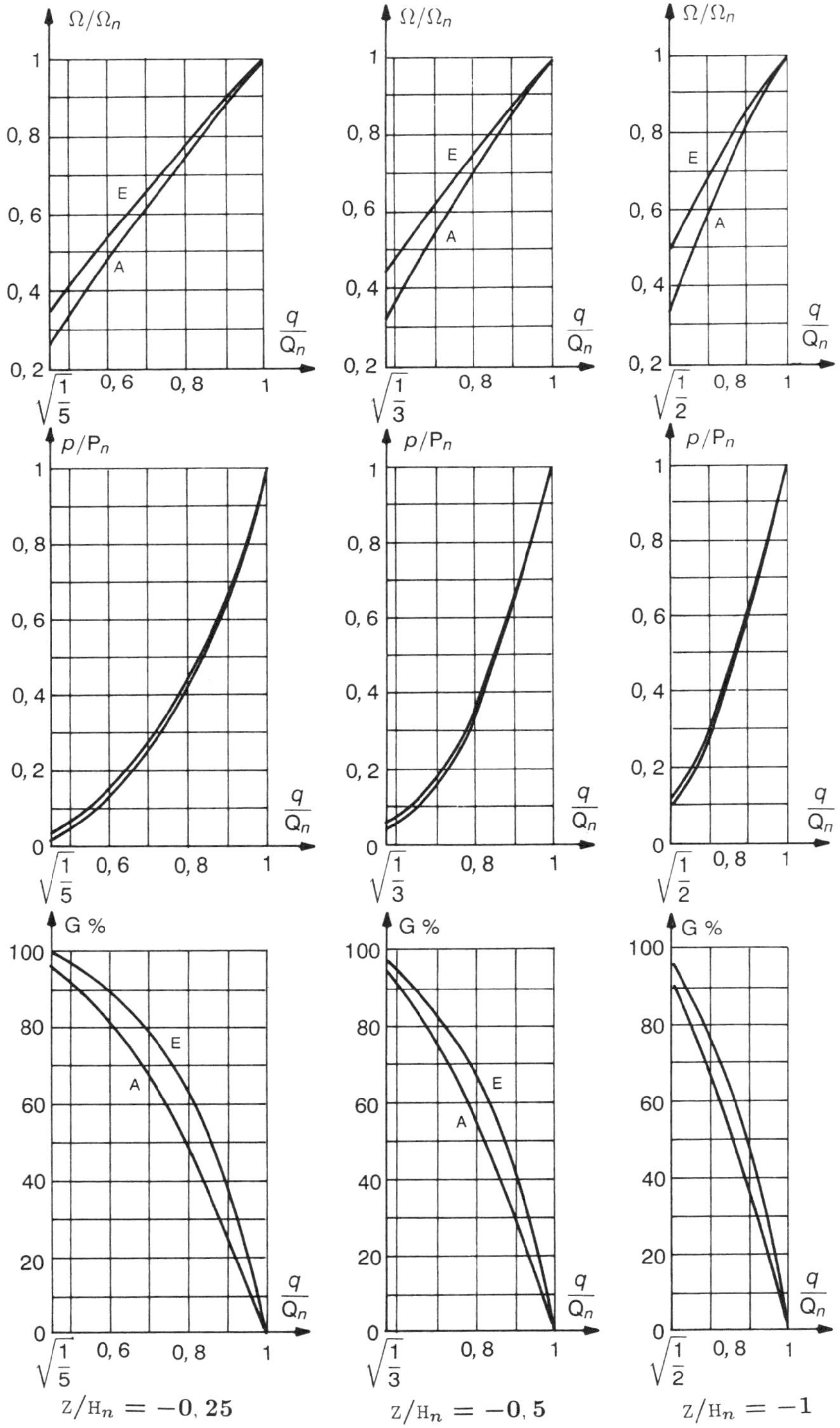

Figure 3.5

La relation (3.2) dans laquelle on fait $H = 0$ et $Q = q_G$ donne :

$$\frac{q_G}{Q_n} = \sqrt{\frac{-Z/H_n}{1-(Z/H_n)}} = \sqrt{\frac{1}{1-\frac{H_n}{Z}}} \tag{3.5}$$

soit q_G/Q_n respectivement égal à 0,447, à 0,577 et à 0,707 pour Z/H_n égal à 0,25, à 0,50 et à 1.

– La figure 3.5 montre que malgré la différence des formes des caractéristiques H (Q) des cinq pompes, les courbes donnant la puissance absorbée en fonction du débit se réduisent pratiquement à une seule (on n'a tracé que les deux courbes les plus éloignées). La diversité des n_s n'a guère d'influence.

La puissance absorbée, négligeable pour q égal à q_G, croît à peu près proportionnellement au supplément de pression demandé pour accroître le débit, donc à $q^2 - q_G^2$.

– Les courbes donnant la variation de vitesse dépendent un peu plus de n_s (on n'a toutefois reproduit que les deux caractéristiques les plus éloignées de l'axe du faisceau).

Quel que soit Z, la vitesse minimum nécessaire est faible, de 30 à 50 % de Ω_n. Cela est dû au fait que pour débiter q_G sous une hauteur nulle, la pompe doit tourner lentement.

1.5.2. Caractéristique à débit constant

Dans le cas limite où on fait varier la hauteur à débit constant et égal à Q_n (fig. 3.6),

- la puissance absorbée croît à peu près proportionnellement à la hauteur ; elle dépend peu de n_s (on n'a tracé la courbe que pour la pompe A) ;
- la vitesse croît elle aussi à peu près proportionnellement à h, à partir d'une valeur, à hauteur nulle, qui est d'autant plus grande que n_s est plus élevé (ou Q_M/Q_n plus réduit).

1.6. CONCLUSION GÉNÉRALE SUR LA PUISSANCE ABSORBÉE PAR UNE POMPE ENTRAÎNÉE À VITESSE VARIABLE

Toutes les caractéristiques des figures 3.2, 3.4, 3.5 et 3.6 montrent que
lorsqu'on réduit la hauteur créée par un pompe,
ou lorsqu'on réduit son débit,
par réduction de la vitesse de rotation, la puissance absorbée diminue rapidement.

Pour terminer cette brève présentation de l'intérêt énergétique de la vitesse variable, nous allons

- présenter la règle du gain minimal mise en évidence par J. MANON,
- montrer l'allure des caractéristiques complètes tracées pour une pompe donnée en vue de l'utilisation de celle-ci à vitesse variable.

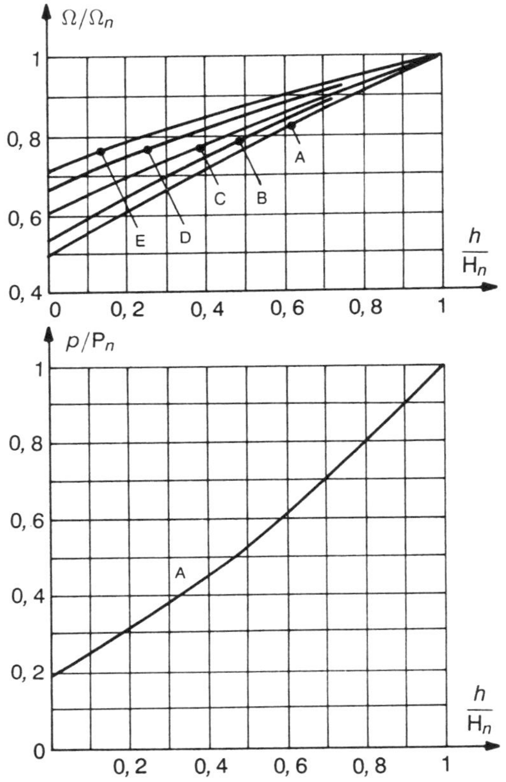

$q = Q_n$

Figure 3.6

1.6.1. Règle du gain minimal

• On considère d'abord le cas où la *hauteur géométrique Z est positive*.

La caractéristique $h(q)$ du réseau passant par le point (Q_n, H_n) est située entre la parabole passant par ce point et l'origine (qui correspond à $Z = 0$) et l'horizontale à h constant et égal à H_n (qui correspond à un réseau sans perte de charge) (fig. 3.7).

Soit m un point de cette caractéristique, obtenu grâce à une réduction de la vitesse, q et h ses coordonnées. Considérons le point M, correspondant au même débit q, pris sur la caractéristique de la pompe entraînée à la vitesse Ω_n ; soit H la hauteur correspondante.

– Pour le fonctionnement en m, la pompe absorbe

$$p = \frac{\rho g h q}{(\eta)_{q,\,\Omega}}.$$

Pour le fonctionnement en M, elle absorbe

$$P = \frac{\rho g H q}{(\eta)_{q,\,\Omega_n}}.$$

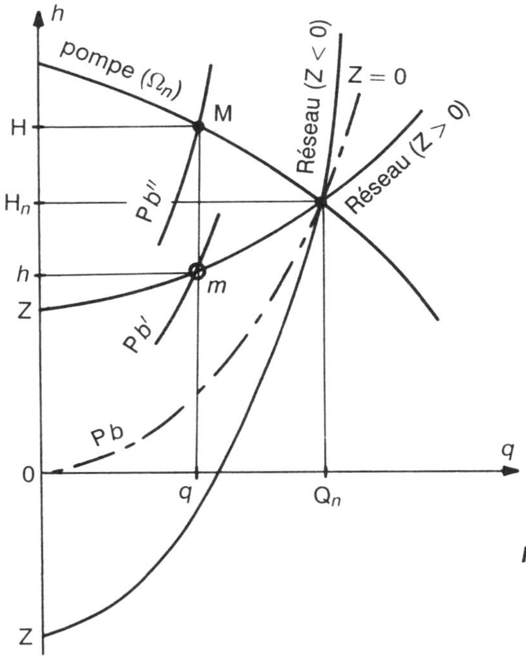

Figure 3.7

Donc

$$\frac{p}{P} = \frac{h}{H}\,\frac{(\eta)_{q,\,\Omega_n}}{(\eta)_{q,\,\Omega}}\,.$$

La parabole d'homologie Pb' passant par le point m est plus voisine de la parabole Pb passant par le point nominal, que celle Pb'' passant par M. Or les paraboles d'homologie sont des lieux de points à même rendement et Pb est celle correspondant au rendement maximum.

$$(\eta)_{q,\,\Omega} > (\eta)_{q,\,\Omega_n}$$

$$p < P\,\frac{h}{H}\,.$$

– On peut mettre en évidence les valeurs relatives

$$\frac{p}{P_n} < \frac{h}{H_n}\,\frac{P/P_n}{H/H_n}\,.$$

Or, pour toutes les pompes, pour $Q < Q_n$ le rapport P/P_n est toujours inférieur à H/H_n. On a donc

$$\frac{p}{P_n} < \frac{h}{H_n}\,. \tag{3.6}$$

• A la limite, quand *la hauteur géométrique Z est nulle*, les points de fonctionnement sont sur la parabole d'homologie passant par le point nominal.

La relation (2.29) donne alors

$$\frac{h}{H_n} = \left(\frac{\Omega}{\Omega_n}\right)^2 \; ; \; \frac{p}{P_n} = \left(\frac{\Omega}{\Omega_n}\right)^3 .$$

Donc

$$\frac{p}{P_n} = \left(\frac{\Omega}{\Omega_n}\right) \frac{h}{H_n} < \frac{h}{H_n}, \quad \text{puisque } \frac{\Omega}{\Omega_n} < 1 .$$

• Quand *la hauteur géométrique Z est négative*, on peut comparer les valeurs de p/P_n données par les courbes de la figure 3.5 aux valeurs de h/H_n données par les paraboles d'équations :

$$\frac{h}{H_n} = \frac{Z}{H_n} + \left(1 - \frac{Z}{H_n}\right)\left(\frac{q}{Q_n}\right)^2 .$$

On voit que p/P_n est inférieur à h/H_n, sauf pour Z/H_n égal à -1 et seulement, dans ce cas, pour h/H_n inférieur à 0,05 environ.

• Enfin, dans le cas limite du débit constant et égal à Q_n, la courbe de la figure 3.6 montre que p/P_n est supérieur à h/H_n, mais l'écart n'est important que pour les faibles valeurs de h/H_n, là où les puissances sont les plus faibles.

• En conclusion, *dans tout le rectangle délimité par l'axe des débits q, l'axe des hauteurs h, l'horizontale d'équation* $h = H_n$, *la verticale* $q = Q_n$, *on a pour tous les points* :

$$\boxed{\frac{p}{P_n} < \frac{h}{H_n}}, \tag{3.7}$$

sauf dans le coin du rectangle correspondant à $h = 0$ et $q = Q_n$ où p/P_n est légèrement supérieur à h/H_n.

1.6.2. Caractéristiques d'une pompe en vue de son utilisation à vitesse variable

La figure 3.8 montre pour une pompe réelle, bien représentative des pompes centrifuges (pompe B, $n_s = 36$), les courbes H (Q) et P (Q) à la vitesse nominale. On en a déduit les caractéristiques $h\,(q)$ pour diverses valeurs de la vitesse et, dans le système d'axes $(q,\, h)$ les courbes d'égal p.

Les courbes $h/H_n = f\,(q/Q_n)$ sont tracées en traits continus et repérées par la valeur de Ω/Ω_n correspondante.
Les courbes d'égal p/P_n sont tracées en traits interrompus et repérées par la valeur de p/P_n correspondante.

Ces caractéristiques ont été tracées en utilisant les propriétés des paraboles d'homologie (voir chapitre 2, § 4.1).

Pour chaque point de fonctionnement, donné par q/Q_n et h/H_n, on peut lire directement Ω/Ω_n et p/P_n.
Ainsi pour le point M, tel que :

$$q/Q_n = 0,5 \; ; \; h/H_n = 0,56$$

on lit

$$\Omega/\Omega_n = 0,7 \ ; \ p/P_n = 0,3 .$$

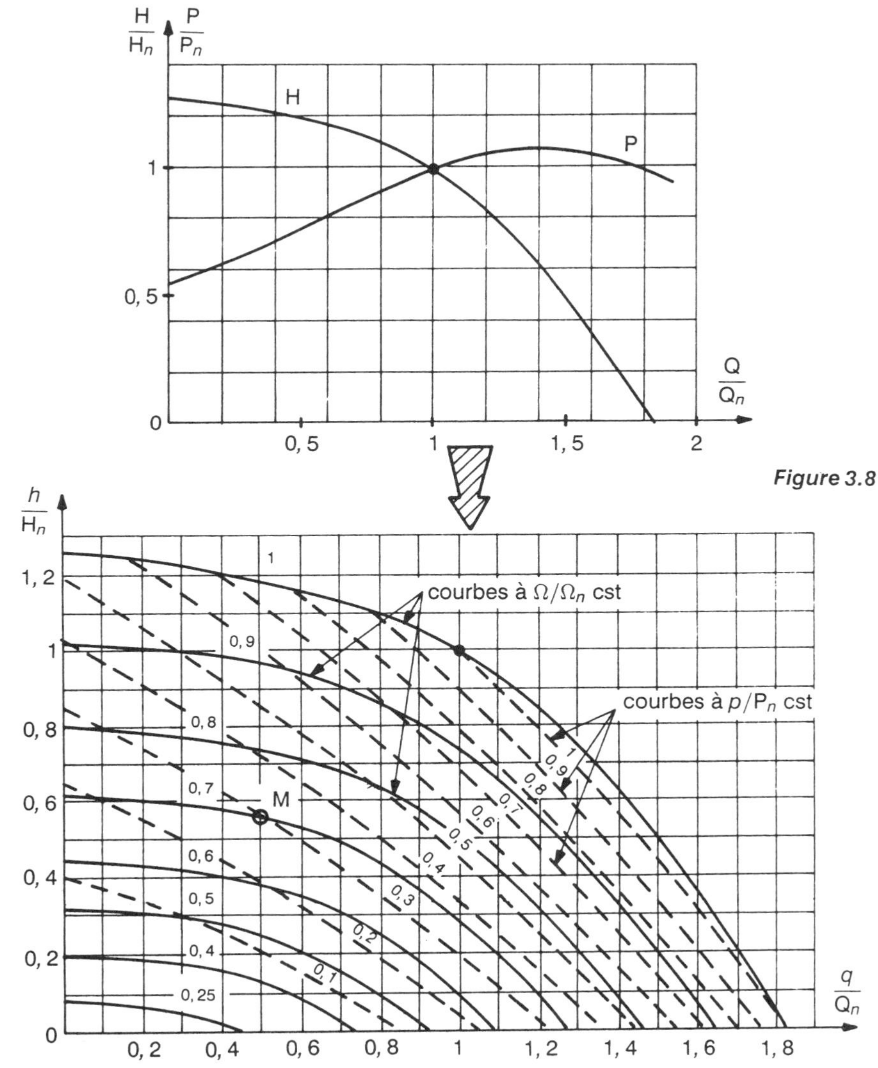

Figure 3.8

2. AUTRES AVANTAGES DE LA VITESSE VARIABLE

Aux avantages inhérents à l'entraînement à vitesse variable d'une pompe, quel que soit le réseau dans lequel celle-ci est insérée, s'en ajoutent d'autres aussi nombreux et variés que peuvent l'être les types de réseaux.

Nous nous limiterons à l'évocation de l'intérêt présenté par la vitesse variable,

- dans toutes les stations comportant plusieurs pompes en parallèle,
- dans les stations d'adduction gravitaire pour contrôler la ligne piézométrique et aussi supprimer le "coup de clapet".

2.1. AVANTAGES INHÉRENTS À LA VARIATION DE VITESSE

2.1.1. Amélioration des conditions de fonctionnement mécaniques

• Lorsqu'on travaille à vitesse réduite, toutes les *contraintes mécaniques* sont plus faibles :

- couple sur l'arbre diminué,
- poussées axiale et radiale moins fortes,
- usure plus lente de toutes les chicanes de roues (mobiles et fixes), des douilles et chemises inter-étages, des chemises d'arbre sous presse-étoupe, des tresses de presse-étoupe,
- usure plus lente des paliers et butées,
- fatigue moins grande des manchons d'accouplement...

Les gains sur la maintenance peuvent être sensibles si les installations sont amenées à travailler fréquemment à la moitié ou aux trois quarts de leur débit maximum.

• La réduction de la vitesse s'accompagne de celle des *bruits* et des *vibrations*.

– Les bruits diminuent beaucoup avec la vitesse. On a vu des pompes tout à fait silencieuses à 1 000 t/m faire un bruit inacceptable à 1 500 t/m, sans qu'il y ait à cette vitesse d'anomalie de fonctionnement.

Cependant, certains bruits peuvent exister au débit de rendement maximum, sans nuire à la marche de la pompe ; la réduction de la vitesse permet de les réduire ou de les supprimer. Ils sont dûs d'ordinaire à de grandes vitesses d'écoulement locales, ou à un bec de colimaçon un peu trop proche de la roue.

D'autres bruits, au voisinage du débit nul, sont dûs aux mauvais angles d'attaque du fluide. Eux aussi diminuent assez rapidement avec la vitesse.

– Les bruits sont accompagnés en principe de vibrations plus ou moins importantes.

Avec les pompes hélices, en particulier, les bruits et vibrations dûs aux mauvais angles d'attaque du fluide correspondent à une plage de débits assez étendue à partir de débit nul et interdisent tout fonctionnement dans cette plage. A vitesse réduite, les vibrations sont atténuées, et le fonctionnement à faible débit peut parfois devenir acceptable pour de courtes durées.

2.1.2. Amélioration du démarrage. Réduction des oscillations de pression dans les conduites

• Le démarrage d'une pompe entraînée par un moteur à vitesse constante provoque un *à-coup de couple* sur la ligne d'arbre et l'accouplement.

Dans le cas d'un moteur asynchrone, le couple moteur au démarrage est très fort alors que le couple résistant de la pompe est très faible. L'à-coup de couple est supporté en particulier par l'arbre de la pompe ; celui-ci doit être dimensionné en conséquence.

Pour les moteurs, surtout s'ils sont de forte puissance, des règles limitent le nombre de démarrages consécutifs et le nombre de démarrages dans l'heure. Mais on a observé des ruptures d'arbre par fatigue sur des pompes travaillant par tout ou rien, avec des fréquences de cycles importantes (en particulier sur des pompes de refroidissement embarquées de locomotives).

Là aussi, la vitesse variable évite les fatigues de la ligne d'arbre en permettant de réaliser une montée en vitesse suivant la loi désirée par contrôle du couple du moteur.

• En cas de longue *conduite d'aspiration*, le démarrage progressif permet de limiter la dépression dans cette conduite, donc de pouvoir réaliser une ligne piézométrique minimum limite de façon à éviter

- la mise sous vide de la conduite ou de certains de ses points,
- une marche en *cavitation*[1] momentanée de la pompe, qui peut être gênante même si elle est de courte durée.

• En ce qui concerne la *conduite de refoulement*, on peut avoir à agir contre les surpressions au démarrage, dont une valeur limite est parfois imposée par l'utilisateur en fonction de la tenue de la conduite (conduite ancienne fragile ; pression de service à maintenir avec une marge étroite, surtout dans le cas de refoulement basse pression ; . . .)

Dans ces cas-là, il peut être nécessaire d'ajouter, au départ du refoulement ou même en cours de conduite, des dispositifs antibélier, tels que soupapes de décharge, vannes à ouverture commandée, réservoirs sous pression d'air. . .

La vitesse variable fournit là aussi une solution aisée et économique puisqu'elle permet d'éviter les brusques variations de pression.

• ***Remarques***

– La vitesse variable permet, dans de nombreux cas, une *réduction du nombre de démarrages*. Les pompes s'adaptant au débit demandé ne s'arrêtent pas tant qu'on reste dans une large fourchette de débits.

– Il est très séduisant d'envisager de supprimer les coups de bélier à *l'arrêt* des pompes en les ralentissant progressivement.

C'est possible en fonctionnement normal. Malheureusement, on peut toujours avoir un arrêt brutal par coupure accidentelle de l'alimentation du moteur. Il est indispensable d'installer des dispositifs anti-bélier. Les plus fréquemment utilisés sont des réservoirs d'eau sous pression d'air ; mais on peut recourir parfois à des soupapes de décharge, des volants d'inertie (pour les petits groupes moto-pompes), des cheminées en certains points du réseau, des clapets percés,. . .

---

(1) Pour ne pas alourdir le chapitre précédent, essentiellement destiné à la présentation des caractéristiques externes des pompes (débit, hauteur, puissance, vitesse), nous n'avons pas traité de la cavitation.

La cavitation se traduit par des vibrations et un bruit anormal allant rapidement en s'amplifiant au fur et à mesure qu'on diminue la pression à l'entrée de la pompe ; il semble qu'il passe dans celle-ci du sable, puis du gravier, puis des cailloux. Les caractéristiques dégénèrent (baisse de la pression et/ou du débit) et la pompe subit vite de graves détériorations.

Le phénomène est dû à la formation de bulles puis de poches de vapeur d'eau dans la roue, là où la pression atteint la tension de vapeur.

Pour éviter la cavitation il faut que la pression à l'aspiration ne tombe pas au-dessous d'une certaine valeur. On considère le NPSH (Net Positive Suction Head), c'est la charge absolue à l'entrée de la pompe, diminuée de la tension de vapeur du fluide. Le NPSH ne doit pas descendre au-dessous du NPSH requis indiqué par le constructeur.

2.1.3. Amélioration de la marche à débit nul

– La marche à débit nul d'une pompe entraînée à vitesse constante est intolérable si elle est un peu prolongée :

- la puissance absorbée par la pompe échauffe rapidement le faible volume d'eau contenu dans celle-ci ainsi que le corps lui-même. D'où risque de grippage de l'arbre,
- la puissance prise au moteur peut être anormalement élevée si la vitesse spécifique de la pompe est grande. Les protections du moteur doivent couper son alimentation, sinon on risque non seulement de détériorer la pompe mais aussi de griller la moteur.

– Avec la vitesse variable, on peut, pour le débit nul, réduire fortement la vitesse et par là la puissance absorbée. Dans certains cas, la dissipation de chaleur par le corps de pompe est suffisante pour permettre une telle marche de manière prolongée.

– Rappelons les diverses façons de protéger une pompe entraînée à vitesse constante contre la marche à débit nul ;

- on peut arrêter la pompe. Mais si le débit est très aléatoire, cela peut conduire à des démarrages et arrêts très fréquents avec les inconvénients signalés au paragraphe précédent ;

- on peut faire marcher la pompe sur une "ritournelle", c'est-à- dire pratiquer sur le refoulement un piquage qui renvoie un petit débit dans le puisard. Il faut renvoyer ce débit assez loin de l'aspiration pour que l'eau ait le temps de se refroidir.
L'inconvénient de ce procédé est qu'on perd ce débit de retour pendant la marche normale, à moins d'installer une vanne automatique qui se ferme dès que le débit de la pompe est suffisant ;

- dans le cas des pompes hélices où les hauteurs sont faibles, on a vu (chapitre 2, § 5.3.2) qu'on pourait piquer au départ du refoulement un reniflard de diamètre approprié déversant le débit lorsque celui-ci tombe au-dessous d'un minimum donné. Cette solution évite la perte de débit quand celui-ci devient suffisant.

Cette rapide évocation des solutions apportées au problème de la marche à débit nul des pompes entraînées à vitesse constante montre l'intérêt de la vitesse variable, non seulement en matière de réduction des contraintes et d'économie d'énergie, mais aussi en simplification de l'installation.

2.2. MARCHE EN PARALLÈLE DE PLUSIEURS POMPES

Dans les stations de pompage à débit très variable, il est courant d'installer plusieurs pompes, d'ordinaire identiques, et d'en mettre en service soit 1, soit 2, soit 3, s'il y en a trois, en fonction du débit à assurer. Cela permet de ne faire travailler les pompes qu'au voisinage de leur rendement maximum.

La marche en parallèle suppose que les pompes ainsi groupées se partagent équitablement le débit total.

Cette marche n'est intéressante que si les pompes travaillent effectivement au voisinage de leur point à rendement maximum.

2.2.1. Partage du débit entre deux pompes

Considérons le cas simple de deux pompes en parallèle. Pour qu'elles assurent chacune la moitié du débit total, il faudrait qu'elles soient rigoureusement identiques, ce qui nécessiterait un ajustage en plateforme long et onéreux.

Pour voir comment elles se partagent le débit total Q, on trace dans le système d'axes (O_1Q_1 , O_1H_1) la caractéristique H (Q) de la première, puis dans le système d'axes (O_2Q_2, O_2H_2) la caractéristique H (Q) de la seconde (fig. 3.9). On prend O_1O_2 égal au débit total Q fourni par l'ensemble des deux pompes en parallèle sur le réseau considéré et on dirige O_2Q_2 en sens inverse de O_1Q_1 . L'intersection des deux courbes donne la hauteur commune H et les débits Q_1 et Q_2 .

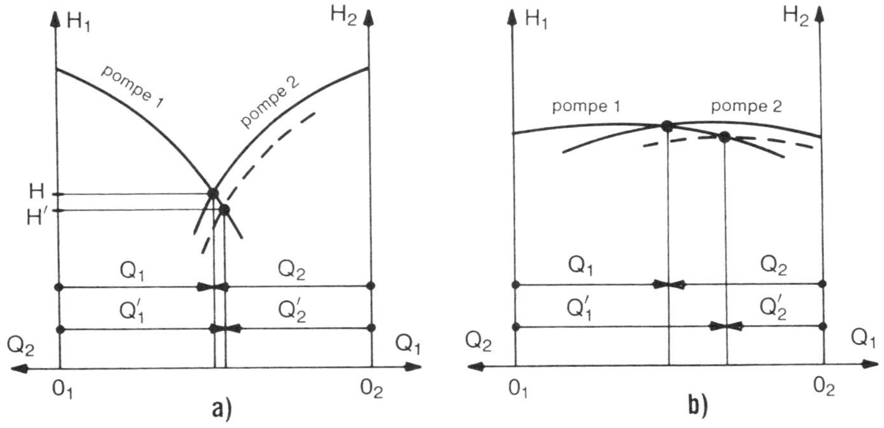

Figure 3.9

Si les caractéristiques H (Q) sont nettement tombantes (fig. 3.9.a) une petite différence entre les deux pompes (passage pour la seconde de la courbe en trait continu à la courbe en traits interrompus) affecte peu la répartition des débits.

Au contraire, si l'intersection se situe sur la partie plate ou peu tombante des caractéristiques, la moindre différence entre les deux pompes (fig. 3.9.b) entraîne un écart important entre leurs débits. A la limite, le débit d'une pompe peut être nul, avec tous les inconvénients précédemment signalés que cela entraîne.

Si les pompes sont entraînées à vitesse constante, on ne peut les faire fonctionner correctement en parallèle que si leurs caractéristiques sont relativement tombantes.

– Avec l'entraînement à vitesse variable, on peut faire fonctionner en parallèle des pompes de caractéristiques sensiblement différentes. Pour diminuer le débit de l'une d'elles, il suffit de diminuer sa vitesse.

– Outre la possibilité de régler le partage des débits, la vitesse variable permet, par exemple, de ne mettre hors circuit une pompe qu'après avoir diminué sa vitesse et, d'une manière générale, d'éviter toute perturbation dans le réseau.

2.2.2. Proportionnalité du débit total au nombre de pompes en parallèle

En mettant en parallèle 2, 3, ... pompes identiques entraînées à vitesse constante, on pourrait penser multiplier par 2, 3, ... le débit de l'une d'elles. C'est souvent très loin d'être le cas ; cela dépend en effet de la caractéristique hauteur-débit du réseau alimenté. Plus dans la hauteur totale H la perte de charge φ est importante devant la hauteur géométrique d'élévation Z, plus la situation est défavorable.

– Prenons le cas (fig. 3.10) d'une station comptant 3 pompes identiques et débitant sur un réseau de hauteur géométrique nulle.

A partir de la caractéristique H (Q) d'une pompe, en multipliant par 2 puis 3 l'abcisse de chaque point pour une hauteur donnée, on obtient les caractéristiques pour 2 ou 3 pompes en parallèle se partageant correctement le débit total.

Soit Q_n le débit nominal correspondant à la hauteur nominale H_n de l'ensemble des trois pompes donc de chacune d'elles.

Puisque $Z = 0$, la courbe H (Q) du réseau passant par le point (H_n, Q_n) est aussi la parabole des points homologues passant par le point nominal de l'ensemble des trois pompes.

– On voit que la marche à une pompe seule correspond au point M_1 et au débit Q_1, la marche à deux pompes au point M_2 et au débit Q_2, avec :

$$Q_1 > \frac{Q_n}{3} \;;\; Q_2 > \frac{2}{3} Q_n \;;\; Q_1 > \frac{Q_2}{2}.$$

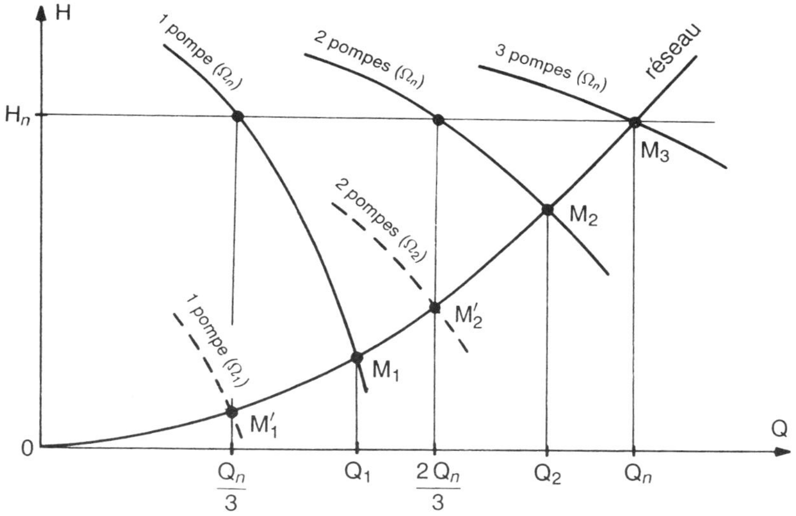

Figure 3.10

Lors du débit d'une pompe seule, son débit est très supérieur à son débit nominal, son rendement est donc très mauvais.

Cela peut entraîner, en outre, une surcharge du moteur entraînant cette pompe si la puissance absorbée est une fonction croissante du débit.

Surtout le risque de cavitation de cette pompe est beaucoup plus grand, puisque, tournant à sa vitesse normale, elle a un gros débit et une faible hauteur. Cela peut conduire à choisir des pompes à plus forte capacité d'aspiration ou tournant moins vite, donc plus chères, ou bien à placer les pompes plus bas par rapport au plan d'eau d'aspiration, ce qui n'est pas toujours facilement réalisable.

• L'entraînement à vitesse variable permet de faire varier de façon continue le débit, mais aussi d'éviter la surcharge de la pompe débitant seule et le risque de cavitation de celle-ci.

Avec une pompe seule on ira jusqu'au débit $Q_n/3$ qui correspond à son entraînement à la vitesse Ω_1. Au-delà de $Q_n/3$ on mettra deux pompes en parallèle et on ira jusqu'à $2\,Q_n/3$ qui correspond à la vitesse Ω_2, telle que

$$\Omega_1 < \Omega_2 < \Omega_n .$$

Au-delà de $2\,Q_n/3$, on mettra en service la troisième pompe qui, comme on le verra au paragraphe 2.2.3, peut être entraînée à vitesse fixe.

• La difficulté liée à l'emploi d'un nombre variable de pompes en parallèle, présentée avec $Z = 0$,

- augmente quand Z devient négatif ; car il faut évidemment en plus qu'une seule pompe en service écoule plus que le débit gravitaire Q_G pour contribuer à l'augmentation du débit ; de ce fait elle travaille avec un débit nettement supérieur à celui de la marche en parallèle. Aussi l'exploitation des adductions gravitaires est beaucoup facilitée par l'usage des entraînements à vitesse variable ;
- diminue quand Z augmente : la caractéristique H (Q) du réseau se rapproche alors d'une horizontale coupant les caractéristiques d'une pompe, de deux pompes, ..., sensiblement à la même hauteur.

2.2.3. Marche d'une station de pompage avec plusieurs pompes à vitesse variable en parallèle

Dans le cas plus fréquent d'une hauteur d'élévation positive, pour les stations à débit variable avec plusieurs pompes en parallèle, on adopte généralement la solution suivante :

- on installe deux pompes identiques à vitesse variable,
- on ajoute, suivant le cas, une ou plusieurs pompes, souvent identiques aux précédentes mais à vitesse fixe.

Il faut prévoir une pompe de secours qui soit à vitesse variable. Elle peut évidemment servir aussi de secours pour une pompe à vitesse fixe.

Supposons, par exemple, qu'on ait 4 pompes identiques en parallèle, deux à vitesse fixe et deux à vitesse variable, et que le débit demandé Q_d puisse varier de zéro à Q_n ; égal à $4\,Q_{n_1}$, en désignant par Q_{n_1} le débit nominal d'une pompe.

Pour $0 < Q_d < Q_n/4$, on n'utilisera qu'une pompe qui travaillera ainsi de 0 à Q_{n_1}.

Pour Q_d égal à $Q_n/4$, on mettra en marche la seconde pompe à vitesse variable. Lorsque Q_d ira de $Q_n/4$ à $Q_n/2$, le débit de chacune des deux pompes passera de $Q_{n_1}/2$ à Q_{n_1}.

Ensuite, au fur et à mesure de l'augmentation du débit demandé, on ajoutera des pompes à vitesse fixe, les deux pompes à vitesse variable restant en service.

Pourquoi utiliser deux pompes à vitesse variable ?

C'est pour éviter qu'une pompe à vitesse variable tourne trop longtemps ou très fréquemment à petit débit. En effet, si le débit Q_d est rarement tout petit, il peut être longtemps voisin de Q_{n_1} ou $2\,Q_{n_1}$ ou $3\,Q_{n_1}$, c'est-à-dire $Q_n/4$, ou $2\,Q_n/4$ ou $3\,Q_n/4$.

S'il n'y avait qu'une pompe à vitesse variable, elle tournerait longtemps à débit presque nul. Son rendement serait mauvais et son échauffement plus ou moins important selon la vitesse.

Au contraire avec deux pompes à vitesse variable, elles débitent chacune avec un débit au moins égal à $Q_{1\,n}/2$, ce qui correspond à un fonctionnement tout à fait correct à bon rendement.

2.3. NÉCESSITÉ DE LA VITESSE VARIABLE DANS LE CAS DES SURPRESSEURS D'ADDUCTIONS GRAVITAIRES

2.3.1. Contrôle de la ligne piézométrique le long de la conduite

Le problème des adductions gravitaires, généralement anciennes et se rencontrant surtout sur le pourtour du bassin méditerranéen, est qu'avec le temps leur débit est devenu insuffisant et cela surtout en période estivale où le réservoir amont se vide.

Il faut installer un surpresseur créant une hauteur égale à la perte de charge dans la conduite pour le débit maximum désiré Q_n diminuée de la valeur absolue Z de la dénivellation entre l'amont et l'aval.

La hauteur pompe n'est pas constante car Z peut varier, même à débit Q_n constant, à cause des variations saisonnières ou autres des niveaux amont et aval. De plus il peut y avoir des soutirages le long de la conduite gravitaire, pour l'irrigation par exemple.

Par ailleurs le débit désiré n'est pas forcément constant. On peut, selon les cas, vouloir l'ajuster à la consommation, ou vouloir pomper davantage aux heures de nuit, ou vouloir maintenir le débit constant à des valeurs déterminées pour les besoins d'une station de traitement d'eau potable à l'arrivée par exemple.

Pour toutes ces raisons, il est clair qu'il faut choisir un pompage à vitesse variable.

– Prenons le cas simple d'une conduite de diamètre unique, sans soutirage en cours de route, un niveau amont variable de la cote haute Z_H à la cote basse Z_B et un niveau aval Z_A constant. Les lignes piézométriques, qui donnent les pressions en tout point de la conduite, sont alors des droites de pente constante tout au long de celle-ci. Cette pente dépend bien sûr du débit puisqu'elle est proportionnelle à son carré.

En l'absence de surpresseur (fig. 3.11.a) le segment CB donne la ligne piézométrique quand le réservoir amont est au niveau haut et le débit gravitaire Q'_G, le segment DB donne cette ligne pour le niveau bas et le niveau gravitaire Q_G (avec $Q_G < Q'_G$).

Si l'on veut que le surpresseur porte le débit à Q_n supérieur à Q'_G il faut qu'il augmente la pente : la ligne gravitaire suivant qu'on part de B, de C ou de D sera représentée par l'une des parallèles BX, CY′ ou DY. Où que soit placée la station de pompage, elle devra fournir une hauteur H si le réservoir amont est au niveau bas, une hauteur H′ s'il est au niveau haut.

– A priori on pourrait penser qu'on peut installer le surpresseur en un point quelconque de la conduite.

Puisque la pression en un point de la conduite est égale à la différence entre la ligne piézométrique et le niveau de la conduite en ce point, on aurait intérêt en ce qui concerne cette pression à placer le surpresseur le plus en aval possible.

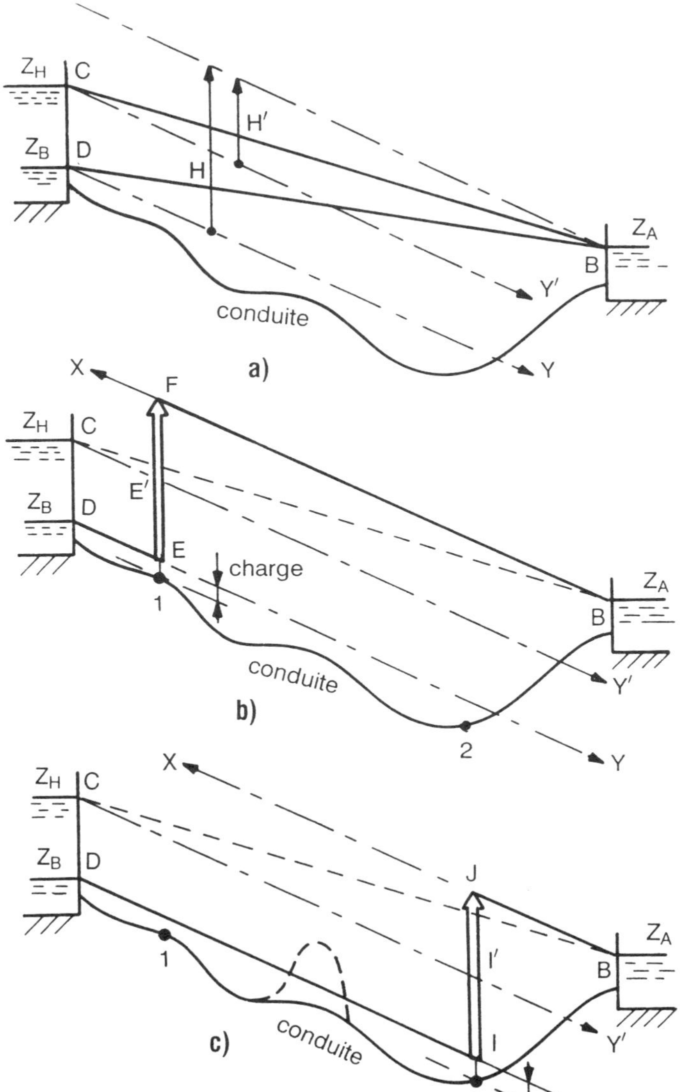

Figure 3.11

La figure 3.11.b correspond au surpresseur placé au point 1, près du réservoir amont. La ligne piézométrique est DEFB quand ce réservoir est au niveau bas, elle est CE′FB quand il est au niveau haut.

La figure 3.11.c correspond au surpresseur placé au point 2, près du réservoir aval. La ligne piézométrique est DIJB ou CI′JB suivant que le réservoir amont est au niveau bas ou haut.

On voit que la pression dans la conduite comparée à ce qu'elle était avant l'emploi du surpresseur est réduite en amont de celui-ci, augmentée en aval.

– Mais on ne peut placer le surpresseur aussi près du réservoir aval qu'on le souhaiterait. En effet pour qu'il fonctionne correctement, c'est-à- dire sans cavitation, il faut que le surpresseur ait une pression suffisante à sa bride d'aspiration. Pour avoir cette charge à l'aspiration il faut que la ligne piézométrique à l'entrée du surpresseur soit un peu au-dessus de la cote du profil en long de la conduite en ce point. Cela peut être assez contraignant compte tenu du profil de la conduite. La figure 3.11.c, par exemple, montre qu'on ne peut rapprocher davantage le surpresseur du réservoir aval.

– Une autre contrainte peut résulter de la présence de points hauts sur la conduite (tracé en traits interrompus d'une partie de celle-ci sur la figure 3.11.c). Il faut laisser une charge en ces points (autrement dit, il faut que la ligne piézométrique soit au-dessus de leur cote) pour que la purge d'air s'effectue correctement ou pour que de l'air ne s'introduise pas dans la conduite.

Compte tenu de toutes ces conditions, auxquelles peuvent s'ajouter des difficultés d'implantation en tel ou tel endroit pour des raisons diverses, il se peut qu'il n'y ait pas de solution avec un seul surpresseur.

Il faut alors installer plusieurs surpresseurs en des points de la conduite judicieusement choisis et les faire travailler en série. La partie de la hauteur totale à assurer par chaun d'eux doit être bien définie et fonction du débit désiré. Un station de commande centrale automatisée est alors nécessaire ; elle est d'ordinaire située à l'extrémité aval.

2.3.2. Suppression du coup de clapet

Dans toute installation avec surpresseur, celui-ci ne marche pas constamment. On le munit d'un by-pass équipé d'un clapet s'ouvrant dans le sens amont-aval, de façon à ce que le débit gravitaire puisse traverser la station sans subir de perte de charge par passage à travers la pompe arrêtée (fig. 3.12).

C'est à la mise en marche de la pompe que ce clapet pose problème.

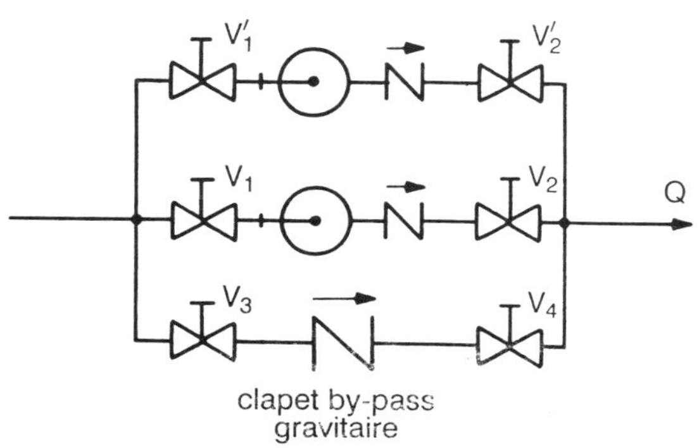

Figure 3.12

• *Arrêt de la pompe*

Dès que l'on arrête la pompe, le clapet de by-pass s'ouvre en grand. Ce clapet doit être d'assez grand diamètre pour ne pas créer de perte de charge appréciable au passage du débit.

Lorsqu'on marche en gravitaire, deux solutions sont possibles pour la pompe :

- on peut fermer les vannes d'isolement V_1 et V_2 : le débit s'écoule par le seul clapet;
- on peut laisser ces vannes d'isolement ouvertes, ce qui simplifie les séquences. (Ces vannes sont indispensables pour le démontage de la pompe en charge.)

Dans ce dernier cas, un peu de débit traverse la pompe dans le sens gravitaire, car la perte de charge dans le clapet de by-pass n'est pas nulle et la pompe est soumise à une petite différence de pression entre V_1 et V_2. La pompe va alors tourner lentement ("virer") dans son sens de rotation normal; on dit qu'elle fonctionne "en turbine inversée folle".

Ce fonctionnement ne présente aucun inconvénient, s'il n'y a qu'une seule pompe. Au contraire il évite le gommage des presse-étoupes dû à un arrêt prolongé.

S'il y a plusieurs pompes en parallèle, certaines en marche et d'autres à l'arrêt, il faut évidemment, en l'absence de clapet de retenue, fermer les vannes des pompes arrêtées, pour éviter un fonctionnement inadmissible de celles-ci en turbines "normales", c'est-à-dire avec un débit en sens inverse du pompage.

Mais, en général, on met des clapets de retenue au refoulement en série avec chaque pompe, comme indiqué sur la figure 3.12, car il y a toujours au moins deux pompes montées en parallèle, une en marche et une en secours. (Ces clapets n'empêchent pas d'ailleurs les pompes de "virer" à l'arrêt, si leurs vannes d'isolement sont ouvertes.)

• *Mise en marche de la pompe*

C'est à la mise en marche de la pompe si celle-ci est entraînée à vitesse constante par un moteur asynchrone que le clapet de by-pass crée un problème. En effet, la montée en vitesse de la pompe est très rapide et le clapet, qui était ouvert jusque là, se ferme brusquement. Il en résulte un bruit et un choc mécanique extrêmement violents dans la tuyauterie.

Une solution consisterait à remplacer le clapet par une vanne à ouverture et fermeture commandées.

Mais, puisque l'entraînement à vitesse variable est généralement adopté pour les stations à surpresseurs, cet entraînement est utilisé pour supprimer le "coup du clapet".

On démarre la pompe lentement, le clapet by-pass étant ouvert, donc sous une hauteur très faible. Le débit qui y passe Q_P réduit progressivement le débit $Q_G - Q_P$ à travers le clapet. Quand Q_P atteint Q_G le clapet se ferme progressivement.

La montée en vitesse de la pompe doit tenir compte des caractéristiques de la conduite. Elle permet en particulier de maîtriser la dépression transitoire à l'entrée du surpresseur et ainsi d'éviter le risque d'une cavitation transitoire de celui-ci.

2.4. REMARQUES GÉNÉRALES

• Pour montrer les avantages autres que l'économie d'énergie que permet l'entraînement des pompes à vitesse variable, nous avons dû présenter quelques aspects de la conception et de la conduite des stations de pompage. Cette présentation est très loin d'être exhaustive, chaque type de station méritant une étude particulière. Elle nous a cependant permis de montrer que la vitesse variable

- peut permettre de simplifier certaines stations et d'en réduire le coût,
- permet de supprimer les à-coups de pression et de débit et, par là, d'accroître la durée de vie des équipements des stations de pompage et des canalisations,
- donne aux pompes la souplesse permettant d'automatiser leur conduite.

• Il n'est pas question d'indiquer pour les pompes les divers procédés de variation de vitesse des moteurs électriques d'entraînement. Ils ont été vus dans la première partie de ce volume ; ils seront repris dans sa conclusion. Mais en ce qui concerne l'entraînement des pompes, deux remarques s'imposent :

– sauf dans le cas très particulier de centrales électriques pompant la nuit l'eau qu'elles turbinent le jour, on n'a pas besoin d'entraînement réversible,

– l'entraînement n'a pas besoin de performances dynamiques élevées, les variations de vitesse doivent au contraire être relativement lentes pour éviter les à-coups de pression dans les pompes et les conduites.

Aussi n'a-t-on pas besoin de variateurs de vitesse sophistiqués dans leur structure ou dans leur commande. Les variateurs avec moteur asynchrone procédant par action sur le glissement suffisent dans la plupart des cas.

CHAPITRE 4

Les ventilateurs et les compresseurs

Les ventilateurs sont des turbomachines destinées au refoulement d'un fluide gazeux avec un rapport de compression assez faible, de l'ordre de 1,3 au maximum. Le fluide véhiculé peut être considéré comme pratiquement incompressible et de ce fait les ventilateurs présentent de nombreuses analogies avec les pompes rotodynamiques.

Aussi, dans la première partie de ce chapitre consacrée aux ventilateurs, ferons-nous souvent référence à l'étude des pompes présentée dans les chapitres précédents.

Il en est tout autrement des compresseurs qui ont pour but d'augmenter la pression du fluide qui les traverse. Avant de traiter rapidement de ce type de turbomachine dans la troisième partie de ce chapitre, il est nécessaire dans la seconde de faire quelques rappels sur la thermodynamique des gaz et les écoulements gazeux.

1. LES VENTILATEURS

Les ventilateurs présentent de très grandes ressemblances morphologiques avec les pompes ; les bases du tracé des roues, des diffuseurs et des corps sont les mêmes. C'est aussi le cas des problèmes d'écoulement du fluide dans la machine.

– On peut encore utiliser la notion de vitesse spécifique. Celle-ci est alors d'ordinaire présentée sous la forme :

$$n_s = \frac{\mathrm{N}\,\sqrt{\mathrm{Q}}\,\rho^{3/4}}{p_{\mathrm{T}}^{3/4}}$$

avec, par exemple,

N, vitesse de rotation, en tr/min,

Q, débit volume, en m^3/s,

ρ, masse volumique, en kg/m^3

(ρ est constant tant qu'on néglige la compressibilité),

p_{T}, pression totale donnée par le ventilateur en pascal.

Cette notion rend les mêmes services qu'en pompage pour caractériser le type de machine. Sa valeur au point de rendement maximum identifie le type de tracé de la roue.

– Il faut noter, au point de vue construction, que si les pompes sont réalisées en fonderie, pour des raisons de rendement et surtout de pressions en jeu, les ventilateurs sont en général construits en chaudronnerie.

De ce fait les formes des ventilateurs sont un peu simplifiées par rapport à celles des pompes. Les volutes comportent d'ordinaire deux joues planes parallèles et leur face externe est une surface cylindrique ayant pour base une courbe en forme de spirale. Les roues ont en général leurs faces avant et arrière formées de disques plans.

Les vitesses périphériques des roues des ventilateurs sont nettement plus grandes que celles des pompes. De l'ordre de 100 à 150 m/s, elles peuvent même atteindre 200 m/s. Il en résulte des contraintes, des risques de vibrations et de fatigue qui doivent être considérés soigneusement.

Dans ces quelques notes sur les ventilateurs, nous nous limiterons à donner un aperçu de ce qui les différencie des pompes, en ce qui concerne

- la valeur de certains paramètres et les caractéristiques,
- l'utilisation de certains dispositifs pour modifier ces caractéristiques.

1.1. CARACTÉRISTIQUES DES VENTILATEURS

Les ventilateurs sont des machines beaucoup plus "poussées" que les pompes, c'est-à-dire qu'on cherche à leur faire donner le plus de pression possible. Pour cela, on adopte des angles β_2 de sortie des aubes de la roue généralement beaucoup plus grands que pour les pompes : on arrive à des valeurs de β_2 supérieures à 90°, jusqu'à 150° environ.

– Comme on l'a vu pour les pompes, plus β_2 est grand, plus le v_{u_2}/u_2 au point de rendement maximum est élevé. La hauteur (ou pression) vanne fermée ($Q = 0$) restant à peu près la même pour un diamètre de roue donné, il en résulte que plus v_{u_2}/u_2 est grand et plus la courbe pression-débit a tendance à présenter une "*bosse*" accentuée entre le débit nul et celui à rendement maximum, c'est-à-dire qu'elle comporte une branche à pente positive de plus en plus marquée aux faibles débits.

Les figures 4.1 et 4.2 donnent la coupe schématique d'un ventilateur et l'allure des variations de hauteur H et de puissance P en fonction du débit Q, à vitesse de rotation constante :

- la figure 4.1 correspond à une roue à ailettes courbées en arrière ($45° < \beta_2 < 90°$),
- la figure 4.2 à une roue à ailettes courbées en avant ou "crochantes" ($90° < \beta_2 < 150°$).

– On avait constaté depuis longtemps que la forme de caractéristique pression-débit avec une bosse marquée était très désavantageuse en pompage, surtout lors du débit sur un réseau comportant surtout de la hauteur géométrique ou si l'on avait plusieurs pompes en parallèle, car cela conduisait à des instabilités de fonctionnement. On a vu que pour les pompes à faible vitesse spécifique, on se limitait à des v_{u_2}/u_2 assez faible qui conduisaient à des angles β_2 n'excédant pas 35°.

Pour les ventilateurs, on admet des angles β_2 beaucoup plus grands afin d'obtenir des machines plus petites et moins chères.

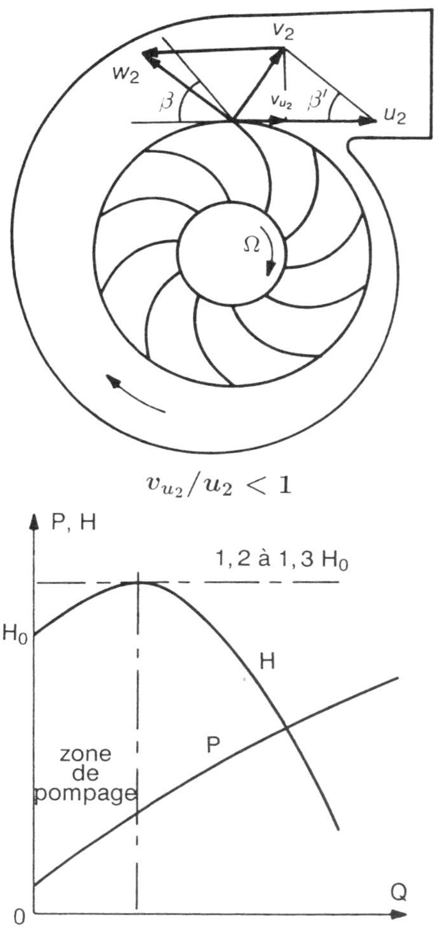

Figure 4.1

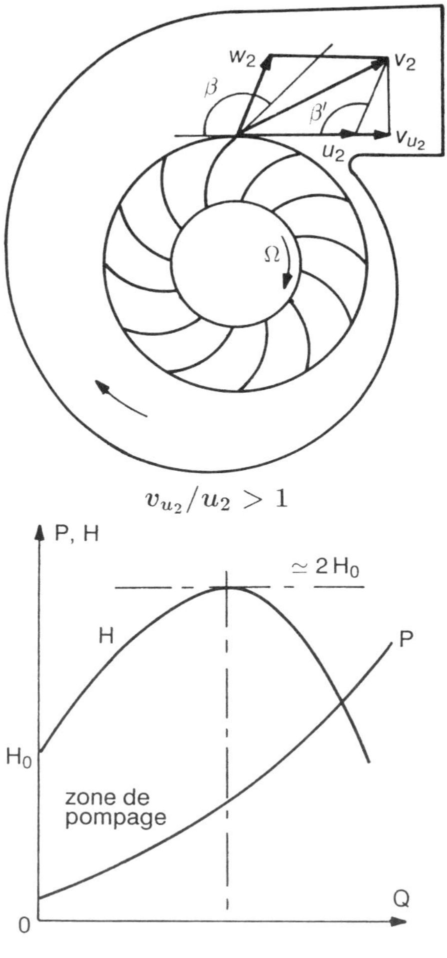

Figure 4.2

Il est vrai que, pour les ventilateurs, le réseau de refoulement ne comporte pas en général de hauteur géométrique sensible et sa caractéristique se réduit à une parabole de perte de charge passant pour l'origine. On appelle celle-ci "parabole d'orifice" car elle correspond au refoulement sur un orifice de section donnée.

Si cette parabole coupe la caractéristique du ventilateur en un point situé à droite du sommet de la bosse, il n'y a pas de problème.

Si l'intersection se produisait à gauche de la bosse, le phénomène d'instabilité apparaîtrait entraînant des oscillations de pression et de débit. Ces oscillations, origines de bruits désagréables, peuvent provoquer des détériorations du circuit et de la machine (rupture de pales par fatigue, par exemple).

La zone située à gauche d'une parabole passant par le sommet de la bosse de la courbe débit-hauteur du ventilateur est donc une *zone interdite* du point de vue fonctionnement.

1.2 NOTES SUR QUELQUES VARIANTES

1.2.1. Aubage déflecteur fixe à l'entrée du ventilateur

On utilise parfois des ailettes fixes placées à l'entrée du ventilateur, le plus près possible de l'entrée de la roue. Comme pour une pompe (roue, diffuseur), on choisit des nombres d'ailettes premiers entre eux pour deux aubages consécutifs, ici le déflecteur et la roue.

Par l'inclinaison des ailettes, le déflecteur est destiné à engendrer une rotation du fluide, soit dans le sens de rotation de la roue, soit en sens inverse.

Si u_1 est la vitesse périphérique à l'intérieur de la roue et v_{u_1} la vitesse tangentielle donnée au fluide par le déflecteur, l'équation fondamentale d'Euler (voir chapitre 2, § 3.1.1), soit

$$H_i = \frac{u_2 \, v_{u_2} - u_1 \, v_{u_1}}{g}$$

montre que, si v_{u_1} est de même sens que u_1, la hauteur est diminuée; elle est augmentée dans le cas contraire.

La figure 4.3 donne le triangle des vitesses à l'entrée de la roue sans déflecteur (fig. 4.3.a) puis avec un déflecteur créant une rotation du fluide

- dans le sens de rotation de la roue (prérotation positive, fig. 4.3.b),
- en sens inverse de cette rotation (prérotation négative, fig. 4.3.c).

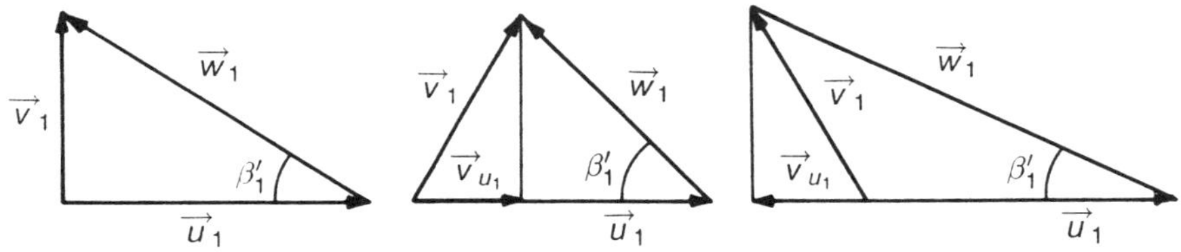

a) $u_1 \, v_{u_1} = 0$ b) $u_1 \, v_{u_1} > 0$ c) $u_1 \, v_{u_1} < 0$

Figure 4.3

On voit qu'une prérotation positive augmente l'angle aigu β'_1 que fait la vitesse relative w_1 du fluide avec la vitesse de rotation u_1. Pour les ventilateurs à ailettes radiales, il en résulte un moindre écart entre la direction du fluide et l'entrée de l'aube et, par suite, une amélioration du rendement.

L'aubage déflecteur a, en outre, comme avantages de guider le fluide avant la roue lorsque l'écoulement est perturbé en amont et de créer pratiquement une protection à l'entrée du ventilateur.

Le rôle du déflecteur est d'autant plus efficace que le terme $u_1 \, v_{u_1}$ représente une fraction plus importante de $u_2 \, v_{u_2}$, c'est-à-dire :

- que le rapport D_1/D_2 du diamètre de l'œillard au diamètre extérieur de la roue est plus grand,
- ou que v_{u_2}/u_2 est plus petit, c'est-à-dire qu'on a affaire à des ventilateurs à angle de sortie de la roue β_2 nettement plus petit que 90° (aubes couchées en arrière, avec un angle faible, comme dans une pompe).

Il s'avère qu'en fait le déflecteur fixe d'entrée est plus efficace dans le sens réduction de hauteur (prérotation positive) que dans le sens augmentation de celle-ci (prérotation négative).

Dans ce cas d'ailleurs on gagne nettement moins pour les petites vitesses spécifiques (roue radiale) que pour les grandes (roues hélicoïdes ; à noter qu'en ventilateur on qualifie d'hélicoïde la roue axiale appelée hélice pour les pompes).

1.2.2. Dispositifs anti-pompage

Les Établissements NEU ont créé un certain nombre de dispositifs pour lutter contre le pompage.

• ***Cas des ventilateurs centrifuges***

– *Ailettes antipompage* (fig. 4.4)

Ce sont des ailettes *a* inclinées en arrière et fixées à la partie périphérique des flasques avant et arrière de la roue. Elles contribuent par un effet de pompe à relever la pression aux faibles débits, d'où suppression de la partie à pente positive du début de la caractéristique pression-débit.

Évidemment ces ailettes consomment un peu de puissance.

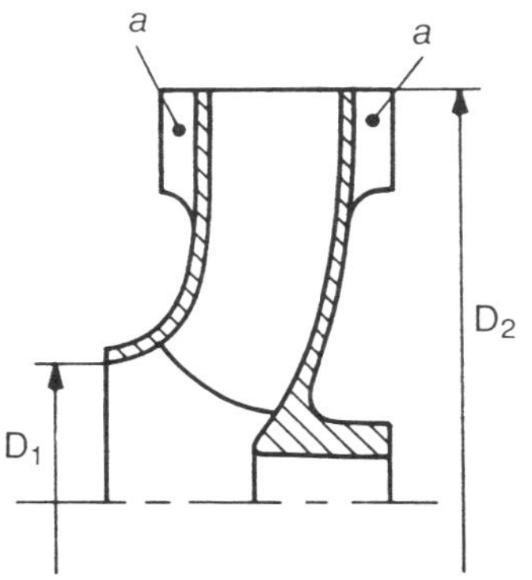

Figure 4.4

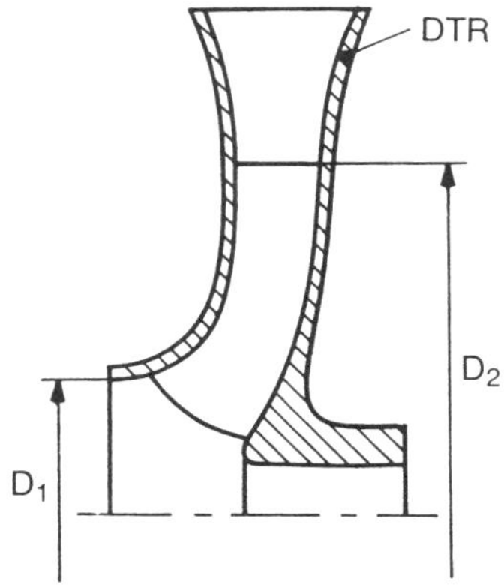

Figure 4.5

– *Diffuseur rotorique tournant* (fig. 4.5)

Il s'agit d'un diffuseur DTR lisse assez long radialement, légèrement évasé en coupe méridienne, mais qui, au lieu d'être fixe, fait partie intégrante de la roue et tourne donc avec elle.

Ce diffuseur comporte aussi des ailettes modulatrices près de la sortie, en plus des ailettes antipompage de la roue ; le tout permet de remonter la pression à débit nul et de supprimer pratiquement la zone instable.

• ***Cas des ventilateurs à roue hélicoïde***

Pour les pompes hélices, on a vu (chapitre 2, § 5.3.1) que lorsqu'on se déplace vers les petits débits les aubes de la roue travaillent sous une incidence de plus en plus grande et qu'à un certain débit il y a plafonnement et chute de la portance par décollement; d'où la forme caractéristique de la courbe débit-hauteur avec un décrochement entre deux branches à pente négative.

Le phénomène est encore plus accusé pour les ventilateurs hélicoïdes et entraîne un risque de pompage encore plus grand pour ce type de machine. Une solution consiste à créer une décharge à l'aspiration, ce qui limite aussi l'accroissement de puissance absorbée.

1.3 VARIATION DES CARACTÉRISTIQUES

Pour modifier la caractéristique débit-hauteur d'un ventilateur afin d'adapter son fonctionnement au débit demandé, on peut, suivant le cas, utiliser plusieurs dispositifs.

1.3.1. Laminage du fluide par registre au refoulement

Le laminage du débit à la sortie d'un ventilateur, comme le vannage à la sortie d'une pompe, ne modifie pas la caractéristique H (Q) de la machine. Simplement en augmentant la perte de charge du circuit, il diminue le débit correspondant à l'intersection des caractéristiques du ventilateur et du circuit.

Dans le cas des ventilateurs à petite ou moyenne vitesse spécifique, les courbes puissance-débit étant montantes – d'autant plus d'ailleurs que l'angle β_2 est plus grand – la puissance absorbée diminue quand on réduit le débit, mais on a malgré tout beaucoup de pertes par rapport aux procédés qu'on va voir par la suite.

D'ailleurs, tout comme pour les pompes hélices, ce procédé est inutilisable pour les ventilateurs hélicoïdes car la puissance est alors, au contraire, fortement croissante lorsque le débit diminue. Dans ce cas, on peut éventuellement, comme pour une pompe, créer une décharge par ouverture d'une vanne en by-pass.

Avec le laminage au refoulement, le fonctionnement risque d'être instable si on va travailler en deçà de la limite de pompage, surtout si la perte de charge du circuit se situe principalement côté refoulement.

1.3.2. Laminage du fluide à l'entrée

Ce procédé est possible en ventilateur, car, contrairement aux pompes, le problème de la cavitation n'existe pas.

Il faut néanmoins veiller à ce que la veine fluide ne soit pas trop perturbée en aval du ventilateur si on veut éviter une détérioration sensible du rendement.

Ici encore, la diminution du débit est due à une augmentation de la perte de charge du circuit. Toutefois, à débit donné, la hauteur créée par le ventilateur et la puissance qu'il absorbe sont un peu diminuées, car la machine est moins bien alimentée.

Comme pour le laminage aval, le fonctionnement peut être instable si on travaille en deçà de la limite de pompage, surtout si la perte de charge du circuit est pricipalement du côté aspiration du ventilateur.

1.3.3. Aubage déflecteur réglable à l'entrée ou inclineur

L'inclineur est un aubage fixe identique dans son principe au déflecteur vu précédemment (§ 1.2.1), mais ses aubes sont réglables en inclinaison.

– L'inclineur abaisse la courbe débit-pression d'autant plus qu'il est plus fermé et permet de diminuer notablement la puissance absorbée. La figure 4.6 montre, pour un ventilateur centrifuge à aubes calées en arrière, la modification des caractéristiques de pression et de puissance.

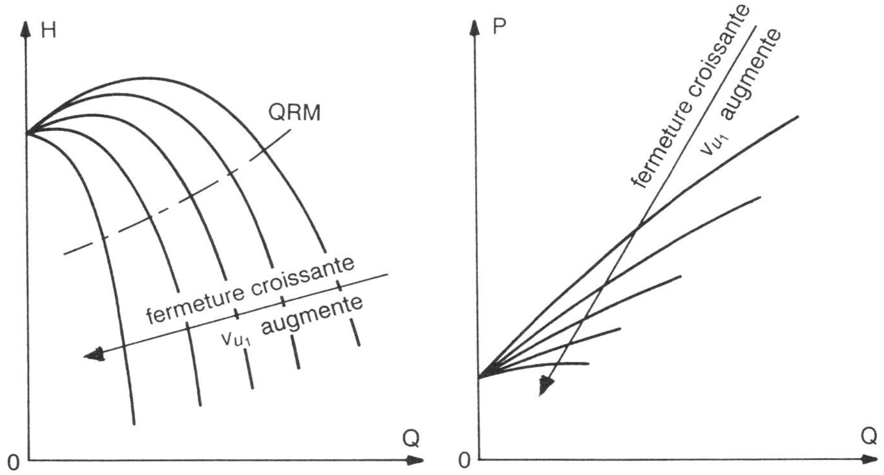

Figure 4.6

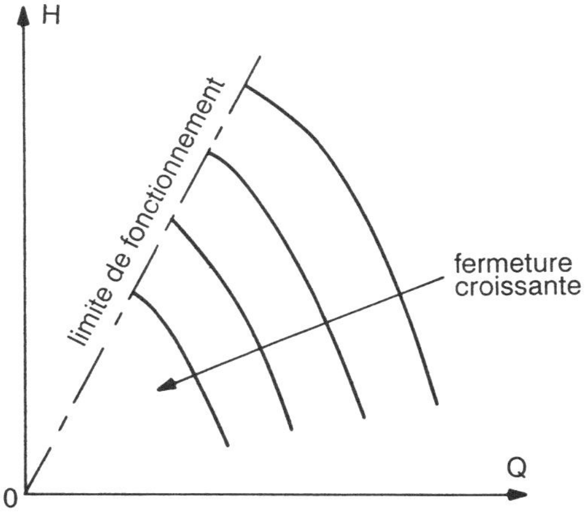

Figure 4.7

Dans le système d'axes débit-pression, le lieu des points à rendement maximum QRM correspond à une pression légèrement croissante en fonction du débit. C'est intéressant lorsqu'on fonctionne non plus sur une parabole de perte de charge, mais à pression constante, ce qui est le cas dans certaines applications (insufflation d'air dans un liquide à niveau constant, par exemple).

La fermeture de l'inclineur, réduisant de plus en plus la partie montante de la courbe pression-débit située à gauche de la "bosse", permet de réduire la zone instable au voisinage du débit nul.

– L'inclineur est très efficace au point de vue déplacement des caractéristiques pour les ventilateurs hélicoïdes (fig. 4.7).

– Il existe deux types principaux d'inclineurs :

- *les inclineurs radiaux*

L'inclineur radial ressemble à une roue radiale fixe ou à un distributeur de turbine. Les aubes sont montées entre deux flasques parallèles dont les plans sont perpendiculaires à l'axe de la roue. Les aubes pivotent autour d'axes parallèles à celui de la roue.

Représenté sur la figure 4.8 avec une roue axiale, l'inclineur radial peut aussi être utilisé avec une roue radiale.

- *les inclineurs axiaux*

L'inclineur axial ressemble, au contraire, à une roue axiale. Les tourillons guidant le pivotement des aubes sont situés à la périphérie du corps cylindrique précédant la roue. Pour les machines de grandes dimensions, il y a pour chaque aube un second tourillon tournant dans un moyeu central.

Représenté sur la figure 4.9 avec une roue radiale, l'inclineur axial peut aussi être utilisée avec une roue axiale.

1.3.4 Réglage du calage des pales de la roue

Pour les ventilateurs hélicoïdes, comme pour les pompes hélices, on peut modifier de façon continue le débit par variation en marche du calage des pales. Les angles de calage sont d'ailleurs comparables, de 10° à 40° par exemple.

Dans le système d'axes pression-débit le lieu des points de rendement maximum est une courbe légèrement montante.

1.3.5 Vitesse variable

La variation de vitesse du ventilateur est la solution idéale pour faire varier le débit.

Dans le cas général où le circuit de refoulement correspond à une perte de charge pure ($Z = 0$), la parabole de perte de charge est confondue avec la parabole des points homologues : à toutes les vitesses, le rendement est pratiquement le même qu'à pleine vitesse. C'est le procédé qui donne le gain d'énergie maximum.

Comme pour une pompe (voir chapitre 3, § 1.3.1),

- le débit varie comme la vitesse,
- la hauteur comme le carré de la vitesse,
- la puissance absorbée comme le cube de celle-ci.

La figure 4.10 donne comparativement l'allure des caractéristiques puissance-débit pour les divers systèmes présentés :

1 , laminage aval,

2 , laminage amont,
3 , inclineur,
4 , roue à pales orientales,
5 , variation de vitesse.

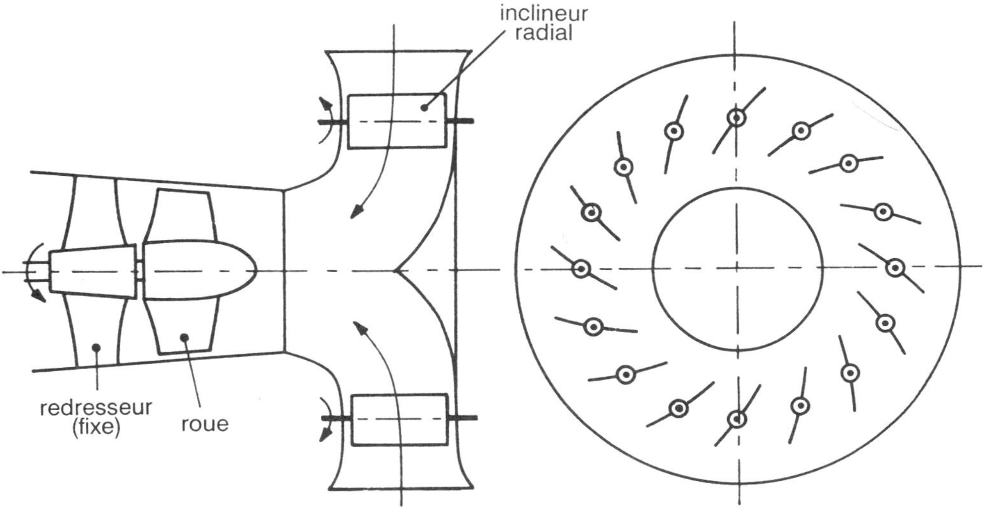

Figure 4.8

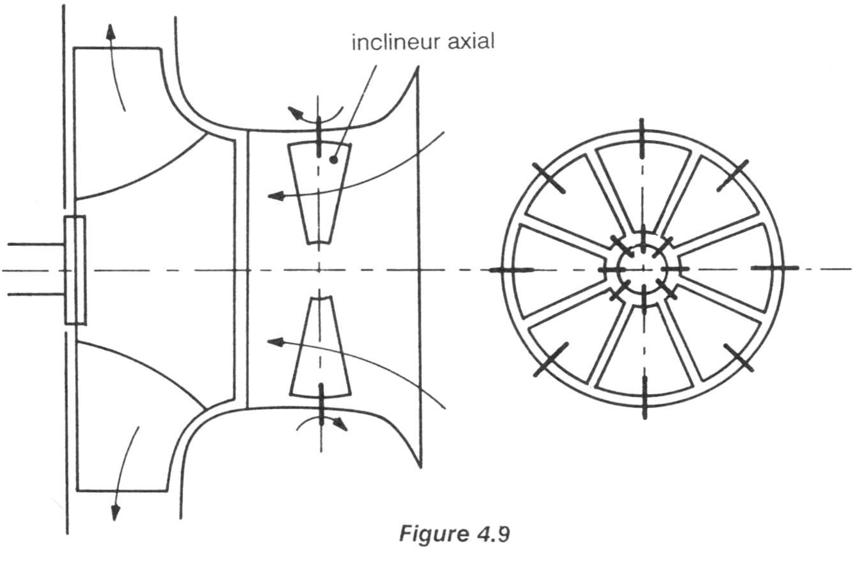

Figure 4.9

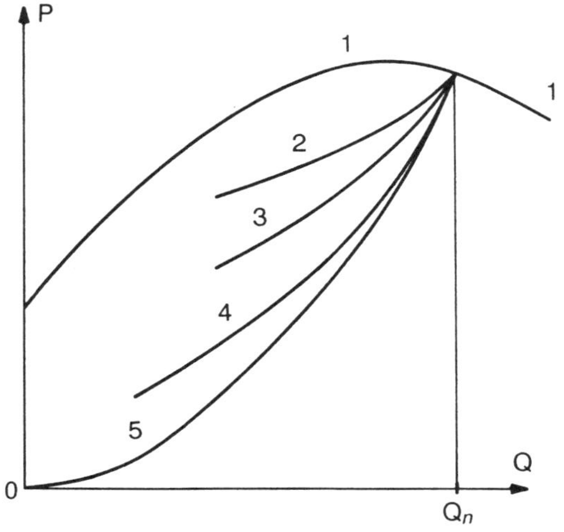

Figure 4.10

2. THERMODYNAMIQUE DES GAZ. ÉCOULEMENTS GAZEUX

2.1. REMARQUES PRÉLIMINAIRES

2.1.1. Grandeurs et unités utilisées

– En thermodynamique,

- on considère toujours des *pressions* absolues p (comme on l'a vu, la pression atmosphérique vaut 1,013 bar),
- on considère des *températures* absolues T, en degrés Kelvin (° K)
  $T = t + 273$
  avec t en degrés Celsius (° C);
- on raisonne toujours sur une masse de gaz égale à 1 kg, dont le volume est le *volume massique*, noté v ;
- on considère des *travaux* ou des énergies, en Joules ou kilojoules et non des hauteurs comme on le fait généralement en hydraulique.
  Les quantités de chaleur, qui sont des énergies thermiques, sont exprimées en Joules ou kilojoules.
  Rappelons l'équivalent mécanique de la kilocalorie
  1 kilocalorie = 418 kilojoules;
- pour un écoulement compressible permanent et conservatif, c'est le

débit masse qui est constant à l'intérieur de la machine et non plus le débit volume.

2.1.2. Énergie interne

L'énergie interne u est une énergie potentielle qui traduit l'énergie emmagasinée dans le fluide. On ne calcule que ses variations.

L'énergie interne ne dépend que de la température T du fluide (voir loi de Joule).

L'énergie interne d'un système isolé (sans communication avec le milieu extérieur) reste constante.

2.2. LES GAZ PARFAITS

2.2.1. Les lois élémentaires

Trois lois relient les variations de deux des trois variables,

pression p , volume v , température T

la troisième restant constante, quel que soit le gaz parfait considéré.

- ***Loi de Mariotte***

Pour une transformation isothermique (à température T constante),

$$p v = C^{te}$$

La constante, en $(N/m^2)\ (m^3/kg) = Nm/kg = J/kg$, est un travail par unité de masse.

- ***Loi de Gay-Lussac***

Pour une transformation isobare (à pression p constante),

$$v = v_0 \frac{T}{273},$$

v_0 étant la masse volumique à 0 degré centigrade ou 273° K.

- ***Loi de Charles***

Pour une transformation isochore (à volume v constant),

$$p = p_0 \frac{T}{273},$$

p_0 étant la pression à 0 degré centigrade.

2.2.2. Équation caractéristique des gaz parfaits

Les trois lois précédentes se regroupent dans l'équation des gaz parfaits :

$$\boxed{p v = r T}\ .$$

Pour $T = 0$, il n'y a plus aucune agitation thermique des molécules, la pression p est nulle.

r peut se déduire de p_0 et v_0, pression et volume massique à 0° C

$$r = \frac{p_0 v_0}{273}$$

r a pour dimensions J/kg.°K et dépend de la nature du gaz.

– *Pour l'air*, 1 m^3 à 0° C à la pression atmosphérique normale, soit 1,013 bar, a une masse de 1,293 kg.

Donc

$$v_0 = \frac{1}{1,293} = 0,774 \text{ m}^3/\text{kg}.$$

D'où

$$r = \frac{101\,300 \times 0,774}{273} = 287 \text{ J/kg.°K}.$$

– Si on rapporte r à une masse de gaz différente de 1 kg, sa valeur est bien sur différente puisque proportionnelle à la masse considérée.

On utilisait autrefois la "molécule-gramme", devenue mole : c'est la masse de gaz occupant 22,4 l à 0° C sous 760 mm de mercure (ou 1,013 bar).

On utilise encore industriellement la kilomole qui occupe 22,4 m^3 dans les mêmes conditions de température et de pression.

Dans ce cas, on écrit :

$$pv = \text{RT}$$

et puisque p_0 et v_0 sont les mêmes, *quelque soit le gaz*, on a :

$$\text{R} = \frac{p_0 v_0}{273} = \frac{101\,300 \times 22,4}{273}$$

$$\text{R} = 8\,300 \text{ J/kmole.°K}, \text{ quel que soit le gaz.}$$

– La conséquence la plus fréquemment utilisée est que, si une masse de gaz passe de l'état 1 (p_1, v_1, T_1) à l'état 2 (p_2, v_2, T_2), on a :

$$\boxed{\frac{p_2 v_2}{p_1 v_1} = \frac{\text{T}_2}{\text{T}_1}}. \qquad (4.2)$$

2.2.3. Loi de Joule. Chaleurs massiques

Joule a montré que l'énergie interne d'un gaz parfait ne dépend que de sa température.

Cela conduit à la notion de chaleur massique.

– *La chaleur massique* d'une masse de 1 kg de gaz parfait est la quantité de chaleur (ou énergie) qu'il faut lui fournir pour élever sa température de 1° C. Elle s'exprime en J/kg.°C.

On distingue

- la chaleur massique à volume constant C_v (ou "c"),
- la chaleur massique à puissance constante C_p (ou "C").

– *Chaleur massique à volume constant*

La variation d'énergie interne est telle que :

$$du = \text{C}_v \, dt \quad \text{ou} \quad \text{C}_v \, d\text{T}.$$

Comme l'énergie interne ne dépend que de T, il en résulte qu'il est en est de même pour C_v

$$C_v = C_v\,(T).$$

En fait, C_v varie lentement avec la température. On a :

$$u_2 - u_1 \simeq C_v\,(t_2 - t_1) = C_v\,(T_2 - T_1).$$

Pour l'air, aux températures ordinaires;

$$(C_v)_{air} \simeq 710 \text{ J/kg.°C}.$$

– *La chaleur massique à pression constante*

Si on enferme 1 kg de gaz dans un cylindre fermé par un piston, la chaleur à lui fournir à volume constant, c'est-à-dire avec le piston fixe, pour élever la température du gaz de 1° C détermine C_v .

Par contre, si on chauffe le gaz à pression constante, le piston recule car le volume du gaz augmente. Pour élever la température du gaz de 1° C, il faut fournir, en plus de l'augmentation de l'énergie interne du gaz, le travail fourni au milieu extérieur par le gaz qui pousse le piston. On aura donc

$$C_p > C_v .$$

A partir de l'équation des gaz parfaits, on montre que

$$\boxed{C_p = C_v + r}\,. \tag{4.3}$$

c'est la relation de Mayer.

Pour l'air, aux températures ordinaires,

$$C_p \simeq 1 \text{ kJ/kg.°C}.$$

Le rapport de la chaleur massique à pression constante à celle à volume constant est désignée par γ

$$\gamma = \frac{C_p}{C_v}\,. \tag{4.4}$$

– *Remarque*. Si C_v et C_p sont constants, c'est-à-dire indépendants de la température, le gaz parfait est dit idéal parfait.

2.2.4. Extension du domaine d'application

– *Mélange de gaz parfaits*

On peut montrer qu'un mélange de gaz parfaits est un gaz parfait (loi de Gibbs-Dalton).

– *Mélange gaz-vapeur d'eau*

On peut se ramener à un mélange de gaz parfaits, en considérant l'humidité relative et en assimilant la vapeur d'eau à un gaz parfait.

– *Vapeurs*

Pour beaucoup de vapeurs, les fréons par exemple, l'équation liant p, v et T devient

$$p\,v = Z\,R\,T$$

avec Z facteur de compressibilité.

Z étant une fonction de p et de T, il en résulte des relations $p(\mathrm{T})$ et $p(v)$ nettement plus compliquées que dans les cas précédents.

2.3. COMPRESSION D'UN GAZ DANS UN CYLINDRE

2.3.1. Compression à température constante

Une telle transformation, dite compression isothermique, supposerait qu'on comprime le gaz dans un cylindre infiniment perméable à la chaleur et plongé dans une enceinte infinie à température constante.

Puisque $p v = r \mathrm{T} = r \mathrm{T}_0$ est constant, l'état initial (p_1, v_1, T_0) et l'état final (p_2, v_2, T_0) du gaz comprimé sont liés par

$$\frac{p_1}{p_2} = \frac{v_2}{v_1}.$$

Le travail fourni par le piston pour comprimer le gaz, en s'opposant à sa pression, est

$$\mathcal{T} = \int_{v_1}^{v_2} -p \, \mathrm{d}v$$

$$\mathcal{T} = -\int_{v_1}^{v_2} \frac{r \mathrm{T}_0}{v} \, \mathrm{d}v = -r \mathrm{T}_0 \operatorname{Log} \frac{v_2}{v_1}$$

$$\mathcal{T} = r \mathrm{T}_0 \operatorname{Log} \frac{v_1}{v_2} = r \mathrm{T}_0 \operatorname{Log} \frac{p_2}{p_1}. \tag{4.5}$$

La variation d'énergie interne Δu, égale à $\mathrm{C}_v \Delta \mathrm{T}$, est nulle puisque T est constant. L'énergie fournie par le piston est cédée au milieu infini dans lequel le cylindre est plongé.

2.3.2. Compression sans échange de chaleur avec l'extérieur

Cette transformation, lorsqu'elle est réversible, est dite
adiabatique réversible,
ou isentropique (c'est-à-dire à entropie constante).
Elle suppose que le cylindre soit parfaitement calorifugé.

Le travail élémentaire, $-p \, \mathrm{d}v$, fourni par le piston est égal à l'augmentation élémentaire de l'énergie interne

$$-p \, \mathrm{d}v = \mathrm{d}u = \mathrm{C}_v \, \mathrm{dT}.$$

Puisque $p v = r \mathrm{T}$, on peut remplacer $\mathrm{C}_v \, \mathrm{dT}$ par $\frac{\mathrm{C}_v}{r}(p \, \mathrm{d}v + v \, \mathrm{d}p)$: ce qui donne :

$$-p \, \mathrm{d}v = \frac{\mathrm{C}_v}{r}(p \, \mathrm{d}v + v \, \mathrm{d}p)$$

$$p \, \mathrm{d}v (\mathrm{C}_v + r) = -\mathrm{C}_v v \, \mathrm{d}p$$

Or $\mathrm{C}_v + r = \mathrm{C}_p$ et $\frac{\mathrm{C}_p}{\mathrm{C}_r} = \gamma$.

D'où

$$v \, \mathrm{d}p = -\gamma p \, \mathrm{d}v$$

$$\frac{dp}{p} = -\gamma \frac{dv}{v}$$

$$\text{Log}\, p = -\gamma\, \text{Log}\, v + C^{te}$$

$$\boxed{p\, v^{\gamma} = C^{te}}\,. \tag{4.6}$$

On en déduit :

$$\frac{p_2}{p_1} = \left(\frac{v_1}{v_2}\right)^{\gamma} \tag{4.7}$$

$$\frac{T_2}{T_1} = \frac{p_2\, v_2}{p_1\, v_1} = \frac{v_2}{v_1} \cdot \frac{p_2}{p_1} = \left(\frac{v_1}{v_2}\right)^{-1} \left(\frac{v_1}{v_2}\right)^{\gamma}$$

$$\boxed{\frac{T_2}{T_1} = \left(\frac{v_1}{v_2}\right)^{\gamma-1} = \left(\frac{p_2}{p_1}\right)^{\frac{\gamma-1}{\gamma}}} \tag{4.8}$$

ou inversement

$$\frac{p_2}{p_1} = \left(\frac{T_2}{T_1}\right)^{\frac{\gamma}{\gamma-1}} \quad ; \quad \frac{v_2}{v_1} = \left(\frac{T_1}{T_2}\right)^{\frac{1}{\gamma-1}}.$$

2.3.3. Compression avec échange partiel de chaleur avec l'extérieur

Cette transformation intermédiaire entre les deux précédentes et correspondant mieux à la réalité, est appelée transformation polytropique.

Il y a variation de l'énergie interne :

$$u_2 - u_1 = C_v\,(T_2 - T_1)$$

$$= \frac{C_v}{r}\,(p_2\, v_2 - p_1\, v_1)$$

et on montre que la loi $p\,(v)$ est dans ce cas :

$$p\, v^n = C^{te} \quad , \quad \text{avec} \quad n \neq \gamma \tag{4.9}$$

que le travail reçu par le fluide est :

$$W = \frac{1}{n-1}\,(p_2\, v_2 - p_1\, v_1)\,, \quad \text{en J/kg}$$

et la chaleur échangée avec l'extérieur a pour valeur :

$$Q = W\,\frac{n-\gamma}{\gamma-1}\,, \quad \text{en J/kg}\,.$$

Lors d'une compression, les pertes hydrodynamiques sont considérées comme une chaleur fournie par l'extérieur au gaz lui-même ; on aura donc, pour un compresseur non refroidi,

$$Q > 0 \quad \text{et} \quad n > \gamma\,.$$

Par rapport à une transformation isentropique, la chaleur augmente la température et donc le volume du gaz. La figure 4.11 montre, dans le système d'axes pression-volume, le trajet du point représentatif de la masse comprimée

pour une transformation isentropique ($p\, v^{\gamma}\, \gamma = C^{te}$)

pour une transformation polytropique ($p\, v^n = C^{te}$), avec $n > \gamma$.

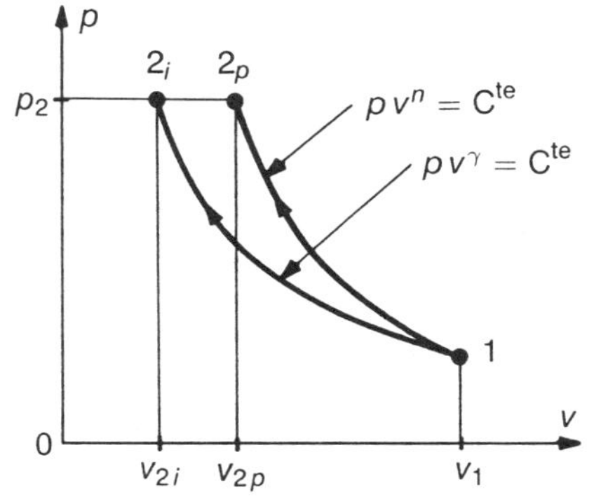

Figure 4.11

2.4 CONSERVATION DE L'ÉNERGIE POUR UN FLUIDE COMPRESSIBLE

A partir de la conservation de l'énergie d'une unité de masse du fluide lors de son passage d'un point 1 à un point 2, on cherche à établir une relation analogue à celle donnée par le théorème de Bernoulli.

– Au point 1, on désigne par
p_1 la pression statique,
v_1 le volume massique,
ρ_1 la masse volumique $1/v_1$,
V_1 la vitesse absolue d'écoulement,
Z_1 la cote verticale par rapport à un plan de référence.

Pour le point 2, on remplace l'indice 1 par l'indice 2.

On désigne par
W l'énergie mécanique totale échangée avec l'extérieur,
Q l'énergie thermique totale échangée avec l'extérieur.

On compte W positif lorsque cette énergie est fournie par le fluide, Q positif lorsque cette énergie est reçue par le fluide.

– Rappelons les relations de définition de l'énergie interne *u,* de l'enthalpie *h,* de l'entropie S

$$u = C_v\,T,$$
$$h = u + p\,v = C_v\,T + p\,v = C_p\,T$$
$$dS = dQ/T.$$

– La conservation de l'énergie lors du passage de 1 à 2 s'écrit :

$$u_2 + p_2 v_2 + \frac{V_2^2}{2} + g\,Z_2 = u_1 + p_1 v_1 + \frac{V_1^2}{2} + g\,Z_1 + Q - W.$$

Pour les gaz, on peut négliger habituellement la différence de cote $Z_2 - Z_1$.

Compte tenu de cette simplification, mise sous forme différentielle l'équation précédente devient :

$$du + p\,dv + v\,dp + V\,dV = dQ - dW.$$

Si le gaz est parfait, $pv = rT$:

$$C_p T = (C_v + r)T = C_v T + pv = u + pv$$

$$du + p\,dv + v\,dp = C_p\,dT.$$

Donc

$$\boxed{C_p\,dT + V\,dV = dQ - dW}. \tag{4.10}$$

2.4.1. Cas de l'écoulement réversible

Dans le cas d'un écoulement réversible sans travail externe (écoulement permanent dans un tuyau, par exemple), que l'écoulement soit adiabatique ou non, $dW = 0$.

L'entropie S est telle que :

$$dQ = T\,dS = du + p\,dv$$

et la relation (4.10) devient :

$$C_p\,dT + V\,dV = dQ.$$

Comme $C_p T = h = u + pv$,

$$C_p\,dT = dh = du + p\,dv + v\,dp$$
$$= C_v\,dT + p\,dv + v\,dp.$$

D'où

$$C_v\,dT + p\,dv + v\,dp + V\,dV = dQ = C_v\,dT + p\,dv$$

et par suite :

$$\boxed{v\,dp + V\,dV = 0} \tag{4.11}$$

soit encore

$$\frac{dp}{\rho} + V\,dV = 0.$$

2.4.2. Cas de l'écoulement adiabatique

– Si on reprend l'équation (4.10), en l'absence de travail échangé avec l'extérieur, soit

$$dQ = C_p\,dT + V\,dV$$

lors du passage du point 1 au point 2, on a :

$$Q_2 - Q_1 = C_p(T_2 - T_1) + \frac{1}{2}(V_2^2 - V_1^2)$$

$$Q_2 - Q_1 = \left(C_p T_2 + \frac{V_2^2}{2}\right) - \left(C_p T_1 + \frac{V_1^2}{2}\right).$$

– A la notion d'enthalpie, h égale à $C_p T$, il est commode d'ajouter celle *d'enthalpie totale* ou *enthalpie d'arrêt* H définie par

$$\boxed{H = C_p T + \frac{V^2}{2} = h + \frac{V^2}{2}}\,. \tag{4.12}$$

– Dans les turbomachines étudiées ici, l'écoulement est souvent adiabatique, c'est-à-dire que $Q_2 - Q_1 = 0$.

S'il n'y a pas d'énergie échangée avec l'extérieur ($dW = 0,\ dQ = 0$), *l'enthalpie totale est constante* et alors $H_1 = H_2$.

Cette propriété est valable que l'écoulement soit réversible ou non ; elle s'applique aux fluides réels avec frottements aux parois et viscosité interne.

– A partir de l'enthalpie totale ou d'arrêt on peut définir une température d'arrêt et une pression d'arrêt.

On peut écrire

$$C_p T + \frac{V^2}{2} = C_p T_i\,,$$

$C_p T_i$ étant l'enthalpie d'arrêt qui correspond à la température d'arrêt T_i ;

La *température d'arrêt* est donc définie par :

$$\boxed{T_i = T + \frac{V^2}{2 C_p}}\,. \tag{4.13}$$

A la température réelle T on ajoute le terme $V^2/2\,C_p$ correspondant à une "température due à la vitesse".

On peut considérer que T_i est la température atteinte par le filet gazeux, qui dans l'écoulement avait une vitesse V et une température T, lorsqu'il arrive sur un point d'arrêt (par exemple un tube de Pitot) où sa vitesse s'annule, puisque l'écoulement est supposé adiabatique réversible, c'est-à-dire isentropique.

Si on condidère l'entropie totale, pour le point 1 à l'entrée de la machine où on peut admettre $V_1 = 0$, on aura :

$$p_1 = p_i\,,$$

c'est-à-dire la pression statique égale la pression d'arrêt, et de même $\rho_1 = \rho_i$.

2.4.3. Relation pression-vitesse pour un écoulement isentropique

On a vu [relation (4.11)] que pour un écoulement réversible, l'équation de l'énergie était de la forme :

$$v\,dp + V\,dV = 0\,. \tag{4.11}$$

Donc pour le passage du point 1 au point 2,

$$\int_{p_1}^{p_2} v\,dp + \int_{V_1}^{V_2} V\,dV = C^{te}.$$

Si de plus l'écoulement est adiabatique,

$$p\,v^{\gamma} = C^{te} = A\,,$$

ce qui permet de calculer la première intégrale

$$\int_{p_1}^{p_2} v\, dp = \int_{p_1}^{p_2} \left(\frac{A}{p}\right)^{1/\gamma} dp = A^{1/\gamma} \frac{\gamma}{\gamma - 1} \left(p_2^{\frac{\gamma-1}{\gamma}} - p_1^{\frac{\gamma-1}{\gamma}}\right)$$

or $A^{1/\gamma} = (p_1 v_1^{\gamma})^{1/\gamma} = p_1^{1/\gamma} v_1$,

$$\int_{p_1}^{p_2} v\, dp = v_1 p_1^{1/\gamma} \frac{\gamma}{\gamma - 1} \left(p_2^{\frac{\gamma-1}{\gamma}} - p_1^{\frac{\gamma-1}{\gamma}}\right)$$

$$= v_1 p_1 \frac{\gamma}{\gamma - 1} \left[\left(\frac{p_2}{p_1}\right)^{\frac{\gamma-1}{\gamma}} - 1\right].$$

Puisque $\int_{V_1}^{V_2} V\, dV = \frac{1}{2}(V_2^2 - V_1^2)$, on obtient :

$$\boxed{v_1 p_1 \frac{\gamma}{\gamma - 1} \left[\left(\frac{p_2}{p_1}\right)^{\frac{\gamma-1}{\gamma}} - 1\right] + \frac{1}{2}(V_2^2 - V_1^2) = C^{te}}. \tag{4.14}$$

Cette relation est l'équivalent pour un écoulement compressible isentropique de l'équation de Bernoulli.

2.4.4. Relations entre les pressions

De la même façon, on peut montrer que la pression d'arrêt p_i et la pression p en un point sont liées par :

$$\frac{p_i}{p} = \left(\frac{T_i}{T}\right)^{\frac{\gamma}{\gamma-1}} \tag{4.15}$$

et que

- si l'écoulement adiabatique est réversible (isentropique), la pression d'arrêt demeure constante dans l'écoulement,
- si l'écoulement adiabatique est irréversible, la pression d'arrêt diminue dans le sens de l'écoulement.

Pour un fluide parfait incompressible s'écoulant dans un plan horizontal (Z constant), la différence entre la pression totale P et la pression statique p est la pression dynamique $\rho V^2/2$:

$$P = p + \frac{1}{2}\rho V^2.$$

S'il n'y a pas perte de charge, P est constant. S'il y a des pertes de charge, P diminue dans le sens de l'écoulement.

Pour un fluide parfait compressible, si on a bien :

$$H = C_p T + \frac{V^2}{2} = h + \frac{V^2}{2},$$

en revanche

$$P \neq p + \frac{1}{2}\rho V^2.$$

Pour évaluer la différence entre les deux membres de cette inégalité, il faut introduire le *nombre de Mach* M :

$$\mathrm{M} = \frac{\mathrm{V}}{a}, \quad \text{avec } a = \sqrt{\gamma r \mathrm{T}} \tag{4.16}$$

avec V vitesse du fluide,
a vitesse du son dans ce fluide.

De (4.13) et (4.16), on déduit :

$$\frac{\mathrm{T}_i}{\mathrm{T}} = 1 + \frac{\gamma - 1}{2} \mathrm{M}^2$$

ce qui donne :

$$\mathrm{P} - p = \frac{\rho \mathrm{V}^2}{2} \cdot \frac{2}{\gamma \mathrm{M}^2} \left[\left(1 + \frac{\gamma - 1}{2} \mathrm{M}^2\right)^{\frac{\gamma}{\gamma - 1}} - 1 \right].$$

Le développement en série d'un terme de la forme $(1 + x)^m$ étant $(1 + x)^m = 1 + mx + \frac{m(m-1)}{2} x^2 + \cdots$,

on obtient

$$\mathrm{P} - p = \frac{\rho \mathrm{V}^2}{2} \left(1 + \frac{1}{4} \mathrm{M}^2 + \frac{1}{40} \mathrm{M}^4 + \cdots\right).$$

Si $\mathrm{M} = 0$, on retrouve bien $\mathrm{P} - p = \frac{\rho \mathrm{V}^2}{2}$ (écoulement incompressible).

Remarque. Pour l'air ($\gamma = 1,4$; $r = 287$ J/kg.°K) à 20° C, $a = 343$ m/s.

Si $\mathrm{M} = 0,3$, $\frac{\mathrm{P} - p}{\rho \mathrm{V}^2/2} = 1,0227$, soit un écart de 2 % environ avec l'écoulement incompressible. Aussi jusqu'à $\mathrm{M} = 0,3$ environ, qui correspond à une vitesse absolue de l'ordre de 100 m/s, est-il normal en pratique de négliger la compressibilité

2.4.5. Remarques sur l'entropie

– Les pertes d'énergie dites "hydrodynamiques" dans une machine à fluide gazeux sont converties en chaleur et cette chaleur est absorbée par le gaz travaillant dans la machine. Le gaz perd donc une certaine quantité d'énergie mécanique et reçoit une quantité équivalente de chaleur ou énergie thermique : c'est la traduction du second principe de la thermodynamique.

Ce principe peut s'écrire :

$$\mathrm{T}\, d\mathrm{S} = d\mathrm{Q}_{\text{total}} = d\mathrm{Q}_{\text{ext}} + d\mathrm{Q}_{\text{pertes}}$$

avec $d\mathrm{Q}_{\text{ext}}$, chaleur fournie au gaz par le milieu extérieur,
$d\mathrm{Q}_{\text{pertes}}$, chaleur correspondant aux pertes hydrodynamiques.

- Si l'écoulement est adiabatique ($d\mathrm{Q}_{\text{ext}} = 0$) et sans pertes ($d\mathrm{Q}_{\text{pertes}} = 0$) il est isentropique ($d\mathrm{S} = 0$).

- S'il est adiabatique ($d\mathrm{Q}_{\text{ext}} = 0$) mais avec pertes hydrodynamiques (frottements internes dus à la viscosité, tourbillons),

$$\mathrm{T}\, d\mathrm{S} = d\mathrm{Q}_{\text{pertes}},$$

les pertes sont reçues par le gaz, l'entropie augmente toujours.

– A partir du premier principe de la thermodynamique, on peut montrer que :

$$\mathrm{T}\, d\mathrm{S} = du + p\, dv.$$

L'enthalpie étant $h = u + pv$, on a $dh = du + p\,dv + v\,dp$.
Donc

$$\boxed{T\,dS = dh - v\,dp}\,. \tag{4.18}$$

2.5. REPRÉSENTATIONS DE L'ÉVOLUTION DU GAZ

On peut représenter l'évolution du gaz dans un compresseur de différentes façons.

2.5.1. Diagramme température-entropie

On porte (fig. 4.12) les entropies en abcisses, les températures absolues en ordonnées,

- les isothermes (T constant) sont des horizontales;
- les isentropes (S constant) sont des verticales;
- les isobares (p constant) sont des courbes de pente $dT/dS = T/C_p$;
- les isochores (v constant) sont des courbes de pente $dT/dS = T/C_v$.

En leur point d'intersection, une isobare a une pente moins forte que l'isochore, puisque C_v est inférieur à C_p .

2.5.2. Diagramme de Clapeyron

On porte le volume massique en abcisse, la pression en ordonnée (fig. 4.13).

Les isobares (p cst) sont des horizontales, les isochores (v cst) des verticales.

Les isothermes (T cst) sont des hyperboles d'équation $pv = rT$; les transformations isentropiques ($pv^\gamma = C^{te}$, avec $\gamma > 1$) et polytropiques ($pv^n = C^{te}$, avec $n > \gamma$) sont représentées par des courbes de même allure mais leurs pentes sont plus fortes.

2.5.3. Diagramme température absolue-volume massique

On porte en ordonnée le logarithme de la température absolue, en abcisse celui du volumique massique ou de l'énergie interne ou de l'enthalpie (fig. 4.14). Les courbes d'égale pression, d'égale énergie interne ou d'égale enthalpie sont des segments de droites.

En effet

– pour les pressions (échelle 1),

$pv = rT$ donne $\operatorname{Log} v = \operatorname{Log} r + \operatorname{Log} T - \operatorname{Log} p$;
à p constant, $\operatorname{Log} T = \operatorname{Log} v + C^{te}$;
les isobares sont des droites de pente 1.

– pour l'énergie interne (échelle 2),

$u = C_v T$ donc, si C_v est constant, $\operatorname{Log} T = \operatorname{Log} u + C^{te}$;
les courbes u (T) sont des droites de pente 1. En fait C_v variant un peu avec T, ces courbes ne sont pas tout à fait rectilignes.

– pour l'enthalpie (échelle 3)

$h = C_p T$, donc à C_p constant, $\operatorname{Log} T = \operatorname{Log} h + C^{te}$;
les courbes h (T) sont des droites de pente 1. En fait, comme C_p varie légèrement avec la température, ces courbes ne sont pas tout à fait rectilignes.

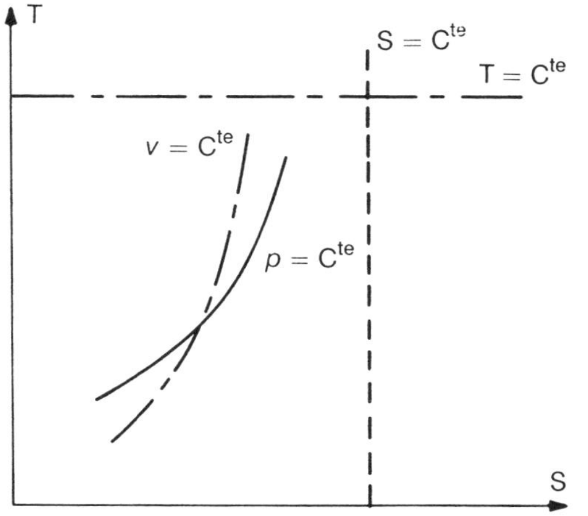

Figure 4.12

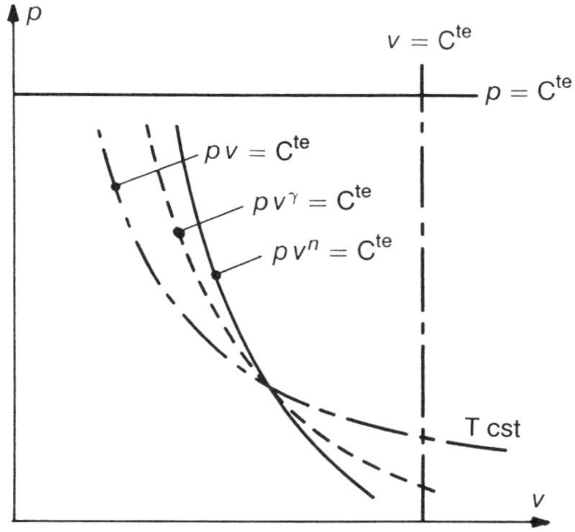

Figure 4.13

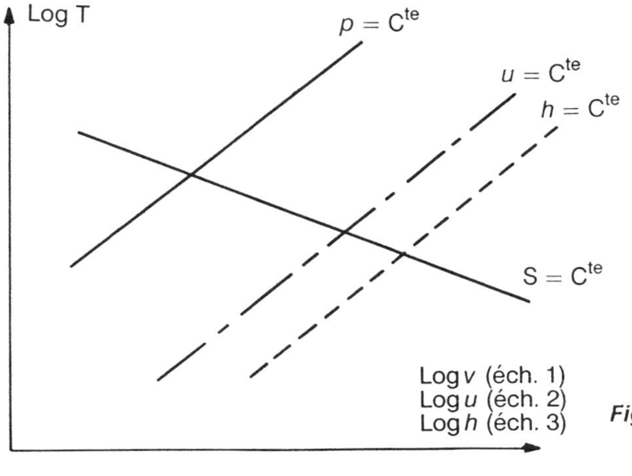

Figure 4.14

– pour l'entropie (échelle 1)

les courbes d'égale entropie sont des courbes à $p\,v^{\gamma} = C^{te}$, ou, puisque $p\,v = r\,T$, des courbes à $p\,v^{\gamma-1}\,r\,T = C^{te}$.

Si $v^{\gamma-1}\,T = C^{te}$, $\operatorname{Log} T = -(\gamma - 1) \operatorname{Log} v + C^{te}$; les courbes d'égal S sont des droites de pente $1 - \gamma$. Pour les courbes $p\,v^{n} = C^{te}$ (polytropes) la pente sera de $1 - n$.

2.6. FORMULATION DE L'ÉQUATION D'EULER POUR UN COMPRESSEUR

Pour une compression polytropique dans un système sans échange de travail avec l'extérieur, le travail sur l'arbre est égal à la variation d'enthalpie à l'arrêt.

Cette variation $H_2 - H_1$ est égale au travail massique engendré par la roue H_R (l'équivalent de $g\,H_i$ (relation (2.19) dans l'étude des pompes)

$$H_R = H_2 - H_1 \,. \tag{4.19}$$

• Comme pour les pompes, on peut déterminer H_R à partir de

$$\boxed{H_R = u_2\,v_{u_2} - u_1\,v_{u_1}} \tag{4.20}$$

en désignant par

u_1 la vitesse périphérique de la roue à l'entrée du fluide,
u_2 la vitesse périphérique de la roue à la sortie du fluide,
v_{u_1} la composante de la vitesse du fluide à l'entrée suivant la vitesse u_1.
v_{u_2} la composante de la vitesse du fluide à la sortie suivant la direction de u_2.

• On peut aussi exprimer H_R en fonction de l'enthalpie proprement dite

$$H_R = h_2 - h_1 + \frac{V_2^2 - V_1^2}{2} = C_p\,(T_2 - T_1) + \frac{V_2^2 - V_1^2}{2} \tag{4.21}$$

avec V_1 et V_2, vitesses absolues du fluide à l'entrée et à la sortie de la machine, et non de la roue.

Cette formulation est intéressante, car elle distingue les deux termes intervenant dans l'expression de H_R :

- le terme thermodynamique $C_p\,(T_2 - T_1)$,
- le terme cinématique,

et permet de formuler quelques remarques.

– A l'entrée (avant le convergent d'entrée) la vitesse V_1 est en général négligeable. La vitesse V_2 est telle que $V_2^2/2$ est lui-même assez faible devant la variation d'enthalpie.

En pratique,

$$\boxed{H_2 - H_1 \simeq h_2 - h_1 = C_p\,(T_2 - T_1)}\,. \tag{4.22}$$

– En revanche, compte tenu du rendement de la compression, la température T_2 est plus grande que celle qui correspondrait à une compression isentropique.

Cette augmentation de la variation d'enthalpie entraîne l'augmentation de la différence $u_2 v_{u_2} - u_1 v_{u_1}$ nécessaire pour obtenir un taux de compression donné.

3. LES COMPRESSEURS

Par le terme compresseur on entend aussi bien les turbocompresseurs que les turbosoufflantes. Ces dernières sont en général des machines non refroidies à un petit nombre d'étages et refoulant à une pression n'excédant pas 2 bars environ.

Pour des pressions plus élevées, avec éventuellement un système de refroidissement, on parlera plutôt de compresseur. C'est à ce type de turbomachine que seront consacrées les notes qui suivent.

Un compresseur peut être centrifuge ou axial. Le compresseur centrifuge peut être monocellulaire ou multicellulaire; le compresseur axial est toujours multicellulaire.

Après une rapide présentation de ces deux types de compresseurs, nous indiquerons leurs principales caractéristiques et les façons de faire varier celles-ci.

3.1. LES COMPRESSEURS CENTRIFUGES

Il y a de nombreuses analogies, du point de vue tracé de la roue et du corps, entre un compresseur centrifuge et une pompe centrifuge de petite vitesse spécifique n_s. Il en est de même pour les diffuseurs et les canaux de retour, lorqu'il y a plusieurs étages en série.

L'augmentation de pression courante peut être de 0,3 bars; mais le taux de compression p_2/p_1 va jusqu'à 4, c'est-à-dire que p_2 égale 4 bars si on part de 1 bar, pression de l'atmosphère.

3.1.1. La roue

La vitesse d'entrée du fluide dans la roue est généralement située dans un plan méridien (c'est-à-dire que sa composante tangentielle v_{u_1} est nulle).

Le rapport v_{u_2}/u_2 des vitesses à la sortie est souvent noté μ_{th} ou tout simplement μ.

On adopte en général pour v_{u_2}/u_2 une valeur de 0,5 à 0,65, donc du même ordre de grandeur que pour une pompe centrifuge pure.

L'angle de sortie des ailettes, qui sont d'ordinaire couchées en arrière comme pour une pompe, est toutefois sensiblement plus grand; β_2 est de 50 à 60° par exemple.

Pour les machines très "poussées" on va même jusqu'à $\beta_2 = 90°$, c'est-à-dire des ailettes radiales à la sortie, ce qui compte tenu du grand nombre d'ailettes adopté (quelques dizaines) permet d'avoir un faible écart angulaire $\beta_2 - \beta'_2$ (voir figure 2.19) et par suite un v_{u_2}/u_2 voisin de l'unité.

Dans ces machines, la vitesse u_2 peut aller jusqu'à 400 m/s et les ailettes radiales sont nécessaires pour résister à la force centrifuge. Les entrées d'ailettes doivent cependant être gauchies de façon à ce que l'écoulement à l'entrée se fasse sans trop de pertes (fig. 4.15). La limitation de la vitesse périphérique peut aussi être conditionnée par la valeur du nombre de Mach à l'entrée.

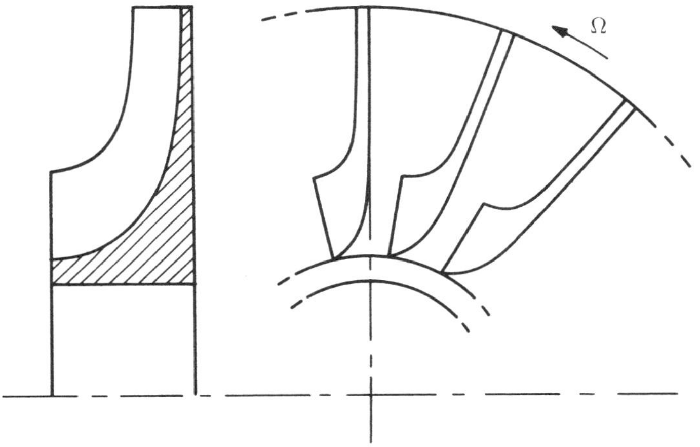

Figure 4.15

– Les valeurs de v_{u_2}/u_2 nécessaires pour obtenir, en même temps qu'une grande vitesse u_2, une pression absolue appropriée à un fluide gazeux se traduisent par une forme de la courbe hauteur-débit fortement retombante aux petits débits. D'où les inconvénients d'instabilité dans cette zone, comme on l'a déjà signalé à propos des ventilateurs.

– Les différences fondamentales avec le tracé en pompe tiennent évidemment à la compressiblité et aux effets thermodynamiques.

Vu la variation non négligeable du volume massique avec la pression et la température, les roues successives d'un compresseur centrifuge multicellulaire n'ont pas toutes le même diamètre, de plus les largeurs de sortie sont de plus en plus faibles. Si le débit massique reste le même, le débit volume diminue d'un étage au suivant ; pour conserver les valeurs précalculées des vitesses méridiennes, il faut diminuer les sections.

3.1.2. Convergent d'entrée

Le convergent d'entrée doit accélérer le fluide à partir de la bride d'entrée et l'amener à la roue avec un minimum de perte de charge en fournissant des vitesses d'approche uniformes dans les sections d'entrée des ailettes.

Ce convergent est coudé, puisque l'arbre de roue doit être absolument supporté à ses deux extrémités étant donné la grande vitesse de rotation. La tubulure d'aspiration est donc obligatoirement latérale, comme dans les pompes à deux entrées (voir chapitre 2, § 2.1.3), d'où un tracé demandant beaucoup de soin.

3.1.3. Diffuseur

• *Le diffuseur lisse* est assez souvent employé en compresseur. C'est un simple canal annulaire dans lequel la vitesse giratoire diminue suivant la loi des aires, c'est-à-dire à $r\,v_u$ constant,

avec r rayon
v_u vitesse absolue suivant la tangente à la roue.

Comme, dans ce cas, la vitesse v_u est beaucoup plus grande que la vitesse méridienne v_m, elle est peu inférieure à la vitesse absolue. En première approximation, la vitesse absolue est réduite dans le rapport des rayons intérieur et extérieur du diffuseur.

Le diffuseur est donc encombrant en rayon, car son rayon extérieur doit être, par exemple, le double de son rayon intérieur si on veut récupérer la moitié de la vitesse. Si la vitesse est réduite de moitié, il ne reste que le quart de l'énergie cinétique de départ; on récupère donc les trois quarts de celle-ci.

Si l'encombrement n'a pas trop d'importance, le diffuseur lisse a l'avantage d'être moins cher qu'un diffuseur à ailettes. De plus il a une large plage de débits de fonctionnement possibles car il évite le phénomène du "mauvais angle d'attaque" qui fait chuter le rendement dès qu'on s'écarte du débit d'adaptation (ou d'entrée sans choc).

• *Le diffuseur à ailettes* est celui qu'on utilise toujours en pompes multicellulaires ou même parfois monocellulaires de petit n_s.

Il nécessite une extension radiale nettement plus petite, d'où un gain sur le diamètre du corps.

Mais un assez grand nombre d'aubes peut être nécessaire si on veut éviter d'avoir des canaux trop divergents pour un ralentissement donné. Or Ferguson signale que le point de pompage du compresseur se rapproche du débit à rendement maximum si on augmente le nombre d'aubes du diffuseur, car il se produit plus tôt un décollement tournant dans les aubes du diffuseur. En pratique, on met moins d'aubes au diffuseur qu'à la roue; on ne peut donc réduire exagérément l'extension radiale de la couronne du diffuseur.

• *Le diffuseur à aubes réglables en calage* peut parfois être utilisé pour déplacer les caractéristiques de fonctionnement.

3.1.4. Remarques

1° Le compresseur centrifuge est d'une plus grande simplicité de construction que le compresseur axial.

Sa plage des débits possibles entre la limite de pompage et la limite due au choc sonique est aussi plus grande et il est moins sévèrement affecté par le pompage.

Enfin, il peut recevoir un aubage déflecteur à l'entrée, ce qui donne une extension des possibilités en débit tout comme on l'a vu pour les ventilateurs.

2° Le *compresseur centrifuge refroidi* est théoriquement une solution intéressante car la compression isotherme (on maintient la température du gaz constante pendant tout son trajet dans la machine) demande moins de travail que la compression adiabatique.

Malheureusement le refroidissement ne peut être parfait : on ne peut refroidir les ailettes ; les refrigérants sont communs à plusieurs étages. Ces réfrigérants sont intégrés dans le corps du compresseur.

L'exposant n de la compression polytropique peut être inférieur à γ si la quantité de chaleur évacuée est supérieure aux pertes, mais, compte tenu des imperfections signalées, γ reste toujours supérieur à 1.

L'inconvénient du refroidissement réside à la fois dans la nécessité de trouver une source d'alimentation en eau et dans le surcoût de l'investissement.

3° On ne construit *pas de compresseur hélico- centrifuge*. Les roues hélico-centrifuges, destinées à obtenir des n_s intermédiaires entre ceux des roues centrifuges et des roues hélices, nécessiteraient des aubes gauches inaptes à résister aux très grandes vitesses de rotation.

3.2. COMPRESSEUR MULTICELLULAIRE AXIAL

Ce compresseur est constitué (fig. 4.16) de roues axiales et de redresseurs axiaux montés en série dans un corps comportant un plan de joint axial.

Il y a en général un aubage déflecteur à l'entrée de la première roue et un redresseur à la sortie de la dernière.

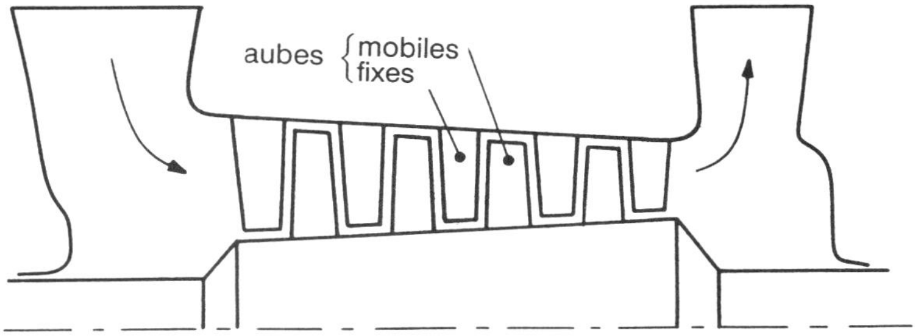

Figure 4.16

3.2.1 Triangles des vitesses

Les aubages se calculent comme ceux d'une pompe hélice, mais contrairement à celle-ci, les roues travaillent généralement avec une vitesse de prérotation v_{u_1}.

On adopte généralement une vitesse axiale v_m constante tout au long de la machine, ce qui fait que la largeur radiale du passage va en diminuant de l'entrée à la sortie, au fur et à mesure que le volume massique diminue. La hauteur des aubes va donc en diminuant dans le même sens.

Dans le compresseur axial, d'une part on crée la même différence d'enthalpie à chaque étage, d'autre part il faut que l'on retrouve le même triangle de vitesse d'un étage au suivant.

Il faut donc que la variation Δw_u de la composante périphérique de la vitesse relative dans la roue soit égale et opposée à la variation Δv_u de la composante périphérique de la vitesse du fluide dans le diffuseur

$$\Delta w_u = -\Delta v_u$$

avec $\Delta w_u = w_{u_2} - w_{u_1}$ et $\Delta v_u = v_{u_3} - v_{u_2}$.

Afin de montrer la composition des vitesses pour un étage roue-redresseur, on a coupé (fig. 4.17.a) cet étage par un cylindre fictif, de même axe que l'arbre, passant à mi-hauteur des aubes, puis on a déroulé une partie de ce cylindre dans le plan de la figure.

La figure 4.17.b donne le triangle des vitesses

à l'entrée de la roue : $\vec{v}_1 = \vec{u}_1 + \vec{w}_1$

à la sortie de la roue : $\vec{v}_2 = \vec{u}_2 + \vec{w}_2$.

La figure 4.17.c montre les composantes de la vitesse $\vec{v}_2$ du fluide à l'entrée du diffuseur et de sa vitesse $\vec{v}_3$ à la sortie.

On a $u_1 = u_2$

$v_{m_1} = v_{m_2} = v_{m_3}$.

Pour que $\vec{v}_3 = \vec{v}_1$, on voit qu'il faut que Δv_u égale $-\Delta w_u$.

Sur les figures 4.17.b et 4.17.c, on a indiqué par $\vec{w}_\infty$ et $\vec{v}_\infty$ les vitesses moyennes du fluide par rapport à la roue dans celle-ci et du fluide dans le diffuseur :

$$\vec{w}_\infty = \frac{\vec{w}_1 + \vec{w}_2}{2} \quad ; \quad \vec{v}_\infty = \frac{\vec{v}_2 + \vec{v}_3}{2}.$$

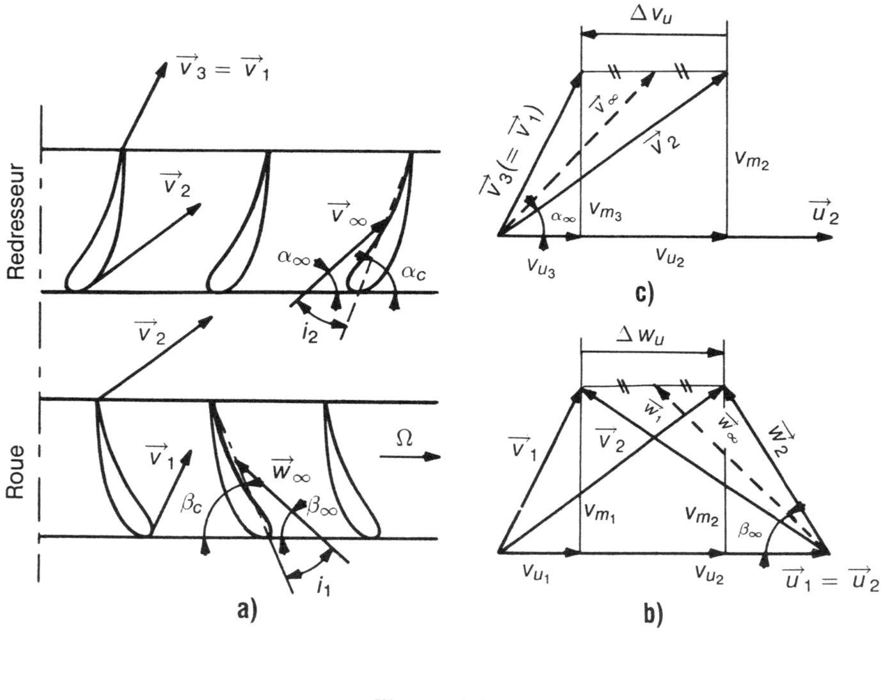

Figure 4.17

3.2.2. Cas du coefficient de réaction égal à 1/2

Le coefficient (ou degré) de réaction est égal à 1/2, quand la roue et le redresseur réalisent une égale variation d'enthalpie.

Dans ce cas, fréquemment utilisé, les triangles des vitesses sont symétriques (fig. 4.18) et les modules des vitesses sont liés par :

$$w_2 = v_1 = v_3 \quad ; \quad w_1 = v_2$$

$$v_\infty = w_\infty \, .$$

Les angles aigus β_∞ et α_∞ que font $\vec{w}_\infty$ et $\vec{v}_\infty$ avec la vitesse périphérique $\vec{u}_1$ ou $\vec{u}_2$ sont égaux.

Si on adopte le même angle d'incidence pour les deux aubages, i_1 égale i_2, ce qui entraîne

$$\alpha_c = \beta_c \, ;$$

les angles de calage de la roue et de redresseur sont égaux.

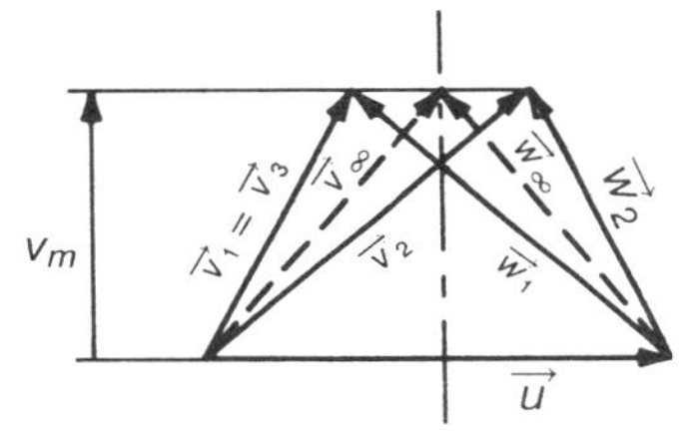

Figure 4.18

Les deux aubages sont identiques, d'où un grand avantage quant à la simplification de la construction. Si les hauteurs d'ailettes ne sont pas trop grandes, on peut même ne calculer leur profil qu'au rayon moyen et les réaliser sous forme de barres de section constante ayant le profil ainsi calculé.

3.2.3. Ordres de grandeur

Les vitesses périphériques de la roue sont de 200 à 300 m/s.

Le rapport de compression peut atteindre 5 environ.

Le nombre d'étages peut aller jusqu'à 20.

Comme pour les pompes hélices, le rapport v_u/u va de 0,25 à 0,35 ou 0,40.

La vitesse absolue de l'air à l'entrée est de 80 à 100 m/s.

On a réalisé des compresseurs axiaux de plusieurs dizaines de Mégawatts.

Lorsqu'un compresseur axial est refroidi, le réfrigérant est placé à la sortie de la machine, sans réfrigérant intermédiaire.

3.3. CARACTÉRISTIQUES

3.3.1. Allure générale

Dans le système d'axes débit massique – rapport de compression, la figure 4.19 donne l'allure de la caractéristique pour trois vitesses d'entraînement N_1, N_2, N_3

avec $N_1 < N_2 < N_3$.

La plage de fonctionnement est comprise entre la limite de pompage et le blocage sonique. Cette plage est plus réduite pour un compresseur axial que pour un compresseur centrifuge. Aux grandes vitesses, le blocage sonique peut être assez proche du point nominal.

Le phénomène de pompage (surging, en anglais) est le même que pour les ventilateurs et tient à la même cause (forme de la courbe pression-débit à pente positive aux faibles débits). La zone correspondante de débits doit être absolument évitée.

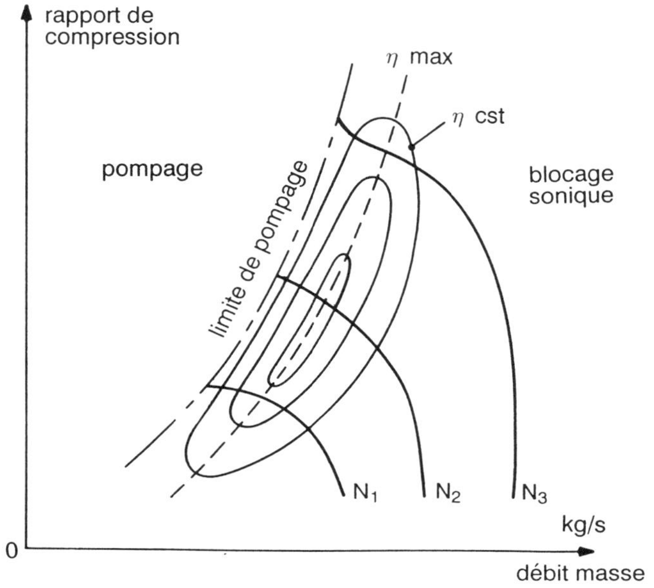

Figure 4.19

Le lieu des points de rendement maximum (tracé en traits interrompus) est une courbe sensiblement parallèle à la limite de pompage et peu éloignée de celle- ci.
Les courbes fermées d'égal rendement (tracées en traits légers) sont très aplaties.

3.3.2. Le blocage sonique

Le blocage ou choc sonique (choking, en anglais) intervient lorsque la vitesse du fluide atteint, dans une section de l'écoulement, la vitesse locale *a* du son : le débit atteint alors une valeur limite qu'il ne peut dépasser même si l'on diminue la pression.

Les endroits où la vitesse du fluide est maximale se situent à l'entrée dans les ailettes de la roue et dans les ailettes du diffuseur. Dans le premier cas, il s'agit de la vitesse relative w_1 dans la section droite à l'entrée du canal entre deux aubes de la roue ; dans le second, de la vitesse absolue v_3 dans la section analogue du diffuseur.

Le blocage sonique est assez semblable au phénomène de la cavitation dans les pompes (on peut trouver un exposé de cette analogie dans Pfleiderer, référence bibliographique 26). Habituellement, pour un compresseur axial le point critique est l'entrée des ailettes de roue, alors que pour un compresseur radial c'est la zone d'entrée des ailettes du diffuseur ou le bec de volute.

Pour un compresseur multicellulaire, c'est pour le dernier étage qu'on risque le plus d'atteindre la vitesse limite.

3.4. RÉGLAGE DES COMPRESSEURS

Les procédés utilisés pour faire varier la pression ou le débit d'un compresseur entraîné à vitesse constante sont les mêmes que ceux indiqués pour les ventilateurs.

Un système très répandu, quoique peu économique, consiste à disposer sur le refoulement une soupape d'échappement automatique qui s'ouvre lorsqu'on atteint la pression correspondant au rendement maximum. On évite ainsi de rentrer dans la zone de pompage.

On peut aussi diminuer le débit par laminage à l'aspiration ou au refoulement. Le laminage à l'entrée présente l'avantage de déplacer la courbe limite de pompage vers les débits les plus faibles.

On utilise parfois un diffuseur à inclinaison des aubes réglable, comme dans le cas d'un distributeur de turbine. En "fermant" le diffuseur, on réduit de plus en plus le débit d'adaptation. Le rendement est meilleur qu'avec les systèmes précédents, mais c'est au prix d'une complication de la construction.

Dans le cas le plus fréquent du refoulement, où la pression à générer est proportionnelle au carré du débit, le moyen de réglage idéal est la variation de vitesse. C'est lui qui donne le gain d'énergie maximum et la plus grande plage de réglage.

CHAPITRE 5

Panorama des applications de la force motrice électrique

L'entraînement des turbomachines n'est évidemment pas la seule utilisation des moteurs électriques et le seul domaine où la vitesse variable est particulièrement intéressante.

Nous ne saurions, à moins de transformer cet ouvrage en une encyclopédie, développer de la même façon l'étude des autres machines entraînées. Toutefois il est nécessaire de montrer leur multiplicité et leur diversité.

Dans la première partie de ce chapitre, nous présenterons la demande de force motrice dans les divers secteurs de l'industrie et dans les services. Dans la seconde, à titre d'exemples, nous dressons l'inventaire des machines à entraîner de quelques processus industriels et des puissances que nécessitent ces machines.

Cela nous permettra de dégager quelques applications types et de préparer l'approche méthodologique du choix du moteur et du variateur qui l'alimente pour un entraînement donné.

1. LA DEMANDE DE FORCE MOTRICE

1.1. DEMANDE PAR SECTEUR D'ACTIVITÉ INDUSTRIELLE

Le panorama de la demande de force motrice que nous présentons a été établi à partir d'enquêtes du Centre d'Études et de Recherches sur l'Énergie. Il donne une photographie à un instant donné de la consommation d'énergie dans le tissu industriel français et illustre l'importance majeure de la force motrice dans cette consommation.

Le CEREN distingue dans le domaine de l'activité industrielle les quinze secteurs suivants :

les industries extractives,
la sidérurgie,
la métallurgie des métaux non ferreux,
l'électrométallurgie,
la première transformation des métaux,

la mécanique,
les plâtres, chaux et ciments,
les autres matériaux de construction,
le verre,
les industries chimiques,
les textiles et cuirs,
le caoutchouc,
les papiers-cartons
les industries agricoles et alimentaires,
les industries diverses.

Avant de dire un mot de chacun de ces secteurs, on note que cette classification exclut la production et la transformation de l'énergie (mines de charbon ; champs pétroliers ; centrales électriques ; usines de préparation des combustibles solides, liquides ou gazeux telles les cokeries, les raffineries) où la force motrice occupe une place non négligeable.

Dans ses études, le CEREN fait ressortir l'évolution des modes de consommation de l'énergie et notamment l'augmentation de la part occupée par l'électricité.

– ***Industries extractives***

Ce secteur englobe les industries qui ont pour unique objet l'extraction des minerais. La consommation énergétique y est essentiellement utilisée sous forme mécanique ; la force motrice nécessaire pour l'entraînement des machines provient soit du réseau électrique, soit de sources autonomes (moteurs thermiques).

Dans la plupart des cas, l'activité ne se réduit pas à la seule extraction ; elle peut se poursuivre par un concassage et comporter des épurations mécaniques, des épurations chimiques et des traitements annexes (épuration des rejets,. . .).

– ***Industrie sidérurgique***

La sidérurgie couvre l'ensemble de la chaîne d'élaboration de la fonte et de l'acier, à partir du minerai de fer. Ce secteur d'activité peut se subdiviser en
préparation du coke,
agglomération du minerai,
élaboration de la fonte,
élaboration de l'acier,
laminage de l'acier.

A noter que pour l'élaboration de l'acier, il existe deux voies, à la fois complémentaires et concurrentes :

- la voie classique consiste à réduire à chaud les oxydes de fer du minerai par le carbone, pour obtenir de la fonte qui est ensuite traitée pour réduire sa teneur en carbone. Cette opération est réalisée au haut-fourneau puis passage au four d'aciérie à l'oxygène ;
- la deuxième voie consomme des ferrailles ou des minerais préréduits ; elle évite le stade du haut-fourneau et utilise des fours à arc électriques. La part élaborée par cette seconde voie dépasse déjà les 30 % de la production mondiale d'acier et devrait rapidement atteindre les 50 % .

Les opérations destinées à mettre l'acier sous forme de produits commerciaux sont de fortes consommatrices de force motrice (entraînement des cylindres de laminoirs, des bancs à rouleaux, des bobineuses, ...).

Il faut noter que la sidérurgie est aussi une grosse consommatrice de gaz (oxygène, argon, azote, air suroxygéné). Ainsi un four à arc de 100 tonnes produisant en continu plus de 100 tonnes d'acier à l'heure a besoin d'environ 180 tonnes d'oxygène par jour.

– ***Métallurgie des métaux non ferreux***

Il s'agit principalement du cuivre, du nickel, du zinc et du plomb (l'aluminium et les ferroalliages relèvent du secteur suivant).

Cette activité consiste à isoler le métal à l'état pur ou à celui d'alliage, à partir des minerais ou de déchets métalliques, pour le livrer sous forme de lingots aux entreprises qui par une première mise en forme fabriquent des "semi-produits".

– ***Électrométallurgie***

Ce secteur d'activité englobe les productions
- d'aluminium de première fusion (production d'alumine hydratée et calcinée; électrolyse de l'alumine),
- de magnésium et de métaux légers,
- de ferroalliages,
- d'électrodes de fours,
- de produits graphitiques pour l'industrie chimique.

Ce secteur, comme le précédent, utilise l'électricité majoritairement sous forme thermique, la force motrice y occupe une place modeste.

– ***Première transformation des métaux***

Cette branche englobe les diverses activités de première transformation mettant sous forme de semi-produits le métal, ferreux ou non ferreux, traité précédemment.

Les procédés de première transformation des métaux sont principalement de nature mécanique; si les usages thermiques de l'énergie électrique y tiennent une place notable, c'est la production de force motrice qui représente la majeure partie de la consommation d'électricité.

Les procédés mis en œuvre sont nombreux; les plus importants sont :
- le laminage qui consiste à réduire l'épaisseur par écrasement entre deux cylindres pour obtenir des feuillards ou des bandes de faible épaisseur. Dans cette branche on parle plus spécialement du laminage à froid, le laminage à chaud étant plus du ressort de la sidérurgie;
- le tréfilage, l'étirage et le filage qui ont pour effet de modifier ou de réduire une section;
- le profilage qui a pour but de transformer une tôle en un élément plus rigide. Pour cela des machines spéciales associent des parties planes à des courbes et des plis.

La fabrication des tubes peut se faire de diverses façons :
- à froid par cintrage (continu ou discontinu) et soudure,

- à chaud au moyen d'un laminoir spécial permettant d'obtenir des tubes sans soudure.

– ***Les industries mécaniques***

Sous le vocable d'industries mécaniques, on regroupe un nombre important d'entreprises très diverses dont le seul caractère commun est de fabriquer
soit des biens intermédiaires,
soit des produits finis,
à partir de métaux, de semi-produits métalliques, de matériaux et produits divers.

Dans ce secteur assez hétérogène on rencontre des industries comme la fonderie, le travail des métaux, la machine-outil, la construction de matériel de transport, l'équipement ménager, le matériel électrique, ...

Cette branche d'activité est grosse consommatrice de force motrice. Du fait même de sa diversité, elle a recours à presque tous les procédés de fabrication. Parmi ceux-ci on peut citer ceux ayant pour objet :

- la mise en forme (pressage, emboutissage, enroulage, cintrage, découpage, estampage, tournage, matriçage, ...),
- le perçage et l'usinage (rabotage, alésage, fraisage, taillage, ...),
- l'assemblage et le montage (vissage, boulonnage, rivetage, collage, ...),
- les traitements de surface (grenaillage, dégraissage, sablage, peinture, ...).

– ***Plâtres, chaux, ciments***

Dans cette branche d'activité, qui concerne exclusivement la fabrication des chaux, plâtres et ciments, l'électricité représente une fraction assez faible du bilan énergétique total. La presque totalité de cette fraction est utilisée sous forme de force motrice pour assurer l'extraction, le concassage, le broyage, le malaxage et l'homogénéisation des constituants, puis le conditionnement et la manutention des produits finis.

– ***Autres matériaux de construction***

Cette branche rassemble la fabrication

- des produits courants de terre cuite,
- des réfractaires,
- des carreaux et autres produits en grès ou faïence,
- des vaisselles en faïence ou porcelaine,
- des produits de béton prêts à l'emploi,
- d'autres produits incluant des matériaux naturels (sables, pierres, ...).

L'énergie électrique est ici encore principalement utilisée sous forme de force motrice et parmi les machines entraînées on trouve malaxeurs, broyeurs, presses, mouleuses, convoyeurs, bandes transporteuses, ...

– ***Industries du verre***

Ce secteur couvre l'ensemble des activités de fabrication, de transformation et de façonnage des objets en verre. Suivant les domaines d'applications, on peut distinguer

- le verre plat (15 à 20 % de la branche),
- le verre creux mécanique (70 à 75 % de la production en masse),
- le verre à la main (cristallerie, articles en petite série),
- le verre technique,
- la fibre de verre (optique, textile, isolation).

L'énergie électrique représente environ le quart de l'énergie totale consommée dans ce secteur, dont près des 3/4 sous forme de force motrice. Il s'agit alors d'entraîner des convoyeurs, des ventilateurs, des compresseurs, des machines de préparation des composants . . .

– ***Industries chimiques***

Dans cette rubrique, on regroupe les activités

- de la chimie de base, la plus importante au point de vue énergétique,
- de la parachimie,
- de la pharmacie.

Le caractère commun aux activités de ce secteur réside dans le recours à des moyens identiques tels que les réactions chimiques entre composés, l'usage de procédés de séparation (distillation, filtration, centrifugation, extraction par solvant) et de séchage.

On peut noter

- que les industries chimiques sont grosses consommatrices d'énergie (1/5e environ du total du secteur industriel),
- que l'électricité représente près de la moitié de cette consommation,
- que la force motrice électrique représente les 2/3 environ de la consommation d'électricité.

– ***Textiles et cuirs***

Ce secteur englobe

- la fabrication des fils et fibres artificiels et synthétiques,
- l'industrie textile proprement dite,
- l'industrie du cuir,
- l'industrie de la chaussure,
- l'industrie de l'habillement.

La fabrication des fibres mise à part, les cycles de production utilisés dans cette branche comportent de nombreuses opérations mécaniques :

- pour orienter et associer les fibres dans la constitution des fils et des tissus (cardage, étirage, moulinage, filage, tissage, . . .),
- pour assurer l'ennoblissement des produits (blanchiment, teinture, impression, . . .).

De ce fait, la force motrice absorbe dans cette branche plus des 4/5e de l'énergie électrique qui y est consommée.

– ***Transformation des caoutchoucs***

Ce secteur industriel concerne tout ce qui a trait à la transformation des caoutchoucs naturels et synthétiques

- pour fabriquer ou "rénover" les pneumatiques et chambres à air,
- pour fabriquer ou "rénover" les produits industriels à base de caoutchouc, tuyaux et suspensions par exemple.

Le processus de fabrication comporte plusieurs phases : préparation des gommes, gommage, profilage, moulage, vulcanisation.

L'électricité représente une part importante de la consommation énergétique globale de cette branche. Cette électricité est utilisée pour plus de 80 % sous forme de force motrice.

– ***Papiers, cartons***

L'activité regroupée dans cette rubrique comprend deux phases distinctes :
la fabrication de la pâte,
la fabrication des papiers et cartons.

Les opérations menées dans les usines de pâtes à papier ont pour but de libérer les fibres contenues dans les matières premières papetières. Cela exige d'importantes consommations d'énergie de nature tant thermique que mécanique.

La fabrication des papiers et cartons consiste à étaler la pâte sous forme de nappe et à en extraire l'eau par égouttage, aspiration, pression, séchage thermique, chauffage infrarouge.
Les machines opérent en continu et utilisent un tapis et une série de rouleaux chauffés à la vapeur. Les procédés de fabrication mettant en œuvre ces principes sont adaptés à la qualité du papier ou du carton désiré.

Dans ce secteur industriel, la production de force motrice est le poste essentiel de la consommation d'électricité. A noter que pour cette branche la production combinée chaleur-force motrice est une solution bien adaptée compte tenu des besoins importants de chaleur pour le séchage et de force motrice pour l'entraînement des machines.

– ***Industries agricoles et alimentaires***

Ce secteur, vaste et varié, englobe les industries liées
- à la valorisation du lait et de ses dérivés,
- au travail des céréales,
- à la boulangerie-patisserie,
- aux conserveries,
- aux boissons et alcools,
- au sucre et . . . aux produits alimentaires divers.

Compte tenu de son étendue et de la variété des produits élaborés, les procédés et moyens mis en œuvre par cette activité sont très nombreux. On y rencontre des opérations de broyage, concassage, tamisage, décantation, centrifugation, distillation, déshydratation, concentration, . . . , la plupart mettant en œuvre des appareils entraînés par un ou plusieurs moteurs électriques.

– ***Industries diverses***

Ce secteur d'activité regroupe notamment les industries qui assurent,
- la transformation des matières plastiques,

- la transformation des matières plastiques,
- le travail du bois,
- l'ameublement,
- l'imprimerie, la presse, l'édition,
- la blanchisserie, ...

Ce secteur est évidemment assez hétérogène quant aux procédé utilisés. Il faut toutefois noter que les branches transformation des matières plastiques et travail mécanique représentent environ les 3/4 de la consommation d'électricité de l'ensemble de ce secteur et que les 4/5e de cette consommation sont utilisés pour entraîner des machines.

1.2. BILAN D'ENSEMBLE DE LA DEMANDE INDUSTRIELLE

Le diagramme de la figure 5.1 récapitule l'analyse précédente. Pour chaque secteur d'activité, on a indiqué, à partir d'une statistique du CEREN pour une année donnée,

- près du centre de la figure, la proportion de force motrice dans la consommation d'électricité (93 % pour les industries extractives par exemple);
- près de l'intitulé du secteur, la proportion de consommation d'électricité dans la consommation générale d'énergie (53 % pour les industries extractives, par exemple).

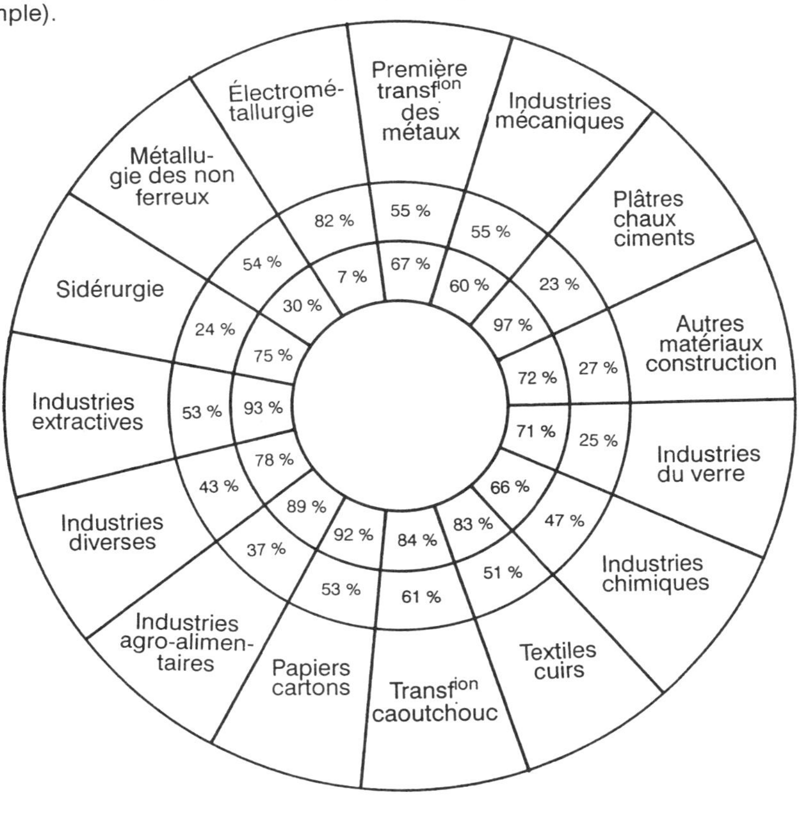

Figure 5.1

Pour l'ensemble de ces quinze secteurs industriels

- la consommation globale d'électricité représente 42 % de la consommation globale d'énergie;
- la consommation globale de force motrice d'origine électrique représente 28 % de la consommation globale d'énergie, soit les 2/3 de l'énergie électrique totale.

1.3. DEMANDE DE FORCE MOTRICE DANS LES AUTRES DOMAINES

L'usage de la force motrice ne se limite pas au monde industriel. Il intéresse l'ensemble des activités humaines, notamment :

- le secteur des *déplacements et transports* :
  locomotives, métros; trolleybus, véhicules électriques routiers; propulsion des navires; ascenseurs; téléphériques; trottoirs roulants . . .
- le secteur de *l'habitation* :
  installations de climatisation des immeubles collectifs ou individuels;
- le secteur de *la vie familiale* :
  électroménager. . .

2. DESCRIPTION DE QUELQUES PROCESS. PUISSANCE DES MOTEURS UTILISÉS

Pour concrétiser un peu la présentation générale qui précède, il nous a semblé utile de décrire succinctement quelques process, de montrer la tâche dévolue aux moteurs électriques et de donner l'ordre de grandeur de la puissance de ces moteurs.

Quel que soit le process, on peut grossièrement distinguer trois types de machines à entraîner :

- les machines spécifiques au process,
- les machines à véhiculer les fluides,
- les machines de manutention.

2.1. LA PREMIÈRE TRANSFORMATION DE L'ACIER

2.1.1. Synoptique. Machines utilisées

Le synoptique de la figure 5.2 schématise les principales premières transformations de l'acier obtenu soit à partir d'un haut-fourneau soit à partir d'un four à arc.

Pour ces transformations, comme pour tout process industriel, on peut diviser les machines entraînées en trois groupes :

- les machines spécifiques au process :
  laminoirs de tous types,
  enrouleuses, dérouleuses,
  refendeuses, . . .
  tréfileuses,
  blocs en S,
  lignes de parachévement,

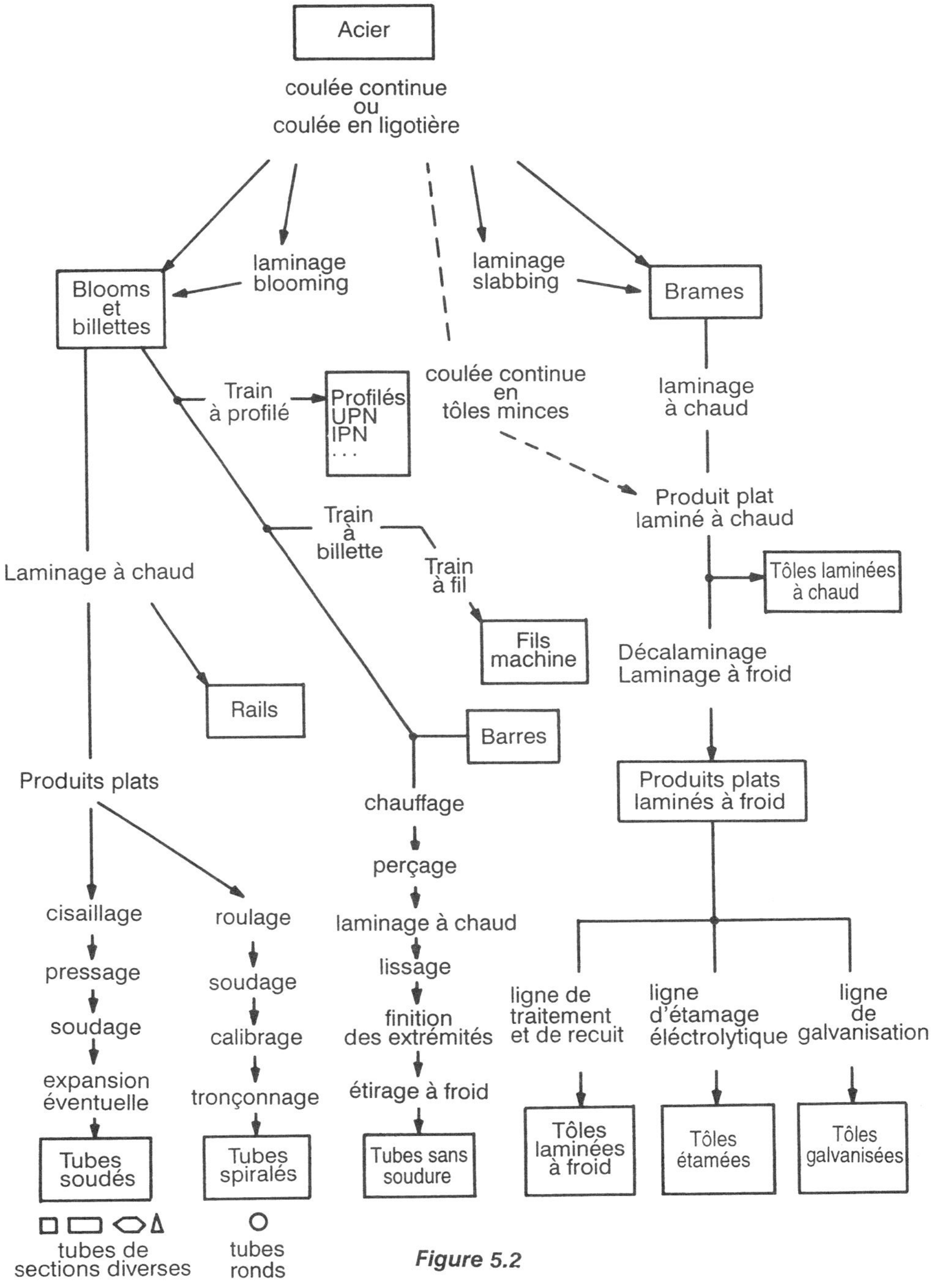
Acier
coulée continue
ou
coulée en ligotière
laminage
blooming
laminage
slabbing
Blooms
et
billettes
Brames
Train
à profilé
Profilés
UPN
IPN
. . .
coulée continue
en
tôles minces
laminage
à chaud
Produit plat
laminé à chaud
Train
à
billette
Train
à fil
Tôles laminées
à chaud
Laminage à chaud
Fils
machine
Décalaminage
Laminage à froid
Rails
Barres
Produits plats
laminés à froid
Produits plats
chauffage
perçage
cisaillage
roulage
laminage à chaud
pressage
soudage
lissage
ligne de
traitement
et de recuit
ligne
d'étamage
éléctrolytique
ligne
de
galvanisation
soudage
calibrage
finition
des extrémités
expansion
éventuelle
tronçonnage
étirage à froid
Tubes
soudés
Tubes
spiralés
Tubes sans
soudure
Tôles
laminées
à froid
Tôles
étamées
Tôles
galvanisées
tubes de
sections diverses
tubes
ronds

Figure 5.2

- les machines à véhiculer les fluides :
  pompes pour eaux de refroidissement,
  pompes de décalaminage,
  pompes de graissage,
  ventilateurs de tous types,
- les machines de manutention :
  convoyeurs,
  tapis roulants,
  ponts roulants,
  portiques...

Même en se limitant aux machines de process, il n'est pas question ici d'inventorier tous les cas d'applications. On se limitera à la mise en évidence de quelques spécificités.

2.1.2. Les machines d'écrasement du métal

- ***Les "trains continus"***

Il s'agit de laminoirs travaillant dans un seul sens sous faible variation de vitesse, mais celle-ci est très variable selon la tâche. On réduit l'épaisseur d'un produit par écrasement entre deux cylindres.

A noter que la qualificatif de continu est improprement employé si on prend le temps comme paramètre, puisque le processus est discontinu : à chaque période de travail de quelques minutes succède une période de repos(1).

L'énergie circule dans les deux sens, le freinage en récupération s'imposant puisqu'on s'accorde à prévoir le retour de 50 % de la puissance nominale.

Les moteurs d'entraînement doivent pouvoir travailler à puissance constante sur une large plage de vitesse, donc présenter un coefficient de souplesse, vitesse maximale/vitesse nominale, important, ce qui suppose une grande aptitude au défluxage.

Dans ce type d'entraînement, toute l'ingénierie de laminage est fondée sur l'exploitation du rapport couple maximum/couple efficace dont l'optimisation est un facteur important de productivité.

Bien que les accélérations demandées soient modestes, les inerties doivent être étudiées avec soin.

- ***Les trains réversibles***

Il s'agit encore de réduire l'épaisseur d'un produit, mais ici celui-ci passe dans les deux sens et la mise en vitesse des cylindres se fait en grande partie à vide.

On distingue les "réversibles à chaud" et les "réversibles à froid".

– *Les "réversibles à chaud"* travaillent en passes de courte durée.

Le système est totalement symétrique au plan de l'énergie, des vitesses et des couples. Pour vaincre les inerties, on n'aurait pas besoin de dépasser le couple nominal ; mais les passes étant courtes, on cherche à obtenir un rapport couple

---

(1) Toutefois les équipements postérieurs à l'année 1980 qui disposent d'accumulateurs de bandes ont une marche quasi-continue. Les bandes sont soudées bout à bout pendant que la marche est assurée par la réserve d'accumulateurs.

maximum/couple nominal très élevé. Traditionnellement ce rapport est proche de 2,25.

Pour chaque type de produit à laminer et à chaque passe, le calculateur de pilotage détermine, à partir du modèle en temps réel, les paramètres de conduite du moteur (flux, courant, couple) correspondant aux optima de productivité et de qualité (échauffement de la bande laminée).

Le couple maximal est demandé jusqu'aux très basses vitesses, pratiquement jusqu'à l'arrêt. D'autre part le couple varie très brutalement ce qui, compte tenu de la puissance en jeu qui peut aller de 5 à 20 MW suivant la taille de l'installation, nécessite des entraînements très spécifiques.

– *Les "réversibles à froid"* travaillent en longues passes. Les exigences de productivité demandées à ces équipements sont plus modestes que celles demandées dans les "trains continus" car les passes successives s'effectuent en sens alterné dans la même cage.

La demande de puissance peut être importante car les passes sont longues et le moteur doit accélérer la bande sur de faibles longueurs. Les couples d'accélération sont du même ordre de grandeur que les couples de laminage : les accélérations se font sous 2 fois le couple nominal.

2.1.3. Les moteurs couples

Les moteurs couples sont typiquement utilisés pour :

• *soutenir une masse*. Par exemple un rouleau tendeur de bande en soulevant une bande tendue permet d'en contrôler la tension. Dans cette fonction, le moteur exerce un couple en situation quasi arrêtée.

• *exercer une traction par un bloc en S* qui assure un angle "d'embarrage" de l'ordre de 240° permettant de transmettre sans glissement l'effort de traction ou de retenue du moteur couple.

Dans cette application l'énergie circule dans les deux sens car il est nécessaire de maintenir l'effort en phase d'accélération et de décélération. Le fonctionnement du moteur à flux réduit sur une large plage de vitesse est nécessaire, surtout dans la fabrication des produits de faible section où on essaye de fonctionner avec la plus grande vitesse possible.

Le rapport couple maximum/couple nominal reste modeste car les inerties des pièces en mouvement ne sont pas très élevées. Par contre il faut pouvoir maintenir le couple à l'arrêt.

• *bobiner à tension constante par entraînement axial*. (Ce type d'utilisation se retrouve dans d'autres industries, telles celle des papiers- cartons, des plastiques...).

Le rapport des diamètres d'enroulement sur la bobine varie de 1 à 3 ou 4, la tension et la vitesse périphérique restant constantes. L'énergie circule ici aussi dans les deux sens car il faut maintenir la tension de la bande en régime d'accélération et de décélération. Lorsque le bobinage et le débobinage sont à assurer, les puissances mises en jeu sont les mêmes dans les quatre quadrants du plan couple-vitesse.

Pour la commande d'un tel moteur, l'automate associé au système calcule le couple que doit développer la machine à partir :

- de la force de traction demandée par l'opérateur,

- des accélérations ou décélérations à réaliser,
- des inerties qui varient avec le diamètre réel de la bobine,
- des limites de fonctionnement propres à l'entraînement.

Étant donné la variation de diamètre et donc des inerties, les couples d'accélération ou de décélération peuvent être importants. Par ailleurs le maintien de la tension à l'arrêt est impératif.

2.1.4. Les bancs d'accélération

Il s'agit d'ensembles de rouleaux déplaçant les produits entre deux opérations successives. Le travail demandé à ces équipements peut être de deux types :

1° *créer un espacement* entre un produit et celui qui le suit, en fin de passe ou immédiatement après une coupe de cisaille, afin de cadencer correctement les opérations aval (bobinage, alignement sur refroidissoir, bottelage, . . .).

Ces bancs doivent accélérer des inerties très importantes.

Les moteurs, un par rouleau, sont répartis en cantons de rouleaux ; les moteurs d'un même canton sont alimentés en parallèle sans qu'il n'y ait généralement de dispositif de répartition de la charge ou d'équilibrage des intensités. Les cantons successifs sont réglés à des vitesses croissantes pour former un "couloir d'accélération". Ces deux particularités conduisent à surdimensionner les moteurs et à leur donner un rapport couple maximum/couple nominal élevé.

Pour ce type d'applications, les moteurs asynchrones sont retenus du fait de leur robustesse. Ils sont alimentés à fréquence variable par des convertisseurs statiques de forte puissance aptes à assurer un freinage en récupération de sécurité. Les moteurs ont un glissement nominal relativement important pour avoir un bon statisme en vitesse.

2° *alimenter en produits* l'entrée d'une cage de laminoir réversible.

La vitesse des moteurs du banc est alors asservie à celle de la cage. Ils doivent fonctionner dans les quatre quadrants et vaincre des couples d'inertie importants ; ils doivent en outre être en mesure de procéder à des variations rapides de vitesse. Cela suppose un système de contrôle-commande performant au niveau de l'entraînement.

2.1.5. Tableau résumé

Le tableau 5.1 récapitule une partie des spécifications techniques propres aux principaux entraînements spécifiques rencontrés dans l'élaboration de l'acier.

On a indiqué

- pour les vitesses maximales
  - *a*, les basses vitesses (40 à 120 t/m),
  - *b*, les vitesses moyennes (100 à 400 t/m),
  - *c*, les vitesses normales (400 à 3 000 t/m) ;
- pour les plages de réglage de la vitesse,
  - *a*, démarrage à vide et variation de 10 à 100 %,
  - *b*, réglage de 0 à 100 %,
  - *c*, réglage de 80 à 100 %,
  - *d*, plage à vitesse constante,
- pour la dynamique,
  - *a*, réversibilité lente,

b, réversibilité rapide,

- pour la spécificité du couple,
  a, nominal unidirectionnel,
  b, surcouple unidirectionnel, lent,
  c, surcouple, réversible, lent,
  d, couple à l'arrêt,
- pour les performances dynamiques nécessaires,
  a, dC/ d*t* et temps de réponse moyens,
  b, dC/ d*t* et temps de réponse rapides,
- pour la précision,
  a, 1 %,
  b, meilleure que 1 %,
- pour les puissances, on a indiqué les puissances typiques lorsque leurs valeurs ne sont pas trop dispersées.

	Vitesse	Plage vitesse	Dynam.	Couple	Perform. dynam.	Précision	Puissance en kW
Réversible. Tolerie et dégrossissage	*a*	*b* et *d*	*b*	*c*	*a*	*a*	6 000 à 12 000 par moteur
Trains à bandes finisseurs	*b* ou *c*	*c* et *d*		*b*	*a* ou *b*	*b*	de 5 000 à 10 000 par cage
Tandem à froid	*c*	*b* et *d*		*b* et *d*	*a*	*b*	3 000
Réversible à froid	*c*	*b* et *d*	*a*	*c*	*a* ou *b*	*b*	6 000
Trains continus barres, poutrelles. Dégrossisseurs	*b* ou *c*	*a* et *d*	*a*	*a* ou *b*	*b*	*b*	500 à 4 000
Blocs finisseurs. Trains à fils.	*c*	*a* et *d*		*b* *a*	*a*	*b*	3 000 1 000
Bobineuses	*c*	*b* et *d*		*b* et *d*	*a*	*b*	1 500
Tables à rouleaux	*c*	*b* et *d*	*a* ou *b*	*c*	*a* ou *b*	*a*	de 5 à 300 par moteur

Tableau 5.1

Remarque

Il existe d'autres entraînements, de plus faible puissance, spécifiques au process, en particulier ceux incluant les *moteurs auxiliaires de positionnement*.

Ces auxiliaires ont pour objet de repositionner un organe mécanique dans un temps réduit avec une précision le plus souvent élevée.

Le positionnement peut être :

- une position d'arrêt (guides latéraux d'un banc de rouleaux, vis de serrage de laminoir...),
- une position de mouvement (lames d'une cisaille volante, sectionneur d'une bande en mouvement).

Lorsque le fonctionnement est espacé dans le temps, le couple nominal est déterminé par la valeur efficace des couples d'inertie, le couple maximum par les contraintes acceptées par le moteur.

2.1.6. Notes sur la circulation des fluides

La mise en forme de l'acier nécessite d'énormes mouvements de fluides : on peut aller jusqu'à déplacer 5 tonnes d'air et 50 tonnes d'eau pour transformer 1,5 tonnes de minerai en 1 tonne de produit sidérurgique semi-fini.

Les ventilateurs pour tirage et/ou dépoussiérage des gaz brûlés sont des machines de plusieurs mégawatts, de plus en plus fréquemment entraînées par moteurs synchrones autopilotés. Le moteur asynchrone est utilisé pour l'entraînement des ventilateurs de plus faible puissance.

Les soufflantes des hauts fourneaux nécessitent de 10 à 40 MW. Leur entraînement à vitesse variable par moteur synchrone est particulièrement avantageux, surtout avec la généralisation de la suroxygénation du vent insufflé dans le haut fourneau.

Les pompes les plus puissantes sont affectées au décalaminage des bandes chaudes. Les puissances unitaires s'expriment en mégawatts.

C'est dans ce domaine de la circulation des fluides que la vitesse électrique variable – non encore généralisée – est particulièrement adaptée et rentable par les énormes économies d'énergie qu'elle permet.

2.1.7. Notes sur les machines de manutention

L'industrie métallurgique utilise en grand nombre des appareils de levage et des bandes transporteuses.

Sauf à tenir compte de l'importance des puissances dans la sidérurgie portuaire et des conditions d'ambiance particulières, la problématique des machines de manutention n'est pas propre à la métallurgie et sidérurgie(1).

2.2 PÂTES. PAPIERS. CARTONS

L'industrie du papier-carton consomme plus de 50 % de son énergie sous forme d'électricité et une très grande partie de celle-ci est utilisée pour alimenter des moteurs.

La fabrication du papier et du carton comprend deux grandes étapes :

- l'élaboration de la pâte,
- la transformation de la pâte en papier ou carton.

On rencontre deux types d'organisation. Certaines usines sont intégrées, c'est-à-dire qu'elles fabriquent de la pâte et du papier ou du carton, d'autres sont non intégrées, c'est-à-dire qu'elles ne produisent que de la pâte ou du papier ou du carton.

2.2.1. Présentation du processus

Le papier est essentiellement composé de fibres plus ou moins longues

---

(1) *Nous remercions Monsieur Jean VAN DEN BROEK pour l'aide qu'il nous a apportée dans la préparation de ces notes sur les emplois de la force motrice en métallurgie.*

adhérant les unes aux autres et de charges (amidon, talc, cellophane, résines, colorants, ...) qui apportent au papier les qualités recherchées telles que : la solidité, l'imperméabilité, l'aspect lisse, le toucher onctueux, la bonne tenue à l'impression, ...

La fabrication du papier s'effectue à partir de fibres d'origine végétale (bois, paille, ...) ou à partir de vieux papiers et de vieux chiffons.

Le synoptique de la figure 5.3 montre les étapes de la préparation de la pâte par les trois voies principalement utilisées :

- la voie mécanique,
- la voie chimique,
- la voie chiffons-vieux papiers.

Le synoptique de la figure 5.4 schématise les étapes du passage de la pâte au papier ou carton.

Il ne saurait être question, ici encore, de dresser une liste exhaustive des machines utilisées et de donner leurs caractéristiques. Nous nous limiterons à quelques machines typiques de ce secteur industriel et donnerons quelques ordres de grandeurs.

2.2.2. Machines liées au process

– *Pour la préparation du bois*, on utilise notamment des scies. Leur puissance des moteurs d'entraînement de celles-ci se situe d'ordinaire entre 20 et 400 kW ; ils doivent être aptes à fournir des surcouples importants.

– *Pour la préparation et le travail de la pâte*, on utilise :

- des *broyeurs à vis* qui travaillent à couple constant et dont la puissance peut s'étaler de 10 à 200 kW suivant la taille de l'appareil.

- des défibreurs ou "*pulpeurs*" qui désintègrent les pâtes ou les vieux papiers et dont la puissance d'entraînement va de quelques kW à 400 kW environ.

- des "*dépastilleurs*", qui ont pour rôle de parfaire le travail des pulpeurs en éliminant les "pastilles" des vieux papiers et des cassés de fabrication, les "boutons" des pâtes vierges. La désintégration des pastilles est obtenue par une alternance de compressions et décompressions de la pâte entre des jeux successifs de "pleins" (les dents) et de "vides" (couronnes dentées concentriques ou cônes rainurés). Les vitesses de rotation vont de 500 t/m à 3 000 t/m et les puissances demandées de 40 kW à 400 kW environ.

Dans la fabrication du papier, on rencontre :

- des *mélangeurs* dont la puissance nominale peut être très variable, allant de 20 à 300 kW généralement ;

- des *presses coucheuses aspirantes, des rouleaux presseurs, des presses encolleuses*, nécessitant des équipements dont la puissance nominale va de 5 à 300 kW environ. Les moteurs d'entraînement doivent fournir des couples constants et être asservis en vitesse.

- des *calandres* qui servent à glacer les papiers. La puissance nominale des moteurs d'entraînement s'étage suivant les applications de 10 à 500 kW environ ; ces moteurs travaillent généralement à couple constant mais doivent être aptes à fournir des surcouples.

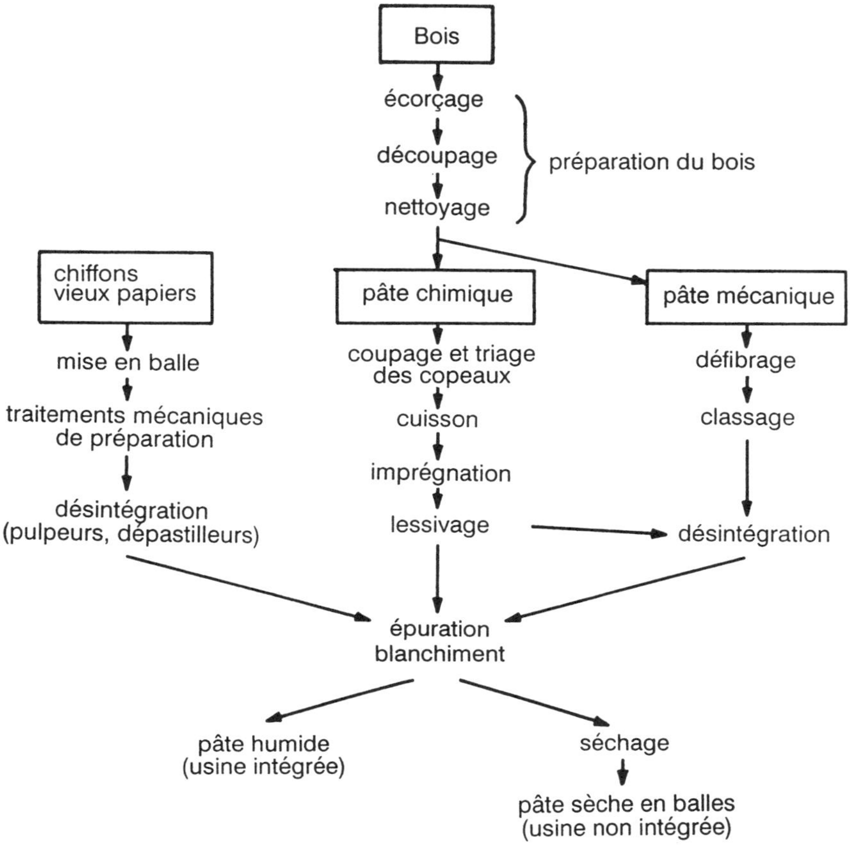

Figure 5.3

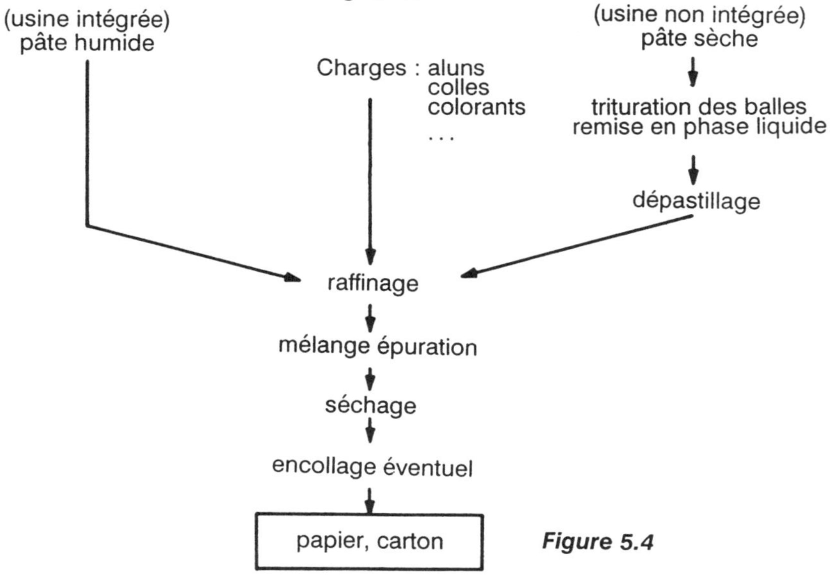

Figure 5.4

2.2.3. Les turbomachines

• ***Les pompes***

Les pâtes peuvent être diluées jusqu'à 0,2 ou 0,3 % ; pour une production journalière de 1 000 tonnes, il faut donc de 300 000 à 500 000 mètres cube d'eau par jour et cela pour *une seule* dilution. C'est dire l'importance des pompes.

De tels débits nécessitent le recours au recyclage, car il est hors de question de consommer uniquement de l'eau propre qui proviendrait du réseau général ou d'une autre source. De ce fait le problème de traitement des eaux d'appoint, de traitement des eaux recyclées et des eaux à évacuer, de traitement des liqueurs et effluents divers est-il très important.

Les pompes utilisées sont diverses et nombreuses. Tant que la concentration des pâtes est inférieure à 1,5 ou 2 %, on peut utiliser les lois régissant l'écoulement de l'eau. Au-delà de ces concentrations, on utilise des courbes expérimentales pour chaque diamètre de conduite et chaque concentration c.

Les vitesses de circulation ne doivent pas être choisies trop faibles ; on adopte couramment les valeurs suivantes :

eau blanche	,	de 2,5 à 3 m/s
pâte, avec $1,5\ \% < c < 3\ \%$	,	de 1,5 à 2 m/s
pâte, avec $c > 3\ \%$	,	de 0,5 à 1,5 m/s .

Pour le choix des pompes, le débit et la hauteur "en eau" sont déduits du débit et de la hauteur pâte par application de coefficients. Ceux-ci sont fonctions, non seulement de la concentration et de la nature de la pâte, mais aussi des charges qui y ont été rajoutées. Ces charges peuvent, par exemple, augmenter la viscosité.

Les puissances des moteurs utilisés pour l'entraînement des pompes sont généralement comprises entre 20 et 500 kW.

• *Les compresseurs* utilisés dans l'industrie du papier ont le plus souvent des puissances nominales supérieures à 1 000 kW.

Les ventilateurs utilisés dans cette industrie ne présentent pas de caractère très spécifique.

2.2.4. Les machines de manutention

Les machines utilisées dans l'industrie papetière sont des convoyeurs accouplés à des moteurs travaillant à couple constant. La puissance nominale de ces moteurs se situe d'ordinaire dans la gamme 10 kW – 300 kW.

2.3. LA FABRICATION DU CIMENT

Le ciment courant est fabriqué essentiellement à partir d'un mélange de roche (80 % environ) et d'argiles. Sa composition est sensiblement la suivante :

chaux à l'état combiné	$\simeq$ 60 %
silice à l'état combiné	$\simeq$ 22 %
alumine	$\simeq$ 11 %
oxydes de fer	$\simeq$ 7 %.

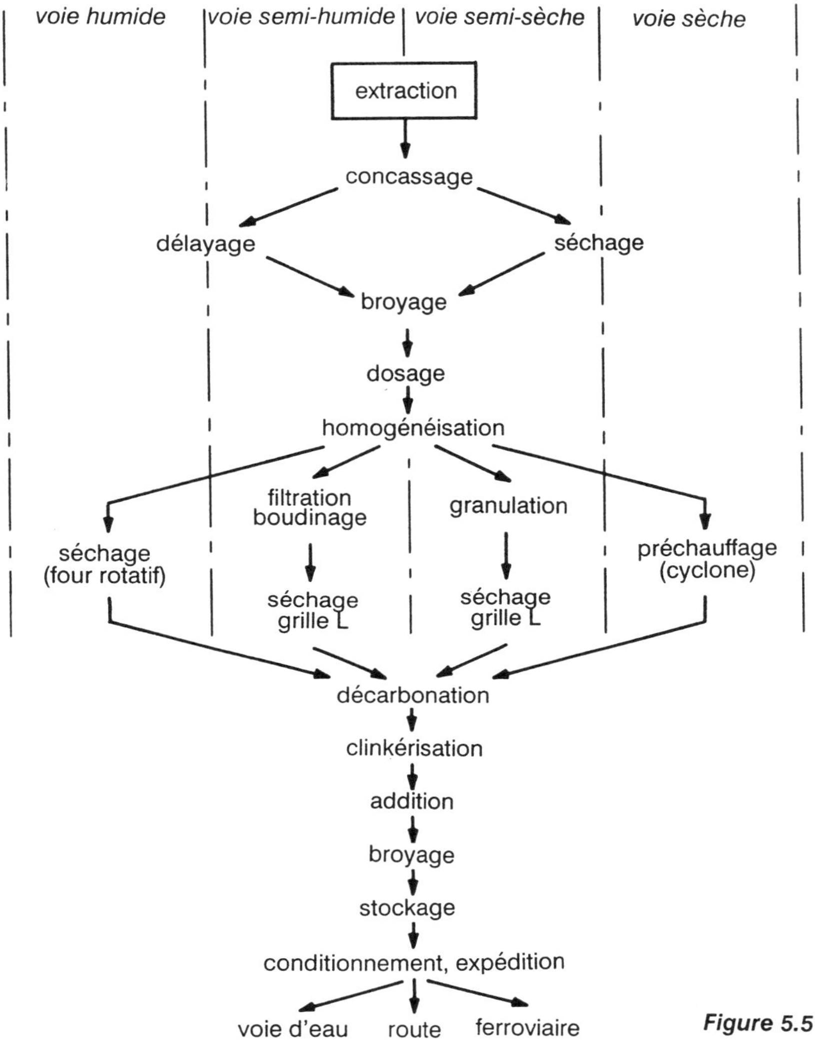

Figure 5.5

La fabrication consiste essentiellement à provoquer entre les composants une réaction physico-chimique grâce à un passage à haute température (1 400 à 1 500° C) avec fusion partielle.

Suivant la manière dont est préparé le mélange et surtout selon la façon dont l'eau est utilisée, on distingue quatre variantes du procédé de fabrication :

la voie humide,
la voie semi-humide,
la voie semi-sèche,
la voie sèche ;

à noter que les voies sèche et semi-sèche sont les plus utilisées.

L'organigramme de la figure 5.5 schématise les diverses étapes de la fabrication, depuis la carrière jusqu'à la livraison.

2.3.1. Les machines de process et les principales étapes de la fabrication

– *Les concasseurs*

L'atelier de concassage fonctionne en moyenne de 10 à 12 heures par jour. Les blocs en provenance des carrières sont réduits par des concasseurs. Les moteurs d'entraînement sont alimentés en moyenne tension, leur puissance peut atteindre 1 000 à 3 000 kW.

– *Les broyeurs du cru*

Le broyage du cru a pour but de transformer les matériaux venant du concassage en une sorte de farine homogène. L'atelier de broyage fonctionne presque en continu, 20 heures en moyenne par jour. Il contient un nombre important de moteurs dont certains ont des puissances nominales élevées, jusqu'à 4 MW, et doivent être aptes à fournir des surcouples particulièrement élevés au démarrage.

Dans une cimenterie, l'atelier de broyage est un gros consommateut d'énergie électrique, environ 30 % de la consommation totale.

– *L'atelier de cuisson (clinkérisation)*

Après précalcination, la farine provenant de l'atelier de broyage du cru est introduite dans un four rotatif dont la température atteint 1 450° C.

Le moteur qui entraîne le four travaille à couple variable; il doit être capable de fournir des surcouples; sa puissance nominale est comprise entre 90 kW et 200 kW.

L'atelier de cuisson travaille en continu, 24 heures sur 24, 7 jours sur 7, 300 jours par an.

– *L'atelier de broyage du ciment*

Le produit sortant du four, auquel on peut rajouter une petite quantité de gypse (3 à 5 %), est broyé pour obtenir le ciment prêt à l'emploi. L'atelier où s'effectue ce broyage travaille 20 heures sur 24; c'est un important consommateur d'électricité (environ 40 % de la consommation totale).

Les moteurs d'entraînement des broyeurs doivent être aptes à fournir de forts couples de démarrage et des surcouples importants. Leurs puissances nominales sont du même ordre que celles des moteurs entraînant les broyeurs de cru.

– *Remarques*

1) Après stockage dans des silos, le ciment est conditionné pour être expédié en sac ou en vrac suivant le mode de transport et l'utilisateur final.

2) Il y a d'autres machines spécifiques à la fabrication du ciment. Les moteurs destinés à actionner

- les grilles ont une puissance de 3 à 20 kW,
- les appareils de pesage, une puissance de 1 à 3 kW,
- les refroidisseurs, une puissance de 90 à 200 kW environ.

2.3.2. Les machines de mise en circulation des fluides et de manutention

Les ventilateurs constituent la plus grande partie du parc des turbomachines utilisées dans cette industrie. On distingue

- les ventilateurs de faible puissance (3 à 20 kW),
- les ventilateurs de moyenne puissance (80 à 200 kW),

- les ventilateurs de tirage (500 à 2 500 kW).

– Une cimenterie utilise de nombreux convoyeurs et bandes transporteuses.

3. SYNTHÈSE DES APPLICATIONS DE LA FORCE MOTRICE ÉLECTRIQUE

3.1. LES FONCTIONS-APPLICATIONS TYPES

Même en se limitant aux secteurs industriels, le nombre de ceux énumérés dans la première partie et les exemples de process décrits dans la deuxième partie montrent l'extrême diversité des emplois possibles de la force motrice.

Toutefois on peut dégager quelques fonctions-applications types recouvrant la plus grande partie de ces emplois. Il s'agit de :

la robotique,
la machine-outil,
la manutention,
les machines de process de petites et moyennes puissances,
les grands outils,
les turbomachines (hors grands outils),
les machines de grande puissance venant se substituer aux machines thermiques.

– *La robotique* est présente dans les ateliers de soudure, de peinture, de manipulation, d'assemblage, de conditionnement et d'emballage, ... Elle permet l'utilisation de machines autonomes et le développement de cellules de production flexibles.

La puissance des moteurs utilisés est généralement faible de 0, 5 à 15 kW environ.

– *La machine-outil* est présente dans tous les secteurs, et plus particulièrement dans les ateliers de transformation des métaux et du bois.

Les puissances des entraînements utilisés s'étagent de 5 à 150 kW.

– *La manutation* concerne le levage, le transport par convoyeur (environ 80 % de cette activité) et les portiques.

Ce secteur est un gros utilisateur d'entraînements à vitesse variable; leur puissance est le plus souvent comprise entre 5 et 150 kW.

– *Les machines de process* de petites et moyennes puissances intéressent tous les processus industriels qui nécessitent un flux de matière.

Compte tenu de la diversité des processus concernés, il est difficile de faire une classification de ces machines et de leurs caractéristiques. Le dénominateur commun reste la puissance des entraînements qui s'étage de 10 kW à 500 kW environ. L'usage de la vitesse variable est lié à l'automatisation du processus et à son optimisation.

– *Les grands outils*. Dans cette catégorie, on peut inclure

- les grandes machines de process : entraînement de laminoirs en sidérurgie, d'extrudeurs en chimie, de broyeurs en cimenterie...
- et les grosses turbomachines : soufflantes de haut fourneau, ventilateurs de tirage en cimenterie et dans les centrales thermiques, grosses pompes de circulation dans les centrales électriques,pompes de décalaminage en métallurgie, gros compresseurs en chimie, soufflantes pour bancs d'essais en aéronautique.

La caractéristique commune à cette catégorie d'applications réside dans la taille des équipements, de 500 kW à 100 MW, et la façon dont ils sont étudiés et mis en œuvre.

– *Les turbomachines* (hors grands outils) sont utilisées dans tous les secteurs économiques, tant industriels que de service. Elles représentent le plus important potentiel d'applications pour les entraînements électriques à vitesse variable.

La puissance des moteurs électriques utilisés est comprise dans une gamme allant de 1 kW à 300 kW. Les critères importants sont l'optimisation des procédés et l'économie d'énergie.

– *La substitution aux machines thermiques*. La nécessité d'économiser l'énergie a été le critère déterminant qui a déclenché le mouvement de remplacement des machines thermiques (turbines à gaz ou à vapeur) par des moteurs électriques dans les secteurs de la pétrochimie, du raffinage, du transport et du stockage du gaz.

Ce mouvement a permis le développement d'entraînements électriques à vitesse variable de grande puissance souples, très fiables, s'intégrant bien dans les systèmes automatisés de production.

– Le tableau 5.2 montre le positionnement en puissance des applications types que nous venons de présenter.

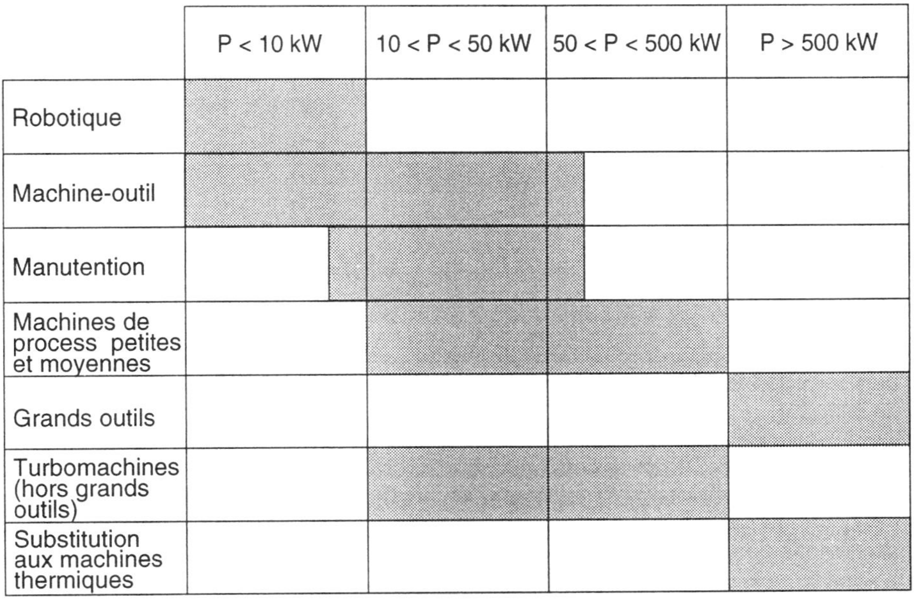

Tableau 5.2

3.2. POSSIBILITÉS OFFERTES PAR LA VARIATION ÉLECTRIQUE DE VITESSE

Les entraînements électriques à vitesse variable sont le plus souvent intégrés dans des systèmes plus ou moins complexes. Selon le type de machine entraînée, il sera possible.

– *de contrôler* une vitesse (angulaire ou linéaire), un couple, une position, une accélération ou un ralentissement, un débit, une pression, une température, un effort de traction sur une tôle...

– *d'optimiser* une consommation d'énergie et/ou de matière, une production, pourvu qu'on sache trouver le capteur adéquat, définir le critère et l'algorithme de commande appropriés.

– *d'associer* plusieurs machines et d'asservir leurs vitesses.

– *de dialoguer* avec des systèmes différents ou des niveaux différents d'un même système, l'entraînement et la machine associée pouvant être considérés comme un tout au sein d'une structure regroupant l'ensemble d'un processus.

Les possibilités offertes par la variation électronique de vitesse sont valorisées par l'association avec l'informatique industrielle. On peut, par exemple, prendre en compte dans la conduite de l'entraînement les aspects maintenance,

- soit de manière corrective, par la détection, la localisation et la signalisation des défauts, par l'aide au diagnostic s'il y a des doutes sur l'origine des défauts,
- soit de façon préventive, par la comptabilisation des sollicitations, par la surveillance des grandeurs caractéristiques du fonctionnement(1).

On peut aussi confier au système de conduite de l'entraînement l'adaptation des réglages par la consultation et le suivi des variations des paramètres appropriés du process.

3.3. SPÉCIFICITÉ À L'INTÉRIEUR D'UNE MÊME FONCTION-APPLICATION. CONSÉQUENCES

Si certains besoins de base sont communs à presque tous les secteurs d'activité, par exemple la mise en circulation de fluides, le transport des matières premières ou des produits finis, il n'en demeure pas moins que chaque secteur a ses propres spécificités.

L'équipement de conditionnement d'ambiance et de climatisation d'une salle blanche pour fabrication de semiconducteurs et celui d'une galerie de mine ou d'une usine à bois nécessitent tous des ventilateurs mais ils ne se ressemblent guère.

A chaque utilisation correspond une cahier des charges différent, des critères de dimensionnement différents et, en fait, une machine particulière. Dans telle

---

(1) *Par la suppression des à-coups de couple, un variateur de vitesse augmente la durée de vie du moteur et de sa charge. Ce peut être extrêmement important dans les entraînements difficilement accessibles ou inacessibles pour la réparation ou le remplacement.*

application on insistera sur les critères de sûreté de fonctionnement et sur la "survivabilité" ; dans une autre le critère dominant sera le bruit généré ou les perturbations électromagnétiques, dans une autre ce sera le critère de rendement ou de plage de réglage...

En définitive, ce n'est *pas seulement la fonction* à assurer qu'il faut examiner *mais l'ensemble du service* qui lui est associé.

Ceci explique

- que, suivant l'application, ce soit l'une ou l'autre des possibilités offertes par un entraînement électrique à vitesse variable qui soit déterminante pour le choix de celui-ci ;
- que, comme va le montrer la conclusion de cet ouvrage, ce soit tout un ensemble de facteurs qu'il faille prendre en compte pour le choix d'une entraînement.

Conclusion

LES ENTRAÎNEMENTS À VITESSE VARIABLE : APPROCHE MÉTHODOLOGIQUE DU CHOIX

Dans la première partie de cet ouvrage nous avons présenté les divers procédés de variation de vitesse des moteurs électriques et les possibilités offertes par chacun d'eux.

Dans la seconde partie nous avons montré l'influence de la charge entraînée sur le fonctionnement du moteur et montré l'intérêt de la vitesse variable dans la plupart des applications de la force motrice électrique.

Dans cette conclusion, il nous reste :

– à dégager les fonctionnalités d'un entraînement électrique à vitesse variable et ses critères de définition ;

– à montrer l'interdépendance de tous les intervenants dans un entraînement : la charge, le moteur, le convertisseur, le réseau et l'environnement ;

– à terminer par une approche méthodologique du choix du moteur et du convertisseur qui l'alimente.

1. FONCTIONNALITÉS ET CRITÈRES DE DÉFINITION DES ENTRAÎNEMENTS

1.1 LES ENTRAÎNEMENTS PERFORMANTS

Si on met de côté les montages ne permettant la variation de vitesse que dans une plage limitée (moteur à courant continu alimenté sous tension constante) ou que grâce à une forte dégradation du rendement (action sur le glissement du moteur asynchrone) les entraînements à vitesse variable sont ceux dont la figure C.1 donne les synoptiques lorsqu'ils sont alimentés par le réseau. Il s'agit :

– *de l'entraînement avec moteur à courant continu* (figure C.1.a) alimenté sous tension variable ;

– *de l'entraînement avec cycloconvertisseur* (figure C.1.b) *et moteur à courant alternatif*, asynchrone ou synchrone ;

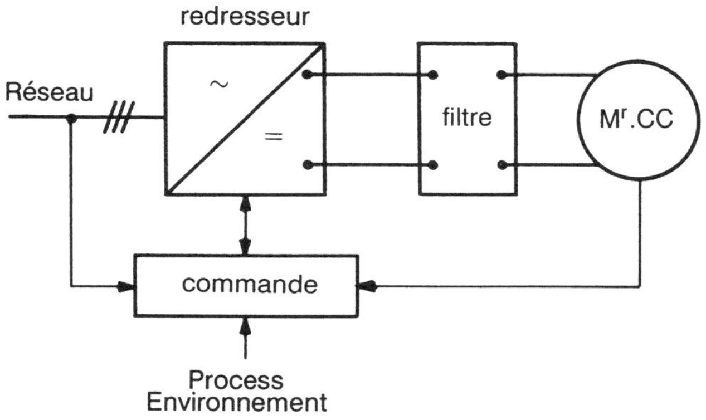

a) moteur continu et redresseur

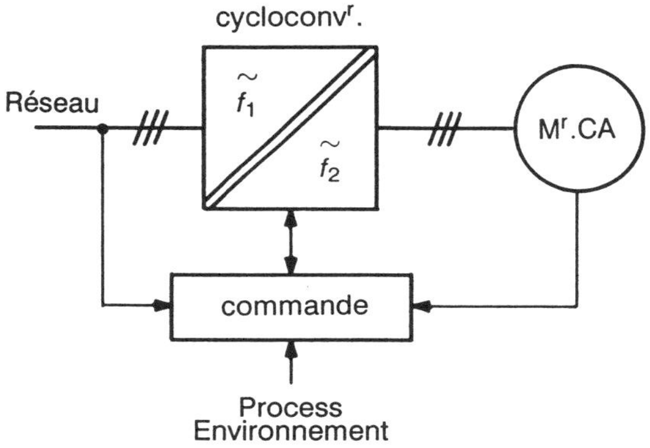

b) moteur alternatif et cyclocr

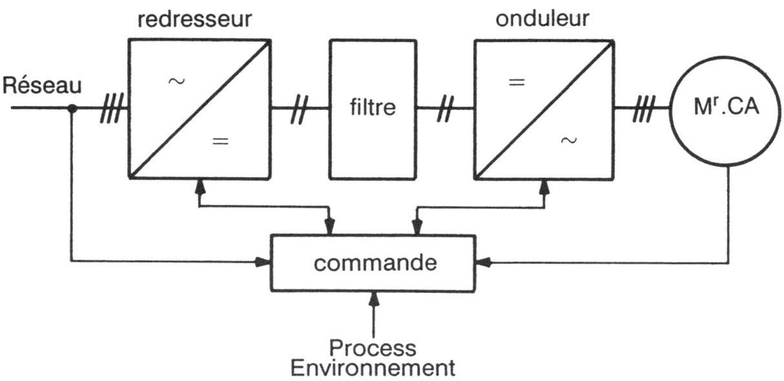

c) moteur alternatif et onduleur *Figure C.1*

– *de l'entraînement avec onduleur* (figure C.1.c) *et moteur à courant alternatif*, asynchrone ou synchrone.

Dans ce cas, l'onduleur alimentant le moteur peut être :

- un onduleur de courant (sigle CSI : current source inverter),
- un onduleur de tension (sigle VSI : voltage source inverter).

Le moteur synchrone "autopiloté" assure l'autocommutation de l'onduleur qui l'alimente (sigle LCI : line commuted inverter).

La structure et le principe de fonctionnement des convertisseurs (redresseurs, onduleurs, cycloconvertisseurs) ont été présentés sommairement dans la première partie de ce volume. Le second volume de cette série :

- d'une part, approfondira l'étude des convertisseurs pour arriver à l'établissement de leurs caractéristiques d'entrée et de sortie,
- d'autre part, présentera la conception de la commande des convertisseurs.

Le circuit de commande constitue le "cerveau" du variateur de vitesse. Il élabore les signaux de commande des semiconducteurs de puissance à partir des informations en provenance

du processus (débit, pression...),
du moteur (tension, courant, vitesse, couple, accélération, vibrations...),
du réseau (tension, courant, facteur de puissance, harmoniques...),
des opérateurs (marche, arrêt),
des superviseurs,

afin que le variateur fournisse le service optimum, sans qu'aucun de ses éléments n'ait à supporter de contrainte excessive.

A noter que souvent un transformateur est interposé entre le réseau et l'entrée du variateur. Il a pour fonctions

- d'isoler galvaniquement le convertisseur du réseau,
- d'abaisser, si nécessaire, la tension de la source de puissance,
- de limiter les courants de court-circuit en cas de défaut.

1.2. CRITÈRES POUR LA DÉFINITION D'UN VARIATEUR DE VITESSE

La préétude d'un entraînement électrique à vitesse variable nécessite de connaître, ou de s'imposer, un certain nombre de données de base qui sont

- la puissance demandée,
- la tension d'alimentation,
- le type de fonctionnement (nombre de quadrants),
- la gamme de vitesses,
- la précision sur la vitesse.

1.2.1. Puissance demandée

La puissance d'une entraînement est déterminée par les besoins de la charge entraînée. Cette puissance doit être définie tant en régime permanent qu'en régime transitoire.

La détermination de la puissance commence par celle du moteur qui est l'élément du système le plus près de la charge. La puissance de dimensionnement du moteur et du convertisseur ne sont d'ailleurs pas les mêmes à cause des constantes de temps thermiques très différentes, quelques minutes pour le moteur, quelques secondes pour les semiconducteurs.

La puissance nominale du moteur est le produit de son couple utile nominal par sa vitesse nominale. Pour calculer la valeur nominale du couple utile C_u il faut connaître la courbe donnant la variation du couple résistant C_r de la charge entraînée en fonction de la vitesse (N ou Ω), mais aussi le moment d'inertie total J du système en rotation, la durée et la cadence des accélérations et des freinages.

En effet :

$$C_u = C_r + J\frac{d\Omega}{dt}.$$

On verra (§ 2.1.3) comment définir le couple nominal du moteur à partir du *régime de marche* prévu.

Pour le convertisseur, c'est en pratique la puissance maximale qui sert au dimensionnement. Elle correspond au couple maximum qui est d'ordinaire le couple de démarrage que peut développer le moteur.

1.2.2. La tension d'alimentation

La tension alternative d'entrée du convertisseur est une variable importante dans le dimensionnement, car elle peut influencer l'architecture de l'équipement (nécessité ou non d'un transformateur, type de composants semiconducteurs utilisés, difficultés dues plus aux pointes de tension que de courant,. . .) et son prix.

Ainsi pour les équipements d'une puissance inférieure ou égale à 250 kW alimentés par le réseau moyenne tension et utilisant un moteur asynchrone, une solution économique consiste à utiliser un transformateur élévateur entre la sortie du variateur et le moteur. On utilise alors un moteur moyenne tension à 3 000 ou 5 000 ou 6 600 Volts et un variateur standard. La limite de puissance pour laquelle cette solution est la plus économique peut évoluer en fonction des progrès technologiques et du marché ; elle dépend du constructeur et de son portefeuille de produits.

1.2.3. Type de fonctionnement

Suivant que l'entraînement ne fonctionne qu'avec un sens de rotation ou les deux, qu'il y a freinage par récupération, freinage rhéostatique ou pas de freinage électrique, la structure du convertisseur est différente, comme on l'a montré à propos de chaque type de moteur dans la première partie de cet ouvrage.

1.2.4. Gamme de vitesses

La gamme de vitesses d'un variateur est le rapport entre la vitesse maximale et la vitesse minimale du moteur qu'il assure avec la précision affichée.

Si la vitesse nominale est de 3 000 t/m et la gamme de 1 à 1 000, le variateur peut alimenter le moteur tournant entre 3 000 t/m et 3 t/m avec la précision indiquée. Il peut certes le faire tourner à moins de 3 t/m, mais la précision n'est plus garantie.

Il faut que la gamme de vitesses du variateur soit supérieure à celle nécessitée par l'application. Quand l'entraînement est inséré dans une boucle de position, la vitesse la plus faible est celle obtenue pour le signal de vitesse minimum qui permet d'obtenir le déplacement ; dans ce cas, la précision est donnée par la boucle de position.

Les gammes de vitesses habituelles sont :

– *la gamme 1 à 100*

pour les équipements standard se contentant de performances médiocres.

Ces entraînements peuvent utiliser :

- le moteur à courant continu, sans capteur de vitesse ; on corrige la tension U appliquée à l'induit pour tenir compte de la chute ohmique RI ; la f.e.m. U – RI est l'image de la vitesse,
- le moteur asynchrone standard sans capteur ; on contrôle le flux par le rapport U/f pour le maintenir constant ;

– *la gamme 1 à 1 000*

pour les équipements de performances moyennes.

Ces entraînements peuvent utiliser :

- le moteur à courant continu ordinaire avec capteur analogique,
- le moteur asynchrone standard avec capteur et contrôle vectoriel classique ;

– *la gamme à 1 à 10 000*

pour les équipements haut de gamme utilisés en robotique ou pour certaines machines-outils (certains asservissements de position nécessitent la gamme 1 à 30 000).

Ces entraînements peuvent utiliser :

- un moteur synchrone à aimants permanents,
- un moteur à courant continu spécial avec capteur numérique,
- un moteur asynchrone spécial avec caractéristiques bien connues, avec commande vectorielle prenant en compte les paramètres du moteur et leurs variations, avec capteur.

1.2.5. Précision sur la vitesse

La précision sur la vitesse est déterminée par l'application ; elle est évidemment liée à la gamme de vitesses. Elle peut influencer le choix du type d'entraînement et conditionner le choix du régulateur. Suivant le type de régulateur, la précision est plus ou moins affectée par

la température,
la nature du couple demandé par le moteur,
la tension du réseau d'alimentation.

On distingue

– *la précision* (ou erreur) *statique*, c'est l'écart ε_1 (fig. C.2) entre la vitesse réelle et la vitesse de consigne en régime établi ;

– *la précision* (ou erreur) *dynamique*, c'est l'écart ε_2 entre les vitesses réelle et de consigne provoqué par une brusque variation du couple de charge (échelon de couple). L'erreur dynamique est supérieure à l'erreur statique et dépend de la régulation de vitesse.

Selon le cahier des charges, la précision s'exprime en pour cent de la vitesse nominale ou en pour cent de la vitesse affichée. Le constructeur indique (ou sous-entend) souvent le premier pourcentage.

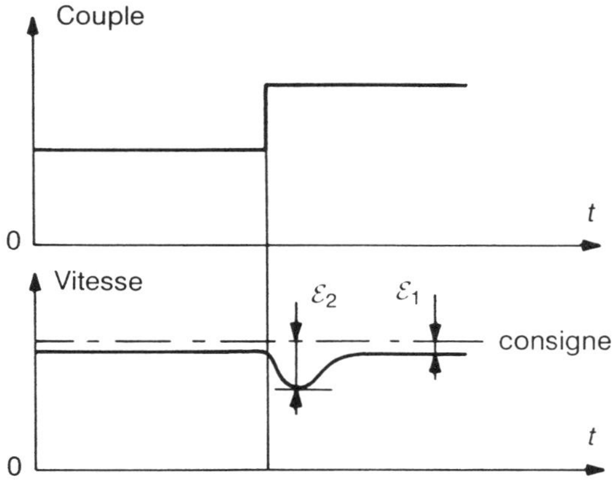

Figure C.2

1.3. FONCTIONNALITÉS D'UN ENTRAÎNEMENT VARIABLE À VITESSE

Un entraînement à vitesse variable doit être capable

- de démarrer une charge,
- d'entraîner cette charge en accord avec les contraintes de l'exploitation,
- d'arrêter cette charge suivant les critères liés au mode d'exploitation.

A ces trois fonctions de base, communes à toutes les applications, il peut arriver que s'ajoute la nécessité

- de faire du positionnement,
- ou de se synchroniser sur d'autres équipements du système.

1.3.1. Démarrer

Pour démarrer une charge, le couple électromagnétique C du moteur doit être supérieur au couple résistant total C_r. La différence $C - C_r$ donne le couple d'accélération C_a qui doit être d'autant plus grand que l'inertie totale du groupe est plus élevée et que le temps de démarrage doit être plus court (voir 2e partie, chapitre 1, § 3.2.1).

Le tableau C.1 donne quelques cas de contraintes au démarrage liées à quelques applications types et indique les solutions possibles.

DÉMARRER		
Contraintes	Applications types	Solutions possibles
en limitant les à-coups mécaniques	tapis roulant escalator, convoyeur produits fragiles	rampe de vitesse
en rattrapant les jeux	engrenages, transmission chaîne de manutention	rampe parabolique ou en S
machine de forte inertie	centrifugeuse	moteur à fort couple de démarrage
machine à fort couple résistant	concasseur broyeur	
machine possédant un couple entraînant	monte-charge	système fonctionnant dans 2 ou 4 quadrants
démarrages fréquents dans un temps donné	machine de manutention	dimensionnement thermique approprié
dans un temps imparti	centrifugeuse extracteur de fumée	rampe de vitesse
dans un temps et un espace impartis	téléphérique	loi de mise en vitesse particulière

Tableau C.1

1.3.2. Entraîner

La fonction entraînement est directement liée aux performances du process.

La productivité croît avec la vitesse ; la qualité croît avec la précision statique si la charge varie peu au cours du cycle de production, avec la prévision dynamique si le cycle de charge est très fluctuant et s'il y a de nombreuses variations dans la consigne de couple.

A noter que bien souvent c'est la qualité cinématique de la ligne d'arbre (jeux, élasticité, flexion, torsion...) qui limite les améliorations de performances apportées par les progrès dûs à l'emploi de la vitesse variable.

Mais une des caractéristiques des entraînements électriques à vitesse variable est que l'on peut répartir la force motrice au plus près de son utilisation. On peut donc limiter au maximum les problèmes liés aux accouplements et aux transmissions (jeux, élasticité, vitesses critiques). De plus il est possible de faire de la commande multimoteur, soit en synchronisant les divers entraînements, soit en jouant sur leurs statismes propres.

1.3.3. Arrêter

Pouvoir arrêter un équipement est impératif, mais cette fonction peut être réalisée de diverses manières selon les performances demandées par l'application.

– Si l'arrêt peut se faire sans contrainte et sans contrôle de la position d'arrêt, l'entraînement peut s'arrêter *en roue libre* sous l'effet du couple résistant et des pertes. C'est le cas des entraînements de ventilateurs, de machines à fort couple résistant, comme les enrouleurs, ou à faible inertie, comme les extrudeuses.

Ce système est avantageux au point de vue simplicité de la commande et coût. Par contre, l'arrêt dépend de la vitesse, du couple résistant et des inerties ; le positionnement est relativement aléatoire, dans le cas par exemple d'un mouvement de translation.

– Lorsqu'on veut *mieux maîtriser le temps d'arrêt*, sans toutefois demander un contrôle fin de la position finale et sans que l'énergie cinétique du système mérite d'être récupérée, on peut utiliser un frein mécanique. C'est la cas, par exemple des monte-plats, des monte-dossiers où les charges que l'on désire arrêter, positionner et immobiliser sont petites. On peut aussi solutionner le problème en utilisant un moteur à rotor conique.

– Lorsqu'on veut arrêter *rapidement* et positionner, mais si l'usage n'est ni intense ni répétitif (arrêt de sécurité sur ascenseurs, par exemple), on peut encore contrôler l'arrêt avec un frein mécanique dont l'utilisation est déclenchée par la consigne provenant d'un capteur.

– Lorsque *l'énergie cinétique* de la charge à arrêter est importante, pour éviter l'usure des freins mécaniques ou l'échauffement anormal du moteur (freinage par injection de courant continu dans le stator d'un moteur asynchrone, suivi d'un freinage mécanique), il faut faire du *freinage électrique*.

On a montré, dans la première partie de ce volume et pour chaque type de moteur, comment freiner électriquement et avec récupération, puis, au début de la deuxième partie, l'intérêt énergétique d'un tel freinage lorsque les arrêts sont fréquents. Lorsque la source ne peut accepter ce renvoi d'énergie, il faut faire du freinage rhéostatique.

– Le tableau C.2 récapitule ces remarques sur l'arrêt. Il est évident que le problème de l'arrêt est lié à celui du positionnement.

ARRÊTER		
Impératifs	Applications types	Solutions possibles
arrêter simplement	ventilateur	roue libre ou frein mécanique
en limitant les à-coups mécaniques	entraînement de tapis-roulants	rampe de décélération, limitation du couple
en rattrapant les jeux mécaniques	système comportant des engrenages	rampe de décélération du type parabolique
dans un temps imparti	arrêt d'urgence centrifugeuse	rampe de vitesse, injection de continu. . .
machine possédant un couple entraînant	ascenseur levage	entraînement réversible
électrique sans échauffement du moteur, sans ou avec récupération	laminoirs traction électrique	freinage rhéostatique ou par récupération

Tableau C.2

1.3.4. Positionner

L'action de placer un objet, un produit ou un équipement en un lieu précis, en un temps déterminé, à partir d'un ordre donné, constitue une fonction très souvent requise des entraînements à vitesse variable équipant les systèmes de production. Le positionnement est, par exemple, indispensable dans les industries qui fabriquent de manière répétitive le même objet ; il permet d'augmenter les cadences de production en conservant, ou même en améliorant, la qualité du produit.

Le positionnement est soumis à plusieurs contraintes dont les plus importantes sont

la vitesse,
le temps disponible pour positionner l'objet,
la précision de l'arrêt,
la cadence, c'est-à-dire la répétition de l'opération.

La vitesse est prépondérante dans la définition de la précision de l'arrêt et ce quelle que soit la nature du positionnement ; il est intuitif que plus la vitesse de production est faible et plus il est facile d'être précis. Mais, pour réaliser des positionnements précis sur des machines à cycle rapide, il faut mobiliser des moyens très performants donc coûteux.

Dans le domaine du positionnement les demandes et les solutions sont très diverses. On peut toutefois essayer de faire une classification à partir de quelques critères simples :

- y a-t-il un contrôle de la position finale ?
- l'arrêt doit-il être très rapide ou avoir une rapidité limitée ?
- faut-il respecter un profil de vitesse ?
- quel est le degré de précision que l'on veut obtenir ?

De la réponse à ces questions résulte le choix d'un équipement plus ou moins sophistiqué.

Le tableau C.3 regroupe, pour quelques cas de contraintes demandées et d'applications types, les solutions possibles avec leurs avantages (A) et leurs inconvénients (I), quand le positionnement est effectué

- sans contrôle de la position d'arrêt,
- avec contrôle de la position d'arrêt.

Remarques sur le positionnement avec contrôle de la position d'arrêt

– La précision d'arrêt dépend
  - des performances des capteurs utilisés,
  - des caractéristiques de la mécanique,
  - des capacités de traitement
    des informations fournies par les capteurs,
    et des ordres de commande transmis au variateur,
  - des performances dynamiques de l'entraînement.

– Pour réaliser une boucle de position adaptée aux besoins, il faut prendre en compte
  - la nature du cycle de fonctionnement de l'équipement,
  - la précision d'arrêt demandée,

POSITIONNEMENT		
Fonction demandée	Solutions possibles	Avantages. Inconvénients
sans contrôle d'arrêt		
Arrêt sans contrainte sur le positionnement (enrouleur)	Roue libre	A : faible coût de la fonction I : performance faible sur le positionnement
Arrêt et positionnement en fonction d'une vitesse d'approche, • pour immobilisation • pour travaux (levage, manutention)	Passage de la vitesse normale à l'arrêt par paliers successifs, avec vitesse d'accostage, avec utilisation d'un frein mécanique dont l'effort est réglé pour obtenir une rampe de décélération définie	A : immobilisation d'une charge entraînante I : précision fonction du temps de retombée du frein et de sa place dans la chaîne cinématique. solution monoposition
Arrêt sans à-coup mécanique avec positionnement répétitif peu précis (tri automatique des wagons)	Passage de la vitesse normale à l'arrêt selon une rampe de vitesse en paliers successifs et vitesse d'accostage, chaque palier étant défini par un codeur, avec freinage électrique	A : peut immobiliser une charge descendante I : le convertisseur doit pouvoir fournir un couple à l'arrêt
Positionnements répétitifs à différents points (rapide et configurable)	Passage de la vitesse normale à l'arrêt par vitesse d'accrochage et utilisation d'un capteur	A : plusiers points de positionnement réalisables avec un seul capteur I : coût du capteur et du traitement ; la précision dépend de l'entraînement
avec contrôle de la position d'arrêt		
Contrôle simple de la position finale sans grande rapidité ni grande précision (ascenseur)	Passage de la vitesse normale à l'arrêt par vitesse d'accostage, isocentrage et isonivelage	A : coût limité I : vitesse de positionnement, nombre de positions et précision limités
Positionnement rapide et précis (productique)	Utilisation d'une boucle de position qui élabore la référence de la boucle de vitesse	A : performances I : dispositif particulier donc coût plus élevé

Tableau C.3

- le profil de vitesse de décélération,
- le nombre de positions à atteindre,
- les problèmes de sécurité (par exemple, contrôle de la survitesse, problèmes de dérapage, patinage, enrayage...).

– A noter que la précision obtenue ne peut être qu'inférieure à la résolution du capteur. Dans l'usinage par exemple, pour obtenir une pièce au 1/10, on utilise un capteur dont la résolution est de 1/100 mm.

Dans un système de régulation numérique, la résolution est la plus petite erreur qui peut être compensée par la boucle de position. Elle dépend des performances du capteur et du calculateur de traitement.

Rappelons que la précision du capteur dépend de sa définition ; on parle ainsi d'un capteur ayant une définition de 1 000 points par tour ; si on veut une définition quatre fois supérieure on prendra un capteur à 4 000 points par tour.

1.3.5. Synchroniser

La synchronisation peut devenir nécessaire chaque fois que dans une application il faut entraîner une structure rigide ou semi-rigide ou transporter une produit fini avec un système multimoteur. Cette synchronisation peut se faire avec ou sans contrôle de position.

Comme pour le positionnement, les besoins sont très variés et les solutions possibles sont à adapter à chaque application.

2. INTERACTIONS ENTRE LES DIVERSES PARTIES DE L'ÉQUIPEMENT

2.1. COUPLE IMPOSÉ AU MOTEUR PAR LA CHARGE ENTRAÎNÉE

– Le couple C que doit développer le moteur, soit

$$C = C_r + J\frac{d\Omega}{dt},$$

lui est imposé par

- la charge caractérisée par la courbe caractéristique-vitesse C_r (N) en régime établi de la charge,
- le moment d'inertie J de l'ensemble en rotation,
- les accélérations angulaires $d\Omega/dt$ désirées.

Le couple que peut développer le moteur sans échauffement anormal dépend de la nature, continue ou plus ou moins discontinue, du cycle de travail qui lui est demandé.

– Quel que soit le moteur, continu ou alternatif, à courant absorbé donné, on distingue 2 zones de fonctionnement :

- *la zone "à couple constant"* ou *"à flux constant"*.

Pour toutes les valeurs de la vitesse comprises entre zéro et la vitesse nominale, ou vitesse de base N_n, le moteur absorbant le courant nominal I_n peut développer en régime permanent continu le couple nominal.

Avec le moteur à courant continu, on fait varier la vitesse par action sur la tension d'alimentation U, en laissant constant le flux inducteur ϕ.

Avec le moteur à courant alternatif, synchrone ou asynchrone, on fait varier la vitesse par la fréquence d'alimentation f. En même temps, on fait varier la valeur U_1 de la tension d'alimentation pour maintenir constant U_1/f.

- *la zone "à puissance constante"* ou en *"défluxage"*

Pour accroître la vitesse au-delà de la vitesse de base quand la tension fournie au moteur ne peut plus être augmentée, on peut diminuer le flux. On diminue le flux inducteur pour le moteur à courant continu. On augmente f donc on diminue U_1/f pour les moteurs à courant alternatif.

Le moteur absorbant son courant nominal I_n peut développer en régime permanent continu une puissance constante, donc un couple inversement proportionnel à la vitesse, entre la valeur nominale N_n de celle-ci et la vitesse maximum mécaniquement tolérable N_{max}.

La courbe ABD (fig. C.3) donne en fonction de la vitesse, le couple que le moteur peut développer en régime permanent continu.

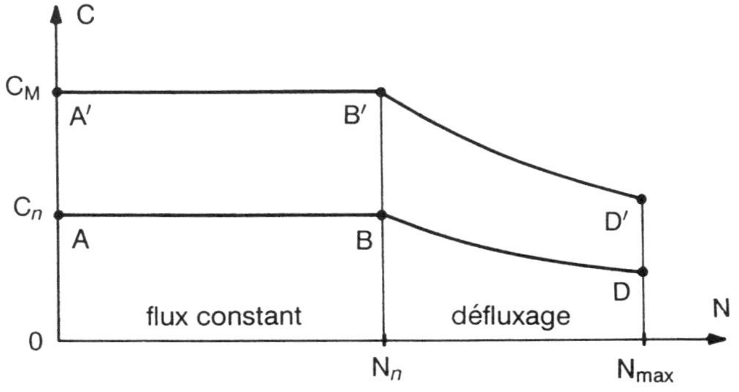

Figure C.3

– Si le moteur travaille en *régime* discontinu (phases de travail séparées par des phases où on lui demande un couple beaucoup plus faible) et si le cycle est nettement plus court que la constante de temps thermique du moteur, on peut lui demander pendant les phases de travail un couple ou une puissance supérieurs à ceux correspondant au régime continu (couple A′B′D′ de la figure C.3).

Le couple maximum qu'on peut développer durant les cycles brefs à durée relative de la phase de travail très courte est le même que celui C_M développable pendant les transitoires rapides (démarrage, freinage jusqu'à l'arrêt).

Il est limité par le courant que peut débiter (ou recevoir) le convertisseur statique alimentant le moteur. Dans le cas du moteur asynchrone la limitation peut venir du rapport C_M/C_n de cette machine.

2.1.1. Caractéristique de la charge

Nous avons indiqué (2e partie, chapitre 1, § 3.1) l'allure théorique de la courbe liant en régime établi le couple résistant C_r de la charge à sa vitesse N d'entraînement.

Machine	Loi C_r (N)	Plage de vitesse	Puissance (en kW)
Conditionnement	C	1 à 20	0,37 à 15
Convoyeurs	C	1 à 10	0,37 à 10
Rotatives (imprimerie)	C	1 à 10	10 à > 200
Pompes volumétriques et doseuses	C	1 à 10	0,37 à 200
Pompes centrifuges	kN^2	1 à 5	0,37 à > 5 000
Ventilateurs	kN^2	1 à 5	0,1 à > 1 000
Soufflantes, Compresseurs	kN^2	1 à 10	2,2 à > 50 000
Fours cimenterie	C	1 à 10	100 à 1 000
Extracteurs de trémies	C – P	1 à 10	7,5 à 80
Presses à vis (sucrerie)	C	1 à 10	7,5 à 100
Extrudeuses	C – P	1 à 10	10 à > 300
Presses mécaniques	C	1 à 10	50 à 700
Enrouleuses (câblerie, papeterie, textile)	C – P	1 à 20	3 à 300
Dérouleuses	C – P	1 à 70	3 à 300
Machines cablerie : tréfileuses	C	1 à 10	7,5 à 150
cableuses, assembleuses	C	1 à 10	7,5 à 300
Refendeuses	C	1 à 10	20 à 100
Machines à papier (calendre)	C	1 à 10	10 à 700
Bancs d'essais (boîte de vitesses, embrayage, moteur thermique)	C – P	1 à 100	10 à 500
Mélangeurs	kN	1 à 5	30 à 50
Malaxeurs	C – P	1 à 10	≃ 1 000
Centrifugeuses	kN^2	1 à 10	10 à 200
Transstockeurs	C	1 à 20	2,2 à 40
Machines-outils : Avance	C – P	1 à 1 000	1 à 50
Broche	C – P	1 à 4	5 à 200

Tableau C.4

On distingue généralement

- les charges à couple constant,
- les charges à couple proportionnel à la vitesse,
- les charges à couple proportionnel au carré de la vitesse,
- les charges à puissance constante (au-delà de la vitesse de base).

Le tableau C.4 donne, pour quelques types de machines entraînées, la loi de variation du couple (constant C, en kN, en kN^2) en indiquant si la marche à puissance constante (P) est utilisée. Il indique, en outre, la plage de variation de vitesse usuelle et la gamme des puissances le plus souvent rencontrées.

2.1.2. Couple de décollage. Surcouple

Comme on l'a signalé, les courbes C_r (N) réelles diffèrent toujours plus ou moins des courbes théoriques.

En particulier certaines machines nécessitent un couple de décollage important. Difficile à quantifier ce couple peut, si le couple de démarrage du moteur est insuffisant, rendre le démarrage impossible ou la mise en vitesse trop longue.

D'autres machines peuvent présenter des à-coups de couple résistant. C'est le cas de machines à cames, par exemple, où le couple instantané peut atteindre 5 ou 6 fois le couple résistant moyen nominal.

Le tableau C.5 donne, pour quelques types d'applications, l'ordre de grandeur du couple de décollage ou du surcouple en marche et les conséquences sur le dimensionnement du variateur et du moteur.

Type de machine	Couple de décollage ou surcouple en marche	Conséquences sur le dimensionnement
Machine ordinaire avec roulements à billes ou à rouleaux	40 à 12 % de C_n	aucune
Machine ordinaire avec paliers lisses	60 à 150 % de C_n	aucune
Mélangeurs Extrudeuses Broyeurs	120 à 200 % de C_n	vérifier dimensionnement du variateur
Convoyeurs. Machines comportant des frottements très importants	160 à 250 % de C_n	surdimensionner le variateur, éventuellement le moteur
Convoyeurs à cycle présentant des à-coups. Compresseurs à pistons. Presses. Poinçonneuses. Machines à cames ou à système bielle-manivelle	250 à 600 % de C_n	surdimensionner l'ensemble de l'entraînement

Tableau C.5

2.1.3 Régimes de fonctionnement. Facteur de marche

Il est fréquent que le service d'un moteur soit intermittent, c'est-à-dire qu'entre deux phases de travail il soit arrêté ou n'ait à développer qu'un couple beaucoup plus faible.

Parmi les très nombreux modes de fonctionnement des moteurs rencontrés dans la pratique, on distingue pour des raisons de commodité quelques services types définis de manière détaillée par les normes (NFC 51.100, pour la France).

Sont ainsi définis

le service continu,
le service temporaire,
le service intermittent périodique...

– Dans le cas de service cyclique, soit intermittent soit ininterrompu, on définit le *facteur de marche*. C'est le rapport entre le temps de fonctionnemnet en charge (y compris le démarrage et le freinage électrique) et la durée du cycle, exprimé en pour cent.

On rencontre fréquemment des facteurs de marche de

1,5 % , 25 % , 40 % , , 60 % et 75 % .

Dans le cas de services avec démarrages ou avec démarrages et freinages électriques, les normes définissent la *classe de démarrage*. C'est le nombre de démarrages par heure thermiquement équivalent aux démarrages, impulsions de couple et freinages électriques réels.

– Le *service nominal* d'un moteur est celui pour lequel le constructeur l'a construit. Pour ce régime, le constructeur indique sur la plaque signalétique les valeurs nominales de la puissance, de la tension et de la vitesse.

L'absence d'indication concernant le service implique que le service nominal est le *service continu* : alimenté sous la tension indiquée sur la plaque signalétique, le moteur tournant à la vitesse indiquée peut développer en régime permanent la puissance notée sur cette plaque.

– La notion de *couple efficace* permet de ramener le couple non constant périodique au couple nominal en régime continu. C'est en effet la valeur du couple qui après une durée de fonctionnement très supérieure à la constante de temps thermique du moteur conduirait au même échauffement que le couple nominal en régime continu.

2.2. EFFETS SUR LE MOTEUR DE SON ALIMENTATION PAR UN CONVERTISSEUR

2.2.1. Effets de l'alimentation non sinusoïdale

Le redresseur alimentant un moteur à courant continu lui fournit une tension formée d'arcs de sinusoïdes avec brusque passage d'un arc à l'autre.

Le moteur équivaut à une force électromotrice en série avec une résistance et une inductance. Celle-ci, d'ordinaire augmentée par une inductance en série avec l'induit, réduit l'ondulation du courant absorbé.

Malgré cela, le moteur doit être déclassé par rapport à son alimentation sous une tension sans ondulation.

Les moteurs à courant alternatif, synchrone ou asynchrone, sont aussi assimilables à une force électromatrice en série avec une résistance et une réactance. La réactance qui intervient lors des brusques variations et le calcul des effets des harmoniques est la réactance de fuites.

Le moteur n'est pas alimenté en sinusoïdal :

- s'il est alimenté en tension, c'est-à-dire par un onduleur de tension ; il reçoit une tension formé de créneaux rectangulaires ou d'alternances constituées de paliers à hauteur constante,
- s'il est alimenté en courant, c'est-à-dire par un onduleur de courant ; il reçoit un courant formé de créneaux ou de successions de paliers.

Cette forme non sinusoïdale des signaux appliqués au moteur a trois types de conséquences que nous nous contenterons ici d'évoquer rapidement. Il s'agit :

- des pics de tension
- des effets sur le bobinage du gradient de tension,
- des pertes dues aux harmoniques.

- ***Les pics de tension***

– Dans les alimentations en courant, les brusques variations du courant fourni à la machine provoquent des surtensions ($u = \ell \, \mathrm{d}i/\mathrm{d}t$) d'autant plus grandes que ces variations sont plus brusques et que l'inductance du moteur est plus importante. Il faut soit ralentir les passages du courant d'une valeur à l'autre, soit écrêter les surtensions.

– Dans les alimentations en tension au contraire, l'inductance du moteur tend à atténuer les effets sur le courant des brusques variations de la tension ($\mathrm{d}i/\mathrm{d}t = u/\ell$) et à rendre la forme d'onde du courant d'autant plus proche de la sinusoïde qu'elle est plus importante.

Pour ces onduleurs ce sont les inductances parasites à l'entrée du convertisseur qui provoquent des surtensions. Pour les atténuer il faut monter aux bornes des semiconducteurs des Circuits d'Aide à La Commution (en abrégé, CALC ; en anglais, snubbers c'est-à-dire adoucisseurs).

- ***Les effets du gradient de tension***

Dans une alimentation sinusoïdale les $\mathrm{d}v/\mathrm{d}t$ de la tension sont faibles : la tension se répartit à peu près uniformément entre les diverses spires de l'enroulement de chaque phase statorique.

Dans une alimentation en tension, les $\mathrm{d}v/\mathrm{d}t$ peuvent dépasser 1 500 V/μs. Il s'agit d'ondes à front raide pour lesquelles le bobinage se comporte comme un circuit à constantes réparties où les capacités parasites jouent un rôle important. Il en résulte une surtension importante sur la première spire ou les toutes premières spires.

Le phénomène peut être amplifié si le câble de liaison entre l'onduleur et le moteur a une longueur notable.

A cause des pics de tension ou des gradients de tension, l'isolement des moteurs destinés à être alimentés par variateur mérite une attention spéciale.

- ***Les pertes dues aux harmoniques***

Les harmoniques de la tension appliquée par un onduleur de tension au moteur engendrent dans celui-ci des harmoniques de courant d'autant plus faibles que la fréquence des harmoniques est plus élevée et la réactance du moteur plus grande.

Les courants harmoniques fournis par un onduleur de courant aux phases d'un moteur engendrent dans celles-ci des tensions harmoniques. Le rapport tension/courant de chaque harmonique augmente avec la réactance et avec la fréquence.

Les harmoniques augmentent les pertes Joule et les pertes dans le fer du moteur, diminuant le rendement de celui-ci et entraînant la nécessité de la déclasser un peu.

A ces remarques très générales, il convient d'en ajouter quelques autres propres au moteur asynchrone, au moteur synchrone et à l'emploi du cycloconvertisseur.

2.2.2. Remarques sur le moteur asynchrone

– La caractéristique mécanique C (N) d'un moteur asynchrone alimenté à tension et fréquence constantes a l'allure représentée sur la figure C.4.

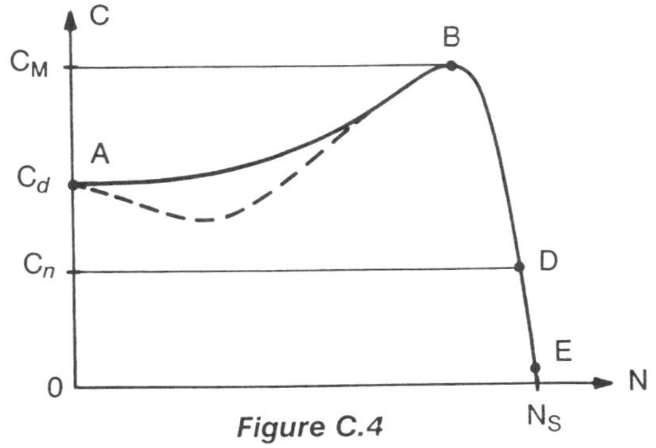

Figure C.4

Sur cette courbe on a noté le point au démarrage A, le point à couple maximum B, le point nominal D et le point à vide E.

Le couple maximum C_M est d'autant plus fort que la réactance de fuites et la résistance du stator sont plus faibles. Il est obtenu pour un glissement proportionnel à la résistance du rotor.

Le couple de démarrage C_d augmente avec la résistance du rotor et diminue avec la réactance de fuites.

Sur certains moteurs on observe un "creux" de couple (courbe en traits interrompus sur la figure C.4). Ce creux se situe dans la zone comprise entre 0,25 et 0,4 fois la vitesse synchrone ; il est dû aux harmoniques d'espace et peut être atténué on supprimé par la réalisation du bobinage statorique.

– Quand le moteur est alimenté à tension et fréquence constantes, il démarre au point A, décrit la partie AB de la courbe et se stabilise sur la partie BE au point correspondant à l'égalité couple moteur-couple résistant.

Lorsque le moteur est alimenté à tension et fréquence variables, il n'utilise que la partie BE de la caractéristique (voir 1ère partie, fig. 4.30). Seuls importent alors le rapport du couple maximum au couple nominal et la pente de la partie BE car les pertes Joule au rotor sont proportionnelles à l'écart relatif entre sa vitesse réelle en fonctionnement et la vitesse de synchronisme.

Pour montrer la différence de point de vue lorsqu'on passe de l'alimentation directe par le réseau à l'alimentation par variateur, on a tracé (fig. C.5) quatre types de caractéristiques mécaniques.

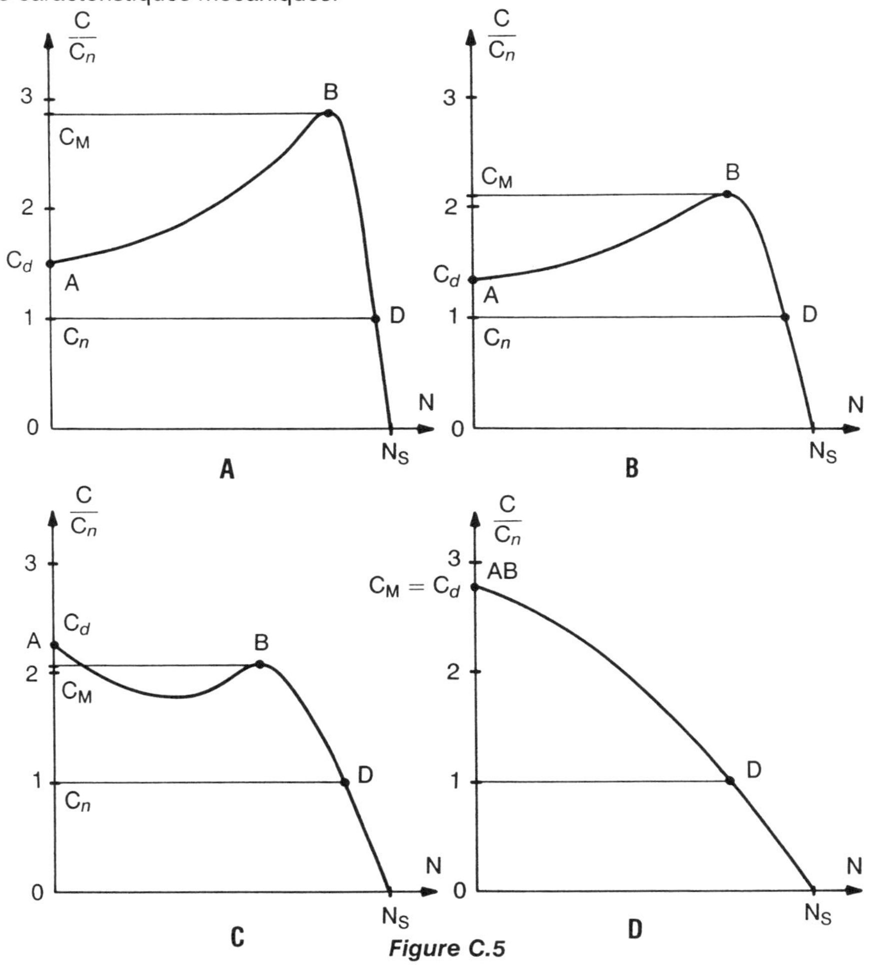

Figure C.5

- *Le moteur A* est un moteur à simple cage, à résistance rotorique et inductance de fuites faibles :

$$C_M = 2 \text{ à } 3\, C_n$$

$$C_d = 1,2 \text{ à } 2\, C_n \quad \text{pour } I_d = 5 \text{ à } 8\, I_n\,.$$

Ce moteur est bien adapté à l'alimentation en courant, sa faible réactance limitant l'amplitude des harmoniques de tension et les pertes correspondantes.

- *Le moteur B* est encore un moteur à simple cage mais à inductance de fuites plus élevée

$$C_M \simeq 2\, C_m$$

$$C_d = 1 \text{ à } 1,6\, C_n \quad \text{pour } I_d = 5 \text{ à } 6\, I_n\,.$$

Ce moteur est bien adapté à l'alimentation en tension, sa forte réactance de fuites abaissant l'amplitude des harmoniques de courant et les pertes correspondantes.

- *Le moteur C* est un moteur à double cage ou à encoches profondes pour profiter de l'effet de peau (résistance secondaire forte au démarrage diminuant avec la vitesse) afin d'obtenir un bon couple au démarrage tout en limitant le courant alors absorbé

$$C_M \simeq C_d \simeq 2\,C_n \quad ; \quad I_d = 4 \text{ à } I_n \,.$$

Ce moteur n'est pas adapté au fonctionnement à vitesse variable. Son réemploi lors d'une rénovation d'un entraînement nécessite qu'on vérifie que l'échauffement du rotor est compatible avec la spécification du constructeur.

- *Le moteur D* est un moteur à double cage très résistante ou à simple cage profonde très résistante, destiné à démarrer des charges de grande inertie ou équipées de volants avec un appel de courant limité :

$$C_d = C_m = 2,5 \text{ à } 3\,C_n \text{ pour } 3,5 \text{ à } 5\,I_n \,.$$

Ce moteur n'est pas adapté au fonctionnement à vitesse variable du fait de son très fort glissement. Les réserves quant à son réemploi sont encore plus nettes que pour le moteur C.

– Ces exemples montrent comment adapter le moteur et le convertisseur et les difficultés rencontrées dans cette adaptation.

- *Avec l'onduleur de tension*, il faut utiliser un moteur ayant une inductance de fuites suffisante, tel le moteur B.

Malheureusement cela entraîne une réduction du rapport du couple maximum au couple nominal et/ou un glissement assez important lors du fonctionnement nominal.

Ce groupement ne convient normalement pas lorsqu'il faut développer des surcouples importants.

- *Avec l'onduleur de courant*, il faut utiliser un moteur ayant une inductance de fuites faible, tel le moteur A.

On peut ainsi obtenir un surcouple important. Le glissement pour le fonctionnement nominal est plus faible qu'avec le groupement précédent. Le rendement et le facteur de puissance sont améliorés.

Le montage avec onduleur de courant présente toutefois l'inconvénient de provoquer des surtensions. Quel que soit le dispositif utilisé pour limiter celles-ci, il faut augmenter le calibre en tension des semiconducteurs de l'onduleur.

Malgré cet inconvénient et à condition d'utiliser un moteur adapté, le groupement moteur asynchrone-onduleur de courant semble convenir particulièrement bien aux entraînements de moyenne puissance devant avoir un bon rendement et aptes à développer des surcouples.

Remarques

Il ne faut pas trop diminuer l'inductance de fuites. En cas de court-circuit accidentel à l'entrée du moteur, la f.e.m. équivalente crée un courant qui n'est limité que par l'impédance interne du moteur. Si la réactance est trop faible le courant de court-circuit peut endommager le moteur ; en particulier ce courant crée un *couple de court-circuit* dont la valeur crête peut provoquer la rupture de l'arbre ou de l'accouplement à la charge, s'ils ont été calculés sans en tenir compte.

La même remarque s'applique à l'inductance de l'induit du moteur à courant continu et à la réactance subtransitoire du moteur synchrone.

Mais le court-circuit à l'entrée du moteur n'est pas le risque le plus fréquent. Si l'on considère l'ensemble onduleur-moteur, les montages en courant (CSI et LCI) sont plus sécurisants en cas de *défaut de commutation*. Un tel défaut n'entraîne pas de surcouple destructeur pour peu que le système soit bien étudié ; l'inductance de la source limite la variation rapide du courant.

Ce n'est pas le cas d'une alimentation en tension où un défaut de commutation se traduit par le court-circuit brusque de la source de tension (batterie de condensateurs de filtrage du circuit intermédiaire). Cela entraîne le passage d'un très fort courant dans le moteur et la naissance d'un couple de défaut pouvant excéder 8 à 10 fois le couple nominal et, par là, la rupture de l'accouplement.

Aussi on estime que les montages en courant sont plus sécurisants de ce point de vue que les montages en tension.

2.2.3. Remarques sur le moteur synchrone

Comme le moteur asynchrone, le moteur synchrone peut être alimenté par un onduleur de tension ou un onduleur de courant.

L'objectif fixé aux inductances intervenant lors des commutations est le même :

- lorsqu'il est alimenté par un onduleur de tension, le moteur doit se comporter en récepteur de courant, c'est-à-dire avoir une forte inductance,
- lorsqu'il est alimenté par un onduleur de courant, le moteur doit se comporter en récepteur de tension, c'est-à-dire avoir une faible inductance.

L'inductance qui intervient lors de commutations est l'inductance de fuites, inductance subtransitoire s'il y a des amortisseurs, inductance transitoire s'il n'y en a pas.

– *L'onduleur de tension* fonctionne, comme on l'a vu (première partie, chapitre 3, § 4.2), en commutation forcée et est commandé à U_1/f constant, ce qui entraîne, comme pour le moteur asynchrone, une limitation du couple.

Pour que la réactance lors des commutations soit importante, si on adopte la configuration classique, on prend un rotor feuilleté sans amortisseur.

Pour les entraînements à grande vitesse, on utilise souvent la machine du type Lundell avec enroulement inducteur fixé au stator et rotor massif à griffes avec pièces interpolaires en acier amagnétique.

En faible puissance, on utilise de plus en plus fréquemment le moteur à aimants permanents. Comme le précédent, il peut avoir une grande réactance de fuites.

– *L'onduleur de courant* fonctionne, comme on l'a vu (première partie, chapitre 3, § 4.1), en autocommuté (L.C.I.) avec un moteur *autopiloté*.

L'autopilotage consiste à commander l'entrée en conduction à partir de la position du rotor pour que le flux de l'inducteur et le flux de l'induit soient presque perpendiculaires. L'écart angulaire entre ces deux flux est noté $\psi + (\pi/2)$ dans l'étude du moteur synchrone.

A courant d'excitation et à ψ donnés, le couple est proportionnel au courant continu entrant dans l'onduleur. L'ensemble onduleur-moteur synchrone se comporte comme un moteur à courant continu et se commande de la même façon.

Pour que la réactance intervenant lors des commutations soit faible, il faut utiliser un rotor avec *amortisseurs formant une cage complète* ou un rotor cylindrique massif qui joue le même rôle.

Dans une machine alimentée par le réseau à fréquence fixe, les amortisseurs ont pour effets :

- d'amortir la composante inverse du flux tournant lors d'un fonctionnement déséquilibré,
- de réduire l'amplitude des harmoniques de rang élevé en étouffant les flux qu'ils tendent à produire,
- d'empêcher l'apparition d'oscillations libres du rotor,
- de produire un couple asynchrone lors du démarrage de la machine.

Dans un entraînement onduleur de courant-moteur synchrone autopiloté, les amortisseurs ont pour effets :

- de diminuer les pics et les creux de la tension continue à l'entrée de l'onduleur et des tensions aux bornes de phases statoriques, de réduire l'ondulation du courant dans l'onduleur,
- d'abaisser la vitesse minimale au-dessous de laquelle l'onduleur ne peut plus être autocommuté,
- de réduire la durée des commutations, ce qui entraîne la diminution des pertes par commutation et, avec des thyristors ayant un temps de recouvrement donné, de réduire l'angle ψ, ce qui augmente le facteur de puissance du moteur et son rendement.

2.2.4. Remarques sur le cycloconvertisseur

Le cycloconvertisseur est formé, pour chacune des phases de sortie, de deux redresseurs montés tête-bêche et commandés avec des retards au déblocage variant à la fréquence des tensions de sortie. Il impose à la sortie des tensions qui, formées d'une succession de portions des tensions sinusoïdales d'entrée, sont très riches en harmoniques.

Pour réduire les harmoniques des courants qu'il absorbe, le récepteur doit se comporter en récepteur de courant, c'est-à-dire avoir une réactance suffisante. Ce récepteur peut être un moteur synchrone ou asynchrone.

Sauf cas particulier, on utilise

- un moteur synchrone à rotor feuilleté sans amortisseur,
- ou un moteur asynchrone à inductance de fuites suffisante.

On peut se demander lequel de ces deux types de moteurs est le mieux adapté à ces entraînements lents de moyenne ou forte puissance qui constituent le domaine d'emploi du cycloconvertisseur.

Le moteur asynchrone, en dépit de son apparente simplicité et de sa robustesse présente quelques inconvénients :

- au-delà de la vitesse de base N_b le couple maximum du moteur asynchrone diminue en fonction de la vitesse N comme $(N_b/N)^2$, alors que celui du moteur synchrone ne diminue que comme (N_b/N) ;
- le moteur synchrone peut fonctionner avec un facteur de déplacement du fondamental $\cos\varphi_1$ égal à 1 sur toute la plage d'utilisation. Cela permet de minimiser le dimensionnement en courant du convertisseur, du transformateur et du câblage ;
- enfin, le moteur synchrone a généralement un couple de court-circuit plus faible que celui du moteur asynchrone. En cas de défaut du convertisseur, les contraintes sur l'arbre et les têtes de bobines statoriques sont plus faibles.

2.3. EFFETS DU CONVERTISSEUR SUR LE RÉSEAU QUI L'ALIMENTE

2.3.1. Les harmoniques et les creux de tension

Les variateurs de vitesse alimentés par le réseau alternatif sont le plus souvent reliés à celui-ci par un redresseur.

Dans le cas des variateurs avec moteur à courant continu (voir figure C.1.a), le redresseur est relié au moteur par une inductance de lissage du courant redressé.

Dans le cas des variateurs alimentant un moteur à courant alternatif à tension et fréquence variables (figure C.1.c),

- si l'onduleur est un onduleur de courant, le filtre interposé entre celui-ci et le redresseur est également une inductance,
- si l'onduleur est un onduleur de tension, il faut dériver à l'entrée de celui-ci une batterie de condensateurs. Si on se limite à cela, le réseau débite des impulsions de courant, ce qui est intolérable dès qu'il s'agit de montages de quelque puissance. On doit alors constituer le filtre placé entre le redresseur et l'onduleur d'une inductance en série pour lisser le courant redressé, suivi d'une capacité en dérivation pour lisser la tension appliquée à l'onduleur.

Dans tous les cas, le redresseur débite donc à travers une inductance et, en toute première approximation, on peut négliger l'ondulation du courant redressé.

Le redresseur peut être à diodes, si on n'a pas à faire varier la valeur moyenne U_d de la tension redressée u_d, ou à thyristors, si on doit faire varier cette valeur moyenne. Celle-ci est alors donnée par

$$U_d = U_{d0} \cos\alpha,$$

en désignant par

α, l'angle de retard au déblocage des thyristors,
U_{d0}, la valeur de U_d pour le montage à diodes ou à thyristors si ces derniers sont commandés à α nul.

La figure C.6 donne le schéma du redresseur le plus usuel, le pont à six diodes ou, comme représenté, à six thyristors.

On peut assimiler le réseau à une source de tensions sinusoïdales, v'_1, v'_2, v'_3, avec en série dans chaque phase une inductance ℓ égale à l'inductance du réseau vu de l'entrée du pont redresseur.

Sur la figure C.7 on a tracé, à partir des tensions v'_1, v'_2, v'_3 :

- le diagramme de conduction des thyristors,
- la forme d'onde des courants i_1, i_2, i_3 pris au réseau,
- la forme d'onde d'une tension simple v_1 et d'une tension composée $v_2 - v_3$ à l'entrée du redresseur.

Si on néglige leurs temps de montée et de descente, les courants absorbés par le redresseur sont formés de créneaux d'amplitude égale au courant redressé et de largeur égale à 120°.

Leur fondamental est déphasé de α en arrière de la tension simple correspondante. Le facteur de déplacement du fondamental est donc :

$$\cos\varphi_1 = \cos\alpha.$$

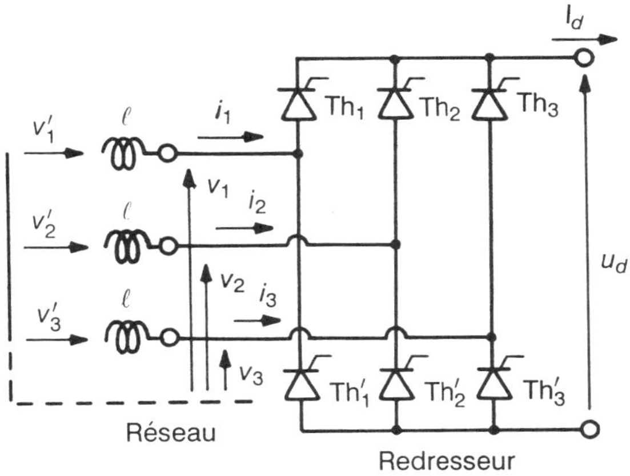

Figure C.6

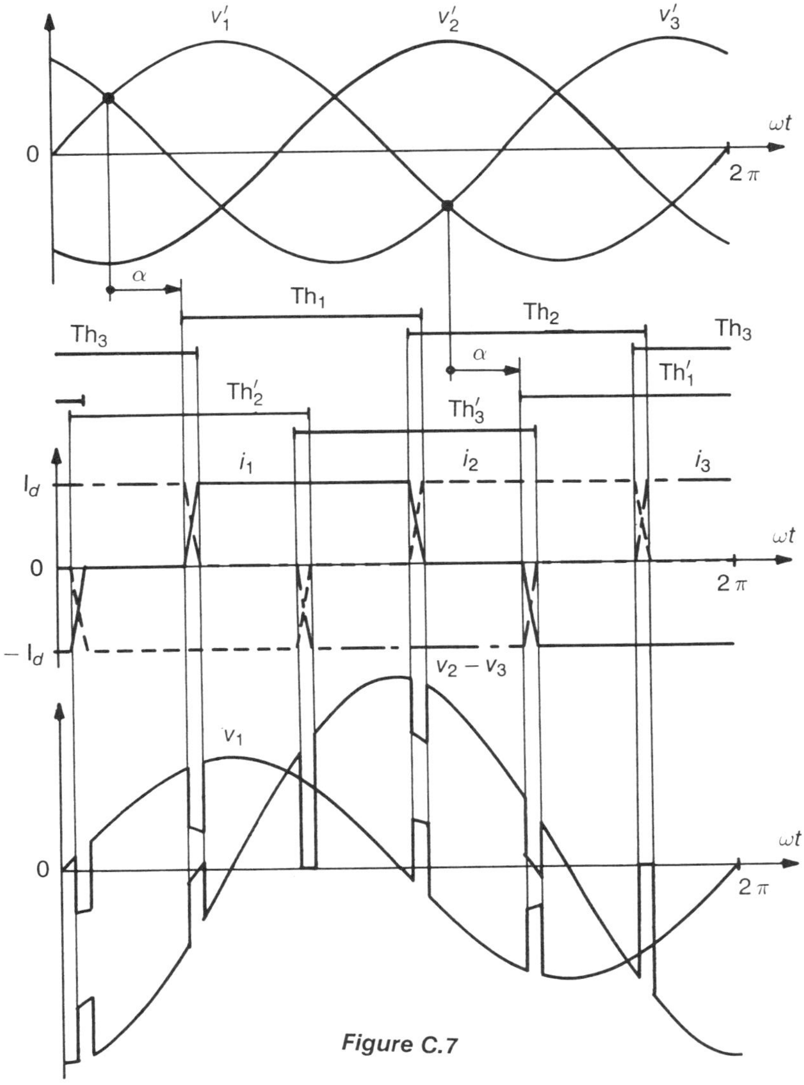

Figure C.7

Ces courants contiennent des *harmoniques* de rang 5, 7, 11, 13, 17, 19... Le rapport de leurs valeurs efficaces I_5, I_7, I_{11} ... à celle I_1 du fondamental est inversement proportionnel à leur rang :

$$\frac{I_5}{I_1} = \frac{1}{5} \quad ; \quad \frac{I_7}{I_1} = \frac{1}{7} \quad ; \quad \frac{I_{11}}{I_1} = \frac{1}{11} \ldots$$

A cause des inductances ℓ, les commutations, c'est-à-dire les transferts du courant I_d d'un thyristor à un autre, ne peuvent être instantanées.

Quand on débloque Th_1, i_1 ne peut passer instantanément de 0 à I_d, i_3 de I_d à 0. Pendant la montée de i_1 et la descente de i_3, Th_1 et Th_3 conduisent simultanément :

$$v_1 = v_3 = (v_1 + v_3)/2.$$

D'où des *creux de tension* dans les tensions simples et composées à l'entrée du redresseur. Le développement en série de ces tensions comporte donc des harmoniques.

2.3.2. Effets des harmoniques

Un redresseur se comporte vis-à-vis du réseau qui l'alimente comme un générateur d'harmoniques de courant et de tension. Ces harmoniques se propagent dans le réseau suivant les lois habituelles des circuits électriques.

Parmi leurs effets gênants, on peut signaler :

- dans tous les éléments du réseau (machines, transformateurs, câbles, batteries de condensateurs), ils provoquent des pertes et des échauffements supplémentaires et accélèrent le vieillissement,
- dans les machines tournantes, ils créent des couples pulsatoires et augmentent le niveau sonore,
- ils peuvent provoquer des interférences dans les réseaux de télécommunications, troubler les matériels informatiques,
- en électronique de puissance, la déformation des ondes de tension et le déplacement des passages par zéro peut produire des défauts de synchronisation, perturber les régulations,
- ils peuvent produire des erreurs de mesure ou de comptage, faire fonctionner intempestivement des relais,
- dans les réseaux, ils peuvent provoquer des résonances...

2.3.3. Réduction et filtrage des harmoniques

• *Pour réduire* les harmoniques de courant, on peut utiliser un redresseur plus compliqué formé de plusieurs redresseurs élémentaires groupés en série ou en parallèle.

Le montage de la figure C.5 est dit “hexaphasé” car la tension redressée est formée de 6 arcs de sinusoïdes par période des tensions d'alimentation. Pour les équipements de forte puissance avec tranformateur d'entrée, on utilise souvent le *montage “duodécaphasé”* délivrant une tension formée de 12 arcs de sinusoïdes par période du réseau. Le transformateur a alors deux secondaires, l'un couplé en étoile, l'autre en triangle, alimentant chacun un redresseur en pont. Les sorties de ces deux redresseurs élémentaires sont couplées en série ou en parallèle. Les harmoniques des courants sont alors ceux de rang 11, 13, 23, 25 ... de valeurs relatives 1/11, 1/13, 1/23, 1/25 ... plus faibles et plus faciles à filtrer puisque de fréquences plus élevées.

Lorsque la réduction des harmoniques et l'amélioration du facteur de déplacement $\cos\varphi_1$ le nécessitent, on peut utiliser un *redresseur à Modulation de Largeur d'Impulsions*. Ce redresseur utilise non plus des thyristors mais des semiconducteurs à ouverture et fermeture commandées (IGBT ou thyristors GTO). Il a la même structure qu'un onduleur de tension (voir 1ère partie, figure 4.26) mais le transfert de puissance s'opère normalement en sens inverse (sauf pendant les phases de récupération). Côté réseau, on met une inductance ; ce peut être l'inductance de fuites volontairement accrue du transformateur lorsqu'il y en a un. Côté sortie, on dérive une forte capacité. Par le découpage des courants d'entrée on peut rendre leur fondamental en phase avec la tension du réseau ($\cos\varphi_1 = 1$) et repousser vers les fréquences élevées les harmoniques qu'ils contiennent les rendant ainsi plus faciles à filtrer.

• *Pour filtrer* les courants à l'entrée d'un redresseur et atténuer ainsi fortement les harmoniques injectés dans le réseau, on utilise des *filtres passifs*. Ce sont des circuits résonnants formés d'inductances et de capacités accordés sur les fréquences des premiers harmoniques. Montés en dérivation à l'entrée du montage, ils offrent aux harmoniques des trajets de très faible impédance et en absorbent la majeure partie.

On peut utiliser des *filtres actifs*. Un filtre actif est un onduleur de tension à Modulation de Largeur d'Impulsions débitant, en parallèle avec le réseau, sur le redresseur. La commande du découpage est telle qu'il fournisse à chaque phase un courant égal à la différence entre le courant absorbé par le redresseur et le fondamental de ce courant. Il ne reste donc au réseau qu'à fournir le fondamental.

D'ordinaire les filtres actifs sont utilisés en même temps que des filtres passifs afin qu'ils n'aient qu'à parfaire le travail de ces derniers et que leur dimensionnement puisse être réduit.

2.4. LES PERTURBATIONS ÉLECTROMAGNÉTIQUES

On désigne par perturbations électromagnétiques l'ensemble des phénomènes d'origine électromagnétique qui peuvent influencer un appareil ou que celui-ci génère.

On peut distinguer

- les perturbations d'origine naturelle, la foudre par exemple,
- les perturbations d'origine artificielle dues au fonctionnement des appareils électriques de tous types (systèmes radio, systèmes informatiques, lignes électriques et transformateurs, moteurs et machines, convertisseurs de l'électronique de puissance).

Si l'on n'y prenait garde les convertisseurs statiques pourraient perturber gravement tant leur environnement que leur propre fonctionnement.

– Parmi les perturbations dues aux appareils électriques, il est fréquent de distinguer quatre catégories :

- les perturbations conduites de basse fréquence,
- les perturbations rayonnées de basse fréquence,
- les perturbations conduites de haute fréquence,
- les perturbations rayonnées de haute fréquence.

Dans le cas des variateurs électroniques de vitesse, la limite entre basses et hautes fréquences se situe entre 9 et 10 kHz.

En ce qui concerne la conduction, deux modes sont à considérer :

- le mode différentiel, qui concerne les phénomènes apparaissant entre les bornes d'une entrée (ou d'une sortie) d'un appareil ou d'un équipement,
- le mode commun, qui concerne les phénomènes apparaissant entre la moyenne d'une entrée (ou d'une sortie) et la terre ou une masse de référence.

En ce qui concerne le rayonnement, on peut s'intéresser :

- au champ proche, lorsque la distance à l'émetteur parasite est inférieur à $\lambda/2$,
- au champ lointain, lorsque cette distance est supérieure à $\lambda/2$, en désignant par λ la longueur d'onde du signal parasite considéré.

– Dans le cadre de l'étude de la compatibilité électromagnétique d'un équipement on considère chacune des situations possibles tant à l'émission (pouvoir perturbateur de l'équipement) qu'à la réception (immunité aux "bruits" et aptitude au bon fonctionnement de l'équipement dans un environnement perturbé).

L'étude de la compatibilité électromagnétique influence, dans le cas des variateurs électroniques de vitesse, le choix de la structure, la façon de réaliser les commutations, le câblage interne et la disposition des composants, l'élaboration et le niveau des signaux de commande, le filtrage, le blindage de l'équipement, ses connexions à la charge et au réseau.

3. RÉCAPITULATION. DÉMARCHE MÉTHODOLOGIQUE

3.1. L'ENTRAÎNEMENT DANS SON ENVIRONNEMENT

La définition d'un entraînement électrique à vitesse variable (moteur, convertisseur, commande) est fonction

- de son application,
- de l'environnement au sein duquel il va fonctionner,
- de l'impact qu'il va avoir sur cet environnement.

Côté utilisation, ce sont les caractéristiques mécaniques (régime permanent, régime dynamique, inertie, jeu, raideurs, ...) qui vont définir la puissance de dimensionnement du moteur et ses caractéristiques.

Côté environnement, on est amené à s'intéresser

- aux aspects physiques (altitude, température, humidité, emplacement),
- aux aspects électriques (nature et caractéristiques de la source d'alimentation, sensibilité de l'environnement aux perturbations électromagnétiques, niveau des perturbations au point de branchement),
- aux aspects communications (relation avec le réseau d'automatismes de l'entreprise),

- aux aspects qualité
  maintenance
  facilité d'exploitation
  performances économiques

La figure C.8 essaie de situer l'entraînement dans son environnement.

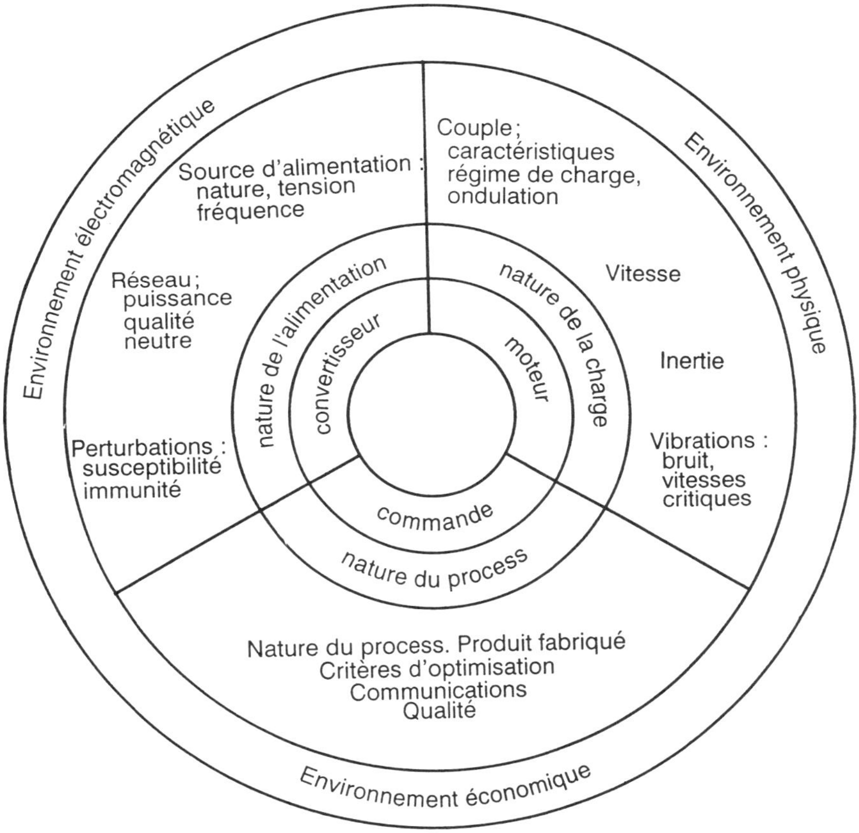

Figure C.8

3.2. SCHÉMATISATION DE LA DÉMARCHE

Le tableau C.6 schématise la démarche qui, à partir des caractéristiques de la charge et compte tenu des divers éléments de l'environnement, permet de définir un entraînement.

1. *Dimensionnement de l'entraînement et de l'accouplement*		
Performances dimensionnantes	Paramètre directeur	Critères spécifiques
Caractéristique C_r (N) Couple nominal de décollage d'accélération de freinage maximal Couple harmonique Inertie des masses entraînées Cycle de fonctionnement Temps d'accélération de décélération Couple à l'arrêt	*couple*	temps d'établissement du régime nominal
Vitesse maximale minimale nominale Plage de vitesse Précision sur la vitesse	*Vitesse*	plage de fonctionnement sans vitesse critique
Raideurs, amortissements Jeux Inertie des arbres Vitesse critique : flexion torsion	*Transmission*	vibrations

2. *Liaison moteur-convertisseur*		
Caractéristiques du convertisseur	Critères à examiner	Caractéristiques du moteur
Redresseur pont à diodes pont à thyristors pont mixte autres montages	Longueur liaison moteur-conv^{r}.	Nombre de phases Puissance nominale Tension nominale η_n, $\cos\varphi_n$ Type de cage
Onduleur VSI sans MLI avec MLI CSI sans MLI avec MLI	Fréquence, dv/dt, di/dt appliqués au moteur.	Courant à vide, de démarrage, nominal Ventilation (nature)

LCI cycloconvertisseur. Signaux fournis au moteur harmoniques *Filtre intermédiaire* Ondulation admise dans le circuit intermédiaire de la tension continue (VSI) du courant continu (CSI, LCI) Harmoniques réjectés sur sur le réseau Facteur de puissance à l'entrée du convertisseur Découplage réseau-convert^r Limitation de courant de tension Performance du circuit de commande Communication avec le réseau d'automatismes	 Déclassement du moteur Limitation des harmoniques renvoyés au réseau	Classe d'échauffement Type d'isolation Vibrations Protection courant tension échauff.^t vitesse.
3. *Adaptation convertisseur-réseau*		
Nature du réseau	Critères à examiner	Convertisseur
Distribution : monophasé triphasé Fréquence nominale Tension nominale Impédance nominale Impédance de court-circuit Puissance de court-circuit Comportement vis-à-vis des impacts de charge	Régime du neutre	Nature du convertisseur Puissance nominale perturbatrice Facteur de puissance
Qualité du réseau : coupures brèves creux de tension Présence d'harmoniques de surtensions Stabilité en fréquence	Découplage du réseau Faut-il un transformateur ?	Niveau perturbateur de susceptibilité d'immunité

Autres éléments pouvant être dimensionnants : clients perturbateurs clients sensibles		
4. *Adaptation environnement physique-entraînement*		
Caractéristiques de l'environnement	Paramètre critique	Entraînement
Altitude		
Température ambiante minimum maximum	Refroidissement de l'équipement	Pertes
Hygrométrie		
Air ambiant (salin . . .) Voisinage de pollueurs types : usine chimique, cimenterie		Protection vis-à-vis de l'environnement : projection de liquide, poussières, air salin
Zone sismique		
Type de protection souhaité		
Espace disponible		
Situation p.r. aux autres utilisateurs		
Bruits	Rayonnement acoustique	Bruits
5. *Exploitation*		
Environnement	Critères à examiner	Entraînement
Y a-t-il un système de gestion centralisé ?	Interphase entraînement	Souplesse
Type de système de surveillance de maintenance	Automatisme centralisé	
Influence de la nature du process sur le coût de maintenance de l'énergie	Analyse du coût global	Accessibilité Économies d'énergie

Tableau C.6

3.3. DÉFINITION DES BASES D'UN ENTRAÎNEMENT

Pour illustrer la démarche précédente, nous reproduirons un exemple de fiche de renseignements, établie par des constructeurs pour collecter les informations permettant de définir les bases d'un entraînement.

1. *Caractéritiques de la mécanique à entraîner*

1.1. *Machines utilisées en service continu, sans surcharge transitoire*
- Marche à couple constant : $C_n = \ldots$
- Démarrage : $C_d/C_n = \ldots$
- Gamme de vitesses : ...
- Marche à puissance constante : Oui-Non
- Réducteur : Oui-Non. Rapport de réduction $= \ldots$

1.2. *Machines pouvant être soumises à des surcharges en fonctionnement* (mélangeurs, extrudeuses)
- Couple nominal : $C_n = \ldots$
- Couple de démarrage : $C_d/C_n = \ldots$
- Couple maximum transitoire :
  $C_{max}/C_n = \ldots$ pendant ... s toutes les ... min
- Gamme de vitesses $= \ldots$
- Marche à puissance constante : Oui-Non
- Réducteur : Oui-Non. Rapport de réduction $= \ldots$

1.3. *Machines soumises à des cycles de fonctionnement*
- Descriptif du cycle (accélérations, décélérations, vitesse de travail en régime établi et couple correspondant, temps de travail et de repos).
- Joindre un diagramme du cycle
  C (en mkg) et N (en tr/mn) $= f(t)$.
- Les accélérations et les décélérations se font à vide – en charge.
- PD^2 de la mécanique ... m^2kg, ramené au moteur
  ramené au réducteur.
- PD^2 du réducteur ... m^2kg, ramené au moteur.
- Réducteur : Oui-Non. Rapport de réduction $= \ldots$

2. *Moteur*

2.1. *Moteur à fournir*
- Puissance nominale $P_n = \ldots$ kW à vitesse nominale $N_n = \ldots$ tr/mn.
- Gamme de vitesses à couple constant de ... à ... tr/mn.
- Gamme de vitesses à puissance constante de ... à ... tr/mn.
- Environnement :
  - Atmosphère : normale, humide, poussiéreuse, corrosive,
  - Degré de protection. IP ...
  - Fermé, fermé à buses, protégé autoventilé, ventilation forcée avec ou sans filtre.
  - Température ambiante max ... °C.
- Dynamo tachymétrique : Oui-Non.
- Axe horizontal, vertical.
- Fixation par : pattes, avec ou sans glissières
  bride normalisée.

2.2. *Moteur existant*

- Tension d'induit ... V, d'inducteur ... V.
- Puissance nominale $P_n = \ldots$ kW.
- Courant d'excitation ... A.
- Vitesse nominale ... tr/mn.
- Dynamo tachymétrique sur le 2e bout d'arbre : Oui-Non.
- Marque ... Type ...

3. *Convertisseur statique de puissance*

- Réseau : Monophasé-Triphasé
  Tension entre phases ... V ± ... %.
- Fréquence : ... Hz ± ... Hz.
- Précision de vitesse souhaitée en fonction de la vitesse nominale : ...
- Faut-il prévoir une inversion de marche ?
  Manuelle-automatique.
- Faut-il prévoir un freinage rhéostatique : Oui-Non.
  Si oui, temps de freinage maximal admissible : ... s
  fréquence maximale des freinages : .../heure.
- Commandes de la vitesse :
  Manuelle : par potentiomètre, servomoteur, rampe statique
  Automatique : paramètre directeur...
  nature et caractéristiques du capteur...
  Les deux solutions à la fois.
- Température ambiante au lieu d'utilisation ... °C.
- Atmosphère : normale, humide, poussiéreuse, corrosive.
- Présentation : en armoire protégée, pressurisée
  sur platine, sur châssis.
- Éléments de commande et de contrôle :
  sur la porte de l'armoire
  livrés séparément.
- Appareils de mesure : ampèremètre d'induit
  voltmètre tachymétrique.
- Autre matériel à prévoir ....

4. *Renseignements complémentaires*

- Y a-t-il des problèmes particuliers d'implantation ?
  - Accessibilité.
  - Encombrement.
  ....
- S'agit-il d'une modernisation d'équipement existant ? Oui-Non.

APPENDICE

Unités, équivalences, facteurs de conversion, ordre de grandeur de quelques énergies

La diversité des technologies interférant dans les systèmes d'entraînement à vitesse variable incite à ajouter quelques notes sur les unités, les équivalences et facteurs de conversion, à donner l'ordre de grandeur de diverses formes d'énergie.

A.1. SYSTÈMES D'UNITÉS

Dans la pratique, la description qualitative des phénomènes physiques est rarement suffisante, il faut y adjoindre une description quantitative. Pour cela, il est nécessaire de caractériser les phénomènes étudiés par des grandeurs mesurables, c'est-à-dire des grandeurs de même espèce dont on peut définir l'égalité et l'addition et, par voie de conséquence, le rapport.

La notion de mesure nécessite le choix, parmi toutes les grandeurs d'une même espèce, d'une grandeur particulière qu'on appelle *unité*. Par définition, le nombre qui mesure une grandeur est le rapport de celle-ci à la grandeur de même espèce choisie comme unité.

Un *système d'unités* se compose d'un ensemble d'unités choisies arbitrairement, qu'on appelle *unités fondamentales*, et d'*unités dérivées* dont la définition se déduit de celle des unités fondamentales grâce au choix conventionnel de certaines formules.

A.1.1. Le système S.I.

Le système SI est un système métrique dont les unités de base sont :

le kilogramme	(kg)	unité de masse
le mètre	(m)	unité de longueur
la seconde	(s)	unité de temps
l'ampère	(A)	unité de courant électrique
le kelvin	(K)	unité de température
la mole	(mol)	unité de quantité de matière
la candela	(cd)	unité d'intensité lumineuse

Toutes les autres unités sont dérivées de ces unités de base.

A.1.2. Multiples et sous-multiples des unités SI

Multiplication	*Symbole*	*Préfixe*
10^{18}	E	exa
10^{15}	P	peta
10^{12}	T	tera
10^{9}	G	giga
10^{6}	M	méga
10^{3}	k	kilo
10^{2}	h	hecto
10^{1}	da	déca
$10^{\circ} = 1$	....	....
10^{-1}	d	déci
10^{-2}	c	centi
10^{-3}	m	milli
10^{-6}	μ	micro
10^{-9}	n	nano
10^{-12}	p	pico
10^{-15}	f	femto
10^{-18}	a	atto

A.1.3. Équations de dimensions

Si on considère deux systèmes d'unités qui ne diffèrent que par la grandeur des unités fondamentales, c'est-à-dire

- si les unités fondamentales sont de même espèce,
- si les formules choisies conventionnellement pour définir les unités dérivées sont les mêmes,

alors les rapports des unités d'un des systèmes aux unités de l'autre sont liés par des relations qui s'expriment par des formules symboliques appelées équations de dimensions.

Ces équations de dimensions peuvent être utilisées pour relier entre elles des unités voisines.

Elles peuvent aussi, comme dans le tableau qui suit, être mise sous une forme qui donne les rapports d'unités dérivées en fonction des unités fondamentales.

En outre, en dehors de changements d'unités, les équations de dimensions servent à vérifier l'homogénéité des formules.

A.2. TABLEAU DES UNITÉS SI ET DES UNITÉS LÉGALES FRANÇAISES

Le tableau A.1, A.2 et A.3 donnent, d'après la norme AFNOR X02-051 du 1/08/1983, pour chacune des principales grandeurs rencontrées dans l'étude des entraînements à vitesse variable, le nom, symbole et dimensions, puis le nom et symbole de l'unité SI, les multiples et sous-multiples de cette unité ayant un nom, enfin les unités légales hors système SI.

A.2.1. Géométrie. Temps. Mécanique

Grandeur			Unité SI	Sous-multiples et multiples décimaux ayant un nom spécial		Unités légales hors système	
Nom	Symb.	Dimens.	Nom Symbole	Nom Symbole	Valeur en SI	Nom symbole	Valeur en SI
Longueur	ℓ	L	mètre (m)				
Longueur d'onde	λ	L	mètre (m)				
Aire (superficies)	A	L^2	mètre carré (m^2)	are hectare	10^2 10^4		
Volume	V	L^3	mètre cube (m^3)	litre (ℓ ou L))	10^{-3}		
Angle plan	α	A	radian			tour (tr)	2π
Masse	m	M	kilogramme (kg)	tonne (t)	10^3		
Masse linéique	ρ_l	$L^{-1}M$	kilogramme par mètre (kg/m)				
Masse surfacique	ρ_A	$L^{-2}M$	kilogramme par mètre carré (kg/m^2)				
Masse volumique	ρ	$L^{-3}M$	kilogramme par mètre cube (kg/m^3)				
Volume massique	v	L^3M^{-1}	mètre cube par kilogramme				
Temps	t	T	seconde (s)			minute (min) heure (h) jour (d)	60 3600 86400
Fréquence	f	T^{-1}	hertz (Hz)				
Vitesse	v	LT^{-1}	mètre par seconde (m/s)			kilomètre par heure (km/h) nœud	1/3,6 1852/3600
Vitesse angulaire	ω	T^{-1}/A	radian par seconde (rad/s)			tour par minute (tr/min) tour par seconde (tr/s)	$2\pi/60$ 2π
Accélération	a	LT^{-2}	mètre par seconde carrée (m/s^2)				
Accélération angulaire	α	T^{-2}/A	radian par seconde carrée (rad/s^2)				

Grandeur			Unité SI	Sous-multiples et multiples décimaux ayant un nom spécial		Unités légales hors système	
Nom	Symb.	Dimens.	Nom Symbole	Nom Symbole	Valeur en SI	Nom symbole	Valeur en SI
Force	F	LMT^{-2}	newton (N)				
Moment d'une force	M	L^2MT^{-2}	newton.mètre (N.m)				
Tension superficielle	γ	MT^{-2}	newton par mètre (N/m)				
Travail ; énergie ; quantité de de chaleur	W	L^2MT^{-2}	joule (J)			wattheure (Wh) électronvolt (eV)	3600 $1,6.10^{-19}$
Intensité énergétique	I	$L^2MT^{-3}\Omega^{-1}$	watt par steradian (W/sr)				
Puissance ; flux énergetique ; flux thermique	P	$L^{-2}MT^{-3}$	watt (W)				
Contrainte ; pression	σ p	$L^{-1}MT^{-2}$	pascal (Pa)	bar (bar)	10^5		
Viscosité dynamique	μ	$L^{-1}MT^{-1}$	pascal-seconde (Pa.s)	poise	10^{-1}		
Viscosité cinématique	ν	L^2T^{-1}	mètre carré par seconde (m^2/s)	stokes (st)	10^{-4}		

Tableau A.1 (suite)

A.2.2. Électricité

Grandeur			Unité SI	Unités légales hors système	
Nom	Symb.	Dimensions	Nom Symbole	Nom Symbole	Valeur en SI
Intensité du courant	I	I	ampère (A)		
Force électromotrice ; différence de potentiel ; tension	V	$L^2MT^{-3}I^{-1}$	volt (V)		
Résistance électrique	R	$L^2MT^{-3}I^{-2}$	ohm (Ω)		
Résistivité	ρ	$L^3MT^{-3}I^{-2}$	ohm.mètre ($\Omega.m$)		
Intensité du champ électrique	E	$LMT^{-3}I^{-1}$	volt par mètre (V/m)		
Conductance électrique	G	$L^{-2}M^{-1}T^3I^2$	siemens (S)		
Conductivité	σ	$L^{-3}M^{-1}T^3I^2$	siemens par mètre (S/m)		
Quantité d'électricité ; Charge électrique	Q	TI	coulomb (C)	ampère-heure (Ah)	3 600

Grandeur			Unité SI	Unités légales hors système	
Nom	Symb.	Dimensions	Nom Symbole	Nom Symbole	Valeur en SI
Capacité électrique	C	$L^{-2}M^{-1}T^{4}I^{2}$	farad (F)		
Inductance propre	L	$L^{2}MT^{-2}I^{-2}$	henry (H)		
Flux d'induction magnétique	ϕ	$L^{2}MT^{-2}I^{-1}$	weber (Wb)		
Induction magnétique	B	$MT^{-2}I^{-1}$	tesla (T)		
Intensité du champ magnétique	H	$L^{-1}I$	ampère par mètre (A/m)		
Force magnétomotrice	F	I	ampère (A)		
Réluctance	R	$L^{-2}M^{-1}T^{2}I^{2}$	ampère par weber (A/Wb)		
Perméance	P	$L^{2}MT^{-2}I^{-2}$	weber par ampère (Wb/A)		
Perméabilité absolue	μ	$LMT^{-2}I^{-2}$	henry par mètre (H/m)		
Perméabilité relative	μ_r	sans			
Permittivité absolue	$\mathcal{E}$	$L^{-3}M^{-1}T^{4}I^{2}$	farad par mètre (F/m)		
Permittivité relative	$\mathcal{E}_r$	sans			

Tableau A.2 (suite)

A.2.3. Chaleur

Grandeur			Unité SI
Nom	Symb.	Dimensions	Nom Symbole
Température	T	θ	kelvin (K)
Température Celsius		θ	degré Celsius (°C)
Capacité thermique	C	$L^{2}MT^{-2}\theta^{-1}$	joule par kelvin (J/K)
Entropie	S	"	"
Capacité thermique massique	*c*	$L^{2}T^{-2}\theta^{-1}$	joule par kilogramme.Kelvin (J/kg.K)
Entropie massique	*s*	"	"
Conductivité thermique	λ	$LMT^{-3}\theta^{-1}$	watt par mètre.kelvin (W/m.K)
Enthalpie massique	*h*	$L^{2}T^{-2}$	joule par kilogramme (J/kg)

Tableau A.3

A.3. QUELQUES ÉQUIVALENCES

Les tableaux A.4, A.5, A.6, A.7, A.8 et A.9 donnent l'équivalence entre SI et quelques unités anglo-saxonnes ou des unités plus légales en France mais encore usitées.

A.3.1. Unités de longueur

centimètre	pouce	pied	yard	mètre
1	0,3937	0,03281	0,01094	0,01
2,540	1	0,08333	0,02778	0,0254
30,48	12	1	0,3333	0,3048
91,44	36	3	1	0,9144
100	39,37	3,281	1,094	1

Tableau A.4

A.3.2. Unités de surface

mètre carré	pouce carré	pied carré	yard carré	acre	mile carré
1	1 550	10,76	1,196	$0,247 \cdot 10^{-3}$	$0,3861 \cdot 10^{-6}$
$0,6452 \cdot 10^{-3}$	1	$0,6944 \cdot 10^{-2}$	$0,7716 \cdot 10^{-3}$	$0,1594 \cdot 10^{-6}$	$0,2491 \cdot 10^{-9}$
0,09290	144	1	0,1111	$0,2296 \cdot 10^{-4}$	$0,3587 \cdot 10^{-7}$
0,8361	1 296	9	1	$0,2066 \cdot 10^{-3}$	$0,3228 \cdot 10^{-6}$
4 047	$6,272 \cdot 10^{6}$	43 560	4 840	1	$0,1562 \cdot 10^{-2}$
$2,59 \cdot 10^{6}$	$4,014 \cdot 10^{9}$	$27,88 \cdot 10^{6}$	$3,098 \cdot 10^{6}$	640	1

Tableau A.5

A.3.3. Unités de volume

litre	pouce cube	pied cube	yard cube	US gallon	mètre cube
1	61,03	0,03508	$0,1308 \cdot 10^{-2}$	0,2642	10^{-3}
0,1639	1	$0,5787 \cdot 10^{-3}$	$0,2143 \cdot 10^{-4}$	$0,4329 \cdot 10^{-2}$	$0,1639 \cdot 10^{-4}$
28,32	1 728	1	$0,3704 \cdot 10^{-1}$	7,482	$2,832 \cdot 10^{-2}$
764,5	46 656	27	1	202,2	0,7645
3,785	231	0,1337	$0,495 \cdot 10^{-2}$	1	$3,785 \cdot 10^{-3}$
10^{3}	$6,103 \cdot 10^{4}$	35,08	1,308	264,2	1

Tableau A.6

A.3.4. Unités de vitesse

mètre/sec.	mètre/min.	kilom./h	pied/seconde	Mph(*)
1	60	3,6	3,281	2,237
0,01667	1	0,06	0,05468	0,03728
0,2778	16,67	1	0,9113	0,6214
0,3048	18,29	1,097	1	0,6818
0,4470	26,82	1,609	1,467	1

(∗ mile per hour)

Tableau A.7

A.3.5. Unités d'énergie, de travail

joule	kWh	kilocalorie	B t u(*)	pied.livre
1	$0,2778 \cdot 10^{-6}$	$0,2388 \cdot 10^{-3}$	$0,9478 \cdot 10^{-3}$	0,7376
$3,6 \cdot 10^{6}$	1	859,9	3 412	$2,655 \cdot 10^{6}$
4 187	$0,1163 \cdot 10^{-2}$	1	3,968	3 088
1 055	$0,2931 \cdot 10^{-3}$	0,252	1	778,2
1,356	$0,3766 \cdot 10^{-6}$	$0,3238 \cdot 10^{-3}$	$0,1285 \cdot 10^{-2}$	1

(∗ British thermal unit)

Tableau A.8

A.3.6. Unités de puissance

watt	kilowatt	kilocalorie/s	B t u/s.	pied.livre/s.
1	10^{-3}	$0,2388 \cdot 10^{-3}$	$0,9478 \cdot 10^{-3}$	0,7376
1 000	1	0,2388	0,9478	737,6
4 187	4,187	1	3,968	3 088
1 055	1,055	0,2520	1	778,2
1,356	$0,1356 \cdot 10^{-2}$	$0,3238 \cdot 10^{-3}$	$0,1285 \cdot 10^{-2}$	1

(1 horse power (h p) = 745,7 W)

Tableau A.9

A.4. FACTEURS DE CONVERSION

Pour passer d'une unité de grandeur à une autre de même espèce, on utilise un facteur de conversion. Pour des motifs pratiques, l'usage "d'organigrammes", tels ceux des figures A.1 et A.6, est souvent utile.

Quand on circule dans le sens de la flèche ▷ on multiplie par le chiffre contenu à l'intérieur de celle-ci.

Par exemple 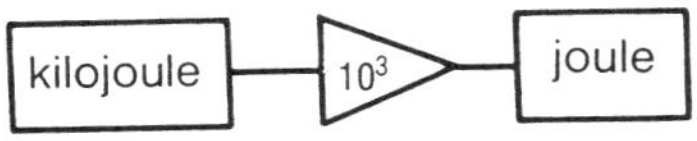

, signifie que pour passer de la valeur d'une énergie en kilojoules à sa valeur en joules il faut multiplier par 10^3.

A.4.1. Énergies

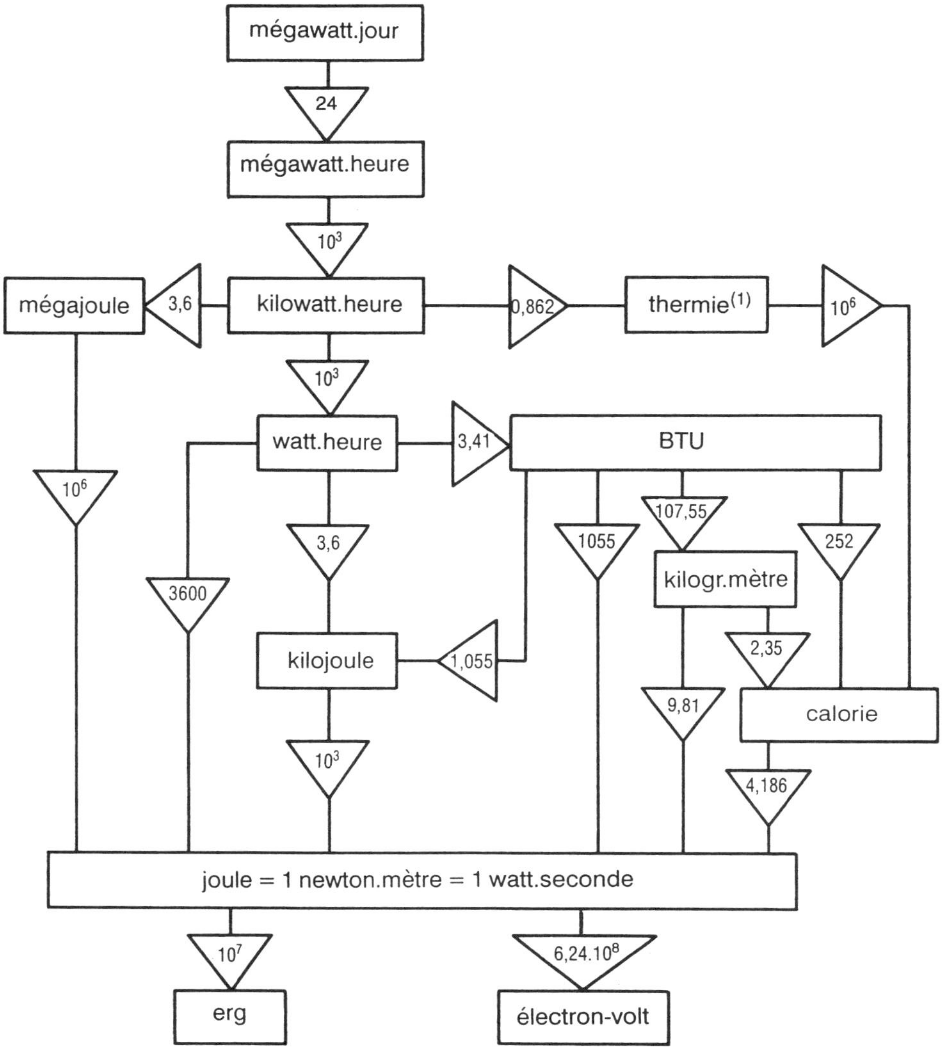

Figure A.1

(1) *en France, 1 thermie équivaut approximativement à 150g de charbon, à 100 g de pétrole, à 100 gr de GPL (propane, butane).*

A.4.2. Longueurs

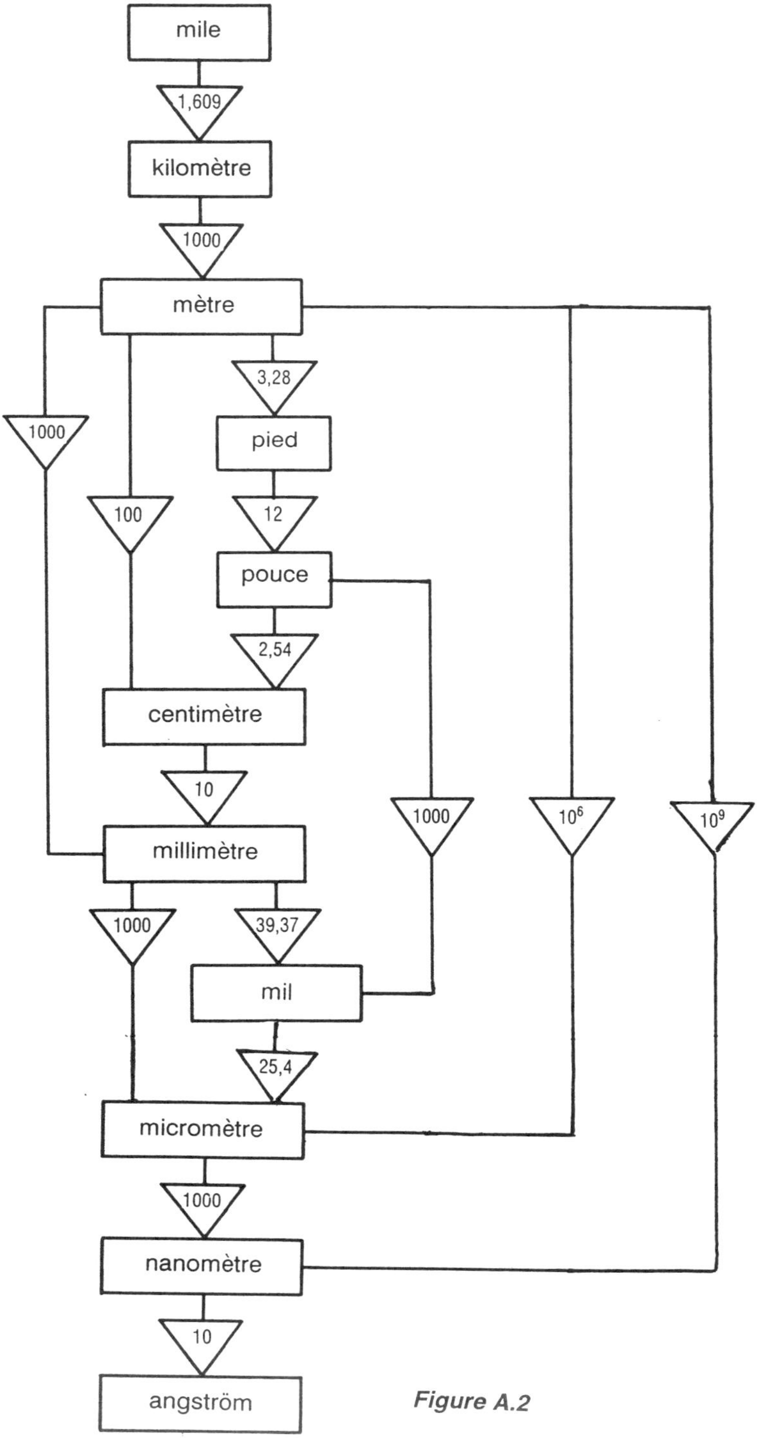

Figure A.2

A.4.3. Surfaces

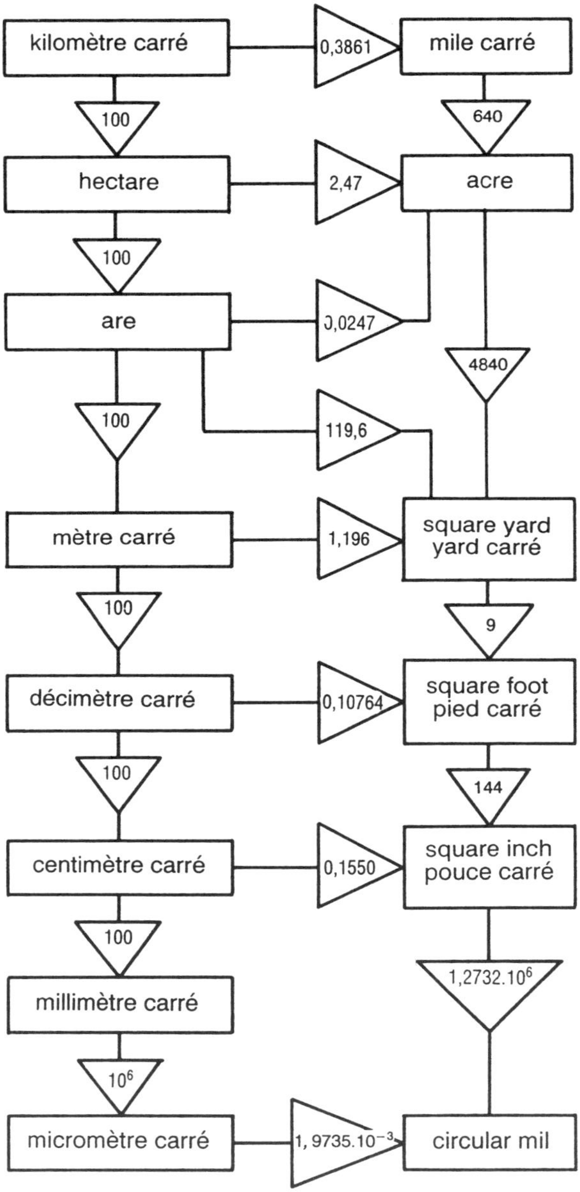

Figure A.3

A.4.4. Volumes[1]

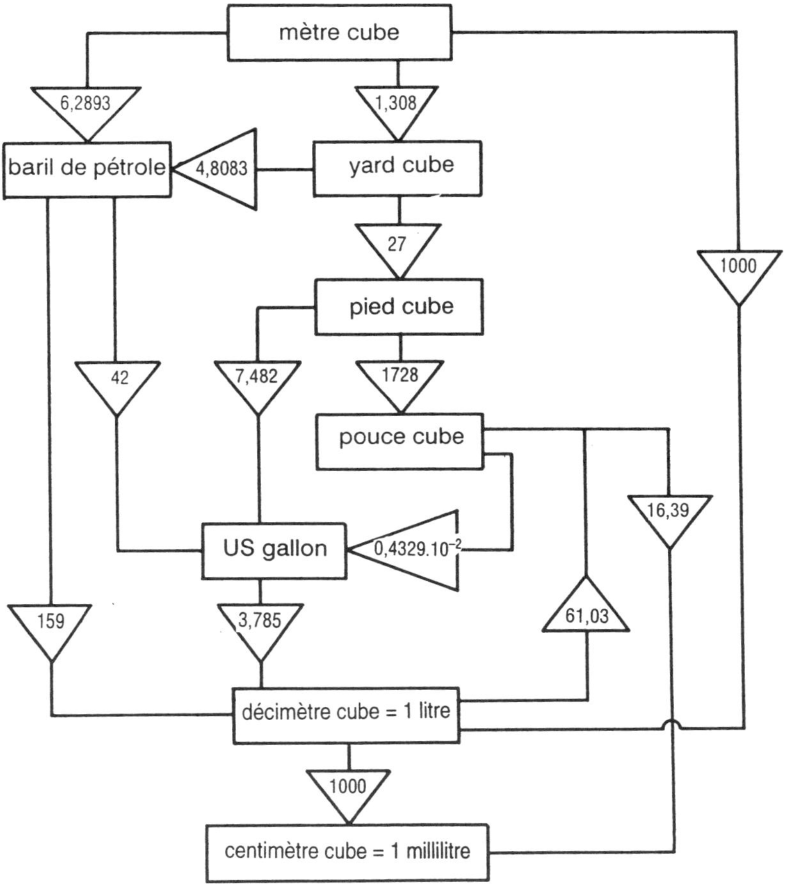

Figure A.4

[1] *une tonne de pétrole ≃ 1 160 litres ≃ 7,3 barils.*

A.4.5. Inductions, champs, flux magnétiques

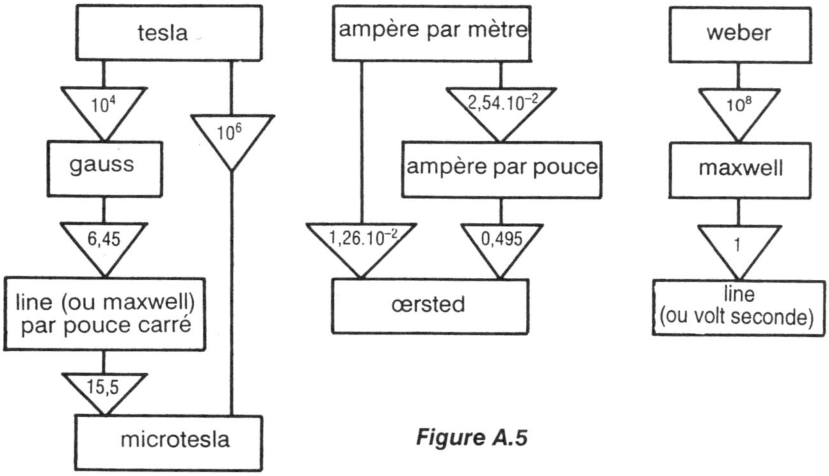

Figure A.5

A.4.6. Pressions

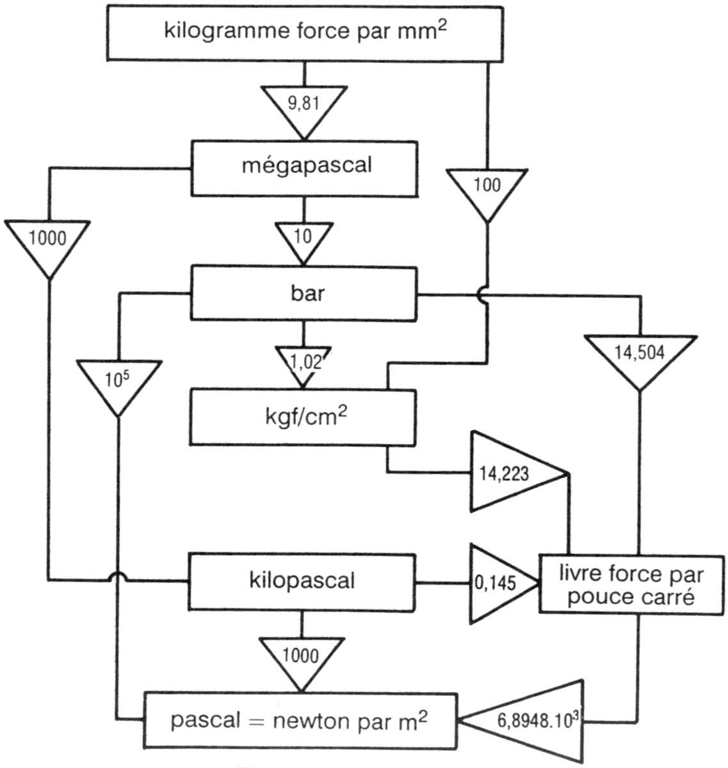

Figure A.6

A.4.7. Températures

La température en degrés Farenheit s'obtient en multipliant la température en degrés Celsius par 1,8 et en ajoutant 32 au nombre ainsi obtenu.

La température absolue en degrés Kelvin s'obtient en ajoutant 273 à la température en degrés Celsius.

La température absolue en degrés Rankine s'obtient en ajoutant 460 à la température en degrés Farenheit.

$$°F = \frac{9}{5}\,°C + 32 \quad ; \quad °K = °C + 273 \quad ; \quad °R = \frac{9}{5}\,°C + 492$$

$$°C = °K - 273 = \frac{5}{9}\,(°F - 32) = \frac{5}{9}\,(°R - 492).$$

Le tableau A.10 donne la valeur dans les quatre systèmes de trois températures repères.

	Celsius	Kelvin	Farenheit	Rankine
ébullition de l'eau	100 °C	373 °K	212 °F	672 °R
gel de l'eau	0 °C	273 °K	32 °F	492 °R
zéro absolu	−273 °C	0 °K	−460 °F	0 °R

Tableau A.10

A.5. ORDRE DE GRANDEUR DE QUELQUES ÉNERGIES ET PUISSANCES

A.5.1. Énergie contenue dans quelques corps combustibles

Voici pour quelques corps l'énergie libérée par la combustion (PCI, pouvoir calorifique inférieur) exprimée en kilojoules par kilogramme :

Houille	26 000
Coke de houille	28 000
Lignites et produits cendreux de récupération	17 000
Pétrole brut Gazole, fioul domestique	42 000
Essences moteur et carburéacteur	44 000
GPL (propane butane)	46 000
Fiouls lourds	42 000
Coke de pétrole	32 000
Bois sec	de 14 000 à 18 000
Nitroglycérine	7 000
TNT	15 000
Hydrogène	140 000

A.5.2. Énergie associée à quelques sources

Le tableau A.11 donne, pour quelques sources, l'énergie débitée en joules pendant la durée de débit indiquée.

Source	Énergie débitée (en J)	Durée du débit
Alternateur électrique de 1 000 MW	$3,6 \cdot 10^{12}$	1 h
Énergie théorique envoyée par le soleil sur une surface terrestre de 1 km², en supposant le rayonnement solaire compris entre 500 et 800 W/m²	$\sim 1,8$ à $2,88 \cdot 10^{12}$	1 h
Énergie de fission libérée par 1 gramme d'uranium implanté dans un réacteur PWR	$\sim 8,64 \cdot 10^{10}$	
Énergie contenue dans 1 gramme de matière qui se transformerait entièrement en énergie ($E = mC^2$)	$\sim 9 \cdot 10^{13}$	
Bombe atomique de 1 kilotonne	$\sim 4,3 \cdot 10^{12}$	100 μs
Foudre (éclair d'intensité notable)	$\sim 10^{10}$	15 μs

Tableau A.11

A.5.3. Stockage de l'énergie

Le tableau A.11 donne, pour quelques technologies existantes ou en étude, les énergies et puissances massiques et volumiques.

Technologie	Énergie massique (kJ/kg)	Énergie volumique (kJ/ℓ)	Puissance massique (kW/kg)	Puissance volumique (kW/ℓ)
Batterie Plomb/Acide	126 à 175	360	0,15	
Ni Cd	162 à 200	360 à 440	0,17 à 0,2	
Ni Cl Na	300 à 420		0,14 à 0,2	
Li - Cu	400 à 900	1 850 à 2 360	0,04 à 0,1	0,1 à 0,26
Na S	300 à 400	365 à 460	0,1 à 0,2	0,14 à 0,2
Supercapacité	0,9 à 5	1,25 à 50	7 000 à 10 000	10 000 à 20 000
Ultracapacité	20 à 50	40 à 110	0,5 à 1,6	1 à 3
Stockage inductif	14	30	28 000	60 000
Stockage inertiel	120 à 200		2	

Tableau A.12

L'examen de ce tableau fait ressortir un point important.

D'une manière générale, les technologies qui présentent une forte énergie massique ont par contre une faible puissance massique, c'est-à-dire qu'elles sont peu adaptées aux usages où le cycle de charge se rapproche d'un régime de fonctionnement de type impulsionnel.

A.5.4. Ressources potentielles de quelques énergies renouvelables[1]

- ***Énergie solaire***

Puissance rayonnée par le soleil et reçue par la terre $\simeq 1,7 \cdot 10^{17}$ W.

Puissance incidente au-dessus de l'atmosphère terrestre $\simeq 1,4$ kW/m^2.

Puissance incidente reçue au niveau du sol $\simeq 1$ kW/m^2 ; en fait ce rayonnement au niveau du sol varie de 0 à 1 100 W/m^2 de surface horizontale selon la latitude.

La durée annuelle d'ensoleillement direct varie suivant les régions du globe de moins de 1 000 h/an à plus de 4 400 h/an.

En France, l'ensoleillement varie de 1 750 h/an à 3 000 h/an et l'énergie annuelle reçue par m^2 de surface horizontale va de 1 100 à 1 900 kWh.

L'énergie reçue annuellement par l'ensemble du territoire français est donc de l'ordre de 700 000 TWh ; à noter qu'en 1995 la France a produit 471 TWh d'énergie électrique.

- ***Énergie éolienne***

L'énergie du vent dérive de l'énergie solaire du fait de la différence d'échauffement qui existe entre la face obscure et la face éclairée. Bien que les différences de températures soient faibles, le débit calorifique est énorme.

Les estimations énergétiques sont de l'ordre de

10^{16} kWh/an pour l'ensemble de la planète.

Si la fraction récupérable est de 1 % cela donne 10^{14} kWh/an, dont pour la France environ 10^{11} kWh/an, soit 100 TWh.

- ***Énergie marémotrice***

Puissance des marées	$\simeq$ 3 TW.
Gisement mondial	$\simeq$ 100 à 300 GW.

- ***Énergie des vagues***

Puissance par mètre de vague :

Golfe de Gascogne	30 kW/*m*.
Côtes britanniques	50 kW/m.

- ***Géothermie***

Puissance géothermique de la Terre	22 TW
Flux géothermique	0,05 à 0,1 W/m^2
Gradient géométrique moyen	0,033 °C/m.

[1] *Source : Conférence mondiale de l'énergie, 1989.*

- ***Énergie thermique des mers***

Elle dérive elle aussi de l'énergie solaire. Le gisement mondial est de l'ordre de 10 TW.

A.6. DOMAINE DE FAISABILITÉ DES MACHINES ÉLECTRIQUES

La figure A.7 donne, de façon très schématique, les limites supérieures du domaine de faisabilité technique des machines électriques à courant continu ou alternatif utilisées dans les entraînements à vitesse variable.

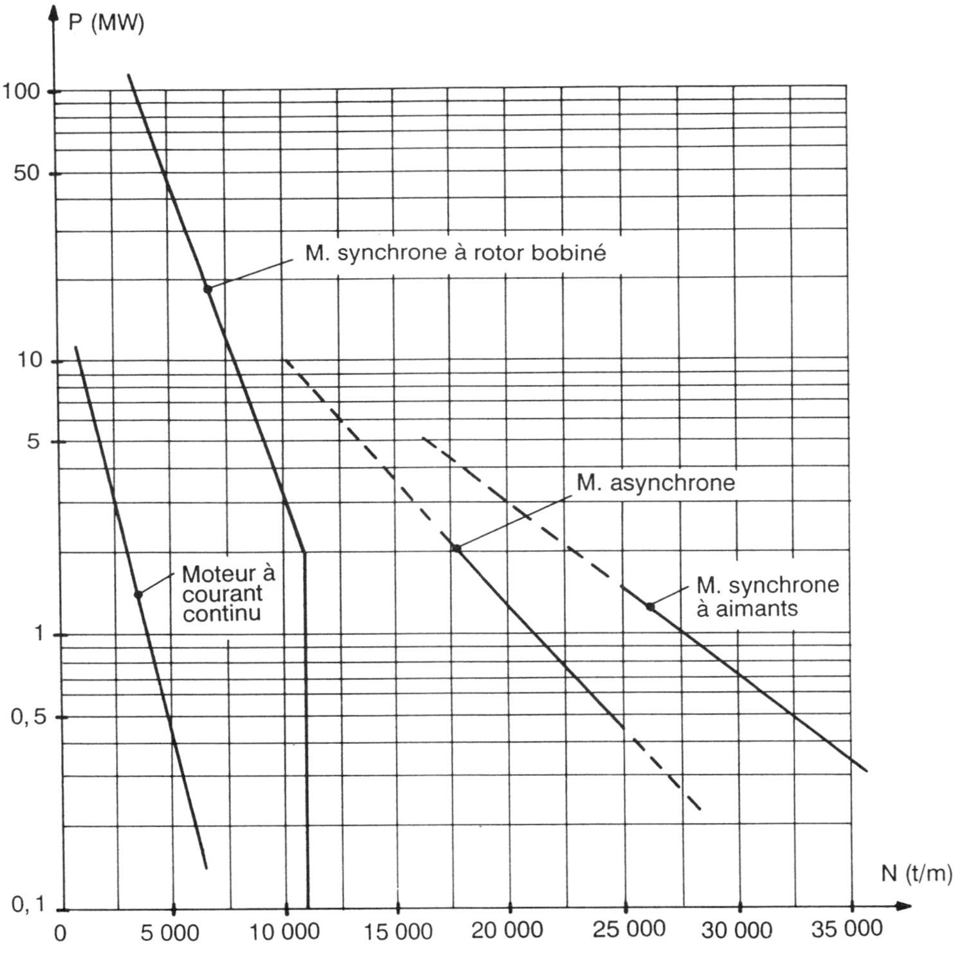

Figure A.7

A.7. PROPRIÉTÉS PHYSIQUES DE QUELQUES LIQUIDES

A.7.1. Densité et tension de vapeur de l'eau en fonction de la température (Tableau A.13)

°C	densité	t.v. (bar)
	0,9998	0,0061
1	0,9999	0,00656
2	0,9999	0,00705
3	0,9999	0,00757
4	1,0000	0,00812
5	1,0000	0,00872
6	0,9999	0,00935
7	0,9999	0,10072
8	0,9998	0,01072
9	0,9997	0,01147
10	0,9996	0,01227
11	0,9995	0,01312
12	0,9994	0,01402
13	0,9993	0,01497
14	0,9992	0,01597
15	0,9990	0,01704
16	0,9989	0,01817
17	0,9987	0,01936
18	0,9985	0,02063
19	0,9984	0,02196
20	0,9982	0,02338
21	0,9979	0,02486
22	0,9977	0,02643
23	0,9974	0,02809
24	0,9972	0,02983
25	0,9970	0,03168
26	0,9966	0,03361
27	0,9964	0,03565
28	0,9961	0,0378
29	0,9957	0,0401
30	0,9955	0,04243
31	0,9952	0,04493
32	0,9949	0,04755
33	0,9946	0,05031
34	0,9942	0,0532
35	0,9939	0,05624
36	0,9934	0,05942
37	0,9932	0,06276
38	0,9928	0,06627
39	0,9925	0,06994
40	0,9921	0,07377
41	0,9917	0,07779
42	0,9913	0,98201
43	0,9909	0,08642
44	0,9905	0,09103
45	0,9900	0,09585
46	0,9898	0,10089
47	0,9893	0,10615
48	0,9889	0,11166
49	0,9885	0,1174
50	0,9880	0,12339
51	0,9876	0,12965
52	0,9871	0,1317
53	0,9866	0,14298
54	0,9861	0,15007
55	0,9857	0,15746
56	0,9852	0,16515
57	0,9847	0,17318
58	0,9842	0,18152
59	0,9836	0,19022
60	0,9831	0,1992
61	0,9826	0,2087
62	0,9821	0,2185
63	0,9816	0,2286
64	0,9810	0,2396
65	0,9804	0,2502
66	0,9800	0,2615
67	0,9794	0,2734
68	0,9788	0,2857
69	0,9782	0,2984
70	0,9777	0,3117
71	0,9777	0,3254
72	0,9765	0,3397
73	0,9759	0,6544
74	0,9754	0,3697
75	0,9748	0,3856
76	0,9742	0,402
77	0,9737	0,4191
78	0,9730	0,4366
79	0,9724	0,4549
80	0,9718	0,4737
81	0,9712	0,4932
82	0,9705	0,5135
83	0,9698	0,5344
84	0,9693	0,5559
85	0,9697	0,5782
86	0,9680	0,6013
87	0,9673	0,6251
88	0,9667	0,6497
89	0,9659	0,6751
90	0,9653	0,7013
91	0,9646	0,7284
92	0,9640	0,7564
93	0,9632	0,7852
94	0,9625	0,8149
95	0,9619	0,8455
96	0,9611	0,8772
97	0,9604	0,9098
98	0,9595	0,9433
99	0,9590	0,978
100	0,9583	1,0136
101	0,9575	1,0504
102	0,9568	1,0881
103	0,9562	1,1271
104	0,9554	1,1672
105	0,9547	1,2084
106	0,9540	1,2509
107	0,9532	1,2945
108	0,9525	1,3395
109	0,9517	1,3857
110	0,9510	1,4331
111	0,9502	1,4819
112	0,9495	1,5321

°C	densité	t.v. (bar)
113	0,9487	1,5837
114	0,9479	1,6367
115	0,9471	1,6911
116	0,9464	1,7471
117	0,9456	1,8045
118	0,9448	1,8634
119	0,9440	1,9239
120	0,9431	1,986
121	0,9423	2,0498
122	0,9414	2,1151
123	0,9406	2,1822
124	0,9398	2,2511
125	0,9389	2,3216
126	0,9381	2,394
127	0,9372	2,4682
128	0,9365	2,5442
129	0,9357	2,6222
130	0,9348	2,7021
131	0,9340	2,7839
132	0,9331	2,8678
133	0,9323	2,954
134	0,9314	3,042
135	0,9305	3,131
136	0,9296	3,224
137	0,9287	3,318
138	9,9279	3,415
139	0,9270	3,514
140	0,9260	3,615
141	0,9252	3,718
142	0,9242	3,824
143	0,9234	3,933
144	0,9225	4,044
145	0,9216	4,156
146	0,9207	4,272
147	0,9197	4,391
148	0,9197	4,512
149	0,9178	4,635
150	0,9169	4,762
151	0,9160	4,890
152	0,9150	5,023

°C	densité	t.v. (bar)
153	0,9141	5,157
154	0,9131	5,294
155	0,9121	5,435
156	0,9112	5,578
157	0,9102	5,725
158	0,9093	5,875
159	0,9083	6,027
160	0,9073	6,182
161	0,9063	6,341
162	0,9053	6,504
163	0,9044	6,669
164	0,9034	6,836
165	0,9023	7,01
166	0,9013	7,364
167	0,9004	7,364
168	0,8994	7,547
169	0,8983	7,733
170	0,8973	7,923
171	0,8962	8,117
172	0,8952	8,314
173	0,8941	8,514
174	0,8930	8,719
175	0,8920	8,928
176	0,8910	9,14
177	0,8899	9,357
178	0,8889	9,578
179	0,8879	9,802
180	0,8869	10,031
181	0,8858	10,263
182	0,8847	10,5
183	0,8836	10,742
184	0,8825	10,988
185	0,8814	11,238
186	0,8804	11,492
187	0,8793	11,751
188	0,8782	12,015
189	0,8771	12,284
190	0,8760	12,557
191	0,8748	12,834
192	0,8737	13,117

°C	densité	t.v. (bar)
193	0,8726	13,104
194	0,8714	13,697
195	0,8703	13,994
196	0,8691	14,296
197	0,8680	14,603
198	0,8669	14,915
199	0,8658	15,233
200	0,8646	15,556
201	0,8634	15,884
202	0,8622	16,218
203	0,8611	16,556
204	0,8599	16,901
205	0,8587	17,251
206	0,8575	17,607
207	0,8563	17,968
208	0,8552	18,335
209	0,8539	17,708
210	0,8528	19,086
211	0,8515	19,471
212	0,8503	19,861
213	0,8490	20,259
214	0,8478	20,661
215	0,8465	21,069
216	0,8453	21,485
217	0,8441	21,907
218	0,8428	22,334
219	0,8416	22,768
220	0,8403	23,209
221	0,8390	23,657
222	0,8378	24,11
223	0,8305	24,571
224	0,8352	25,038
225	0,8339	25,513
226	0,8326	25,994
227	0,8313	26,482
228	0,8299	26,977
229	0,8285	27,479
230	0,8272	27,989
231	0,8259	29,505
232	0,8246	29,029

Tableau A.13 (suite)

°C	densité	t.v. (bar)
233	0,8233	29,56
234	0,8219	30,099
235	0,8206	30,015
236	0,8192	31,199
237	0,8178	31,76
238	0,8164	32,329
239	0,8150	32,91
240	0,8136	33,491
241	0,8121	34,085
242	0,8107	34,685
243	0,8092	35,294
244	0,9078	35,911
245	0,8064	36,536
246	0,8050	37,17
247	0,8036	37,813
248	0,8021	38,463
249	0,8007	39,122
250	0,7992	39,79
251	0,7977	40,47
252	0,7962	41,15
253	0,7947	41,85
254	0,7933	42,55
255	0,7918	43,26
256	0,7902	43,98
257	0,7887	44,71
258	0,7872	45,45
259	0,7856	46,2
260	0,7840	46,96
261	0,7823	47,73
262	0,7807	48,5
263	0,7791	49,29
264	0,7774	50,08
265	0,7759	50,89
266	0,7742	51,71
267	0,7726	52,53
268	0,7710	53,37
269	0,7694	54,21
270	0,7678	55,07
271	0,7661	55,94
272	0,7644	56,81

°C	densité	t.v. (bar)
273	0,7627	57,7
274	0,7610	58,6
275	0,7593	59,51
276	0,7576	60,43
277	0,7558	61,36
278	0,7541	62,30
279	0,7524	63,25
280	0,7506	64,22
281	0,7488	65,19
282	0,7471	66,18
283	0,7452	67,17
284	0,7434	68,18
285	0,7416	69,2
286	0,7398	70,23
287	0,7379	71,27
288	0,7360	72,33
289	0,7347	73,4
290	0,7323	74,48
291	0,7304	75,57
292	0,7285	76,67
293	0,7266	77,78
294	0,7246	78,91
295	0,7227	80,05
296	0,7207	81,21
297	0,7185	82,37
298	0,7165	83,55
299	0,7145	84,74
300	0,7124	85,95
301	0,7102	87,16
302	0,7082	88,4
303	0,7062	89,64
304	0,7037	90,9
305	0,7017	92,16
306	0,6997	93,45
307	0,6973	94,75
308	0,6954	96,07
309	0,6930	97,39
310	0,6906	98,73
311	0,6887	100,08
312	0,6863	101,46

°C	densité	t.v. (bar)
313	0,6839	102,84
314	0,6816	104,23
315	0,6793	105,64
316	0,6770	107,68
317	0,6747	108,52
318	0,6720	109,98
319	0,6697	111,45
320	0,6671	112,94
321	0,6644	114,44
322	0,6618	115,96
323	0,6591	117,49
324	0,6565	119,04
325	0,6540	120,61
326	0,6510	122,19
327	0,6485	123,79
328	0,6459	125,41
329	0,6430	127,04
330	0,6402	128,69
331	0,6373	130,36
332	0,6345	132,03
333	0,6317	133,74
334	0,6285	135,46
335	0,6257	137,19
336	0,6226	138,94
337	0,6195	140,71
338	0,6161	142,50
339	0,6127	144,31
340	0,6093	146,13
341	0,6056	147,97
342	0,6020	149,83
343	0,5984	151,71
344	0,5945	153,61
345	0,5910	155,53
346	0,5875	157,47
347	0,5837	159,43
348	0,5800	161,40
349	0,5760	163,41
350	0,5724	165,43
351	0,5685	167,47
352	0,5643	169,53

Tableau A.13 (suite)

°C	densité	t.v. (bar)
353	0,5602	171,61
354	0,5558	173,71
355	0,5512	175,83
356	0,5464	177,98
357	0,5414	180,15
358	0,5361	182,35
359	0,5305	184,56

°C	densité	t.v. (bar)
360	0,5243	186,8
361	0,5184	189,06
362	0,5120	191,35
363	0,5055	193,65
364	0,4975	196,
365	0,4926	198,37
366	0,4854	200,75
367	0,4784	203,17

°C	densité	t.v. (bar)
368	0,4694	205,62
369	0,4587	208,09
370	0,4484	210,6
371	0,4347	213,2
372	0,4201	215,7
373	0,4000	218,3
374	0,3584	220,9

Tableau A.13 (fin)

A.7.2. Tension de vapeur de quelques liquides

Ces tensions de vapeur (tableau A.14), données pour quatre valeurs de la température, sont exprimées en bars.

	0 °C	50 °C	100 °C	150 °C
isobutane	1,61	6,60	19,5	
essence normale	0,107	0,735	2,30	6
kérosène normal	$\mathcal{E}$	0,033	0,175	0,615

Tableau A.14

Bibliographie

Pour permettre au lecteur d'approfondir l'un ou l'autre des points présentés rapidement dans ce volume, nous indiquons quelques *ouvrages*, parmi la multitude des ouvrages touchant de près ou de loin au sujet traité.

Il s'agit d'ouvrages essentiellement consacrés

- aux moteurs électriques (références 1 à 6),
- aux convertisseurs statiques appliqués à la vitesse variable (7 à 14),
- à la mécanique des systèmes en rotation, notamment à leurs vibrations (15 à 17),
- à l'écoulement des fluides et aux turbomachines réceptrices (18 à 26).

Nous indiquons aussi deux ouvrages (27 et 28) rédigés dans le même esprit que celui-ci mais pour les entraînements de faible puissance du type servomécanismes.

Quelques ouvrages plus spécialisés d'électronique de puissance et d'automatique appliquée à la variation de vitesse seront indiqués à la fin du volume 2 de cette série.

1. G. Séguier, F. Notelet. *Électrotechnique Industrielle*, Technique et Documentation, Paris, 1994.
2. B. Adkins. *The General Theory of Electrical Machines*, Chapmann and Hall, Londres, 1957.
3. G. Kron. *Equivalent Circuits of Electrical Machinery*, John Wiley, Londres, 1951.
4. P.-L. Alger. *The Nature of Induction Machines*, John Wiley, New York, 1965.
5. Ph. Barret. *Régimes Transtoires dans les Machines Tournantes*, Eyrolles, Paris, 1987.
6. J. Lesenne, F. Notelet, G. Séguier. *Introduction à l'Électrotechnique Approfondie*, Technique et Documentation, Paris, 1980.

7. R. Chauprade. *Commande Électronique des Moteurs à Courant Continu*, Eyrolles, Paris, 1975.
8. R. Chauprade, F. Milsant. *Commande Électronique des Moteurs à Courant Alternatif*, Eyrolles, Paris, 1980.
9. G. Séguier. *Électronique de Puissance : fonctions de base, principales applications*, (6e édition). Dunod, Paris, 1990.
10. W. Leonhard. *Control of Electrical Drives*. Springer Verlag, Berlin, 1985.
11. H. Bühler. *Électronique de Puissance*. Dunod, Paris, 1979.
12. P.-C. Sen. *Thyristor DC Drives*, John Wiley, New York, 1982.

13. B.-K. Bose. *Power Electronics and AC Drives*, Prentice- Hall, Englewood Cliffs, N.-J., 1986.

14. J.-M.-D. Murphy, F.-G. Turnbull. *Power Electronic Control of AC Motors*, Pergamon, New York, 1988.

15. S. Timoshenko. *Théorie des Vibrations*, Librairie Polytechnique Lavoisier, Paris, 1954.

16. M. Del Pedro, P. Pahud. *Mécanique Vibratoire*, Presses Polytechniques et Universitaires Romanes, Lausanne, 1989.

17. S.-S. Rao. *Mechanical Vibrations*, Addison-Wesley, Reading Massachusetts, 1995.

18. B. Eck. *Technische Strömungslehre*, Springer Verlag, Berlin, 1966.

19. L. Bergeron. *Machines Hydrauliques*, Dunod, Paris, 1928.

20. A.-J. Stepanoff. *Ventilateurs et Compresseurs Centrifuges et Axiaux*, Dunod, Paris, 1961.

21. G.-F. Wislicenus. *Fluid Mechanics of Turbo-Machinery*, Mc Graw Hill, New York, 1947.

22. M. Sedille. *Turbomachines Hydrauliques et Thermiques*, Masson, Paris,
t. 1. *Mécanique des Fluides Incompressibles*, 1966 ;
t. 2. *Pompes Centrifuges et Axiales-Turbines Hydrauliques*, 1967 ;
t. 3. *Thermodynamique Technique*, 1969 ;
t. 4. *Mécanique des Fluides Compressibles*, 1970.

23. D.-G. Shepherd. *Principles of Turbomachinery*, The Mac Millan Company, New York, 1956.

24. M. Pluviose. *Turbomachines Hydrauliques et Thermiques*, Eyrolles, Paris, 1988.

25. T.-B. Ferguson. *The Centrifugal Compressor Stage*, Butterworths, Londres, 1963.

26. C. Pfleiderer. *Dei Kreiselpumper für Fluisigkeiten und Gase*, Springer Verlag, Berlin, 1955.

27. G. Lacroix. *Les Actionneurs Électriques pour la Robotique et les Asservissements*, Technique et Documentation, Paris, 1985.

28. R.-M. Crowder. *Electric Drives and their Controls*, Oxford University Press, 1995.

Symboles utilisés

a	opérateur rotation
a	vitesse du son
B	bobine
B	induction
C	capacité
C	couple
C	chaleur massique
d	densité
D	diode
d, D	diamètre
e	entrefer, écart
e, E	force électromtrice
f	fréquence
F	fermé
f, F	force
FI	facteur d'inertie
g	glissement
g	accélération de la pesanteur
G	centre de gravité
G	gain
h	rang d'harmonique
H	champ
H	constante d'inertie
h, H	hauteur, charge
h, H	enthalpie
i, I	courant
$\mathcal{I}$	partie imaginaire
j	racine carrée de – 1
J	moment d'inertie
j, J	courant
k	nombre entier positif
k	coefficient
k	constante élastique
K	interrupteur
ℓ, L	longueur
ℓ, L	inductance
M	mutuelle inductance
M	nombre de Mach
m, M	masse
n	nombre de tours
n	rapport d'engrenage
n	rang d'harmonique
n_s	vitesse spécifique
N	vitesse de rotation
n, N	pôle Nord
O	ouvert
p	nombre de paires de pôles
P	poids
p	poussée
p, P	pression
p, P	puissance
$\mathcal{P}$	perméance
Q	puissance réactive
q, Q	débit
r, R	rayon
r, R	résistance
rh, Rh	rhéostat
$\mathcal{R}$	partie réelle
$\mathcal{R}$	réluctance
$\mathcal{R}e$	nombre de Reynolds
S	surface
S	entropie
S	puissance apparente
s, S	pôle Sud
t	temps
T	constante de temps
T	période
T	température
T	travail
T	transistor
Th	thyristor
u	vitesse périphérique
u, U	tension
v	masse volumique
v, V	tension
v, V	vitesse
w	vitesse relative
W	énergie
x	distance, déplacement
X	réactance
Z	cote, hauteur d'élévation
Z	impédance

α	angle, coefficient
α	coefficient d'amortissement
α	angle de retard au déblocage
β	angle, coefficient
β	pulsation
γ	accélération
δ	angle
ε	écart
$\varepsilon, \mathcal{E}$	force magnétomotrice
ζ	coefficient d'amortissement
η	rendement
θ	angle
λ	facteur de puissance
μ	perméabilité
μ	viscosité dynamique
ν	viscosité cinématique
ρ	masse volumique
σ	coefficient de dispersion
τ	taux d'harmoniques
φ	déphasage
φ	perte de charge
φ, ϕ	flux
ψ	angle
ω	pulsation
ϖ	poids volumique
Ω	vitesse angulaire

Indices usuels

a	d'accélération
b	de base
c	cinétique
A, B, C	relatif aux trois phases
d	direct, d'axe direct
d	redressé
d	de démarrage
d	du disque
e	d'entrée
e	extérieur
eff	efficace (valeur)
f	dans le fer
f	de freinage
f	par frottement
H	hydraulique
i	interne
i	inverse
J	par effet Joule
ℓ	longitudinal
m	moteur
m	mécanique
m	méridienne
max, M	maximum
min	minimum
moy	moyen
n	nominal
0	à vide
0	de résonance
0	homopolaire
0	à l'arrêt
q	en quadrature
r	résistant
r, R	du rotor
s, S	du stator
t	transversal
u	utile
u	suivant $\vec{u}$
μ	magnétisant

Index

E

F

G

H

I, J

L

M

O, P, Q

R, S

T

U, V

Achevé d'imprimer par Corlet, Imprimeur, S.A. - 14110 Condé-sur-Noireau (France)
N° 138-VR 80° - N° d'Imprimeur : 21313 - Dépôt légal : janvier 1997 - *Imprimé en C.E.E.*